高职高专土建类专业规划教材

工程造价系列

建筑施工工艺

主　编　王延该

副主编　张细权　玉小冰

参　编　赵　虹　于顺达　胡永骁

主　审　杨国富

机械工业出版社

本书共十章，内容包括：绪论，土方与基坑工程施工工艺，地基与基础工程施工工艺，砌筑工程施工工艺，钢筋混凝土结构工程施工工艺，预应力钢筋混凝土工程施工工艺，结构安装工程施工工艺，防水工程施工工艺，抹灰工程施工工艺，季节性施工。

本书具有较宽的专业适应面，在内容组织上按必须、够用的原则，力求体现职业教育的教材特点。本书可作为高职高专院校工程造价专业及土建类相关专业的教材，也可作为相关工程技术人员的参考书和培训用书。

图书在版编目（CIP）数据

建筑施工工艺/王延该主编. —北京：机械工业出版社，2010.10（2016.1 重印）
高职高专土建类专业规划教材．工程造价系列
ISBN 978-7-111-33825-3

Ⅰ.①建… Ⅱ.①王… Ⅲ.①建筑工程－工程施工－高等职业教育－教材 Ⅳ.①TU7

中国版本图书馆 CIP 数据核字（2011）第 046531 号

机械工业出版社（北京市百万庄大街 22 号　邮政编码 100037）
策划编辑：张荣荣　责任编辑：张荣荣
版式设计：霍永明　责任校对：肖　琳
封面设计：张　静　责任印制：李　洋
三河市宏达印刷有限公司印刷
2016 年 1 月第 1 版第 4 次印刷
184mm×260mm · 21 印张 · 516 千字
标准书号：ISBN 978-7-111-33825-3
定价：42.00 元

凡购本书，如有缺页、倒页、脱页，由本社发行部调换
电话服务
社服务中心：(010) 88361066
销售一部：(010) 68326294
销售二部：(010) 88379649
读者购书热线：(010) 88379203

网络服务
门户网：http：//www.cmpbook.com
教材网：http：//www.cmpedu.com

高职高专工程造价系列教材
编审委员会名单

出版说明

近年来，随着国家经济建设的迅速发展，建设工程的发展规模不断扩大，建设速度不断加快，对建筑类具备高等职业技能的人才需求也随之不断加大。为了贯彻落实《国务院关于大力推进职业教育改革与发展的决定》的精神，我们通过深入调查，在全国高职高专教育土建类专业教学指导委员会的指导与大力支持下，组织了全国三十余所高职高专院校的一批优秀教师，编写出版了本套教材。

本套教材以《高等职业教育工程造价技术专业教育标准和培养方案》为纲，编写中注重培养学生的实践能力，基础理论贯彻“实用为主、必需和够用为度”的原则，基本知识采用广而不深、点到为止的编写方法，基本技能贯穿教学的始终。在教材的编写中，力求文字叙述简明扼要、通俗易懂。本套教材结合了专业建设、课程建设和教学改革成果，在广泛的调查和研讨的基础上进行规划和编写，在编写中紧密结合职业要求，力争能满足高职高专教学需要并推动高职高专建筑装饰工程技术专业的教材建设。

本套教材包括工程造价专业的12门主干课程，编者来自全国多所在工程造价专业领域积极进行教育教学研究，并取得优秀成果的高等职业院校。在未来的2~3年内，我们将陆续推出工程监理、市政工程、园林景观等土建类各专业的教材及实训教材，最终出版一系列体系完整、内容优秀、特色鲜明的高职高专土建类专业教材。

本套教材适用于高职高专院校、成人高校、继续教育学院和民办高校的工程造价专业使用，也可作为相关从业人员的培训教材。

机械工业出版社

序　言

为了全面贯彻《国务院关于大力推进职业教育改革与发展的决定》，认真落实《教育部关于全面提高高等职业教育教学质量的若干意见》，培养工程造价行业紧缺的工程管理型、技术应用型人才，依据高职高专教育土建类专业教学指导委员会编制的工程造价专业的教育标准、培养方案及主干课程教学大纲，我们组织了全国多所在该专业领域积极进行教育教学改革，并取得许多优秀成果的高等职业院校的老师共同编写了这套系列教材。

本套系列教材包括《工程造价控制》、《工程量清单计价》、《建筑工程项目管理》、《建筑设备安装工程预算》、《建筑装饰工程预算》、《建筑工程预算》、《工程建设定额原理与实务》、《建筑设备安装与识图》、《建筑施工工艺》、《建筑结构基础与识图》、《建筑识图与构造》、《建筑与装饰材料》等12个分册，较好地体现了土建类高等职业教育培养“施工型”、“能力型”、“成品型”人才的特征。本着遵循专业人才培养的总体目标和体现职业型、技术型的特色以及反映最新课程改革成果的原则，整套教材在体系的构造、内容的选择、知识的互融、彼此的衔接和应用的便捷上不但可为一线老师的教学和学生的学习提供有效的帮助，而且必定会有力推进高职高专工程造价专业教育教学改革的进程。

教学改革是一项在探索中不断前进的过程，教材建设也必将随之不断革故鼎新，希望使用该系列教材的院校以及老师和同学们及时将你们的意见、要求反馈给我们，以使该系列教材不断完整，成为反映高等职业教育工程造价专业改革最新成果的精品系列教材。

高职高专工程造价系列教材编审委员会

前　言

建筑施工工艺是工程造价专业的一门核心技术课程，它的主要任务是研究建筑工程产品生产过程中各主要工程施工技术的基本知识、基本理论、施工工艺及方法与措施、施工机械使用等，目的是培养学生综合运用理论知识解决实际问题的能力，提高学生的实际工作技能，以满足企业用人的需要。

建筑施工工艺实践性强，综合性大，社会性广，新技术发展快，施工方法更新快，必须结合工程施工中的实际情况，综合解决工程施工中的技术问题。建筑施工工艺涉及面广，综合运用能力要求高，因此，本书力求拓宽专业面，扩大知识面，以适应发展的需要。力求综合运用有关学科的基本理论和知识，以解决工程实际问题；力求理论联系实际，以应用为主。本教材中的主要施工工艺、施工技术和施工方法均按新规范要求编写，强调了保证施工质量、质量验收、安全生产措施等内容。本教材的特点有：

(1) 从工艺入手，强化施工工艺过程，既介绍传统做法，又介绍了新的施工方法。

(2) 内容体系突出高职特点，突出建筑工程专业特点。

本书在编写时，根据专业教学计划和国家职业标准对技能的要求，内容尽量符合施工现场的实际需要，适应教学需要，适应社会发展需要，突出以“理论知识够用为度，重在实践能力、动手能力的培养”的指导思想，以适应施工现场造价管理第一线的技术应用型岗位的要求。

本教材的编写人员均为多年从事教育及具有施工实际经验的教师，因此在内容上具有实用性的特点。本教材由湖北城市建设职业技术学院王延该、张细权担任主编，玉小冰、赵虹担任副主编。教材编写人员：第1章绪论由湖北城市建设职业技术学院王延该编写，第2、8章由南京交通职业技术学院赵虹编写，第3、4章由湖南工程职业技术学院玉小冰编写，第5、6、7章由湖北城市建设职业技术学院张细权、王延该、胡永骁编写，第9、10章由黑龙江建筑职业技术学院于顺达编写。

本书由机械工业出版社组织编写，在编写过程中承蒙编审委员会的指导，出版社的大力支持，其他兄弟院校和武汉建工集团、山河建设集团的大力支持，谨此表示衷心的感谢。

编　者

目　录

第1章 绪 论

1.1 本课程的研究对象和任务

建筑施工工艺是工程造价专业的一门核心技术课程，也是一门实践性、地域性、综合性很强的专业课。它的主要任务是研究建筑产品生产活动的规律，主要讲授建筑工程各分部分项工程施工技术、操作工艺及验收标准、安全措施。目的是培养学生综合运用理论知识解决实际问题的能力，提高学生的实际工作技能，以满足企业用人的需要。

1.2 本课程的特点

建筑施工工艺实践性强，综合性大，社会性广，新技术发展快，施工方法更新快，其涉及面广、影响因素多、中间环节多，体现了以技术工艺操作为主的应用特征。这就决定了本课程的特点，即内容更新快、工艺叙述多、实践性强，而且综合性强，相关专业学科多（如钢筋混凝土与砖石结构、钢结构、房屋建筑学和建筑材料等）。因此学习中必须结合工程施工中的实际情况，综合解决工程施工中的技术问题。

1.3 本课程与其他课程的关系及学习方法

本课程是一门实践性、地域性、综合性很强的专业课，它与建筑工程测量、建筑材料与检测、房屋构造与识图、建筑力学与结构、建筑设备、建筑施工组织、工程计量与计价、建筑工程资料管理等课程有着密切的联系，内容相互渗透，方法相互影响。

为了学好本课程，首先要树立正确的学习目的和态度，在学习中要刻苦钻研、踏踏实实、持之以恒。其次本课程实践性很强，学习过程中要坚持理论联系实际，除了课堂讲授外，还需经常阅读有关书籍，经常参观施工现场。

1.4 本课程目的和要求

本课程的目的是：掌握建筑工程各分部分项工程施工技术、操作工艺及验收标准、安全措施。

对学生的具体要求是：

1. 知识方面的要求

了解一般建筑工程的施工规范和施工程序；掌握建筑工程施工中主要工种的施工方法、施工工艺、技术要求、质量验收标准、质量通病防治、安全防范措施；熟悉建筑分项施工工艺标准；了解施工机械性能、参数，能在施工中合理地选择和正确使用机械，同时应了解机械常见故障及处理方法。

2. 能力方面的要求

了解建筑工程各主要阶段的施工工艺，掌握理解施工中的主要技术环节，能解决一般建筑工程施工中遇到的技术问题；主要掌握土方与基础工程，砌筑工程，混凝土工程，结构安装工程，冬、雨期施工技术的基本知识、基本理论、基本技能，能根据施工条件确定一般工业与民用建筑工程的施工方法及技术措施；具备一定的运算能力，尤其是轻型井点降水的设计及计算，钢筋工程中钢筋下料长度计算，预应力混凝土工程中预应力筋的制作及计算，混凝土工程中混凝土的配合比计算，以及吊装工程中起重机的起重高度计算等。

3. 素质方面的要求

将素质教育融入课程教学中，根据施工工作的特点，培养学生自觉学习、认真观察事物、接受新鲜事物的习惯；科学严谨、实事求是的工作态度，艰苦奋斗、吃苦耐劳的工作作风，团结协作，互帮互助的集体观念，刻苦钻研、勇于开拓的创新意识，使学生达到行业职业道德的基本要求。

第2章 土方与基坑工程施工工艺

2.1 概述

土方工程是建筑工程施工中的主要工作之一，常见的土方工程有：场地平整、基坑（槽）开挖、岩土爆破及运输、土方回填与夯实等，它包括基坑（槽）降水、排水和边坡处理等准备与辅助工作。土方工程的施工质量直接影响基础工程乃至主体结构工程施工的正常进行。

2.1.1 土方工程的内容与特点

1. 土方工程施工内容

（1）场地平整：依据工程条件，确定场地设计标高，计算场地平整土方量、基坑（槽）开挖的土方量；合理进行土方量调配，使土方总施工量最小。

（2）合理选择施工机械，保证使用效率。

（3）安排好运输道路、弃土场、取土区，做好降水、土壁支护等辅助工作。

（4）土方的回填与压实，包括回填土的选择、填土压实的方法。

（5）基坑（槽）开挖：必须做好监测、支撑等技术工作，防止流砂、管涌、塌方等问题产生。

2. 土方工程施工特点

建筑施工一般从土方工程开始，其施工工程量大、工期长、劳动强度大，且多为露天作业。由于受气候、水文、地质、邻近及地下建（构）筑物等条件的影响，在施工过程中常常受到难以确定因素的制约，施工条件复杂。因此，在土方工程施工前，必须做好地形地貌、工程地质、管线测量、水文、气象等资料的搜集工作，并详细分析研究各项技术资料，进行现场勘察，在此基础上根据有关要求，拟定出经济可行的施工方案，做好施工组织设计，选择好施工方法和机械设备，确保施工安全和工程质量。

2.1.2 土的分类与现场鉴别

土的种类繁多，分类方法也较多。

在建筑施工中根据土的开挖难易程度（即硬度系数的大小）可将土分为松软土、普通土等八类，土的工程分类及鉴别方法见表2-1。前四类属一般土，后四类属岩石。

表2-1 土的工程分类及鉴别方法

土的分类	土的级别	土的名称	坚实系数f	密度/(10^3kg/m^3)	开挖方法及工具
一类土（松软土）	I	砂土、粉土、冲积砂土层、疏松的种植土、淤泥（泥潭）	0.5~0.6	0.6~1.5	用锹、锄头挖掘，少许用脚蹬

（续）

土的分类	土的级别	土的名称	坚实系数f	密度/(10^3kg/m^3)	开挖方法及工具
二类土（普通土）	Ⅱ	粉质粘土；潮湿的黄土；夹有碎石、卵石的砂；粉土混卵（碎）石；种植土、填土	0.6~0.8	1.1~1.6	用锹、锄头挖掘，少许用镐翻松
三类土（坚土）	Ⅲ	软及中等密实粘土；重粉质粘土、砾石土；干黄土、含有碎石卵石的黄土、粉质粘土；压实的填土	0.8~1.0	1.75~1.9	主要用镐，少许用锹、锄头挖掘，部分用撬棍
四类土（砂砾坚土）	Ⅳ	坚硬密实的粘性土或黄土；含碎石卵石的中等密实的粘性土或黄土；粗卵石；天然级配砂石；软泥灰岩	1.0~1.5	1.9	整个先用镐、撬棍，后用锹挖掘，部分用楔子及大锤
五类土（软石）	Ⅴ~Ⅵ	硬质粘土；中密的页岩、泥灰岩、白垩土；胶结不紧的砾岩；软石灰及贝壳石灰石	1.5~4.0	1.1~2.7	用镐或撬棍、大锤挖掘，部分使用爆破方法
六类土（次坚石）	Ⅶ~Ⅸ	泥岩、砂岩、砾岩；坚实的页岩、泥灰岩，密实的石灰岩；风化花岗岩、片麻岩、石灰岩；微风化安山岩；玄武岩	4.0~10.0	2.2~2.9	用爆破方法开挖，部分用风镐
七类土（坚石）	Ⅹ~Ⅻ	安山岩；玄武岩；花岗片麻岩；坚实的细粒花岗岩、闪长岩、石英岩、辉长岩、辉绿岩、玢岩、角闪岩	10.0~18.0	2.5~3.1	用爆破方法开挖
八类土（特坚土）	ⅩⅣ~ⅩⅥ		18.0~25.0以上	2.7~3.3	用爆破方法开挖

注：1. 土的级别相当于一般16级土石分类级别。

2. 坚实系数f相当于普氏岩石强度系数。

土方施工与土的级别关系密切，因此对土方边坡稳定的土方施工方法、机械的选择、劳动量配置的多少均有较大影响。

2.1.3 土的工程性质

1. 土的组成

土一般由固体颗粒（固相）、水（液相）、空气（气相）三部分组成，这三部分之间的比例关系随着周围条件的变化而变化，三者比例关系不同，反映出土的物理状态不同，如干燥、湿润、密实、松散。这些物理指标对土方工程施工有直接影响，对评价土的工程性质、编制施工方案都具有重要意义。

2. 土的工程性质

(1) 土的含水量：是指土中所含水的质量与土中固体颗粒质量之比，用百分数表示，即

$$w = \frac{m_w}{m_s} \times 100\% \tag{2-1}$$

式中 w——土的含水量（%）；

m_w——土中水的质量（kg）；

m_s——土中固体颗粒的质量（kg）。

含水量大小对土方的开挖、土方边坡的稳定性及填土压实等都有一定的影响。当土的含水量超过25%～30%时，采用机械施工就很困难。回填土夯实时，含水量过大则会产生橡皮土现象，使土无法夯实。回填土时，应使土的含水量处于最佳含水量范围之内，土的最佳含水量详见表2-2。

表2-2 土的最佳含水量和干密度参考值

土的种类	变动范围	
	最佳含水量（%）（质量比）	最大干密度/(g/cm^3)
砂土	8～12	1.80～1.88
粉土	16～22	1.61～1.80
亚砂土	9～15	1.85～2.08
亚粘土	12～15	1.85～1.95
重亚粘土	16～20	1.67～1.79
粉质亚粘土	18～21	1.65～1.74
粘土	19～23	1.58～1.70

(2) 土的自然密度和干密度

1) 土的自然密度：指土在自然状态下单位体积的质量。即

$$\rho = \frac{m}{V} \tag{2-2}$$

式中 ρ——土的自然密度（kg/m^3）；

m——土在自然状态下的质量（kg）；

V——土在自然状态下的体积（m^3）。

2) 土的干密度。指单位体积土中固体颗粒的质量。即

$$\rho_d = \frac{m_s}{V} \tag{2-3}$$

式中 ρ_d——土的干密度（kg/m^3）；

m_s——土中固体颗粒的质量（经105℃烘干的土重kg）；

V——土在自然状态下的体积（m^3）。

干密度反映了土的紧密程度，常用于填土夯实质量的控制指标。土的最大干密度值可参考表2-2。

(3) 土的可松性：自然状态下的土经开挖后，其体积因松散而增加，虽经回填压实，

仍不能恢复到原来的体积，这种性质称为土的可松性。其大小用可松性系数表示。即

$$k_s = \frac{V_2}{V_1} \tag{2-4}$$

$$k_s' = \frac{V_3}{V_1} \tag{2-5}$$

式中　k_s——最初可松性因数；

k_s'——最终可松性因数；

V_1——土在自然状态的体积（m^3）；

V_2——土挖出后松散状态下的体积（m^3）；

V_3——挖出的土经回填压实后的体积（m^3）。

土的可松性与土的类别和密实状态有关，k_s 用于确定土的运输、挖土机械的数量及留设堆土场地的大小；k_s' 用于计算回填土、弃（借）土及场地平整的确定。各类土的可松性因数见表2-3。

表2-3　土的可松性因数

土的类别	k_s	k_s'
一类土	1.08～1.17	1.01～1.03
二类土	1.14～1.28	1.02～1.05
三类土	1.24～1.30	1.04～1.07
四类土	1.26～1.32	1.06～1.09
五类土	1.30～1.45	1.10～1.20
六类土	1.30～1.45	1.10～1.20
七类土	1.30～1.45	1.10～1.20
八类土	1.45～1.50	1.20～1.30

（4）土的渗透性：土的渗透性也称透水性，是指土体被水透过的性质。土体孔隙中的水在重力作用下会发生流动，流动速度与土的渗透性有关。渗透性的大小用渗透系数表示，即

$$K = \frac{L}{t} \tag{2-6}$$

各类土的渗透系数参考值见表2-4。

表2-4　土的渗透系数参考值

土的类别	$K/(m/d)$	土的类别	$K/(m/d)$
粘土	<0.005	中砂	5.0～20.0
亚粘土	0.005～0.1	均质中砂	25～50
轻亚粘土	0.1～0.5	粗砂	20～50
黄土	0.25～0.5	砾石	50～100
粉土	0.5～1.0	卵石	100～500
细砂	1.0～1.5	漂石（无砂质充填）	500～1000

法国学者达西从砂土渗透实验（图 2-1）中发现水在土中的渗流速度 v 与 A、B 两点水位差成正比，与渗流路程长度 L 成反比。

$$v=\frac{Kh}{L}=Ki \tag{2-7}$$

$$i=\frac{h}{L} \tag{2-8}$$

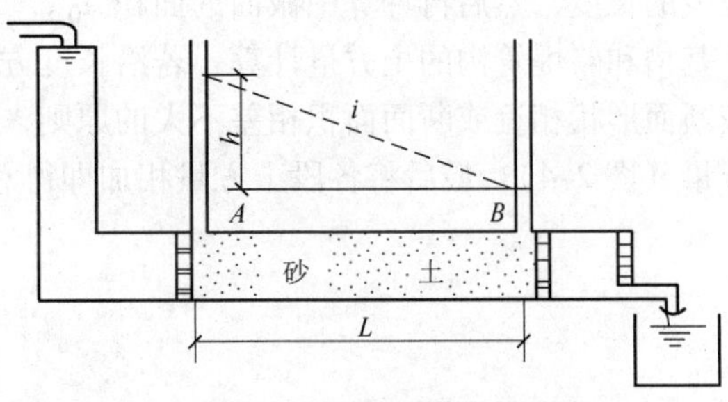

图 2-1　砂土渗透实验示意图

式中　K——土的渗透系数（m/d 或 m/h 或 m/s），K 值的大小反映土体透水性的强弱，影响施工降水与排水的速度；土的渗透系数可以通过室内渗透试验或现场抽水试验测定，一般土的渗透系数见表 2-4；

L——渗流路程长度（m）；

t——渗流路程 L 所需的时间（d，h，s）；

i——水力坡度；

h——A、B 两点水压差。

土的渗透系数的大小对施工排、降水方法的选择、涌水量计算以及边坡支护方案的确定等都很大影响。

2.2　土方工程量的计算与调配

2.2.1　基坑、基槽土方量计算

1. 边坡坡度与边坡系数

土方的边坡系数 m 用坡底宽 b 与坡高 h（即基础开挖深度）之比表示。即

$$边坡系数\ m=\frac{b}{h} \tag{2-9}$$

工程中土方边坡常用边坡坡度来表示，边坡坡度以土方挖方深度 h 与底宽 b 之比表示（如图 2-2 所示），即

$$土方边坡的坡度=1:m=1:\frac{b}{h}=\frac{h}{b} \tag{2-10}$$

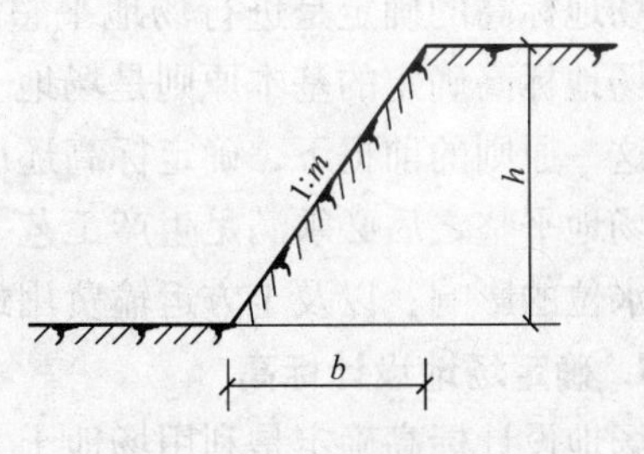

图 2-2　土方边坡

2. 计算基坑（槽）土方量

基坑土方量可按立体几何中的拟柱体积公式计算（图 2-3）。即

$$V=\frac{H}{6}(A_1+4A_0+A_2) \tag{2-11}$$

式中　H——基坑深度（m）；

A_1、A_2——基坑上、下的底面积（m^2）；

A_0——基坑中截面的面积（m^2）。

注意：A_0 一般情况下不等于 A_1、A_2 之和的一半，而应该按侧面几何图形的边长计算出中位线的长度，然后再计算中截面的面积 A_0。

基槽和路堤管沟的土方量计算：若沿长度方向其断面形状或断面面积显著不一致时，可以按断面形状相近或断面面积相差不大的原则，沿长度方向分段后，用同样方法计算各分段土方量（图 2-4）。最后将各段土方量相加即得总土方量 $V_{总}$。即

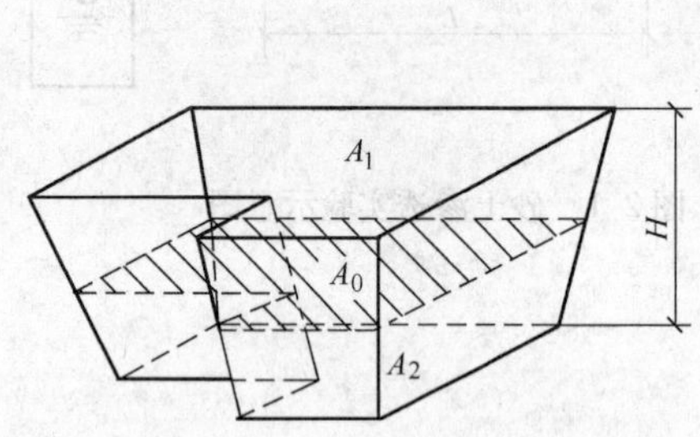

图 2-3　基坑土方量计算图

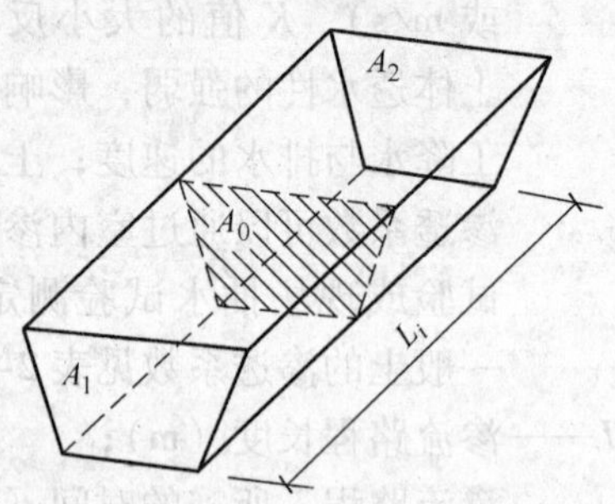

图 2-4　基槽分段施工示意图

$$V_i = \frac{L_i}{6}\ (A_1 + 4A_0 + A_2) \tag{2-12}$$

式中　V_i——第 i 段的土方量（m^3）；

L_i——第 i 段的长度（m）。

$$V_{总} = \sum V_i \tag{2-13}$$

2.2.2　场地平整土方量计算

建筑场地往往需要将自然地面改造成设计要求的平面，场地平整即为实现平整的施工过程。对于大面积的土方平整，选择合理的场地平整设计标高十分重要，它是施工方案中计算土方工程量、土方平衡调配、选择施工机械的重要依据。

场地标高的确定是进行场地平整、土方量计算的依据，也是总图规划和竖向设计的依据。场地标高确定的基本原则是场地土方量填、挖方平衡，尽量利用地形，减少土方量。在遵守这一原则的前提下，确定标高还应考虑下列因素：

场地平整之后必须满足生产工艺、运输的要求；有一定的排水坡度，满足排水要求；最高洪水位的影响；以及土方运输费用最小等因素。

1. 确定场地设计标高

场地设计标高确定是利用场地土方量填、挖方平衡这一原则计算的，即场地土方的体积在平整前后是相等的。

2. 计算土方总量

平整场地中所有挖填的土方总量，即场地平整挖（填）方的工程量。当平土高度大于 1m 时，应考虑计算边坡土方量。

为了维持土体的稳定，场地的边坡不管是挖方区还是填方区均需做成相应的边坡。

2.2.3 土方调配

土方量计算完成后，即可以进行土方调配工作。土方调配的目的是使工程中土方总运输量最小或土方施工费用最小，以利于缩短工期和节约工程成本。

1. 土方调配原则

（1）应力求达到挖方与填方平衡，就近调配，以使土方运输量或费用最小。

（2）土方调配应考虑近期施工与后期利用相结合的原则。实施分期分批施工，避免重复挖填。

（3）应考虑分区与全场相结合的原则。分区土方的调配必须配合全场性的土方调配进行。

（4）合理布置挖、填方分区线，选择恰当的调配方向、运输线路，使土方机械和运输车辆的性能得到充分发挥。

（5）土方调配“移挖作填”，要综合考虑弃方和借方的占地、赔偿青苗损失及对农业生产影响等。

（6）土方调配还应尽可能与大型地下建筑物的施工相结合。如大型建筑物位于填土区时，为了避免重复挖运和场地混乱，应将部分填方区予以保留，待基础施工之后再进行填土。

总之，进行土方调配必须根据现场具体情况、周围环境、相关技术资料、工期要求、施工机械与运输方案等综合考虑，反复比较，确定出经济合理的调配方案，方案制定时，在可能条件下宜将弃土场平整为可耕地，防止乱弃、乱堆，或堵塞河流，损害农田。

2. 土方调配区的划分

进行土方调配时首先要划分土方调配区，划分时注意以下几点：

（1）调配区的划分应与房屋或构筑物的位置协调，满足工程分期分批的施工要求，尽量使近期施工与后期利用相结合。

（2）当土方运距较大，可根据附近地形，考虑场地以外的借土或弃土时，每一个借土区或弃土区均可以作为一个独立的调配区。

（3）调配区的大小应该满足土方施工主导机械的施工要求，并使运输车辆的功效得到充分发挥。

2.3 土方边坡与深基坑支护施工工艺

2.3.1 土方边坡及其稳定

1. 施工准备工作

土方开挖前需做场地清理、排水、修筑临时设施及测量定位放线工作。

（1）场地清理：场地清理包括清理地面、地下各种障碍物。如房屋、古墓等拆除；通信、电力设施、上下水管线以及其他建筑物的拆迁或改建；迁移树木，去除耕植土及河塘淤泥等。此项工作由业主委托拆除公司或建筑施工单位完成。

（2）排除地面水：场地内低洼地区积水必须排除，地面水的排除一般采用排水沟、截水沟、挡水土坝等措施，同时应注意雨水的排除。

场地应尽量利用自然地形来设置排水沟，使水直接排至场外或流向低洼处，再用水泵抽走。主排水沟最好设置在施工区域的边缘或道路的两旁，其横断面和纵向坡度应根据最大流量确定。一般排水沟的横断面不小于0.5m×0.5m，纵向坡度一般不小于3%。平坦地区如排水困难，其纵向坡度不应小于0.2%。场地平整过程中，排水沟要注意清理，保持畅通。

（3）修筑临时设施：修筑好临时道路及供水、供电等临时设施，做好材料、机具及土方机械的进场工作。

（4）测量放线：根据建筑物定位桩的土方开挖方案放出土方开挖的边界线。

2. 土方边坡稳定

在建筑物基坑（槽）开挖及基础施工中，要求基坑土壁稳定。为防止基坑塌方，保证施工安全，在基础或管沟开挖深度超过一定深度时，边沿应放出足够边坡。当场地受限无法放坡时则应设置基坑支护结构等有效的防护措施，防止土壁塌方，确保施工安全。

（1）土方边坡

1）边坡形式：为使土壁稳定，基坑及土方的挖、填方边沿都应做成一定形状的边坡，这样可以靠土的自稳保证土壁稳定。边坡主要形式如图2-5所示。

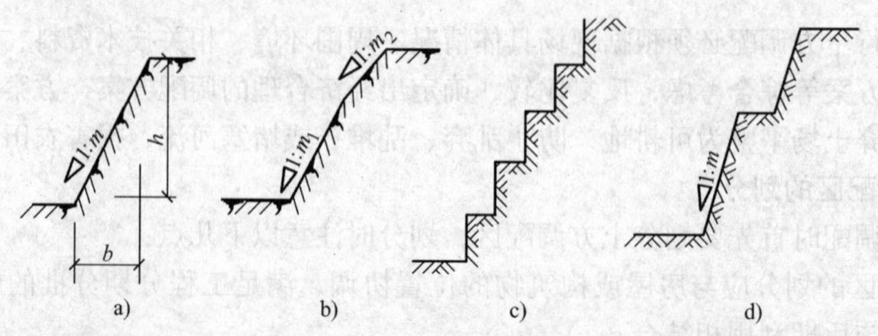

图2-5　边坡形式

a）直线形　b）折线形　c）阶梯形　d）分级形

土壁边坡的形式和大小应根据不同土质、开挖深度、施工工期、地下水位深位、坡顶荷载等因素而定。

2）影响边坡稳定的因素：土方边坡在一定条件下，局部或一定范围内沿某一滑动面向下或向外移动而丧失其稳定性，这就是常常遇到的边坡失稳现象。影响边坡稳定的因素较多。一般情况下，边坡失去稳定发生滑动，可以归结为土体内抗剪强度降低或切应力增加两方面。

具体来说，影响边坡稳定的主要因素有：气候的影响，使土质松软；雨水或地下水浸入而产生润滑作用；饱和水的细砂、粉砂因振动而液化；边坡上面增加荷载（静、动），尤其是行车等动荷载较大；土体中含水量增加；土体竖向裂缝中的水（地下水）产生侧向静水压力等。因此，在土方施工中要预估可能出现的情况，做好必要的防护措施，特别要做好对水的及时排除和防止坡顶荷载的增加。

3）边坡放坡要求：规范规定，当基础土质均匀且地下水位低于基坑或基槽底面标高时，可不放坡或设置支撑，但其开挖方深度不宜超过表2-5之规定。

表 2-5 不设边坡和支撑的挖方深度

项次	土质情况	挖土深度限值/m
1	密实、中密的砂土和碎石土类	1.00
2	硬塑、可塑的轻亚粘土及亚粘土	1.25
3	硬塑、可塑的粘土和碎石土类	1.50
4	坚硬的粘土	2.00

当地质条件良好，土质均匀、挖土深度在规范允许值内的临时性挖方的边坡应按表 2-6 之规定施工。另外规范还对开挖深度在 5m 内的基坑（槽）边坡坡度做了相应规定。在施工时，应根据实际情况对照相应规范设置边坡。

表 2-6 临时性挖方边坡值

土的类别		边坡（高:宽）
砂土（不包含细砂，粉土）		1:1.25~1:1.50
一般性粘土	硬	1:0.75~1:1.00
	硬、塑	1:1.00~1:1.25
	软	1:0.50 或更缓
碎石类土	充填坚硬、硬塑粘性土	1:0.50~1:1.00
	充填砂土	1:1.00~1:1.50

注：1. 设计有要求时，应符合设计标准。

2. 如采用降水或其他加固措施，可不受本表限制，但应计算复核。

3. 开挖深度，对软土不应超过 4m，硬土不应超过 8m。

4）边坡防护：当基坑晾槽时间较长时，为防止边坡土因失水过多而松散，或因地面水冲刷而产生滑坡现象，应根据实际条件采取护面措施，常用的坡面保护有下列方法。

① 薄膜覆盖法。在已开挖的边坡上铺设塑料薄膜，在坡顶、坡脚处用编织袋装土（砂）压边，并在坡脚处设置排水沟。此方法可用于防止雨水对边坡冲刷引起的塌方。

② 堆砌土（砂）袋护坡。当各种土质有可能发生滑移失稳时，可采用装土（砂）的编织袋（或草袋）堆置于坡脚或坡面，加强边坡抗滑能力，增加边坡稳定。

③ 浆砌片石（砖、石）护坡。当基坑深度不深、坡度较大时，可用浆砌砖、石压坡护面。另外还有挂网喷浆、钢丝网混凝土护面等防护方法。

（2）建筑基坑支护：《建筑地基基础工程施工质量验收规范》（GB 50202—2002）中规定：土方开挖的顺序、方法必须与设计工况一致，并遵循“开槽支撑，先撑后挖，分层开挖，严禁超挖”的原则。所以当深基坑开挖采用放坡，而无法保证施工安全或现场无放坡条件时，一般根据基坑侧壁安全等级采用支护结构临时支挡，以保证基坑的土壁稳定。

建筑基坑支护就是为保证地下结构设施及周边环境的安全，对基坑侧壁用周边环境采取的支挡、加固与保护的措施。基坑支护结构设计应根据表 2-7 选用相应的侧壁安全等级及重要性因数，也可根据基坑侧壁的安全等级参见表 2-8 选择。

表 2-7 基坑侧壁安全等级及重要性因数

安全等级	破坏后果	γ_0
一级	支护结构破坏、土体失稳或过大变形对坑周边环境及地下结构施工影响很严重	1.1
二级	支护结构破坏、土体失稳或过大变形对基坑周边环境及地下结构施工影响一般	1.0
三级	支护结构破坏、土体失稳或过大变形对基坑周边环境及地下结构施工影响不严重	0.9

注：γ_0 为重要性因数。有特殊要求的建筑基坑侧壁安全等级可根据具体情况另行确定。

表 2-8 基坑支护结构选型参考表

支护结构形式	适用条件
排桩或地下连续墙	1. 基坑侧壁安全等级为一、二、三级 2. 悬壁式结构在软土场地中不宜大于5m 3. 当地下水位高于基坑底面时，宜采用降水、排桩加止水帷幕或地下连续墙
水泥土墙	1. 基坑侧壁安全等级为二、三级 2. 水泥土桩施工范围内地基土承载力不宜大于150kPa 3. 基坑深度不宜大于5m
土钉墙	1. 基坑侧壁安全等级为二、三级的非软土场 2. 当地下水位高于基坑底面时，宜采取降水或止水措施 3. 基坑深度不宜大于12m
放坡	1. 基坑侧壁安全等级宜为三级 2. 施工场地应满足放坡条件 3. 可独立或与上述其他结构形式结合作用 4. 当地下水位高于坡脚时，宜采取降水措施

注：根据具体情况的条件，采用上述某一支护结构形式或其组合。

基坑支护结构选择应根据上述基本要求，综合考虑基坑实际开挖深度、基坑平面形状尺寸、工程地质和水文条件、施工作业设备、邻近建筑物的重要程度、地下管线的限制要求、工程造价等因素，比较后优选确定。

2.3.2 深基坑支护

深基坑支护受到基坑周边环境、土层结构、工程地质、水文情况、基坑形状、基坑安全等级、开挖深度、施工拟采用的降水方法、施工作业设备条件和工期要求以及技术经济效果等因素影响，制定方案时应综合全面地考虑。深基坑支护虽为一种施工临时性辅助结构物，但对保证工程顺利进行、临近地基和已有建（构）筑物的安全影响极大。

深基坑支护方法较多，施工方案可选用排桩、地下连续墙、土钉墙等形式，这些支护方法也可根据现场实际情况相互组合。

1. 重力式支护结构

(1) 构造与特点：重力挡墙式支护结构多采用连续式和格栅式（图 2-6b）。优点是：既可挡土又可防渗透，坑内一般不设支撑，便于机械化挖土，施工比连续排桩支护快速，节省水泥、钢材，造价较低；但多一道施工高压喷射注浆桩工序。适用于土质条件差、地下水位较高的淤泥、淤泥质土、粘土，基坑深度不宜大于6m。

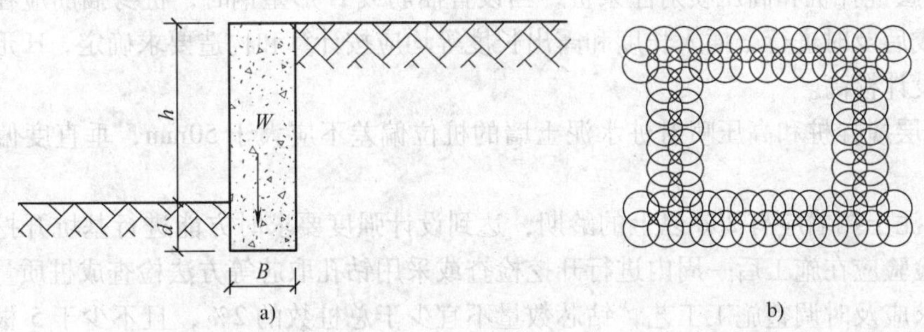

图 2-6　重力式支护结构

a）重力式支护图　b）平面格栅式布置示意图

为了充分利用水泥土桩组成宽厚的重力式墙，常将水泥土墙布置成格栅形（图 2-6b），为了保证墙体的整体性，规定了各种土的置换率（水泥土面积与水泥土挡土结构面积的比），一般为0.6～0.8。在基坑开挖深度 $h \leqslant 6\text{m}$ 的软土地区，根据经验墙体宽度取值为：$B=(0.6\sim0.8)h$，嵌入基底下的深度 $d=(0.8\sim1.2)h$。

水泥土挡墙是靠桩与桩的搭接形成连续桩墙，桩的搭接是保证水泥土墙抗渗漏及整体性的关键。因此，施工时水泥土桩间要考虑搭接宽度，一般考虑桩墙具有截水作用时不宜小于150mm，不考虑截水作用时不宜小于100mm。

为了提高水泥土墙的刚性，也有的在水泥土搅拌桩内插入 H 形型钢，使之成为既能受力又能抗渗两种功能的支护结构围护墙，可用于较深（8～10m）的基坑支护，水泥掺入比为20%，这种桩称为劲性水泥土搅拌桩。

(2) 施工方法及要点：按施工机具和方法不同，重力式支护结构分为深层搅拌桩、旋喷桩和粉喷桩。

1）深层搅拌桩即采用深层搅拌桩机，在确认浆液已从喷浆口喷出的前提下，向下搅拌、喷浆、钻进。当钻到设计深度时，再按试打桩记录的规定均匀搅拌提升，重复直至完成全部成桩工艺。

采用这种施工方法应注意：施工前，必须进行成桩工艺及水泥掺入量或水泥浆的配合比试验，以确定相应的水泥掺入比或水泥浆水灰比；深层搅拌机械就位时应对中，调平机械的垂直度，偏差必须在规范允许范围之内。深层搅拌单桩的施工应采用搅拌头上下各两次的搅拌工艺。输入水泥浆的水灰比不宜大于0.5，泵送压力宜大于0.3MPa，泵送流量应恒定。

2）旋喷桩是采用专用钻机，把带有特殊喷嘴的注浆管钻至预定位置后，将高压水泥浆液向四周高速喷入土体，并随钻头旋转和提升切削土层，使其掺合均匀，固结后形成桩墙。

3）粉喷桩是采用粉喷桩机成孔，用压缩空气将粉体输至桩头，雾状喷入土中，经钻头叶片旋转搅拌混合而成的桩。

采用高压喷射注浆桩施工前应通过试喷试验，确定不同土层旋喷固结体的最小直径、高压喷射施工技术参数等。高压喷射注浆水泥水灰比宜为1.0～1.5。挡墙应采取切割搭接法施工，并应在前桩水泥土尚未固化时进行后序搭接桩施工。相邻桩的搭接长度不宜小于200mm。相邻桩喷浆工艺的施工时间间隔不宜大于10h。施工开始和结束的头尾搭接处应采取加强措施，消除搭接缝。

4）深层搅拌桩和高压喷射注浆桩，当设置插筋或H形型钢时，桩身插筋应在桩顶搅拌或旋喷完成后及时进行，插入长度和露出长度等均应按计算和构造要求确定，H形型钢靠自重下插至设计标高。

5）深层搅拌桩和高压喷射桩水泥土墙的桩位偏差不应大于50mm，垂直度偏差不宜大于0.5%。

6）水泥土挡墙应有28d以上的龄期，达到设计强度要求时方能进行基坑开挖。水泥土墙的质量检验应在施工后一周内进行开挖检查或采用钻孔取芯等方法检查成桩质量，若不符合设计要求应及时调整施工工艺，钻芯数量不宜少于总桩数的2%，且不少于5根；并应根据设计要求取样进行单轴抗压强度试验。

2. 桩墙（地下连续墙）式支护结构

地下连续墙按其用途可分为防渗墙、基坑支护、挡土墙、用作主体结构兼作临时挡土墙、地下结构的边墙和建筑物的基础。地下连续墙的施工方法主要有两种：一种是开槽筑墙，另一种是密排桩墙。

（1）现浇钢筋混凝土地下连续墙施工工艺原理：现浇钢筋混凝土地下连续墙施工工艺就是在地面上用专门的挖槽设备沿工程周边及已铺筑的导墙，在泥浆护壁的条件下开挖一条窄而长的沟槽，每次开挖一个单元槽段，待挖至设计深度并清除沉淀下来的泥渣后，插入接头管，将在地面上加工好的钢筋笼用起重机械吊放入充满泥浆的沟槽内，用导管向沟槽内浇筑混凝土，混凝土是由沟槽底部开始逐渐向上浇筑，随着混凝土的浇筑即可将泥浆置换出来，待混凝土浇至设计标高并达到初凝后，拔出接头管，一个单元槽段即施工完毕。如此逐段施工形成一道连续的地下钢筋混凝土墙，供截水防渗、挡土或承重之用。现浇钢筋混凝土地下连续墙的施工工艺过程见图2-7。

（2）现浇地下连续墙的施工工艺过程

1）修筑导墙：导墙是地下连续墙挖槽之前修筑的临时结构，要求具有足够的强度、刚度和精度。槽段开挖前，要先沿连续墙设计轴线修筑导墙。导墙的作用是挖槽导向、防止槽段上口塌方、存蓄泥浆，同时还可作为施工时水平与竖直测量的基准，以及安装钢筋笼、设置混凝土导管、架设挖槽机具的支点。导墙一般可采用现浇、预制钢筋混凝土构筑。

导墙高1～2m，如图2-8所示，墙壁的厚度一般为100～200mm，当土层松软、施工荷载较大时，导墙厚度还应大些。两片导墙墙面间距B为地下连续墙设计厚度加施工余量40～60mm，导墙内墙面应垂直，顶面应水平，为了防止地面水流入槽段，顶面还要高出施工地面100mm，基底和土面密贴，以防槽内泥浆渗入导墙后面。现浇钢筋混凝土导墙拆模后应立即在墙间加设支撑，并在混凝土达到设计强度以前禁止重型机械设备在导墙附近停置或进行作业，以防止导墙开裂和位移变形。如地下水位很高时，则宜采用预制的钢筋混凝土导墙。

2）泥浆护壁：地下连续墙挖槽过程中常采用泥浆护壁，即在挖槽时利用槽中粘性土成

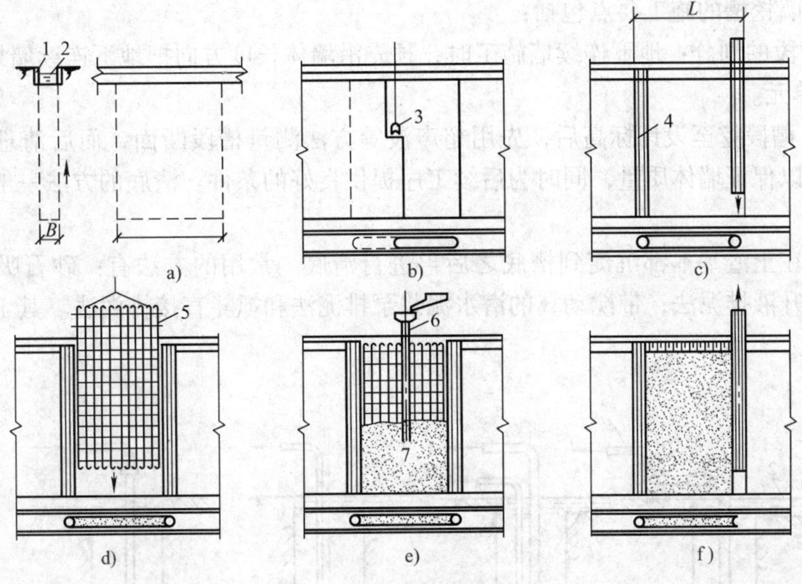

图 2-7　地下连续墙施工工艺过程

a）挖导淘、筑导墙　b）挖槽　c）吊放接头管　d）吊放钢筋笼　e）浇筑混凝土　f）拔出接头管

1—导墙　2—泥浆液面　3—挖槽机具　4—接头管　5—钢筋笼　6—导管

7—混凝土　B—墙厚　L—单元槽段长度

浆。为了使泥浆能适应多种要求和提高工作效能，可在泥浆中加入适量掺合物，如加重剂、增粘剂、分散剂和堵漏剂以调整其性能。

3）槽段开挖

① 常用的挖槽机械有：吊索式中心提拉式导板抓斗，导杆式液压抓斗（图2-9），多头钻成槽机和冲击钻等。

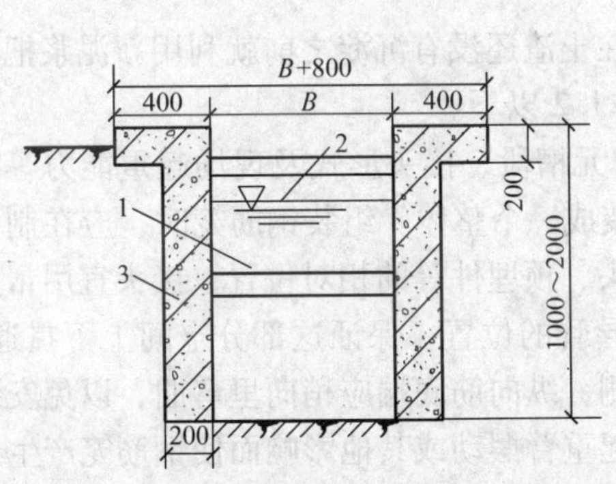

图 2-8　钢筋混凝土导墙

1—支撑　2—泥浆护壁　3—钢筋混凝土导墙

B—导墙墙面间距

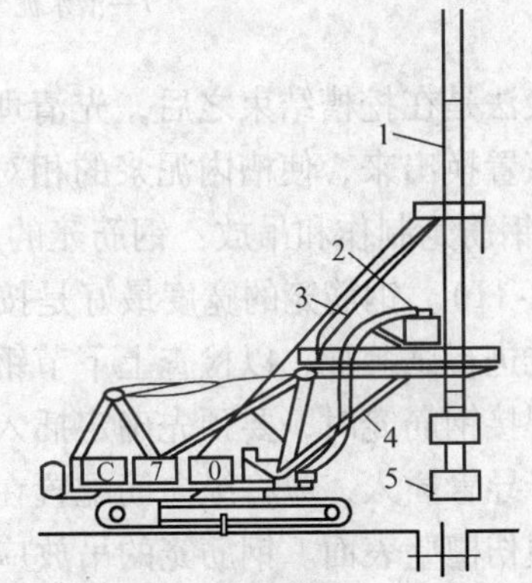

图 2-9　导杆式液压抓斗

1—导杆　2—液压管线回收轮　3—平台

4—调整倾斜度用的千斤顶　5—抓斗

② 挖槽是地下连续墙施工中的主要工序，挖槽约占地下连续墙施工工期的一半，因此提高挖槽效率是缩短工期的关键。同时，槽壁形状基本上决定了墙体外形。所以挖槽的精度又是保证地下连续墙质量的关键之一。

地下连续墙挖槽的施工要点包括：

a. 单元槽段的划分：地下连续墙施工时，预先沿墙体长度方向把地下连续墙划分为6~8m长的施工单元。

b. 清底：槽段挖至设计标高后，先用超声波等方法测量槽段断面，而后清理槽底的土渣和沉淀物，以保证墙体质量，同时为后续工序提供良好的条件。清底的方法一般有沉淀法和置换法。

沉淀法是在土渣基本都沉淀到槽底之后再进行清底。常用的方法有：砂石吸力泵排泥法；压缩空气升液排泥法；带搅动翼的潜水泥浆泵排泥法和抓斗直接排泥法。其工作原理如图2-10所示。

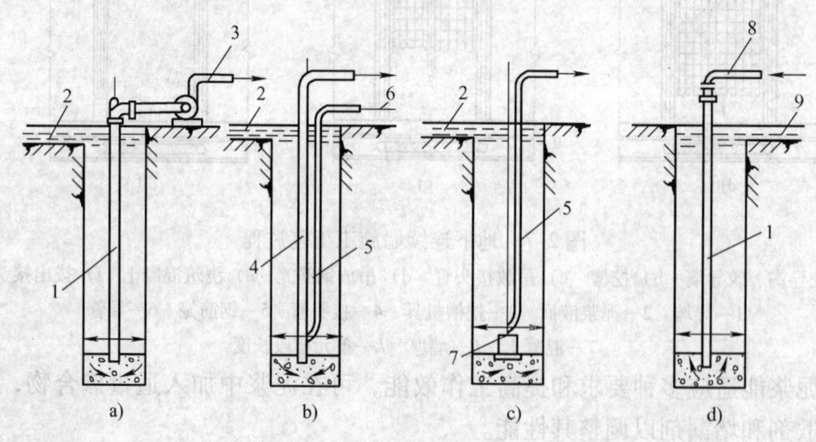

图2-10 清底方法

a）砂石吸力泵排泥 b）压缩气升液排泥 c）潜水泥浆泵排泥 d）利用混凝土导管压清水或稀泥浆排泥

1—导管 2—补给泥浆 3—吸力泵 4—空气升液排泥管或导管 5—软管 6—空气 7—潜水泥浆泵 8—清水或泥浆 9—排泥

置换法是在挖槽结束之后，先清理槽底，然后在土渣还没有沉淀之前就利用新泥浆把槽内的泥浆置换出来，使槽内泥浆的相对密度在1.1~1.2以下。

4）钢筋笼制作和吊放：钢筋笼的尺寸应根据单元槽段、接头形式及现场起重能力等确定（图2-11）。钢筋笼的宽度最好是按单元槽段组装成一个整体。组装钢筋笼时，应在制作台上预先进行试装配，以检查上下节钢筋笼主筋接头、预埋件等的相对位置，接头宜用帮条焊接。焊接钢筋笼时，要预先确定插入浇筑混凝土导管的位置，保证这部分空间上下贯通，为了便于导管插入，应将纵向筋配置在横向筋的内侧，纵向筋底端应稍向里弯曲，以免安装就位时损伤槽壁表面。钢筋笼的吊放应注意不要引起重臂摆动或其他影响而使钢筋笼产生横向摆动，造成槽壁坍塌。

5）地下连续墙的接头：可分两大类；施工接头（竖向接头）和结构接头（水平接头）。施工接头是浇筑地下连续墙时，在墙的竖向连接两相邻单元墙段的接头；结构接头是已完工的地下连续墙在水平向与其内部结构的梁、板等相连接的接头。

施工接头中常用的方式有：接头管接头（图2-11）、接头箱接头和隔板式接头。

接头管（亦称锁口管）接头是最常用的接头方式。接头管为用不同长度（如6m、4m、2m等）做成的一个直径比槽段宽度小约50mm的钢管，以适应不同的槽深。

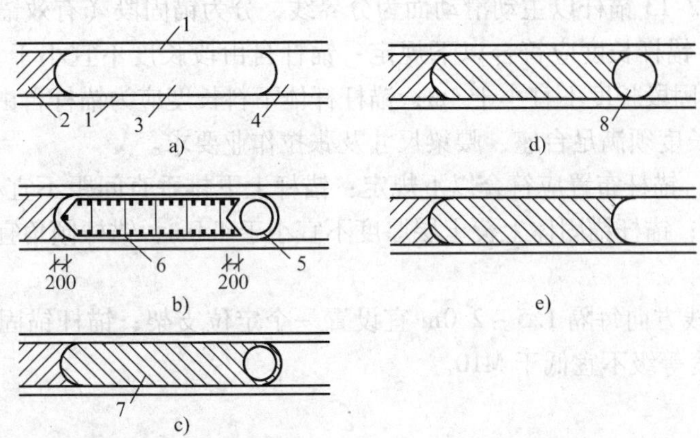

图 2-11 接头管接头施工

a）开挖槽段 b）吊放接头管和钢筋笼 c）浇筑混凝土 d）拔出接头管 e）形成接头

1—导墙 2—已浇筑混凝土的单元槽段 3—开挖的槽段 4—未开挖的槽段 5—接头管

6—钢筋笼 7—正在浇筑混凝土的单元槽段 8—接头管拔出后的孔洞

接头管作用是：

① 起侧模的作用，阻止槽段内新浇的混凝土进入另一槽段或与相邻未开挖的土体固结。

② 混凝土浇筑后拔出接头管，形成一个与槽宽相同的圆孔，使相邻槽段的混凝土有一个半圆弧企口接头，形成较好的结合面，连接简便，可以增强整体性和防水能力。

6）地下连续墙混凝土浇筑：在泥浆中浇筑混凝土，深度大而无法直接观察，同时要在短时间内均匀地浇筑完毕。施工时常采用导管法水下浇筑混凝土。在混凝土浇筑过程中，除应满足导管浇筑混凝土的一般要求外，还要随时测量混凝土面的高程。各导管处的混凝土表面的高差如果超过 300mm，就容易使泥浆卷入混凝土内。在浇筑时由于混凝土表面易被泥浆污染，其浮浆层需凿去，因此浇筑面应比设计墙顶面高出 200～300mm。

浇筑时使用导管的根数与单元槽段的长度有关。当单元槽段的长度小于 3m 时，一般采用 1 根导管；大于 3m 时，要使用 2 根或 2 根以上导管同时浇筑。导管间距与使用的导管直径有关，一般是：导管内径为 150mm 时，间距不宜超过 2m；内径为 200mm 以上的导管，间距不宜超过 3m。导管距离槽段端部不宜大于 1.5m，如果间距过大，易造成槽段端部和两根导管之间的混凝土面较低，也容易使泥浆进入。浇筑时混凝土上升速度不宜小于 2m/h。

3. 土层锚杆

土层锚杆是将设置在钻孔内，端部伸入到稳定土层中的钢筋或钢绞线与孔内注浆体锚固在土层中，组成的受拉杆体。钢筋或钢绞线一端伸入稳定土层中，另一端与支护结构用横梁相连接。锚杆的端部通过横撑（钢横梁）借螺母联结或施加预应力将挡土结构受到的侧压力，通过拉杆传给稳定土层，以达到控制基坑支护的变形，保持基坑土体和坑外建筑物稳定的目的。

（1）土层锚杆的分类：土层锚杆的种类较多，有一般灌浆锚杆、扩孔灌浆锚杆、压力灌浆锚杆、预应力锚杆等多种形式。

（2）土层锚杆构造：土层锚杆由锚头（锚具、承压板、横梁和台座）、拉杆和锚固体组成，见图2-12。图2-13锚杆以主动滑动面为分界线，分为锚固段（有效锚固长度）和非锚固段（自由长度）。锚杆长度应符合以下规定：锚杆自由段长度不宜小于5m，并应超过潜在滑裂面1.5m；锚固段长度不宜小于4m；锚杆杆体下料长度应为锚杆自由段、锚固段及外露长度之和，外露长度须满足台座、腰梁尺寸及张拉作业要求。

（3）锚杆布置：锚杆布置应符合以下规定：锚杆上下排垂直间距不宜小于2.0m，水平间距不宜小于1.5m；锚杆锚固体上覆土层厚度不宜小于4.0m；锚杆倾角宜为15°~25°，且不应大于45°。

（4）沿锚杆轴线方向每隔1.5~2.0m宜设置一个定位支架；锚杆锚固体宜采用水泥浆或水泥砂浆，其强度等级不宜低于M10。

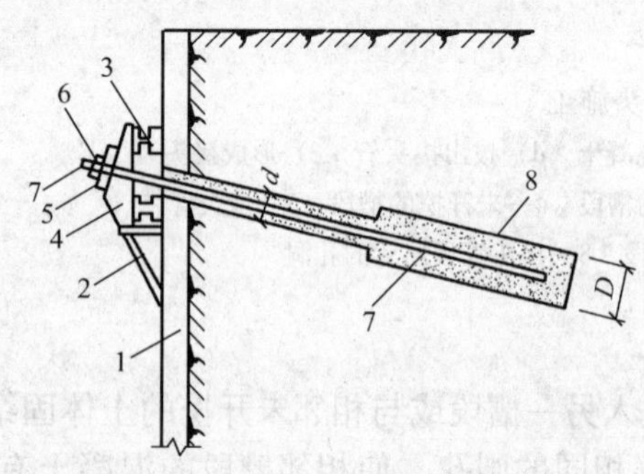

图2-12　土层锚杆构造

1—挡土灌注桩（支护）　2—支架　3—横梁
4—台座　5—承压垫板　6—紧固器
7—拉杆　8—锚固体

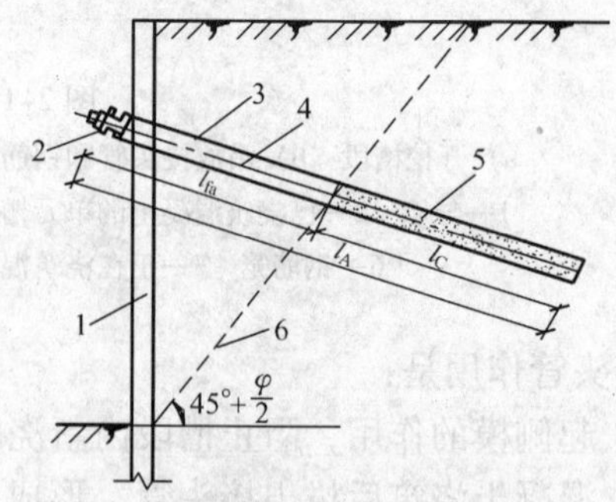

图2-13　土层锚杆长度的划分

1—挡土灌注桩（支护）　2—锚杆头部　3—锚孔
4—拉杆　5—锚固体　6—主动土压破裂面
l_A—锚杆长　l_{fa}—非锚固段　l_C—锚固段长度

（5）土层锚杆施工：土层锚杆施工工艺为：定位→钻孔→安放拉杆→注浆→（张拉）锚固。

土层锚杆根据支护深度和土质条件可设置一层或多层。当土质较好时，可采用单层锚杆；当基坑深度较大、土质较差时，单层锚杆不能完全保证挡土结构的稳定，需要设置多层锚杆。钻孔常用清水循环钻机，要求孔壁顺直，不坍塌和松动。拉杆安放前应先进行防腐处理。

施工中应符合下列要求：

1）锚杆钻孔水平方向孔距在垂直方向误差不宜大于100mm，偏斜度不应大于3%。

2）注浆分一次注浆法和二次注浆法。一次注浆法施工宜选用灰砂比1:1~1:2、水灰比为0.38~0.45的水泥砂浆，或水灰比为0.45~0.5的水泥浆。二次注浆法宜选用水灰比为0.45~0.55的水泥浆，用压力注浆机将灰浆注入到孔中。

3）预应力锚杆的张拉应在锚固段的混凝土强度大于15MPa并达到混凝土设计强度的75%后进行。张拉控制应力不应大于拉杆强度标准值的75%。锚杆张拉顺序应考虑对邻近锚杆的影响。

4. 土钉墙

土钉墙是近年发展起来的一种挡土结构。它是在土体内设置一定长度的钢筋（称为土钉）并与坡面的钢筋网喷射混凝土面板相结合而形成，起到挡土作用。土钉墙构造如图2-14所示。

（1）土钉墙构造要求

1）土钉墙由土钉和面层组成。墙面坡度不宜大于 1∶0.1；土钉一般采用 HRB335 级以上、直径 $\phi16 \sim \phi32$mm 的带肋钢筋，与水平夹角一般为 5°～20°；长度宜为 0.5～1.2 倍的基坑深度；间距宜为 1～2m。

2）土钉必须和面层有效地连接，应设置承压板或加强钢筋等构造措施，承压板或加强钢筋与土钉采用螺栓连接或钢筋焊接连接；钢筋混凝土面层应深入基坑底部不小于 0.1mm，混凝土面层强度等级不应低于 C20，厚度不宜小于 80mm，护面钢筋网宜采用 $\phi6 \sim \phi10$mm，间距为 150～300mm 的钢筋。坡面上下段钢筋网搭接长度应大于 300mm；注浆材料宜采用水泥浆或水泥砂浆，其强度等级不宜低于 M10。

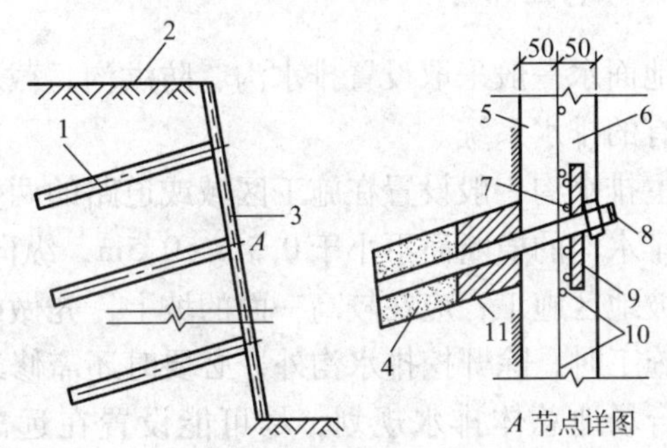

图 2-14　土钉墙构造示意图

1—土钉（钢筋）　2—被加固土体　3—喷射混凝土面板　4—水泥砂浆　5—第一层喷射混凝土　6—第二层喷射混凝土　7—增强筋　8—钢筋（土钉）　9—钢垫板　10—钢筋网　11—塞入填土（约 100mm 长）

3）当地下水位高于基坑底面时，应采取降水或截水措施，土钉墙墙顶应采用砂浆或混凝土护面，坡顶和坡脚应设排水措施，坡面上可根据具体情况设置泄水孔。

（2）土钉支护施工要点：土钉支护具有工料少、经济效益好、施工速度快、设备简单操作方便等特点；在施工中所需操作场地小且对环境干扰小；近年来得到较多运用。

1）施工工艺：修整边坡→喷射第一层混凝土→钻孔、插钢筋→注浆→绑扎钢筋网→喷射第二层混凝土→设置坡顶、坡面和坡角排水系统。

2）技术要求：

① 喷射作业应分段进行，自上而下，上层土钉注浆体喷射混凝土面层达到设计强度 70%后方可开挖下层土方。混凝土面层一次喷射厚度不宜小于 40mm；钢筋网应与土钉连接牢固，保护层厚度不宜小于 20mm。

② 注浆应随拌随用，在初凝前完成，注浆用砂浆采用 1∶1 或 1∶2（质量比）、水灰比为 0.38～0.5 水泥砂浆。

③ 注浆前应将孔内残留或松动的杂土清除干净；注浆开始或中途停止超过 30min 时，应用水或稀水泥浆润滑注浆泵及其管路；注浆时，注浆管应插至距孔底 250～500mm 处，孔口部位宜设置止浆塞及排气管。

3）土钉墙质量检测

① 土钉采用抗拉试验检测承载力，同一条件下，试验数量不宜少于土钉总数的 1%，且不应少于 3 根。

② 墙面喷射混凝土厚度应采用钻孔检测，钻孔数宜每 $100m^2$ 墙面积一组，每组不应少于 3 点。

2.4　土方施工排水、降水施工工艺

土方施工排水包括排除地面水和降低地下水位。

2.4.1 地面排水

地面水一般采取设置排水沟、防洪沟、截水沟、挡水堤等方法，并应尽量利用自然地形和原有的排水系统。

主排水沟一般设置在施工区域或道路的两旁，其横断面和纵向坡度根据最大流量确定。一般排水沟的横断面不小于0.5m×0.5m，纵向坡度根据地形确定，一般坡度不小于0.3%。在山坡地区施工，应在较高一面的坡上，先做好截水沟，阻止山坡水流入施工现场。在低洼地区施工时，除开挖排水沟外，必要时还需修筑土堤，以防止场外水流入施工场地。出水口应结合场地总体排水规划，尽可能设置在远离建筑物或构筑物的低洼地点，并保证排水通畅。

明排水法是在基坑逐层开挖过程中，沿每层坑底四周或中央设置排水沟和集水井。基坑内的水经排水沟流向集水井，通过水泵将集水井内积水抽走，直到基坑回填，排水过程结束（见图2-15）。明排水法施工简单、经济、对周围环境影响小，可用于降水深度较小且上层为粗粒土层或渗水量小的粘土层降水。

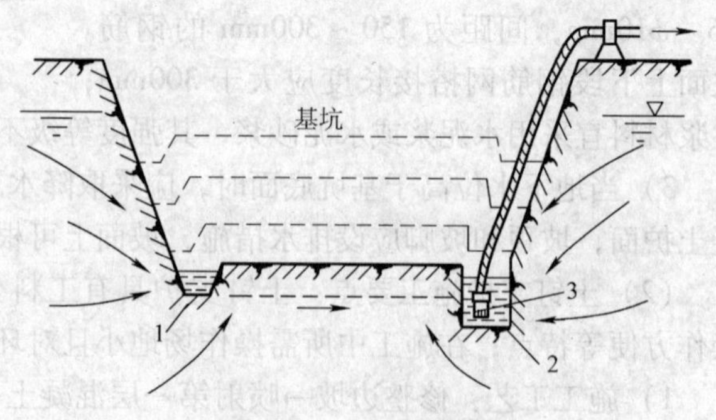

图2-15 明排水法

1—排水沟 2—集水坑 3—水泵

施工过程包括基础开挖、设置排水沟和集水井、选用水泵和现场安装设备、抽水及设备拆除等。排水沟、集水井随基础开挖逐层设置，并设置在拟建建筑基础边净距0.4m以外，井底铺设0.3m左右的碎石滤水层，以免抽水时将泥砂抽走，同时防止井底土被扰动。

排水沟边缘距离边坡脚不应小于0.3m；在基坑四角或每隔30~40m应设一集水井。

1. 抽水设备及选用

明排水法所用抽水设备主要是水泵，其选用应根据基坑的涌水量、基坑的开挖深度并结合水泵的有关性能来确定的。水泵的主要性能包括：流量、总扬程、吸水扬程和功率等。基坑排水用的水泵主要有离心泵、潜水泵等。

明排水法一般用于面积及降水深度较小且土层中无细砂、粉砂情况。

2. 流砂现象的产生和防治

用明排水法降水，挖至地下水水位以下时，有时坑底面的土颗粒会形成流动状态，随地下水一起涌入基坑。这种现象称为流砂现象。发生流砂时，土完全丧失承载能力。使施工条件恶化，难以达到开挖设计深度。严重时会造成边坡塌方及附近建筑物下沉、倾斜和倒塌。

（1）流砂产生的原因：流砂现象的产生是水在土中渗流所产生的动水压力对土体作用的结果，如图2-16所示。

水在土中渗流时，动水压力 G_D 的大小与水力坡度成正比，即水位差 h_1-h_2 越大，G_D 越大；而渗流路线 l 越长，G_D 越小，作用方向与水流方向（向右方向）相同。

（2）流砂发生的条件：当水流在水位差的作用下对土颗粒产生向上的动水压力时，动水压力不但使土粒受到了水的浮力，而且当 $G_D \geqslant \gamma'_w$ 时，土颗粒处于悬浮状态，土的抗剪强

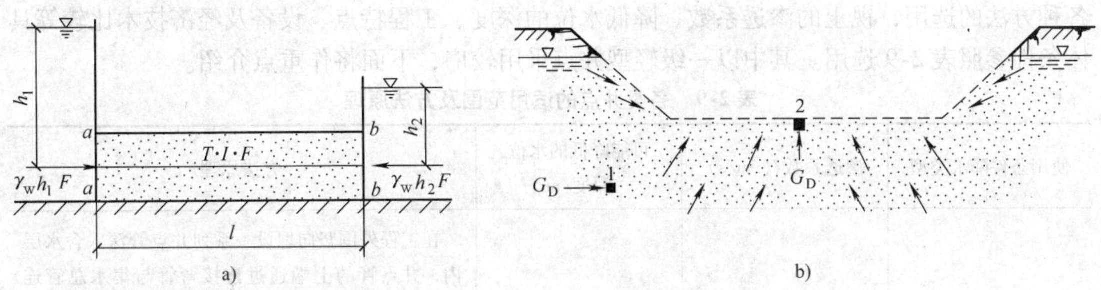

图 2-16　流砂产生的原因

a）水在土中渗流时的脱离体受力图　b）动水压力对地基土的影响

度等于零，土粒能随着渗流的水一起流动，于是就出现了“流砂现象”。

流砂现象经常发生在细砂、粉砂及粉土中，而是否出现流砂现象的重要条件是动水压力的大小和方向，因此防止流砂应着眼于减小或消除动水压力。

（3）防治流砂的方法：在基坑开挖中，防治流砂的原则是“治流砂必先治水”。治理流砂的主要途径有消除、减小和平衡动水压力，改变水的渗流路线。其具体措施有：水下挖土法、打板桩法、抢挖法、地下连续墙法、枯水期施工法及井点降水等方法。

1）抢挖法：即组织分段抢挖，使挖土速度超过冒砂速度，挖到标高后立即铺竹筏或芦席，并抛大石块以平衡动水压力，压住流砂，此法可解决轻微流砂现象。

2）打板桩法：将板桩打入坑底下面一定深度，增加地下水从坑外流入坑内的渗流距离，以减小水力坡度，从而减小动水压力，防止流砂现象的产生。

3）水下挖土法：不排水施工，使坑内水压力与地下水压力平衡，消除动水压力，从而防止流砂产生。此法在沉井挖土下沉过程中常用。

4）人工降低地下水位：采用轻型井点等降水，使地下水的渗流向下，水不致渗流入坑内，又增大了土料间的压力，从而可有效地防止流砂形成。因此，用此种方法防治流砂较为可靠。

5）地下连续墙法：此法是在基坑周围先浇筑一道混凝土或钢筋混凝土的连续墙，以支承土墙、截水并防止流砂产生。

6）枯水期施工法：是选择枯水期间施工，因为此时地下水位低，坑内外水位差小，水压力减小，从而可预防和减轻流砂现象。

2.4.2　井点降水

井点降水也称人工降低地下水位。就是在基坑开挖前，预先在拟挖基坑的四周埋设一定数量的滤水管，利用抽水设备从中不间断抽水，使地下水位降落在坑底以下，然后开挖基坑、进行基础施工和土方回填，待基础工程全部施工完毕后，撤除人工降水装置。这样，可使动水压力方向向下，所挖的土始终保持干燥状态，从根本上防止流砂发生，并增加土中有效应力，提高土的强度和密实度，改善了施工条件。因此，人工降低地下水位不仅是一种施工措施，也是一种地基加固方法。采用人工降低地下水位，可适当改陡边坡以减少挖土数量，但在降水过程中，基坑附近的地基土壤会有一定的沉降，施工时应加以注意。

人工降低地下水位的方法有：轻型井点、喷射井点、电渗井点、管井井点及深井泵等。

各种方法的选用，视土的渗透系数、降低水位的深度、工程特点、设备及经济技术比较等具体条件参照表2-9选用。其中以一级轻型井点采用较广，下面将作重点介绍。

表2-9　各类井点的适用范围及方法原理

使用条件降水类型	渗透系数/(cm/s)	可能降低的水位深度/m	方法原理
轻型井点、多级轻型井点	$10^{-2}\sim10^{-5}$ （砂土、粘性土）	3~6 6~12	在工程外围竖向埋设一系列井点管深入含水层内，井点管的上端通过连接弯管与集水总管连接，集水总管再与真空泵和离心泵相连，起动真空泵，使井点系统形成真空，井点周围形成一个真空区，真空区砂井向上向外扩展一定范围，在真空泵吸力作用下，井点附近的地下水通过砂井、滤水管被强制吸入井点管和集水总管，排除空气后，由离心水泵的排水管排出，使井点附近的地下水位得以降低
喷射井点	$10^{-3}\sim10^{-6}$ （粉砂、淤泥质土、粉质粘土）	8~20	在井点内部装设特制的喷射器，用高压水泵或空气压缩机通过井点管中的内管向喷射器输入高压水（喷水井点）或压缩空气（喷气井点），形成水气射流，将地下水经井点外管与内管之间的间隙抽出排走
电渗井点	$<10^{-6}$	宜配合其他形式降水使用	利用粘性土中的电渗现象和电泳特性，使粘性土空隙中的水流动加快，起到一定疏干作用，从而使软土地基排水效率得到提高
深井井点	$\geqslant10^{-5}$ （砂类土）	>10	在深基坑的周围埋设深于基底的井管，使地下水通过设置在井管内的潜水泵将地下水抽出，使地下水位低于坑底

1. 轻型井点降水

轻型井点降水（图2-17）是沿基坑（槽）的四周或一侧以一定距离埋设一定数量的井

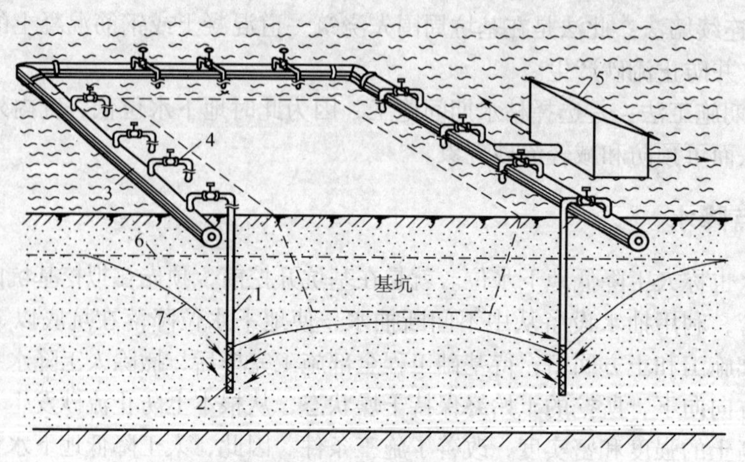

图2-17　轻型井点降低地下水位图

1—井点管　2—滤管　3—总管　4—弯联管　5—水泵房

6—原有地下水位线　7—降低后地下水位线

点管，井点管上端有弯连管与集水总管相连，下端与滤水管连接，并利用抽水设备不间断将渗流进井点管的水抽出，使地下水位降落在坑底以下。

（1）轻型井点设备：轻型井点设备由管路系统和抽水设备组成，管路系统包括滤管、井点管、弯联管及总管等。

井点管常用直径 38mm 或 51mm 的无缝钢管，长为 5～7m，可整根或分节连接而成。井点管上端用弯联管与总管相连，下端与滤管用螺纹套头连接。滤管是井点管的进水设备，通常采用长 1.0～1.2m 无缝钢管，直径与井点管相同，管壁钻有直径为 12～19mm 的呈星棋状排列的滤孔，滤孔面积为滤管表面积的 20%～25%。骨架管外面包以两层孔径不同的铜丝布或塑料布滤网。为使流水畅通，在骨架管与滤网间用塑料管或梯形钢丝隔开，塑料管沿骨架管绕成螺旋形。滤网外面再绕一层 8 号粗金属保护网，滤管下端为一锥形铸铁头，见图2-18。

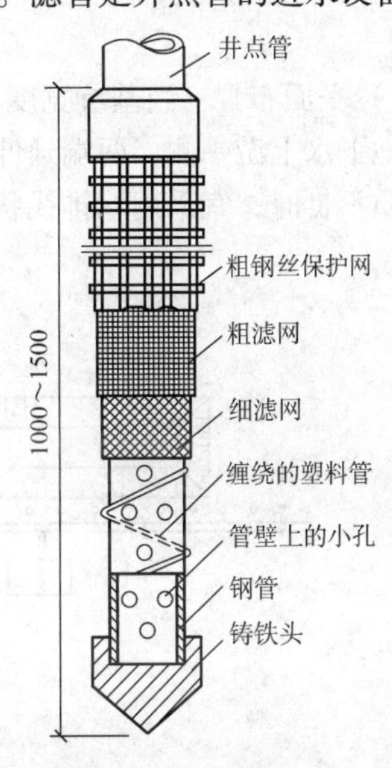

图 2-18　锥形铸铁头构造

集水总管用直径 100～127mm 的无缝钢管，每段长 4m，其上装有与井点管连接的短接头，间距为 0.8m 或 1.2m。

抽水设备是由真空泵、离心泵和水气分离器（又叫集水箱）等设备组成，其工作原理如图 2-19 所示。

抽水时先开动真空泵 19，将水气分离器 10 内部抽成一定程度的真空，使土中的水分和空气受真空吸力作用而吸出，经管路系统，再经过滤箱 8（防止水流中的细砂进入离心泵引起磨损）进入水气分离器 10。水气分离器内有一浮筒 11，能沿中间导杆升降。当进入水气分离器内的水多起来时，浮筒

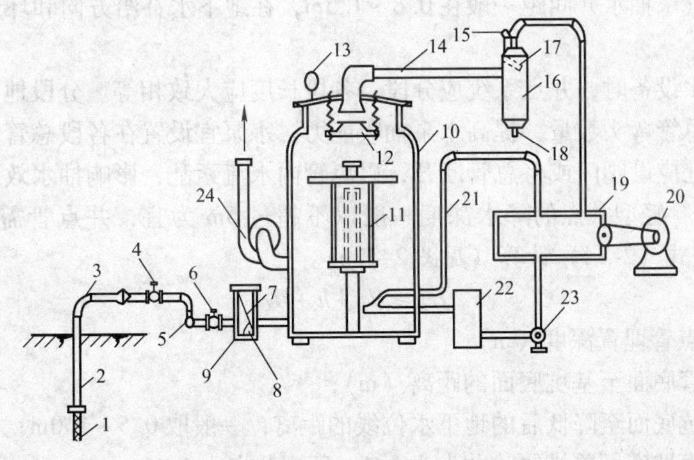

图 2-19　轻型设备工作原理

1—滤管　2—井点管　3—弯管　4—阀门　5—集水总管　6—闸门　7—滤管　8—过滤箱　9—淘砂孔　10—水气分离器　11—浮筒　12—阀门　13—真空计　14—进水管　15—真空计　16—副水气分离器　17—挡水板　18—放水口　19—真空泵　20—电动机　21—冷却水管　22—冷却水箱　23—冷却循环水泵　24—离心水泵

即上升，此时即可开动离心水泵 24，将水气分离器内的水经离心泵排出，空气集中在上部由真空泵排出。为防止水进入真空泵（因为真空泵为干式），水气分离器顶装有阀门 12，并在真空泵与进气管之间装一副水气分离器 16。为了对真空泵进行冷却，特设一个冷却循环水泵 23。

（2）井点布置：轻型井点的布置要根据基坑平面形状及尺寸、基坑的深度、土质、地下水位高低及地下水流向、降水深度要求等因素确定。其布置内容包括平面布置和高程布置。

1）平面布置：当基坑宽度小于 6m，降水深度不超过 5m 时，可采用单排线状井点，布置在地下水上游一侧，两端延伸长度不小于基坑的宽度（见图 2-20）。如基坑宽度大于 6m 或土质不良时，宜采用双排线状井点。

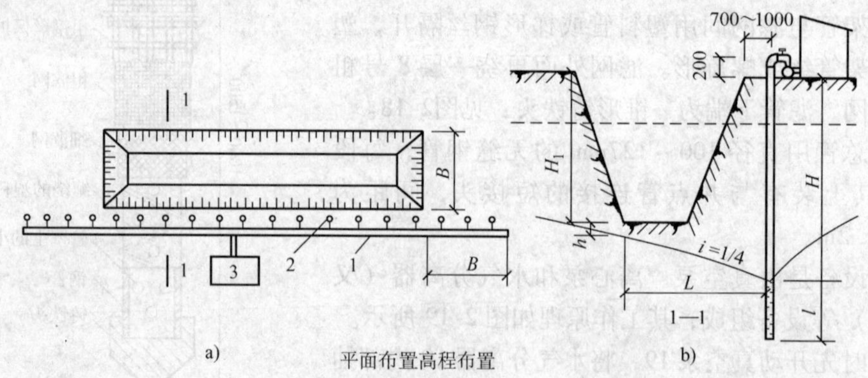

平面布置高程布置

图 2-20　单排线状井点布置图

a）平面图　b）剖面图

1—总管　2—井点管　3—抽水设备

当基坑面积较大，宜采用环形井点（见图 2-21）布置，井点管距离基坑 0.7 ~ 1.0m，以防井点系统漏气。抽水井间距一般在 0.8 ~ 1.5m，在地下水补给方向和环形井点四角应适当加密。

采用多套抽水设备时，井点系统应分段，各段长度应大致相等。分段地点宜选择在基坑转弯处，以减少总管弯头数量，提高水泵抽吸能力。水泵宜设置在各段总管中部，使泵两边水流平衡。分段处应设阀门或将总管断开，以免管内水流紊乱，影响抽水效果。

2）高程布置：轻型井点的降水深度一般以不超过 6m 为宜，井点管需要埋置深度 H_A（不含滤管）可按式（2-14）计算（见图 2-21b）。

$$H_A \geqslant H_1 + h + iL \tag{2-14}$$

式中　H_A——井点管埋置深度（m）；

H_1——总管底面至基坑底面的距离（m）；

h——基坑底面至降低后的地下水位线的距离，一般取 0.5 ~ 1.0m；

i——水力坡度，单排线状井点为 1/4，环型井点为 1/10；

L——井点管距基坑中心的水平距离，单排井点为井点管至基坑另一边的水平距离（m）。

根据上式算出的 H_A 值大于 6m 时，可降低井点管的埋设面以适应降水深度要求，通常井点管露出地面为 0.2 ~ 0.3m，而滤管必须埋在含水层内。为了充分利用抽水能力，总管的

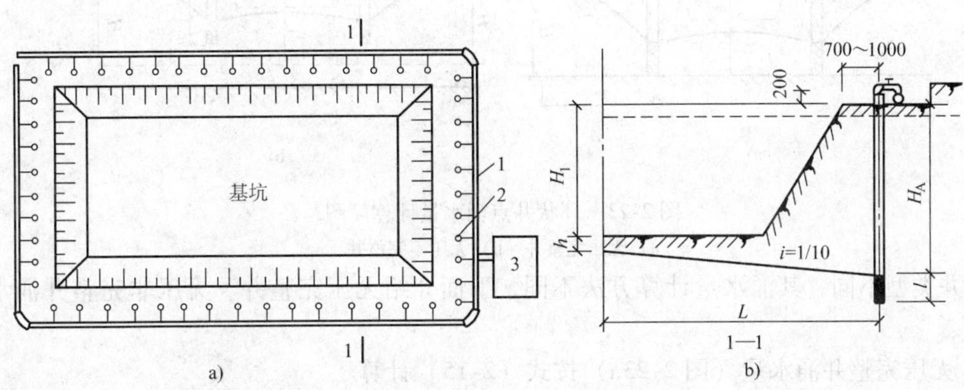

图 2-21　环形井点布置图

a）平面布置　b）高程布置

1—总管　2—井点管　3—抽水设备

布置标高宜接近地下水位线，可先下挖部分土方，总管应具有 0.25%～0.5% 的坡度（坡向泵房）。

（3）轻型井点计算：轻型井点的计算包括：根据确定的井点系统的平面和竖向布置图计算井点系统涌水量，计算确定井点管数量与间距，校核水位降低数值，选择抽水设备和井点管的布置等。

1）井点涌水量计算：轻型井点系统涌水量的计算比较复杂，影响因素很多（如水文地质条件、抽水设备等），一般是按水井理论来计算涌水量。井点系统涌水量的计算，首先要判定井的类型。

水井根据其井底是否达到不透水层，分为完整井与非完整井。井底达到不透水层的为完整井，否则为非完整井。根据地下水是否受不透水层的压力分为承压井与无压井。滤管布置在地下两层不透水层之间，地下水面承受不透水层的压力，抽吸承压层间地下水的，称为承压井；若地下水上部为透水层，地下水是无压水，称为无压井。

综上所述，水井大致可分为四种类型（见图 2-22、图 2-23）：无压完整井，无压非完整井，承压完整井，承压非完整井。

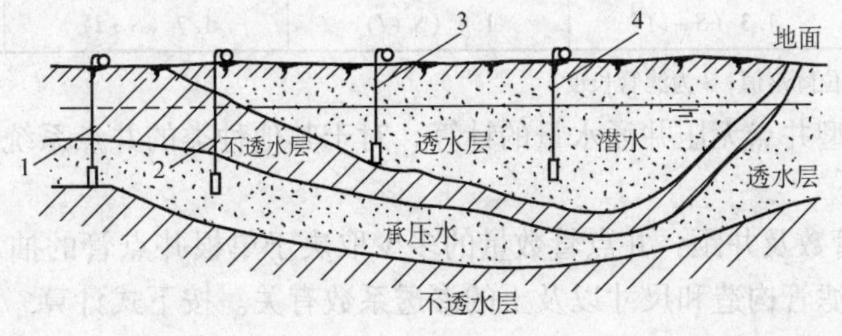

图 2-22　水井的分类

1—承压完整井　2—承压非完整井　3—无压完整井　4—无压非完整井

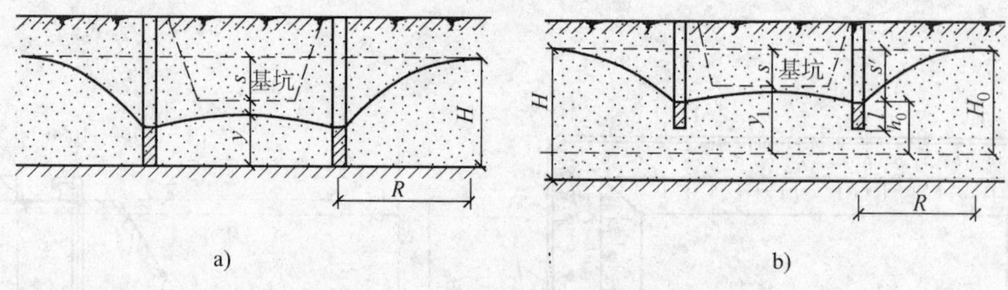

图 2-23　环状井点涌水量计算简图

a）无压完整井　b）无压不完整井

水井类型不同，其涌水量计算方法不同，下面介绍无压完整井、无压非完整井涌水量计算：

① 无压完整井涌水量（图 2-23a）按式（2-15）计算

$$Q = 1.336K\frac{(2H - S)\ S}{\lg R - \lg r_0} \tag{2-15}$$

式中　Q——井点系数的总涌水量（m^3/d）；

K——渗透系数（m/d）；

H——潜水含水层厚度（m）；

S——基坑水位降深（m）；

R——降水影响半径（m），可按下式确定

$$R = 1.95S\sqrt{KH}\ \text{（潜水含水层）} \tag{2-16}$$

r_0——基坑环形井点假想半径（m），对于矩形基坑，其长度与宽度之比不天于 5 时，可按下式计算：

$$r_0 = \sqrt{\frac{A}{\pi}} \tag{2-17}$$

式中　A——基坑面积。

② 无压非完整井涌水量计算（图 2-23b）：对于无压非完整井点系统，地下潜水不仅从井的侧面流入，还从井点底部渗入，因此涌入量较完整井大。为了简化计算，仍可采用式（2-15）。但此时式中 H 应换成有效抽水影响深度 H_0，H_0 值可按表 2-10 确定，当算得 H_0 大于实际含水量厚度 H 时，仍取 H 值。

表 2-10　抽水影响深度 H_0　（单位：m）

$S/(S+l)$	0.2	0.3	0.5	0.8
H_0	$1.3\ (S+l)$	$1.5\ (S+l)$	$1.7\ (S+l)$	$1.85\ (S+l)$

注：S 为井点管中水位降落值；l 为滤管长度。

以上是常见轻型井点无压井涌水量的计算，对于其他种类的井点系统涌水量的计算可按有关规程计算。

2）确定井点管数及井距：井点管数量的多少取决于单根井点管的抽水能力，单根井点管的最大出水量与滤管构造和尺寸以及土的渗透系数有关。按下式计算

$$q = 65\pi dl\sqrt[3]{K} \tag{2-18}$$

式中　q——单根井点管最大出水量（m^3/d）；

d——滤管内径（m）。

井点根数：
$$n = 1.1\frac{Q}{q} \tag{2-19}$$

井点管的平均间距：
$$D = \frac{L}{n} \tag{2-20}$$

式中 D——井点管间距（m）；

L——总管长度（m）。

井点管间距经计算确定后，布置时还需注意：井点管间距不能过小，否则彼此干扰大，出水量会显著减少，一般可取滤管周长的5~10倍；在基坑周围四角和靠近地下水流方向一边的井点管应适当加密；实际采用的井距，还应与集水总管上短接头的间距相适应。

（4）抽水设备的选择：轻型井点所用的抽水设备主要是真空泵和单级离心泵两种类型。

真空泵有干式和湿式两种，常用的是干式W5和W6型，采用W5时总管长度不大于100m；采用W6型时，总管长度不大于200m。根据降水深度所需要的可吸真空高度及各项水头损失，真空泵在抽水时所需最低真空度按下式计算：

$$h_k = (h_A + \Delta h)g \times 10^3 \tag{2-21}$$

式中 h_k——真空泵在抽水时的最低真空度（Pa）；

h_A——根据降水深度要求的可吸真空高度近似取集水总管至滤管的深度（m）；

Δh——水头损失，包括进入滤管的水头损失、管路阻力损失及漏气损失等（近似取1.0~1.5m）。

在抽水过程中，真空泵的实际真空度如小于式（2-20）计算的最低真空度，降水深度则达不到要求。离心泵，其型号应根据流量、吸水扬程及总扬程而定，水泵的流量应比基坑涌水量增大10%~20%。吸水扬程应不小于降水深度加各项水头损失。出水扬程包括实际出水高度及出水水头损失。水泵的总扬程应满足吸水扬程与出水扬程之和。

通常一套抽水设备可配置两台离心泵或真空泵，既可轮换使用，又可在地下水量较大时同时使用。

（5）轻型井点施工：井点施工工艺：放线定位→挖井点沟槽→铺设总管→冲孔→安装井点管、灌填砂砾滤料、上部填粘土密封→用弯联管将井点管与总管接通→安装抽水设备与总管连通→安装集水箱和排水管→开动真空泵排气、再开动离心水泵试抽→抽水。

井点管常用的埋设方法是冲孔埋设法，这种方法分为冲孔和埋管两个过程（见图2-24），冲孔时先用起重设备将冲管吊起并插在井点的位置上，然后开动高压水泵，将土冲松，冲管边冲边沉。冲管应始终保持垂直、上下孔一致。冲孔直径一般为300mm，但必须得保证管壁有一定厚度的砂滤层。冲孔深度应比滤管底深0.5~1m，以防拔出时部分土回落填塞滤管。

井孔冲成后，拔出冲管，立即插入井点管，并在井点管与孔壁之间迅速填灌砂滤层，以防孔壁塌土。砂滤层所用的砂一般为洁净的中粗砂，充填高度至少要达到滤管顶以上1~1.5m，以保证水流畅通。砂滤层灌好后，在地面以下1m范围内应用粘土封口，以防止漏气。正常情况下，当灌填砂滤料时，井点管口应有泥浆水冒出；如果没有泥浆水冒出，应从井点管口向管内灌清水，测定管内水位下渗快慢情况，如下渗很快，表明滤管质量良好。

井点系统埋设完后应立即进行抽水试验，检查抽水设备是否正常，管路系统有无漏气。如发现漏气和漏水现象应及时处理，如发现“死井”（即井点管被泥砂堵塞），应用高压水

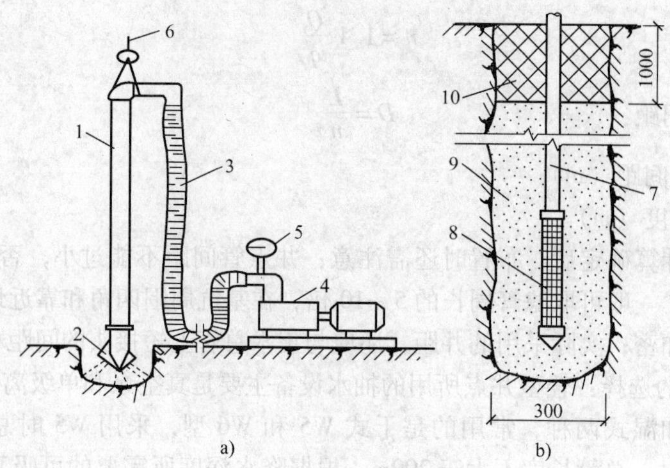

图 2-24 井点管的埋设

a) 冲孔 b) 埋管

1—冲管 2—冲嘴 3—胶皮管 4—高压水泵 5—压力表
6—起重机吊钩 7—井点管 8—滤管 9—填砂 10—粘土封口

反复冲洗或拔出重新沉设。

轻型井点使用时，一般应连续抽水。中途停抽，滤网易堵塞，地下水回升，会引起边坡坍塌等事故。

(6) 回灌井点：轻型井点降水有许多优点，在基础施工中应用广泛，但其降落漏斗影响范围较大，影响半径可达百米甚至数百米，且会导致周围土壤固结而引起地面沉陷。特别是在弱透水层和压缩性大的粘土层中降水时，由于地下水流造成的地下水位下降、地基自重应力增加和土层压缩等原因。会产生较大的地面沉降。使周围建筑物、地下管线下沉或房屋开裂。因此，在建筑物附近进行井点降水时，在做好监测工作的同时还须采取措施，阻止建筑物下地下水的流失。

1) 一般工程主要采取的措施有：

① 在降水区域和原有建筑物、地下管线之间的土层中设置一道固体抗渗屏幕（如水泥搅拌桩、灌注桩加压密注浆桩、旋喷桩、地下连续墙），利用止水帷幕减少或切断坑外地下水的涌入，大大减小对周围环境的影响。

② 较经济也比较常用的是场地外缘设置回灌系统，也是行之有效的方法，回灌系统包括井点回灌和砂沟砂井回灌两种形式。井点回灌是在抽水井点设置线外 4 ~ 5m 处，以间距 3 ~ 5m插入注水管，将井点中抽取的水经过沉淀后用压力注入管内，形成一道水墙，以防止土体过量脱水，而基坑内仍可保持干燥；在降水井点与被保护的建（构）筑物之间设置砂井并作为回灌砂井，沿砂井布置一道砂沟，将降水井点抽出的水，适时适量排入砂沟，再经砂井回灌到地下，实践证明亦能收到良好的效果。

2) 轻型井点降水设计示例

【例】某厂房设备基础施工，基坑底宽 8m，长 15m，深 4.2m；挖土边坡 1∶0.5，基坑平面、剖面图如图 2-25 所示。地质资料表明，在自然地面以下为 0.8m 粘土层，其下有 8m 厚的砂砾层（渗透系数 $K = 12\text{m/d}$），再下面为不透水的粘土层。地下水位在地面以下

1.5m。现决定采用轻型井点降低地下水位，试进行井点系统设计。

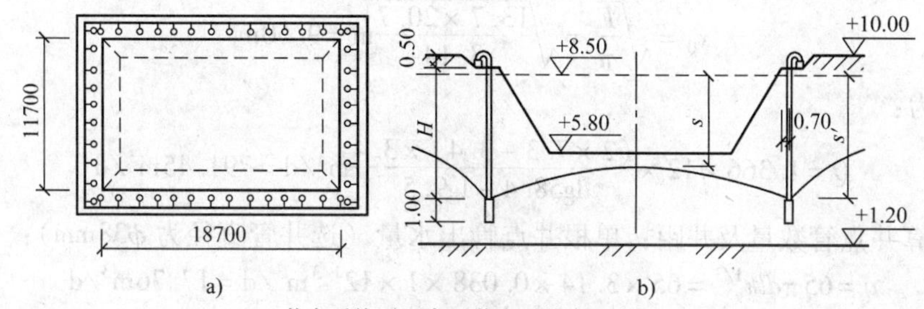

井点系统平面布置井点系统高程布置

图 2-25　基坑平面、剖面示意图

a）平面图　b）剖面图

【解】（1）井点系统位置：为使总管接近地下水位和不影响地面交通，将总管埋设在地面下 0.5m 处，即先挖 0.5m 的沟槽，然后在槽底铺设总管，此时基坑上口（+9.5m）平面尺寸为 11.7m×18.7m，井管初步布置在距基坑边 1m；则井管所围成的平面积为 13.7m×20.7m，降水总管长度为：$L_{总} = 13.7\times2 + 20.7\times2\text{m} = 68.8\text{m}$，由于其长宽比小于5，且基坑宽度小于 2 倍抽水影响半径 R（见后面计算），故按环状井点布置。基坑中心的降水深度为：

$$s = (8.5 - 5.8 + 0.5)\text{m} = 3.2\text{m}$$

采用一级井点降水，井点管的要求埋设深度 H 为

$$H \geqslant H_1 + h + IL$$

$$= \left(3.7 + 0.5 + \frac{1}{10}\times\frac{13.7}{2}\right)\text{m}$$

$$= 4.9\text{m}$$

采用长 6m、直径 38mm 的井点管，井点管外露 0.2m，作为安装总管用，则井管埋入土中的实际深度为（6.0－0.2）m＝5.8m，大于要求埋设深度，故高程布置符合要求。

（2）基坑涌水量计算：取滤水管长度 $l = 1\text{m}$，则井点管及滤管总长（6＋1）m＝7m，滤管底部距不透水层为 1.7m，可按无压非完整井环形井点系统计算。

井点管中心水位降落值：$S' = (6.0 + 0.3 - 1.5)\ \text{m} = 4.8\text{m}$，基坑实际降水深度：$s = (4.8 - 1/10\times13.7)\ \text{m} = 3.4\text{m}$

其涌水量计算式为：

$$Q = 1.366K\frac{(2H_0 - s)s}{\lg R - \lg x_0}$$

先求出 H_0、R、x_0

有效抽水影响深度 H_0，查表 2-10 求出。

由 $\frac{s'}{s'+l} = \frac{4.8}{4.8+1} = 0.83$

得 $H_0 = 1.85(s'+l) = 10.73\text{m}$

由于实际含水层厚度 $H = (8.5 - 1.2)\text{m} = 7.3\text{m}$，而 $H_0 > H$，故取 $H_0 = H = 7.3\text{m}$。

抽水影响半径 R：

$$R = 1.95s\sqrt{H_0K} = 1.95\times3.4\sqrt{7.3\times12}\text{m} = 62.05\text{m}$$

基坑假想圆半径 x_0：

$$x_0=\sqrt{\frac{F}{\pi}}=\sqrt{\frac{13.7\times20.7}{3.14}}\text{m}=9.50\text{m}$$

涌水量为：

$$Q=1.366\times12\times\frac{(2\times7.3-3.4)\times3.4}{\lg58.4-\lg9.5}\text{m}^3/\text{d}=791.45\text{m}^3/\text{d}$$

（3）计算井点管数量及井距：单根井点管出水量（选井管直径为 ϕ38mm）：

$$q=65\pi dlk^{1/3}=65\times3.14\times0.038\times1\times12^{1/3}\text{m}^3/\text{d}=17.76\text{m}^3/\text{d}$$

井点管数量：

$$n=1.1\times\frac{Q}{q}=1.1\times\frac{791.45}{17.76}\text{根}=50.0\text{ 根}$$

井距：$D=\frac{L'}{n}=\frac{68.8}{50}\text{m}=1.38\text{m}$

取井距为 1.2m，井点管实际总根数为 57 根。

基坑施工时，井点系统的布置如图 2-25 所示。

（4）选择抽水设备：抽水设备所带动的总管长度为 68.8m，可选用 W5 型干式真空泵。

水泵抽水流量：

$$Q_1=1.1Q=1.1\times791.45\text{m}^3/\text{d}=870.60\text{m}^3/\text{d}$$

水泵吸水扬程：

$$H_s\geqslant(6.0+1.0)\text{m}=7.0\text{m}$$

根据 Q_1 及 H_s 计算值即可通过水泵的性能表选出适合本工程的水泵。

（5）井点管埋设：采用水冲法安装埋设井点管。

2. 喷射井点

当基坑开挖较深或降水深度超过 6m，必须使用多级轻型井点，这样会增大基坑的挖土量、延长工期并增加设备数量，不够经济。当降水深度超过 6m，土层渗透系数为 0.1 ~2.0m/d 的弱透水层时，采用喷射井点降水比较合适，其降水深度可达 20m。

（1）喷射井点的主要设备。喷射井点根据其工作时使用的喷射介质的不同，分为喷水井点和喷气井点两种。其主要设备由喷射井管、高压水泵（或空气压缩机）和管路系统组成。如图 2-26 所示。

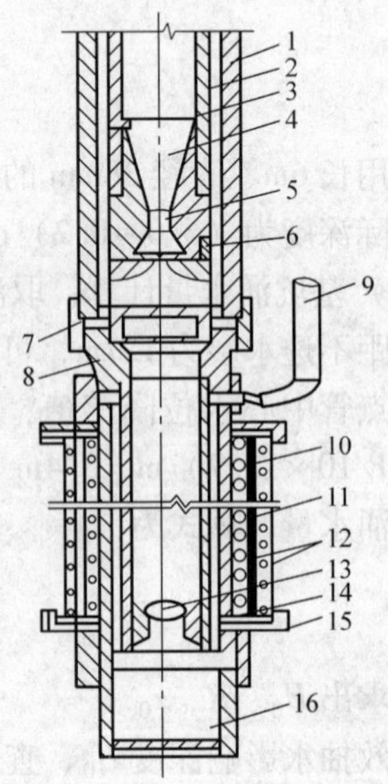

图 2-26　喷射井点管构造

1—外管　2—内管　3—喷射器　4—扩散管　5—混合管　6—喷嘴　7—缩器　8—连接座　9—真空测定管　10—滤管芯管　11—滤管套管　12—滤管外缠滤网及保护网　13—逆止球阀　14—逆止阀座　15—护套　16—沉泥管

喷射井管分内管和外管两部分，内管下端装有喷射器并与滤管相接。喷射器由喷嘴、混合室、扩散室等组成。为防止因停电、机械故障或操作不当而突然停止工作时的倒流现象，在滤管的芯管下端设一逆止球阀。喷射井点正常工作时，喷射器产生真空，芯管内出现负压，钢球浮起，地下水从阀座中间的孔进入井管。当井管出现故障真空消失时，钢球下沉堵住阀座孔，阻止工作水进入土层。高压水泵用6SH6型或150S78型高压水泵（流量为140～150m^3/h，管扬程78m）或多级高压水泵（流量50～80m^3/h，压力0.7～0.8MPa）1～2台，每台可带动25～30根喷管，管路系统包括进水、排水总管（直径150mm，每套长60m）、接头、阀门、水表、溢流管、调压管等管件、零件及仪表。常用喷射井点管的规格直径为：38、50、63、100、150mm。

（2）喷射井点布置。喷射井点管的布置、井点管的埋设方法和要求与轻型井点基本相同。

基坑面积较大时，采用环形布置；基坑宽度小于10m，用单排线形布置；大于10m时，作双排布置。

喷射井管间距一般为2～3m；采用环形布置，进出口（道路）处的井点间距为5～7m。冲孔直径为400～600mm，深度比滤管底深1m以上。

3. 电渗井点

在饱和粘性土中，特别是在淤泥和淤泥质粘土中，由于土的渗透系数很小，此时宜采用电渗井点排水。它是利用粘性土中的电渗现象和电泳特性，使粘性土空隙中的水流动加快，起到一定的疏导作用，从而使排水效率得到提高。这种方法除有与一般井点降水相同的优点外，电渗井点还可用于渗透系数K很小（0.1～0.002m/d）的粘土和淤泥中。通过同时与电渗一起产生的电泳作用，能使阳极周围土体加密，防止粘土颗粒淤塞井点管的过滤网，保证井点正常抽水。本法与轻型井点或喷射井点结合使用效果较好。另外，和轻型井点相比它所增加的费用甚微。

4. 管井井点

管井井点是由滤水井管、吸水管和抽水机械等组成。管井井点设备较为简单，排水量大，降水较深，较轻型井点具有更大的降水效果，可代替多组轻型井点使用。管井井点适于渗透系数较大、地下水丰富的土层、砂层或用集水井排水法易造成土粒大量流失，引起边坡塌方及用轻型井点难以满足要求的情况下使用。但管井属于重力排水范畴，吸程高度受到一定限制，要求渗透系数K较大（20～2.0m/d），降水深度仅为3～5m。

（1）施工准备

1）主要机具设备

① 滤水井管：下部滤水井管过滤部分用钢筋焊接骨架，外包孔眼为1～2mm滤网，长2～3m，上部井管部分用直径200mm以上的钢管或塑料管。

② 吸水管：用直径50～100mm钢管或胶皮管，插入滤水井内，其底端沉到管井吸水时的最低水位下，并装逆止阀，上端设带法兰盘的短钢管一节。

③ 水泵：采用BA型或B型，流量10～25m^3/h，离心式水泵或自吸泵（管井井点的构造见图2-27）。

2）作业条件

① 具有施工所需资料，主要资料包括：施工场地平面图、水文地质勘察资料、基坑的设计资料等。

② 确定基坑放坡系数、井点布置、数量、观测井位置、泵房位置等。

③ 井点设备、动力、水源及必要的材料准备完毕。

④ 排水沟开挖（或接排水管），附近建筑物的标高观测及防止附近建筑物沉降措施的

实施。

⑤ 夜间施工作业时，施工场地应安装照明设施，在基坑（槽）上部危险地段应设置明显安全标志。

3）作业人员

① 现场所有作业人员在入场前须进行安全教育和培训。

② 电器操作人员必须持证上岗。

③ 钳工、运转工已经过技术培训，并接受了施工技术交底。

（2）施工工艺

1）工艺流程：见图2-28。

2）操作工艺

① 施工测量及管井布置

a. 根据基坑的平面形状与大小、土质和地下水的流向、降低水位深度以及成孔方式进行放线。

b. 井中心距基坑边缘的距离根据所用钻机钻孔方法而定。当用冲击式钻机用泥浆护壁时为0.5～1.5m。当用套管法时不小于3m。

c. 管井间距为10～50m，降水深度可达3～5m。

② 管井井管的埋设

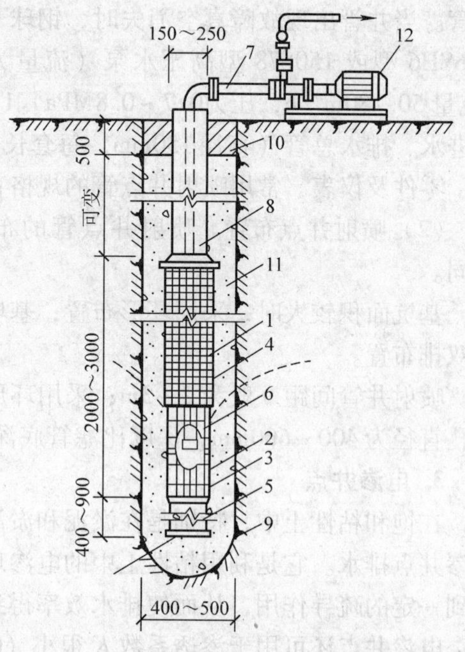

图2-27　管井井点构造

1—滤水井管　2—ϕ14mm 钢筋焊接骨架
3—6mm×30mm 钢环@250mm
4—10号铁丝垫筋@25mm，焊于井管骨架上，外包孔眼1～2mm铁丝网
5—沉砂管　6—木塞　7—吸水管
8—ϕ100～ϕ200mm 钢管　9—钻孔
10—夯填粘土　11—填充砂砾　12—抽水设备

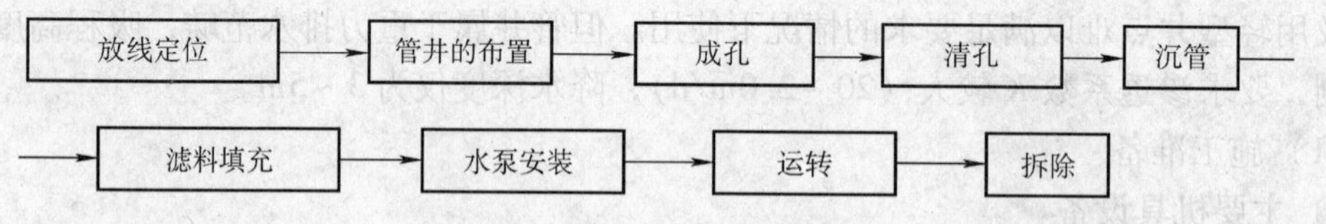

图2-28　管井井点工艺流程图

a. 成孔宜采用泥浆护壁钻孔法，即在钻机钻孔的同时，向孔内投放泥浆，护住井壁，以免地下水渗出时坍塌。

b. 钻孔直径比管井外径大150～250mm。

c. 井管下沉前应清孔并保持滤网畅通。

d. 井管与土壁之间用3～15mm砾石填充作为过滤层，地面下0.5m以内用粘土填充夯实。

③ 吸水系统安装

a. 吸水管宜采用直径为50～100mm的胶皮管或钢管，其下端应沉入管井抽吸时的最低水位线以下，并装逆止阀。

b. 吸水管上端装设带法兰盘的短钢管一节。

c. 吸水管上端出口与直径为50～100mm的离心泵出口管相连。

d. 通常每个管井单独用一台水泵，设置标高尽可能设在最小吸程处，高度不够时，水泵可设在基坑内。

e. 当水泵排水量大于单孔管井涌水量数倍时，也可另设集水总管，将相邻的相应数量的吸水管连成一体，共用一台水泵。

④ 井点运行：通电运行后，应经常检查机械部分、电动机、传动轴、电流、电压等，并观测和记录管井内水位下降和流量。

⑤ 井点拆除

a. 地下建筑物竣工，并回填、夯实到地下水位线以上后，方可拆除井点系统。

b. 井管用完后，可用人字拔杆、捯链将井管徐徐拔出，滤水管拔出后，洗净待用。

c. 所留孔洞用砂砾填充夯实。

（3）质量标准

1）一般项目

① 钻孔的垂直度应保证。

检查要求：符合成孔的施工规范要求。

检查方法：现场检测。

② 井管下沉前应清孔，井点埋设井底沉渣厚度应小于 80mm，没有出水不畅或死井等情况。

检查要求：符合清孔的施工规范要求。

检查方法：现场检测。

2）特殊工艺、关键控制点等的控制方法见表 2-11。

表 2-11　特殊工艺、关键控制点等的控制方法

序号	特殊或关键点	主要控制方法
1	井中心距基坑边缘的距离	当用冲击式钻机，用泥浆护壁时为 0.5～1.5m 用套管法时，不小于 3m
2	清孔	符合清孔规范要求，现场检测
3	管井拆除	地下建筑物竣工，并回填、夯实到地下水位线以上后，方可拆除 观测和记录管井内水位下降值

3）质量记录

① 降水、排水施工方案和技术交底。

② 施工日志和每天观测井中水位记录。

③ 机械台班运转记录。

④ 降水与排水工程检验批质量验收记录表。

（4）应注意的质量问题

1）组装偏差。安装井点管要垂直，并保持在孔中心，放到底后，在管四周分层均匀填砂砾或碎石滤层，并使其密实，最上 500mm 用粘土填压。井管高出地面 200mm，以防雨水、泥沙流入井管内。

2）淤塞。洗井是管井沉设中的一道关键工序，其作用是清除井内泥沙和防止过滤层淤塞，使井的出水量达到正常要求，洗井后井底泥渣厚度应控制在80mm。

3）水淹基坑。管井降水宜采用双电路供电，避免中途停电或发生故障时造成水淹基坑，破坏基土。

（5）成品保护

1）井点成孔后，应立即下井点管并填入滤料，以防塌孔。不能及时下井点管时，孔口应盖盖板，防止物件掉入井孔内。

2）井点管埋设后，管口立即插上吸引胶管，以防异物掉入管内堵塞。

3）井点使用应保证连续抽水，并设置备用电源，以避免泥渣沉淀淤管及水位回升。

2.5 土方机械化施工工艺

在土方工程的开挖、运输、填筑、压实等施工过程中，应尽可能采用机械化和先进的作业方法，以减轻繁重的体力劳动，加快施工进度，提高生产率。

土方工程施工机械的种类很多，常用的有：推土机、铲运机、挖土机、装载机、运输机械和碾压夯实机械等。施工中应合理选择土方机械，充分发挥机械效能，并使各种机械在施工中配合协调，加快施工进度。

2.5.1 推土机施工

推土机（图2-29）是土方工程施工的主要机械之一，它由拖拉机和推土铲刀组成。若按其行走方式不同，推土机可以分为履带式和轮胎式两种；按铲刀操作机构的不同，推土机又可分为液压操纵和索式操纵两种。

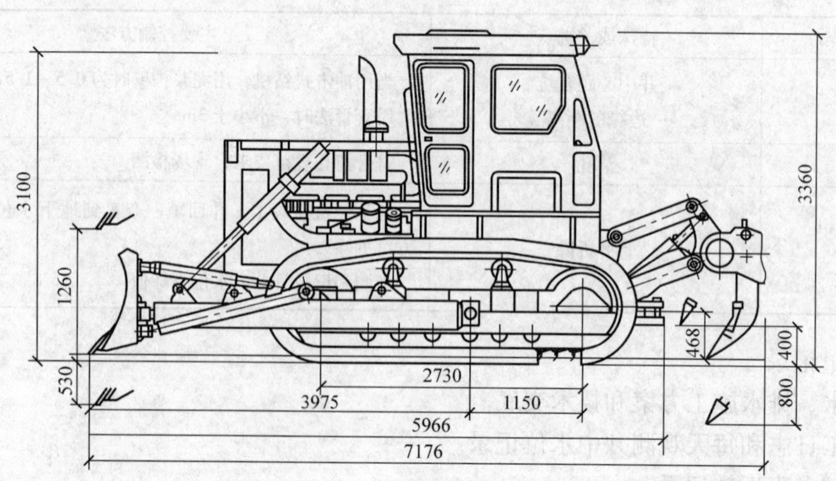

图2-29 T-180型推土机

推土机能够独立完成挖土、运土和卸土工作，施工时具有操纵灵活、运转方便、所需工作面较小、功率大、行驶快等特点，多用于场地清理、平整和基坑、沟槽的回填。推土机适合开挖深度和筑高在1.5m内的基坑、路基、堤坝作业，以及配合铲运机、挖土机的工作，此外，将其铲刀卸下后，它还能牵引其他无动力的施工机械。

推土机可以推挖一~三类土，经济运距在100m以内，效率最高运距为30~60m。为了提高生产率，施工中常采取下坡推土、并列推土、多刀送土和槽形推土等作业方法。

（1）下坡推土法：推土机顺坡向下切土与推运，借助机械本身的重力作用，增大切土深度和运土数量，可以提高台班产量，缩短推土时间。但坡度不宜超过15°，以免后退时爬坡困难（图2-30）。

（2）并列推土法：平整面积较大的场地时，用两台或三台推土机并列作业（图2-31），铲刀相距15～30cm，可减少土的散失，提高生产率。一般采用两机并列推土可增加堆土量15%～30%，采用三机并列可增大推土量30%～40%。平均运距不宜超过50～75m，也不宜小于20m。

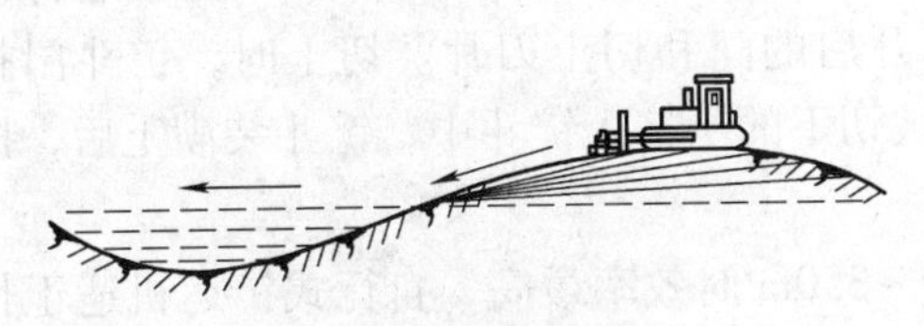

图2-30　下坡推土法

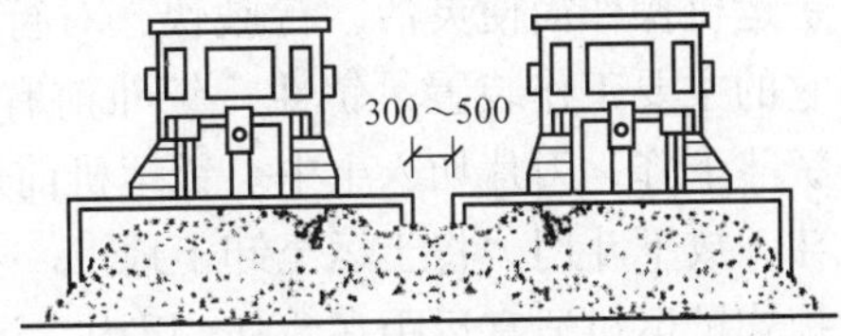

图2-31　并列推土法

（3）多刀送土：在硬质土中，切土深度不大，可将土先堆积在一处，然后集中推送到卸土区。这样可以有效地提高推土的效率，缩短运土时间。但堆积距离不宜大于30m，推土高度以2m内为宜。

（4）槽形推土：推土机重复在一条作业线上切土和推土，使地面逐渐形成一条浅槽，在槽中推运土可减少土的散失，可增加10%～30%的推运土量。槽的深度在1m左右为宜，土埂宽约50cm。当推出多条槽后，再将土梗推入槽中运出。当推土层较厚，运距较远时，采用此法较为适宜（图2-32）。

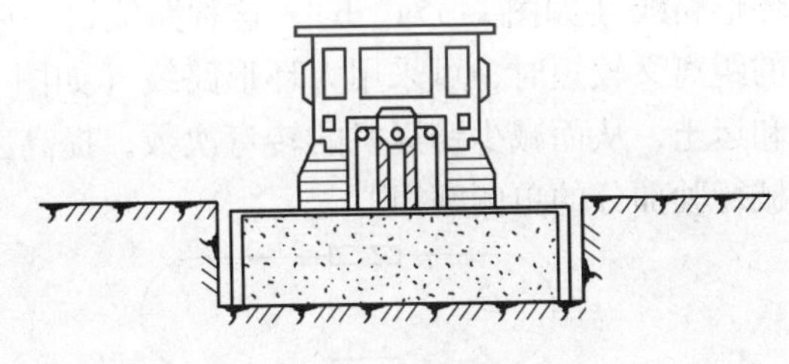

图2-32　槽形推土法

2.5.2　铲运机施工

1. 铲运机技术性能和特点

铲运机是一种能够单独完成铲土、装土、运土、卸土、压实的土方机械，按行走方式不同，铲运机可分为自行式铲运机（如图2-33）和拖式铲运机（如图2-34）两种；按铲斗的操纵系统不同，铲运机可分为液压操纵和钢丝绳操纵两种。

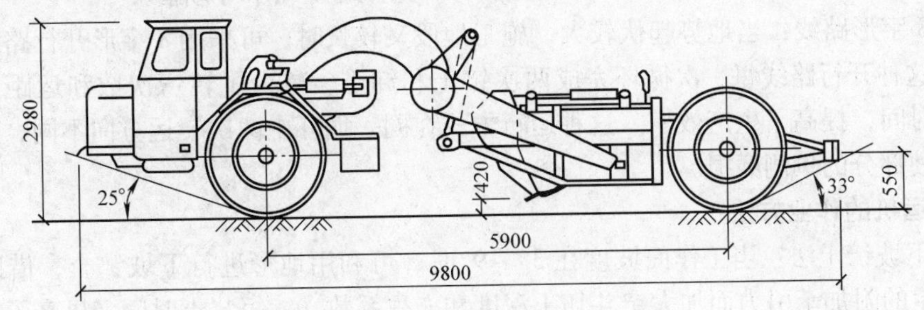

图2-33　CL7型自行式铲运机

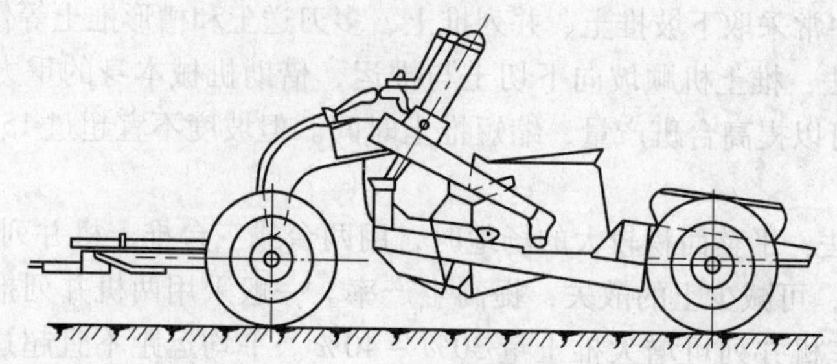

图 2-34　C6－2.5 型拖式铲运机

铲运机操作简便灵活，行驶快，对行驶道路要求较低，可直接对一类至三类土进行铲运。它的主要工作装置是铲斗。铲斗前有一个能开启的门和切土刀片。切土时，铲斗门打开，铲斗下降，刀片切入土中。铲运机前进时，被切下的土挤入铲斗中，铲斗装满土后，提起土斗，放下斗门，将土运至卸土地点。

拖式铲运机适宜运距在 800m 以内，运距 200～350m 时效率最高，自行式铲运机适于长距离作业，经济运距 800～1500m。铲运机常用于坡度 20°以内的大面积土方平整，开挖大型基坑、管沟、河渠和路堑，填筑路基、堤坝等。

2. 铲运机开行路线

（1）环形路线：这种开行路线简单但常用，当施工地段较短，地形起伏不大时，采用小环形路线（如图 2-35a、b），这种路线每一循环完成一次铲土卸土。当挖填交替，挖填之间的距离又较短时，可采用大环形路线（如图 2-35c），这种路线每一次循环能完成多次铲土和运土，从而减少铲运机的转弯次数，提高工作效率。本法施工时应常调换方向，以避免机械行驶部分的单侧磨损。

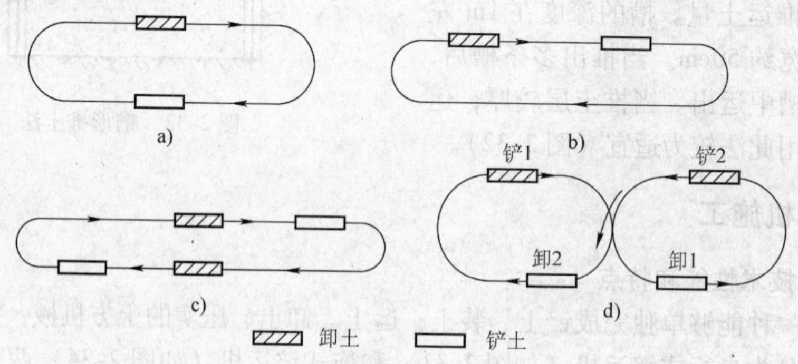

图 2-35　铲运机开行路线

a）小环形路线　b）小环形路线　c）大环形路线　d）8 字形路线

（2）8 字形路线：当地势起伏较大，施工地段又较长时，可采用 8 字形开行路线（如图 2-35d），这种开行路线每一次循环完成两次铲土和卸土，减少了转弯次数和运距，因而节约了运行时间，提高了生产效率。这种运行方式在同一循环中两次转运方向不同，还可以避免机械行驶部分的单侧磨损。

3. 铲运机的作业方法

（1）下坡铲土法：当工作面坡度在 3°～9°时，可利用地形进行下坡铲土，借助铲土机的重力产生的附加牵引力而加大铲斗切土深度和充盈系数，缩短装土时间，提高了生产率。

（2）跨铲法：在较坚硬的地段挖土时，预留土埂间隔铲土，（第一次开行铲土与第二次开行铲土的开行路线间留一定的距离)。这样在间隔铲土时由于形成一个土槽可减少土的失散量;铲土埂时,铲土阻力减小。一般土埂高不大于300mm,宽不大于拖拉机两履带间的净距(如图2-36)。

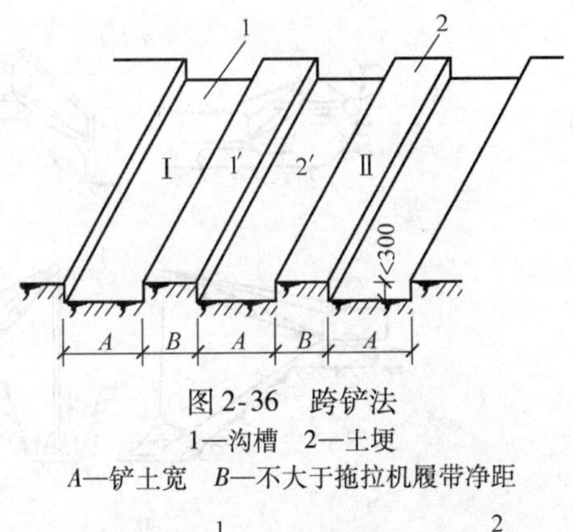

图2-36　跨铲法

1—沟槽　2—土埂

A—铲土宽　B—不大于拖拉机履带净距

(3)助铲法:地势平坦、土质较坚硬时,可使用自行铲运机,另根据作业面大小配一台或多台推土机助铲,以加大铲刀切土能力(如图2-37)。推土机在助铲的间隙时间可兼做松土或平整工作,为铲运机施工创造条件。几台铲运机同时作业时要适当安排铲土次序和开行路线,互相交叉进行流水作业,以发挥推土机效率。该方法适用于地势平坦、土质坚硬、宽度大、长度长的大型场地平整工程。

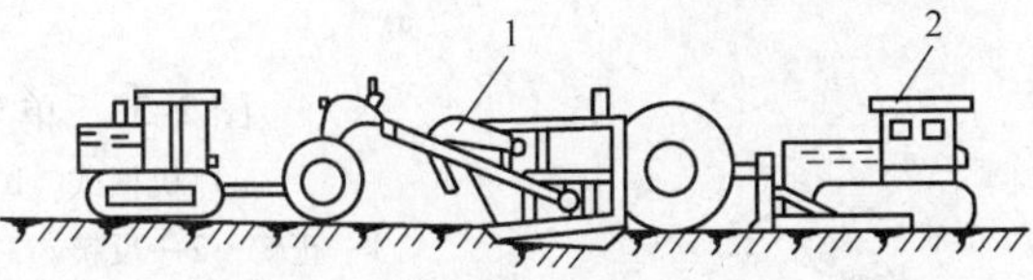

图2-37　助铲法

1—铲运机铲土　2—推土机助铲

(4)双联铲运法:铲运机运土时所需牵引力较小,当下坡铲土时,可将两个铲斗前后串在一起,形成一起一落依次铲土、装土(又称双联单铲)(图2-38)。当地面较平坦时,将两个铲斗串成同时起落,同时进行铲土,又同时起斗开行的形式(称为双联双铲),前者可提高工效20%~30%;后者可提高工效的60%。适于较松软的土,进行大面积场地平整及筑堤时采用。

图2-38　双联铲运法

2.5.3　单斗挖土机施工

单斗挖土机是基坑(槽)开挖的常用机械,当施工高度较大,土方量较多时,可采用挖土机并配以汽车进行挖运土方。单斗挖土机按其工作装置和工作方式不同可分为正铲、反铲、拉铲和抓铲四种;按行走方式不同单斗挖土机可分为履带式和轮胎式挖土机两种;按操纵机构不同,可分为机械式和液压式挖土机两种(见图2-39)。由于液压传动具有很大优越性,发展很快,因此较为普遍使用。

1. 正铲挖土机施工

正铲挖土机一般仅用于开挖停机面以上的土,外形如图2-39所示,其挖掘力大,效率高,适用于含水量不大于27%的一~四类土,它可直接往自卸汽车上装土,进行土的外运工作。正铲挖土机的特点是:前进向上,强制切土。由于挖掘面在停机面的前上方,所以正铲挖土机适用于开挖大型、低地下水位且排水通畅的基坑以及土丘等。

根据挖土机的开挖路线与运输工具的相对位置不同,正铲挖土机的作业方式主要有两种:即侧向装土法和后方装土法。

侧向装土法就是挖土机沿前进方向挖土,运输工具停在侧面装土(如图2-40a)。此法挖土机卸土时动臂回转角度小,运输工具行驶方便,生产率高,因此应用较广。

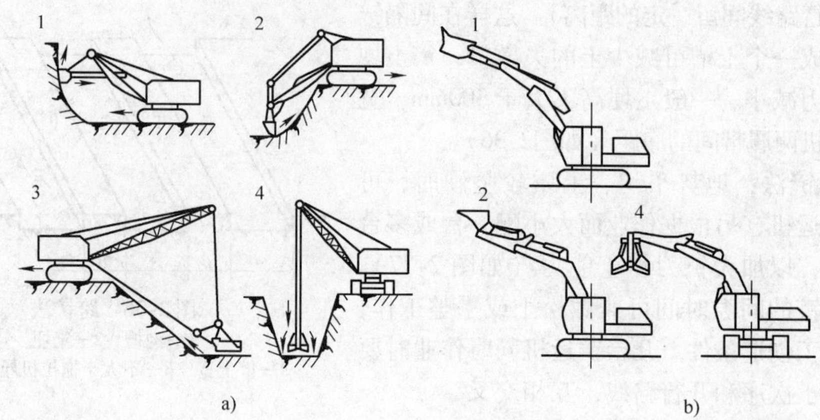

图 2-39 单斗挖土机

a）机械式 b）液压式

1—正铲 2—反铲 3—拉铲 4—抓铲

后方装土法，就是挖土机沿前进方向挖土，运输工具停在挖土机后面装土（如图 2-40b）。此法挖土机卸土时，动臂回转角度大，装车时间长，生产效率低，且运输车辆要倒车开入，因此一般只用于开挖工作面狭小且较深的基坑。

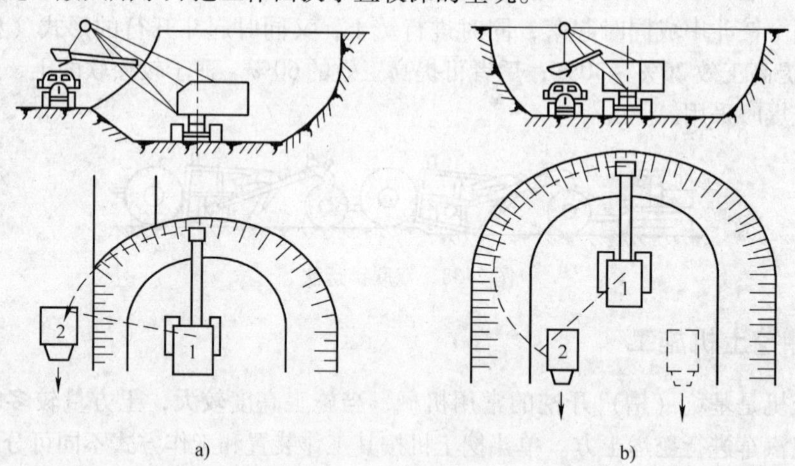

图 2-40 正铲挖土机开挖方式

a）侧向装土法 b）后方装土法

1—正铲挖土机 2—自卸汽车

2. 反铲挖土机施工

反铲挖土机适用于开挖停机面以下的一类至三类的砂土和粘性土，作业特点是：后退向下，强制切土。主要用于开挖基坑、基槽或管沟；亦可用于地下水位较高处的土方开挖，经济合理挖土深度为 3 ~ 5m。挖土时可与自卸汽车配合，也可以就近弃土。其作业方式有沟端开挖与沟侧开挖两种。

沟端开挖，就是挖土机停在沟端，向后倒退着挖土，汽车停在两旁装土（如图 2-41a 所示）。

沟侧开挖，就是挖土机沿沟槽一侧直线移动，边走边挖，将土弃于距基槽较远处。此法一般是挖土宽度和深度较小、无法采用沟端开挖或挖土不需要运走时采用（如图 2-41b 所示）。

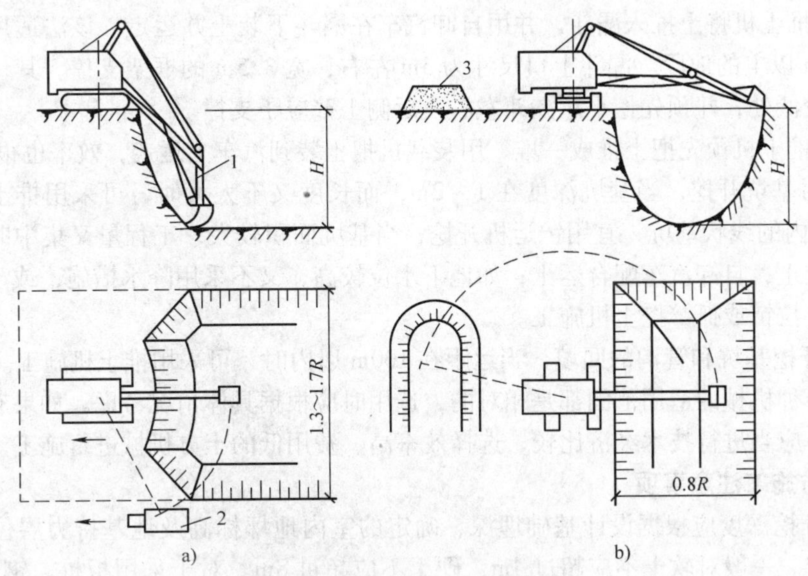

图 2-41 反铲挖土机开挖方式

a）沟端开挖 b）沟侧开挖

1—反铲挖土机 2—自卸汽车 3—弃土堆

3. 拉铲挖土机施工

拉铲挖土机施工时，依靠土斗自重及拉索拉力切土。它适用于开挖停机面以下的一类至三类土。特点是：后退向下，自重切土。它的开挖深度和半径较大，常用于较大基坑(槽)、沟槽、大型场地平整和挖取水下泥土的施工。工作时一般直接弃土于附近，如配汽车运输时，操作技术要求较高，效率较低。

拉铲挖土机的作业方式与反铲挖土机相同，有沟端开挖和沟侧开挖两种。

4. 抓铲挖土机施工

机械传动抓铲挖土机是在挖土机臂端用钢丝绳吊装一个抓斗。其特点是：直上直下，自重切土。抓铲挖土机挖掘力较小，能开挖停机面以下的一至二类土。适用于开挖较松软的土，特别是其中窄而深的基坑、深槽、深井，采用抓铲可取得理想效果；抓铲挖土机还可用于疏通旧有渠道以及挖取水中淤泥，或用于装卸碎石、矿渣等松散材料。

2.5.4 土方挖运机械选择

1. 施工机械的选择要点

（1）在场地平整施工中，当地形起伏不大（坡度小于15°），填挖平整土方的面积较大，平均运距较短（1500m 以内），土的含水量适当（27% 以下）时，采用铲运机较为合适。如土质为硬土，用其他机械翻松后再铲运。

（2）当地形起伏较大，挖土高度在3m 以上，运输距离超过1000m，土方工程量较大又较集中时，一般可采用下述三种方式进行挖土和运土：

1）正铲挖土机配合自卸汽车进行施工，并在弃土区配备推土机进行平整和推土。选择铲斗容量时，应考虑到土质情况、工程量和工作面高度。当开挖普通土，集中工程量在1.5万 m^3 以下时，可采用0.5m^3 的铲斗；当开挖集中工程量为1.5~5万 m^3 时，以选用1.0m^3 的铲斗为宜，此时，普通土和硬土都能开挖。

2）用推土机将土推入漏斗，并用自卸汽车在漏斗下装土并运走。该法适用于挖土层厚度在5～6m以上的地段。漏斗上口尺寸为3m左右，宽3.5m的框架支撑。其位置应选择在挖土段的较低处，并预先挖平。漏斗左右及后侧土壁应予支撑。

3）用推土机预先把土推成一堆，用装载机把土装到汽车上运走，效率也很高。

（3）对基坑开挖，当基坑深度在1～2m，而长度又不太大时，可采用推土机；对于深度在2m以内的线状基坑，宜用铲运机开挖；当基坑面积较大，工程量又集中时，可选用正铲挖土机挖土，自卸汽车配合运土；如地下水位较高，又不采用降水措施，或土质松软，则要用反铲、拉铲或抓铲挖土机施工。

（4）开挖基坑和管沟的回填，当运距在100m以内时，可采用推土机施工。

上述各种机械的适用范围都是相对的，选用时应根据具体情况考虑。如果有多种机械可供选择时，应当进行技术经济比较，选择效率高、费用低的土方机械进行施工。

2. 土方施工注意事项

（1）开挖深度应根据设计基础埋深、确定的室内地坪标高及地基持力层位置，进行综合分析确定。一般对软土不应超过4m，硬土不应超过8m。对于采用板桩、钢筋混凝土桩、重力式深层搅拌水泥土桩等形式进行护壁的基坑（槽），其开挖长、宽范围应以护壁结构所围的范围为准，开挖深度的确定与上相同。

（2）使用大型土方机械在坑下作业，如为软土地基或在雨期施工，进入基坑行走需铺垫钢板或铺筑道路。所以对大型软土基坑，为减少分层挖运土方的复杂性，还可采用“接力挖土法”。它是利用两台或三台挖土机分别在基坑的不同标高处同时挖土。一台在地表，两台在基坑不同标高的台阶上，边挖土边向上传递到上层，由地表挖土机装车，用自卸汽车运至弃土地点。

此方法对某些面积不大、深度较大的基坑，开坡道时又有困难时采用，可避免将载重汽车开进基坑装土，改善了运土作业环境，提高了效率，但土方运输效率受到影响。开挖基坑时，可一次挖到设计标高，一般两层挖土可挖到－10m，三层挖土可挖到－15m左右。最后用搭枕木垛的方法，使挖土机开出基坑或牵引拉出；如坡度过陡也可用起重机吊运出坑。

（3）土方开挖应制定方案、绘出开挖图，确定开挖路线、顺序、范围、基底标高、边坡坡度、排水沟、集水井位置以及挖出的土方堆放地点。

（4）由于大面积基础群基坑底标高不一，机械开挖次序一般采取先整片挖至一平均标高，然后再挖个别较深部位。当一次开挖深度超过挖土机最大挖掘高度（5m以上）时，宜分二至三层开挖，并修筑10%～15%坡道，以便挖土及运输车辆进出。

（5）由于机械施工不能准确地将地基抄平，容易出现超挖现象。所以要求施工中机械开挖到基底以上20～30cm后，采用人工方法挖到坑底标高。基坑边角部位，即机械开挖不到之处，应用少量人工配合清坡，将松土清至机械作业半径范围内，再用机械掏取运走。

3. 基坑开挖方式

（1）基坑开挖前，应在平整好的拟建场地进行房屋定位和标高引测，定出挖土边线并放灰线。后根据基坑开挖深度、土质好坏、支护结构设计、降排水要求及季节性变化等不同情况，确定开挖方案。土方开挖应遵循“开槽支撑，先撑后挖，分层开挖，严禁超挖”的原则。基坑（槽）开挖有人工开挖和机械开挖，对于大型基坑应优先考虑选用机械化施工，以加快施工进度。

（2）基坑开挖时应按放好的灰线进行施工，并随时进行检查，对于浅基坑，如土质均匀且具有正常含水量，而施工工期又较短，则在一定深度内可垂直挖，无需支撑。如基坑较深，则应根据设计规定，设置支撑或放边坡，挖土一般分层分段平均往下开挖，并应连续施工，尽快完成。每挖一定深度和长度应检查和做好通直修边工作，随时控制纠正。挖出的土除预留一部分用作回填外，不得在场地内任意堆放，应把多余的土运到弃土地区，以免妨碍施工。

4. 挖土机与汽车配套计算

土方工程中，一般均为各种机械及运输工具共同作业，即挖土机挖出的土方需要运土车辆运走，为达到各种配套机械的配合协调，充分发挥其效能，在施工前应确定出各种配套机械的数量。现以单斗挖土机配以自卸汽车为例，来说明机械配套的计算方法。

（1）挖土机数量的确定：挖土机数量 N，应根据土方量大小、工期长短、经济效果按下式计算

$$N=\frac{Q}{p}\times\frac{1}{TCK} \tag{2-22}$$

式中 N——挖土机数量（台）；

Q——挖土总量，（m^3）；

p——挖土机生产效率（m^3/台班）；

T——工期（工日）；

C——每天工作班数；

K——时间利用因数（0.8～0.9）。

上式中挖土机生产效率 p 可查定额确定，也可按下式计算：

$$p=\frac{8\times3600}{t}\times q\times\frac{K_C}{K_S}\times K_B \tag{2-23}$$

式中 t——挖土机每次循环作业延续时间（s），即开挖一斗的时间。对 W_1-100 正铲挖土机为 25～40s，对 W_1-100 拉铲为 45～60s；

q——挖土机斗容量（m^3）；

K_S——土的最初可松性因数；

K_C——土斗的充盈因数，可取 0.8～1.1；

K_B——工作时间利用因数，一般为 0.7～0.9。

在实际工作中，如挖土机的数量已确定时，也可按式（2-22）来计算工期（T）。

（2）自卸汽车配合数量计算：为了使挖土机械充分发挥生产能力，应使运土车辆的载重量与挖土机的每斗土重保持一定的倍数关系，并有足够数量车辆以保证挖土机械连续工作。从挖土机方面考虑，汽车的载重量越大越好，可以减少等待车辆调头的时间。从车辆方面考虑，载重量小的车辆台班费便宜但使用数量多；载重量大，则台班费高但数量可减少。最适合的车辆载重量应当是使土方施工单价为最低，可以通过核算确定。一般情况下，汽车的载重量以每斗土重的 3～5 倍为宜。自卸汽车的数量应保证挖土机能连续工作，可按下式计算：

$$N'=\frac{T_S}{t_1} \tag{2-24}$$

式中　N'——自卸汽车的数量（台）；

T_S——自卸汽车每一工作循环的延续时间（min）；

t_1——自卸汽车每次装车时间（min）。

$$t_1 = nt \tag{2-25}$$

式中　n——自卸汽车每车装土次数。

$$n = \frac{Q_1}{q \times \frac{K_C}{K_S} \times \gamma} \tag{2-26}$$

式中　t、q、K_C、K_S——与式（2-23）相同；

γ——土的堆密度，一般取 1.7t/m^3；

Q_1——自卸汽车载重量（t）。

土方开挖运输前应检查定位放线、排水和降低地下水位系统，合理安排土方运输车的行走路线及弃土场，为了减少车辆的调头、等待和装土时间，场地必须考虑车辆调头及停车位置。施工过程中还应检查平面位置、水平标高、边坡坡度、压实度、排水、降低地下水位系统，并随时观测周围的环境变化。

2.6　土方的填筑与压实

在验槽合格之后，进行基底回填土（素土夯填）。填土前应将基坑（槽）内清理干净，找平至设计标高。为保证工程质量，填土必须要满足强度和稳定性要求，施工中应注意两方面的问题：一是要保证按土方调配方案进行，确保施工进度及经济效益；二是要保证土方填筑质量。

2.6.1　填筑要求

1. 土料的选择

填方土料应符合设计要求，如无设计要求时应符合下列规定：

（1）碎石类土、爆破石渣（粒径不大于每层铺土厚度的2/3）、砂土，可用作表层以下的填料。

（2）含水量符合压实要求的粘性土，可用作各层填料。

（3）淤泥和淤泥质土一般不能用作填料，但在软土或沼泽地，经过处理含水量符合压实要求后，可用于填方中的次要部位。冻土、膨胀土也不应作为填方土料。

（4）对含有大量有机物、水溶性硫酸盐含量大于5%的土，仅可用于无压实要求的填土，因为地下水会逐渐溶解硫酸盐，形成孔洞，影响土的密实度。

2. 填筑要求

（1）填土应分层进行，每层按规定的厚度填筑、压实，经检验合格后，再填筑上层。土方填筑最好原土回填，不能将各种土混杂在一起填筑。如果采用不同类土，应把透水性较大的土层置于透水性较小的土层下面。若不得已在透水性较小的土层上填筑透水性较大的土壤，必须将两层结合面做成中央高、四周低的弧面排水坡度或设置盲沟，以免填土内形成水囊。

（2）墙柱基础两侧及中心土的回填，应在基础墙或混凝土有足够强度并经验收合格后进行。回填应在基础两侧对称同时进行，两侧回填高差要控制，以免把墙挤歪。深浅两基坑（槽）相连，应先填夯深基础，填至浅基坑标高时，再与浅基坑一起填夯。

（3）回填土时若遇穿墙管道等设施，为防止管道中心偏移及管子损坏，应用人工先在管子周围填土夯实，两侧同时进行，直到高出管顶50cm后，在不损坏管道的情况下方可采用机械夯实，但不宜用振动辗压实。

（4）回填土每层夯实后，应按规范规定进行环刀取样，测出土的干密度，达到要求后再铺上一层土。填土全部完成后，应进行表面拉线找平，凡高出允许偏差的地方应依线铲平；低于规定高程的地方应补填夯实。

（5）基坑（槽）的回填应连续进行，尽快完成。施工中应防止雨水流入，若遇雨淋浸泡，应及时排除积水，凉晒干后再进行施工。尽量避免冬期施工，若在冬期施工，要严格控制土的含水量和虚铺厚度（一般减少20%～25%）。

2.6.2 填土压实方法

填土压实施工有人工夯实和机械压实。人工夯填土一夯压半夯，按次序进行。每层铺土厚度为200mm以下，每层夯实遍数为3～4次。此法适用于小面积的砂土或粘性土的夯实，主要用于碾压机无法到达的坑边坑角的夯实。施工强度大，效率低。

现代施工中主要是采用机械压实方法，具体方法有：碾压法、夯实法和振动压实法。平整场地等大面积填土采用碾压法，较小面积施工采用夯实法和振动压实法。

1. 辗压法

辗压法是利用压路机械滚轮的压力压实土壤，使之达到所需的密实度。常用的辗压机械主要有平碾（压路机）、羊足碾和气胎碾。

（1）平碾：平碾是最常见压路机，又称光碾压路机。适用于砂性土、碎粒石料和粘性土。一般每层铺土厚度为250～300mm，每层压实遍数6～8遍。

平碾碾压的特点是：单位压力小，表面土层易压成光滑硬壳，土层碾压上紧下松，底部不易压实，碾压质量不均匀，不利于上下土层之间的结合，易出现剪切裂缝，对防渗不利。

（2）羊足碾：羊足碾（图2-42）是一种无自行能力的碾压机械，其碾压滚筒外设交错排列的“羊足”，滚筒分为钢铁空心、装砂、注水三种。羊足碾的羊足插入土中，不仅使羊足底部的土料得到压实，并且使羊足侧向的土料受到挤压，同时有利于上下土层的结合，压实过程中羊足对表层土的翻松，省去了刨毛工序从而达到均匀压实的效果，增加了填方的整体性和抗渗性。这种碾压方法不适宜砂砾料的土层压实，因为砂砾料在压实过程中羊足从行进的后面由土中拔出时，会将压实的砂性土翻松，产生侧向滑移，因此达不到应有的压实效果。

（3）气胎碾。气胎碾又称为轮胎压路机（图2-43），分单轴（一排轮胎）和双轴（两排轮胎）两种。主要构造是由装载荷重的金属车厢和装在轴上的气胎轮组成。既是行使轮，也是碾压轮。因轮胎具有弹性，压实土料时，气胎与土体同时变形，而且随着土体压实密度的增大，气胎变形相应也增大，气胎与土体接触面积也随之增大，并且始终能保持较为均匀的压实效果。与刚性碾相比，气胎碾不仅对土体的接触压力分布均匀，而且作用时间长、压实效果好、压实土层厚度大，生产效率高。所以它可以适应要求不同单位压力的各类土壤的

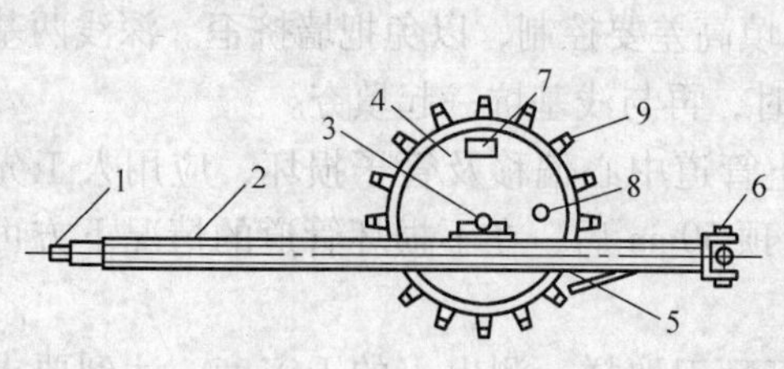

图 2-42 羊足碾

1—前拉头 2—机架 3—轴承座 4—碾筒 5—铲刀 6—后拉头 7—装砂口 8—水口 9—羊足头

压实。为避免气胎损坏，停工时，要用千斤顶将金属车厢支托起来，并把气胎的气放掉。

碾压填方时，铺土应均匀一致，碾压遍数一样，碾压方向应从填土两侧逐步压向中心，每次碾压应有 150～200mm 的重叠宽度，防止漏压。机械的行驶速度不宜过快；一般平碾控制在 2km/h，羊足碾控制在 3km/h。否则会影响压实效果。

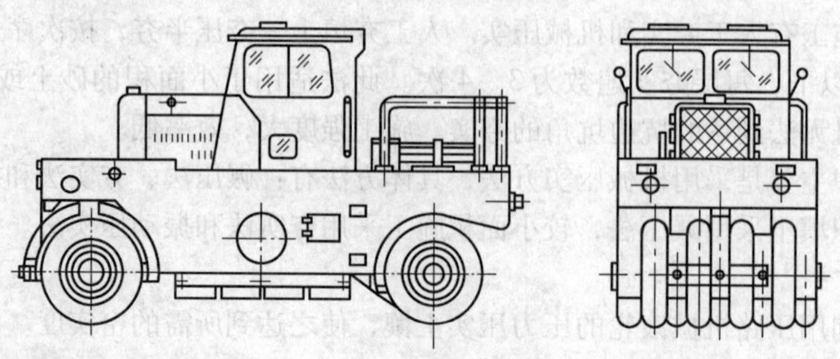

图 2-43 气胎式压路机

2. 机械夯实法

该法是利用冲击力来夯实土壤。夯实机械有重锤、内燃夯土机和蛙式打夯机、电动立夯机等机械。夯锤是借助起重机悬挂一重锤进行夯土的夯实机械，适用于夯实砂性土、湿陷性黄土、杂填土以及含有石块的填土。

小型打夯机由于其体积小，质量轻，构造简单，机动灵活、实用、操纵方便、夯击能量大，夯实工效较高，在建筑工程中较为常用。打夯机有冲击式和振动式之分。常用的有蛙式打夯机、内燃打夯机、电动立夯机等。该方法适用于粘性较低的土（砂土、粉土、粉质黏土），多用在基坑（槽）、管沟及各种零星分散、边角部位的填方的夯实，以及配合压路机对边线或边角碾压不到之处的夯实。一台打夯机必须两人同时使用，一人扶把掌控前进速度和方向，一人牵提电缆，以防发生触电事故。

3. 振动压实法

振动压实法是将振动压实机放在土层表面，使土颗粒发生相对位移而达到密实。用此法施工，每层铺土厚度宜为250～350mm，每层压实遍数为3～4 遍。这种方法适用于振实非粘性土。若使用振动碾进行碾压，借助振动设备可使土受到振动和碾压两种作用，碾压效率高，适用于大面积填方工程。

无论哪一种方法，都要求每一行碾压夯实的幅宽要有至少 100mm 的搭接，若采用分层夯实且气候较干燥，应在上一层虚土铺摊之前将下层填土表面适当喷水湿润，增加土层之间的亲和程度。对密实要求不高的大面积填方，如在缺乏碾压机械时，可采用推土机、拖拉机或铲运机结合行驶、推（运）土、平土来压实。对已回填松散的特厚土层，可根据回填厚度和设计对密实度的要求采用重锤夯实或强夯等机具方法来夯实。

2.6.3 填土压实质量的影响因素

影响填土压实质量的主要因素有：压实功（压实遍数）、土的含水量及每层铺土厚度。

1. 压实功的影响

压实机械在填土压实中所做的功简称压实功。填土压实后的密度与压实机械在其上所做的压实功有一定的关系（见图2-44）。

当土的含水量一定，在开始压实时，土的密度急剧增加，待到接近土的最大密度时，压实功虽然增加许多，但土的密度没有多大变化。所以，实际施工时，应根据土的种类不同，以及压实密度要求和不同的压实机械来决定填土压实的遍数，参见表2-12。在实际施工中，压实松土时，如用重碾直接滚压，起伏过于强烈，效率降低，往往是先用轻碾（压实功小）压实，再用重碾碾压，这样可取得较好的压实效果。

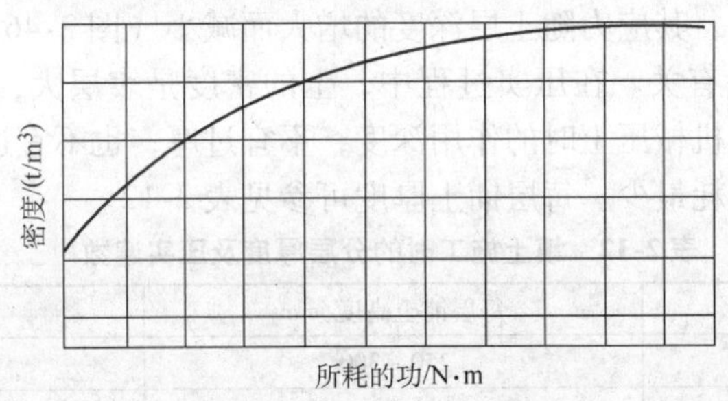

图2-44 土的密度与压实功的关系

2. 含水量的影响

在同一压实功条件下，填土的含水量对压实质量有显著影响。较为干燥的土颗粒之间土保持着比较疏松的状态或凝聚结构，土中孔隙大都互相连通，水少而气多，在一定的外部压实功作用下，虽然土体孔隙中气体易被排出，但由于水膜润滑作用不明显，外部压实功不易克服土颗粒间引力，土粒相对移动不易，因而不易压实。当含水量超过一定限度时，孔隙中出现了自由水，且无法排出，压实功部分被自由水抵消，减小了有效作用，压实效果依然会降低。当土的含水量适当时，土颗粒间引力缩小，水又起了润滑作用，外部压实功比较容易使土颗粒移动，压实效果好。不同种类土壤都有其最佳含水量，土在这种含水量条件下，使用同样的压实功进行压实，所得到的土的密度最大时的含水量叫做最佳含水量。各种土的最佳含水量和最大干密度关系见图2-45。工地简单检验粘性土含水量的方法一般是以手握成团落地开花为适宜。

土的最佳含水量和最大干密度，应由击实试验取得。一般砂土的最佳含水量为8%~12%，粉土为16%~22%，粉质粘土为18%~21%，粘土为19%~23%。施工中，土料的含水量与其最佳含水量之差可控制在4%~2%范围内（使用振动碾压时，可控制在6%~2%范围内）。

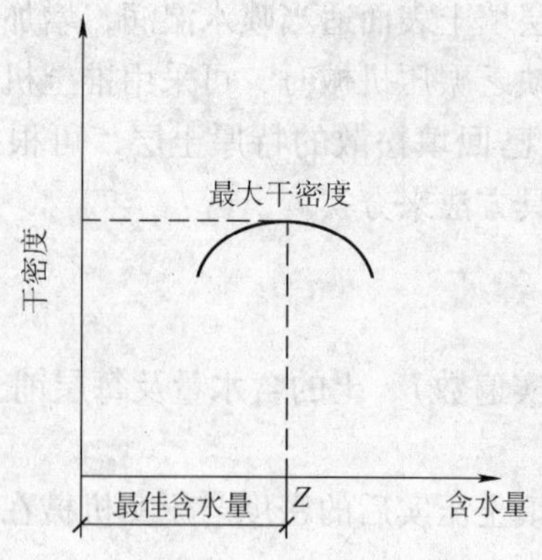

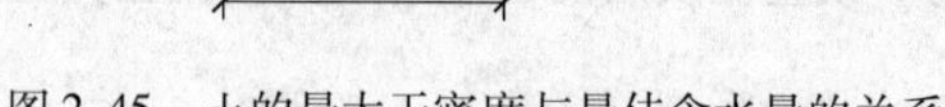

图 2-45　土的最大干密度与最佳含水量的关系

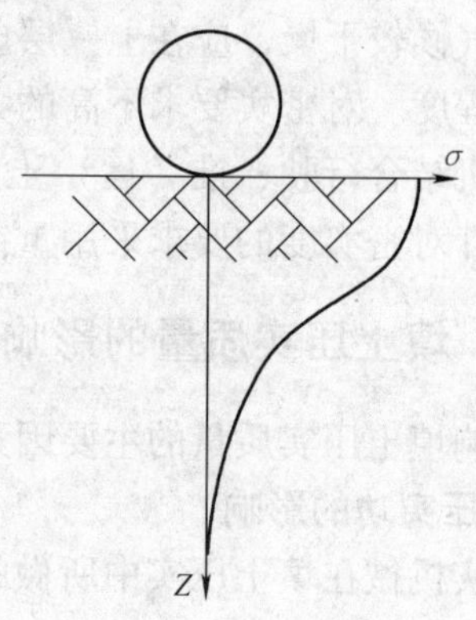

图 2-46　压实作用沿深度的变化

为了保证填土在压实过程中处于最佳含水量状态，当含水量过大时，应采取翻松、晾干、风干、换土回填、掺入干土或其他吸水材料等措施；如土料过干，则应预先洒水润湿，补充水量。

3. 铺土厚度的影响

土在压实功的作用下，其应力随土层深度的增大而减小（图 2-46）。其影响深度与压实机械、土的性质和含水量有关。在压实过程中，土的密度是表层大，随深度加大而逐渐减小，覆土厚度应小于压实机械压土时的作用深度，不宜过厚，也不宜过薄，最佳铺土厚度应能使土方压实而机械的功耗最少。每层铺土厚度可参见表 2-12。

表 2-12　填土施工时的分层厚度及压实遍数

压实机具	每层铺土高度/mm	每层压实遍数
平碾	250 ~ 300	6 ~ 8
振动压实机	250 ~ 350	3 ~ 4
柴油打夯机	200 ~ 250	3 ~ 4
人工打夯	<200	3 ~ 4

上述三方面因素之间是互相影响的。为了保证压实质量，提高压实机械的生产率，重要工程应根据土质和所选用的压实机械在施工现场进行压实试验，以确定达到规定密实度所需的压实遍数、铺土厚度及最优含水量。

2.7　基坑土方开挖方式

2.7.1　放线的具体方法

1. 在外墙轴线周边上测设中心桩位置

如图 2-47 所示。

2. 恢复轴线位置的方法

由于在开挖基槽时，角桩和中心桩要被挖掉，为了便于在施工中恢复各轴线位置，应把各轴线延长到基槽外安全地点，并做好标志。其方法有设置轴线控制桩和龙门板两种形式。

设置轴线控制桩：轴线控制桩设置在基槽外，基础轴线的延长线上，作为开槽后各施工

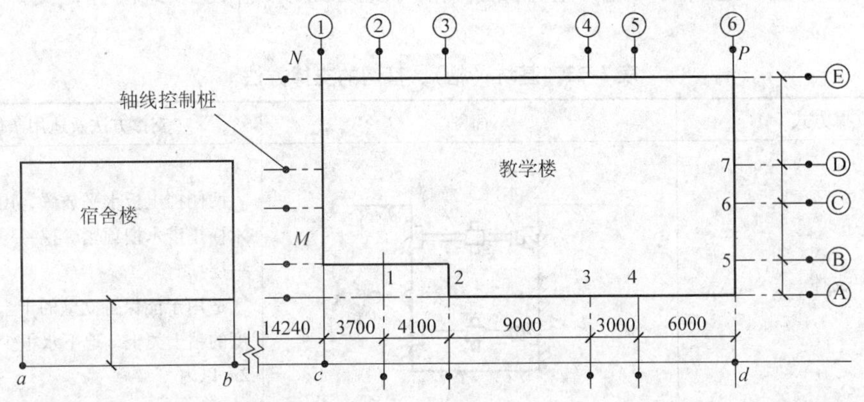

图 2-47　建筑物定位

阶段恢复轴线的依据。轴线控制桩一般设置在基槽外 2～4m 处，打下木桩，桩顶钉上小钉，准确标出轴线位置，并用混凝土包裹木桩。

3. 基槽抄平

建筑施工中的高程测设又称抄平。为了控制基槽的开挖深度，当快挖到槽底设计标高时，应用水准仪根据地面上 ±0.000 点，在槽壁上测设一些水平小木桩（称为水平桩），如图 2-48 所示，使木桩的上表面离槽底的设计标高为一固定值（如 0.500m）。

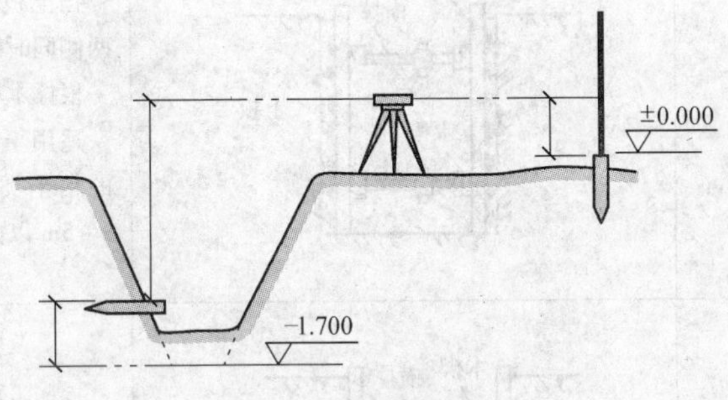

图 2-48　设置水平桩

为了施工时使用方便，一般在槽壁各拐角处、深度变化处和基槽壁上每隔 3～4m 测设一水平桩。水平桩可作为挖槽深度、修平槽底和打基础垫层的依据。

2.7.2　基坑（槽）支撑

基坑（槽）施工，若土质与周边环境允许，放坡开挖较为经济，但在建筑物稠密地区，或受周围市政设施的限制，不允许放坡开挖或按规定放坡所增加的土方量过大时，都需要用设置土壁支护的施工方法。对宽度不大，深 5m 以内的浅沟、槽，一般宜设置简单的横撑式支撑，其形式需根据实际开挖深度、土质条件、地下水位、施工时间长短、施工季节和当地气象条件、施工方法与相邻建（构）筑物情况进行选择。

横撑式支撑根据挡土板的不同分为水平挡土板和垂直挡土板两类，水平挡土板的布置又分间断式、断续式和连续式三种；垂直挡土板的布置分断续式和连续式两种，支护方法见表2-13。

表 2-13 基坑（槽）、管沟的支撑方法

支撑方式	简图	支撑方法及适用条件
间断式水平支撑	木楔 横撑 水平挡土板	两侧挡土板水平放置，用工具式或木横撑借木楔顶紧，挖一层土，支顶一层 适用于能保持立壁的干土或天然湿度的粘土类土，地下水很少，深度在2m以内
断续式水平支撑	立楞木 横撑 木楔 水平挡土板	挡土板水平放置，中间留出间隔，并在两侧同时对称立竖方木，再用工具式或木横撑上、下顶紧 适用于能保持立壁的干土或天然湿度的粘土类土，地下水很少，深度在3m以内
连续式水平支撑	立楞木 横撑 水平挡土板 木楔	挡土板水平连续放置，不留间隔，两侧同时对称立竖方木，上、下各顶一根撑木，端头加木楔顶紧 适用于能较松散的干土或天然湿度的粘土类土，地下水很少，深度在3～5m以内
连续或间断式垂直支撑	木楔 横撑 垂直挡土板 横楞木	挡土板垂直放置，可连续或留适当间隔，然后每侧上、下各水平顶一根方木，再用横撑顶紧 适用于能较松散或天然湿度的很高的土，地下水较少，深度不限
水平垂直混合式支撑	立楞木 横撑 水平挡土板 木楔 横楞木 垂直挡土板	沟槽上部连续水平支撑，下部设连续式垂直支撑 适用于沟槽深度较大，下部有含水层的情况

对宽度较大、深度不大的浅基坑，其支撑（护）形式常用的有斜柱支撑、锚拉支撑、短桩横隔板支撑和临时挡土墙支撑等。各种支撑的支撑方法和使用条件见表2-14。

表2-14　一般浅基坑的支撑方法

支撑方式	简图	支撑方法及适用条件
斜柱支撑	柱桩 回填土 伴撑 短桩 挡板	水平挡土板钉在桩内侧，柱桩外侧用斜撑支顶，斜撑底端支在木桩上，在挡土板内侧回填土 适用于开挖较大型、深度不大的基坑或使用机械挖土时不能安设横撑时使用
拉锚支撑	$\geqslant \frac{H}{\tan\phi}$ 柱桩 拉杆 回填土 挡板 H	水平挡土板支在桩内侧，柱桩一端打入土中，另一端用拉拉杆与锚桩拉紧，在挡土板内侧回填土 适用于开挖较大型、深度不大的基坑或使用机械挖土，不能安设横撑时使用

2.7.3　深基坑开挖

1. 基坑开挖程序

基坑开挖程序一般是：测量放线→基坑中、边桩施工→排降水→场地清理→土方开挖、运输方案确定→开挖。相邻基坑开挖时，应遵循先深后浅或同时进行的施工程序。挖土应自上而下水平分段分层进行，边挖边检查坑底宽度及坡度，不够时及时修整，每3m左右修一次坡，至设计标高，再统一进行一次修坡清底，检查坑底宽和标高，要求坑底凹凸不超过2.0cm。

基坑开挖分两种情况：一是无支护结构基坑的放坡开挖，二是有支护结构基坑的开挖。

2. 基坑开挖方法

开挖方法主要有放坡分层挖土、有支撑分层挖土、盆式挖土、中心岛式挖土等几种，应根据基坑面积大小、开挖深度、支护结构形式、环境条件等因素选用。

（1）放坡分层开挖：分层挖土是将基坑按深度分为多层进行逐层开挖，这种开挖方式适合于四周空旷、有足够放坡场地、周围没有建筑设施或地下管线的情况。分层厚度，软土地基应控制在2m以内；硬质土可控制在5m以内为宜。开挖顺序可从基坑的某一边向另一边平行开挖，可从基坑两头对称开挖，或从基坑中间向两边平行对称开挖，也可交替分层开挖，这些均可根据工作面和土质情况决定。

在采用放坡开挖时，要求基坑边坡在施工期间保持稳定。基坑边坡坡度应根据土质、基坑深度、开挖方法、留置时间、边坡荷载、排水情况及场地大小确定。放坡开挖应有降低坑内水位和防止坑外水倒灌的措施。若土质较差且基坑施工时间较长，边坡坡面可采用钢丝网喷浆等措施进行护坡，以保持基坑边坡稳定。在软土地基下，不宜挖深过大，一般控制在6～7m左右，坚硬土层则不受此限制。放坡值应符合规范要求。

放坡开挖施工方便，挖土机作业无障碍，工效高，基础开挖后基础结构作业空间大，施工工期短，经济效益好。但在城市或人口密集地区施工，条件往往不允许采用这种开挖方式。

(2) 有支护基坑开挖：有支护的基坑开挖包括有内支撑和无内支撑支护的基坑开挖。无内支撑支护有悬臂式、拉锚式、重力式、土钉墙等，该种支护的土壁可垂直向下开挖，不需要在基坑边四周有很大的场地，可用于场地狭小、土质又较差的情况。同时，在地下结构完成后，其基坑土方回填工作量也小。

有内支撑支护基坑土方开挖比较困难，其土方分层开挖必须考虑与支撑结构施工的相协调。在有内支撑支护的基坑中进行土方开挖，受内支撑影响比较大，施工中开挖、运土均较困难。

(3) 盆式开挖：盆式开挖适合于基坑面积较大、支撑或拉锚作业困难且无法放坡的基坑。盆式开挖是先分层开挖基坑中间部分的土方，基坑周边一定范围内的土暂不开挖（图2-49），形成盆式，开挖时可视土质情况放坡，此时留下的土坡可对四周围护结构形成被动土反压力区，以增强围护结构的稳定性，待中间部分的混凝土垫层、基础或地下室结构施工完成之后，再用水平支撑或斜撑对四周围护结构进行支撑，并突击开挖周边支护结构内部分被动土区的土，每挖一层支一层水平横顶撑（图2-50），直至坑底，最后浇筑该部分结构混凝土。

盆式开挖法支撑用量小，费用低，盆式部位土方开挖方便，基坑面积大时，更显此法施工的优越性。

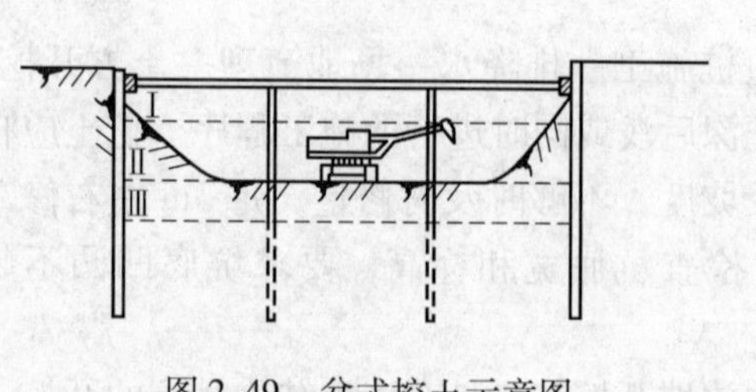

图2-49　盆式挖土示意图

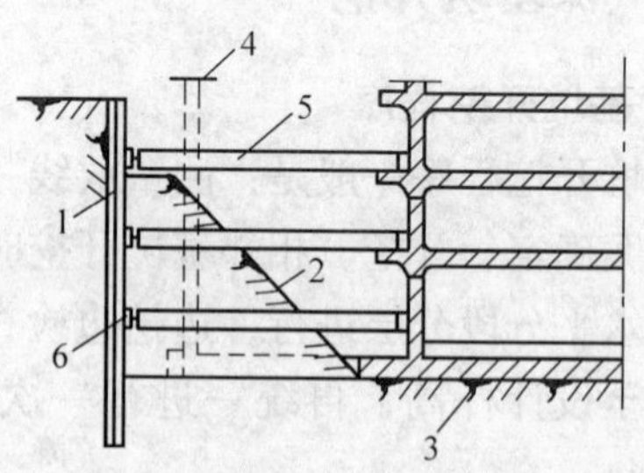

图2-50　开挖内支撑示意图

1—钢板桩或灌注桩　2—后挖土方　3—先施工地下结构
4—后施工地下结构　5—钢水平支撑　6—钢横撑

(4) 中心岛式挖土：当基坑面积不大，周围环境和土质可以进行拉锚或采用支撑时，可采用此法施工。与盆式开挖相反，中心岛式挖土是先开挖基坑周边土方，基坑周围的土方暂时留置，中间留土方可作为支点搭设栈桥，挖土机可利用栈桥下到基坑挖土，运土的汽车亦可利用栈桥进入基坑运土，可有效加快挖土和运土的速度（图2-51）。挖土也分层开挖，一般先全面挖去一层，然后中间部分留置土墩，周圈部分分层开挖。挖土多用反铲挖土机，如基坑深度很大，可采用向上逐级传递方式进行土方装车外运。

在边缘土方开挖到基底以后，先浇筑该区域的底板，以形成底部支撑，再开挖中央部分的土方。

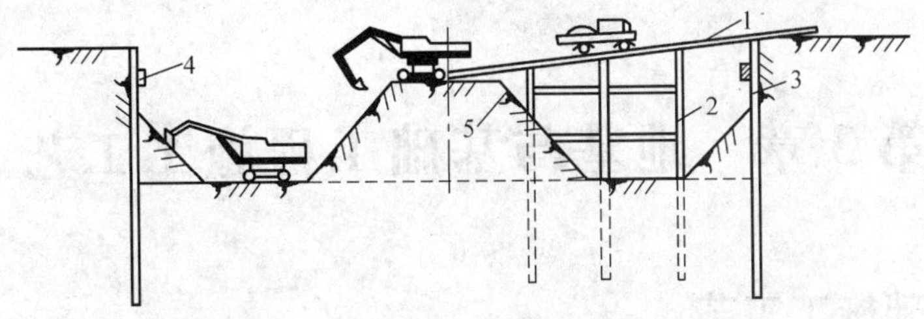

图 2-51　中心岛（墩）式挖土示意图

1—栈板　2—支架或利用工程桩　3—围护墙　4—腰梁　5—土墩

3. 基坑开挖注意事项

（1）开挖与支撑相配合，每次挖土深度不得超过将要加支撑位置以下 0.5m，以防止支撑失稳。每次挖土深度与所选用的施工机械有关。当采用分层分段开挖时，分层厚度不宜大于 5m，分段的长度不大于 25m，并应快挖快撑，时间不宜超过，1～2d，以充分利用土体结构的空间作用，减少支护结构的变形。为防止地基一侧失去平衡而导致坑底涌土、边坡失稳、坍塌等情况，另外深基坑挖土时，挖土机械不得在支撑上作业或行走。

（2）深基坑开挖过程中，随着土的挖除，下层土因逐渐卸载而有可能回弹，尤其在基坑挖至设计标高后，搁置时间过久，回弹更为显著。弹性隆起在基坑开挖和基础工程初期发展很快，它将加大建筑物的后期沉降。因此，对深基坑开挖后的土体回弹，应有适当的估计。

（3）雨季施工时，应对坑壁采取护面措施，同时做好坑顶地表水的疏干排除工作，防止雨水冲刷并影响边坡稳定。机械挖土时，为防止基底土被扰动，结构被破坏，不应直接挖土至坑（槽）底，如个别地方超挖，应用原土填补，并夯实至要求的密实度。如用原土填补不能达到要求的密实度时，应用砂石填补，并仔细夯实。在特别重要的地方超挖时，应用块石或低强度等级的混凝土填实。

（4）在基坑开挖、基础施工及回填过程中应始终保持井点降水工作的正常进行。

（5）开挖前施工方案设计要周全，施工过程中要重视现场监测工作。

第3章　地基与基础工程施工工艺

3.1　刚性基础施工工艺

刚性基础指砖、块石（毛石、料石）、混凝土或毛石混凝土、灰土和三合土等材料的基础。常见的刚性基础有砖基础、毛石基础、混凝土基础等。

3.1.1　砖基础施工工艺

1. 施工准备

（1）材料

1）砖：砖的品种，强度等级须符合设计要求，并应规格一致。有出厂证明、试验单。

2）水泥：一般采用32.5级矿渣硅酸盐水泥和普通硅酸盐水泥。

3）砂：采用中砂，通过5mm孔径筛；配制M5以下的砂浆，砂的含泥量不超过10%；配制M5及其以上的砂浆，砂的含泥量不超过5%；并不得含有草根等杂物。

4）掺合料：有石灰膏、粉煤灰和磨细生石灰粉等，生石灰粉熟化时间不得少于7d。

5）其他材料：拉结筋、预埋件、防水粉等。

（2）主要机具：砂浆搅拌机、大铲、筛子、运砖车、灰浆车、翻斗车、磅秤、托线板、线坠、钢卷尺、皮数杆、小线、灰桶、灰槽、砖夹子、扫帚、八字靠尺板、钢筋卡子、铁抹子等。

（3）作业条件

1）基槽：混凝土或灰土地基均已完成，并办完隐检手续。

2）已放好基础轴线及边线；立好皮数杆（一般间距15～20m，转角处均设立），并办完预检手续。

3）根据皮数杆最下面一层砖的底标高，拉线检查基础垫层表面标高，如第一层砖的水平灰缝大于20mm时，应先用细石混凝土找平，严禁在砌筑砂浆中掺细石碎砖屑代替或用砂浆垫平。

4）常温施工时，粘土砖必须在砌筑的前一天浇水湿润，一般以水浸入砖四边1.5cm左右为宜。

5）砂浆配合比经试验室确定，现场按试验室给出的配比单严格计量，现场准备好砂浆试模（6块为一组）。

2. 施工工艺流程

施工工艺流程见图3-1。

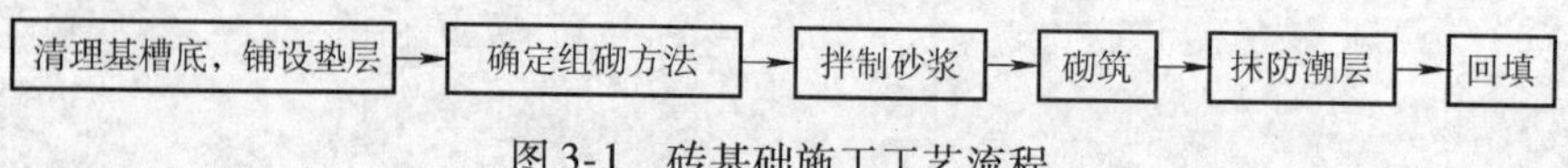

图3-1　砖基础施工工艺流程

3. 施工操作要点

（1）基槽（坑）底清理，垫层铺设

砌基础前应清理基槽（坑）底，除去松散软弱土层，用灰土填补夯实，并铺设垫层。

（2）确定组砌方法

1）先用干砖试摆，以确定排砖方法和错缝位置，使砌体平面尺寸符合要求。

2）砖基础一般做成阶梯形（即大放脚），可采用等高式（两皮一收）或间隔式（两皮一收与一皮一收相间）；每一级收退台宽均为1/4砖（即60mm）。

3）一般采用满丁满条（即一丁一顺）砌法；做到里外咬槎，上下层错缝，竖缝至少错开1/4砖长。大放脚的转角处要放七分头砖（即3/4砖），并在山墙和檐墙两处分层交替设置，不能同缝；其数量为一砖半厚墙放三块，二砖墙放四块，以此类推。

4）基础最下与最上一皮砖宜采用丁砌法，先在转角处及交接处砌几皮砖，并弹出基础轴线和边线。

（3）砂浆拌制

1）砂浆配合比应采用质量比。由试验室确定配合比，按给定配合比进行现场计量控制。水泥计量精度为±2%，砂、掺合料为±5%。

2）宜用机械搅拌，投料顺序为砂→水泥→掺合料→水，搅拌时间不少于1.5min/盘。

3）砂浆应随拌随用，一般水泥砂浆和水泥混合砂浆须在拌成后3h和4h内用完，不允许使用过夜砂浆。

4）基础按一个楼层，每250m^3砌体，每一种砂浆，每台搅拌机至少做一组试块（一组六块），如砂浆强度等级或配合比变更时，还应增加试块组数。

（4）砌筑

1）砖基础砌筑前，基础垫层表面应清扫干净，洒水湿润。先盘墙角，每次盘角高度不应超过五层砖，随盘随靠平、吊直。

2）砌基础墙应挂线，240mm墙反手挂线，370mm以上墙应双面挂线。

3）基础标高不一致或有局部加深部位，应从最低处往上砌筑，应经常拉线检查，以保持砌体通顺、平直，防止砌成“螺纹”墙。

4）基础大放脚砌至基础上部时，要拉线检查轴线及边线，保证基础墙身位置正确。同时还要对照皮数杆的砖层及标高，如有偏差时，应在水平灰缝中逐渐调整，使墙的层数与皮数杆一致。

5）暖气沟挑檐砖及上一层压砖均应用丁砖砌筑，灰缝要严实，挑檐砖标高必须正确。

6）各种预留洞、埋件、拉结筋按设计要求留置，避免后剔凿，影响砌体质量。

7）变形缝的墙角应按直角要求砌筑，先砌的墙要把舌头灰刮尽；后砌的墙可采用缩口灰，掉入缝内的杂物随时清理。

8）安装管沟和洞口过梁其型号、标高必须正确，底灰饱满；如坐灰超过20mm厚，用细石混凝土铺垫，两端搭墙长度应一致。

（5）抹防潮层：基础砌至防潮层时，用水平仪找平，然后铺设15~20mm厚水泥防水砂浆（防水粉掺量为水泥质量的3%~5%），并压实抹平；若设计有规定时按设计规定。

（6）土方回填：基础砌筑完毕，及时清理基槽（坑）内杂物和积水，在两侧同时回填土，并分层夯实。

4. 质量标准

（1）主控项目

1）砖和砂浆的强度等级必须符合设计要求。

抽检数量：每一生产厂家的砖到现场后，按烧结砖 15 万块、多孔砖 5 万块、灰砂砖及粉煤灰砖 10 万块各为一验收批，抽检数量为 1 组。

检验方法：检查砖和砂浆试块试验报告。

2）砌体水平灰缝的砂浆饱满度不得小于 80%。

抽检数量：每检验批抽查不应少于 5 处。

检验方法：用百格网检查砖底面与砂浆的粘结痕迹面积。每处检测 3 块砖，取其平均值。

3）砖砌体的转角处和交接处应同时砌筑，严禁无可靠措施的内外墙分砌施工。对不能同时砌筑而又必须留置的临时间断处应砌成斜槎，斜槎水平投影长度不小于高度的 2/3。

抽检数量：每检验批抽查 20% 接槎，且不应少于 5 处。

检验方法：观察检查。

4）非抗震设防及抗震设防烈度为 6 度、7 度地区的临时间断处，当不能留斜槎时，除转角处外，可留直槎，但直槎必须做成凸槎。留直槎处应加设拉结钢筋，拉结钢筋的数量为 120mm 墙厚放置 1 Φ6 拉结钢筋（大于 120mm 厚墙放置 2 Φ6 拉结钢筋），间距沿墙高不应超过 500mm；埋入长度从留槎处算起每边均不应小于 500mm，对抗震设防烈度 6 度、7 度的地区，不应小于 1000mm；末端应有 90°弯钩。

抽检数量：每检验批抽 20% 接槎，且不应少于 5 处。

检验方法：观察和尺量检查。

合格标准：留槎正确，拉结筋设置数量、直径正确，竖向间距偏差不超过 100mm，留置长度基本符合规定。

（2）一般项目

1）砖砌体上下错缝，每处无四皮砖通缝。

2）砖砌体接槎处灰缝砂浆密实，缝、砖应平直；每处接槎部位水平灰缝厚度不小于 5mm 或透亮的缺陷不超过 5 个。

3）预埋拉结筋的数量、长度均符合设计要求和施工规范的规定，留置间距偏差不超过一皮砖。

4）留置构造柱的位置正确，大马牙槎先退后进，上下顺直，残留砂浆清理干净。

5）允许偏差项目的允许偏差值见表 3-1。

表 3-1　砖砌体允许偏差项目的允许偏差值

项次	项　目	允许偏差/mm	检 查 方 法
1	轴线位置偏移	10	用经纬仪或拉线和尺量检查
2	基础顶面标高	±15	用水准仪和尺量检查

5. 施工注意事项

（1）基础砌筑砂浆应采用水泥砂浆。

（2）冬雨期施工

1）砂浆宜用普通硅酸盐水泥拌制，石灰膏等掺合料应有防冻措施，如遭冻，融化后方可使用；砂中不得含有大于10mm的冻块。

2）砖应清除冰霜，冬期不浇水，应适当增大砂浆的稠度。

3）砂浆使用时的温度不应低于+5℃。

4）雨期施工时，应防止基槽灌水和雨水冲刷砂浆；砂浆的稠度应适当减小。每天砌筑高度不宜超过1.2m，收工时覆盖砌体上表面。

3.1.2 毛石基础施工工艺

砌筑用石有毛石和料石两类。毛石分为乱毛石和平毛石。乱毛石是指形状不规则的石块；平毛石是指形状不规则，但有两个平面大致平行的石块。毛石应呈块状，其中部厚度不宜小于150mm。料石按其加工面的平整程度分为细料石、粗料石和毛料石三种。料石的宽度、厚度均不宜小于200mm，长度不宜大于厚度的4倍。

1. 材料要求

（1）毛石材料：坚实、无风化剥落、无裂纹，强度等级不低于MU20，尺寸一般以高度在20~30cm，长在30~40cm之间为宜，表面水锈、浮土、杂质应清刷（洗）干净。

（2）其他材料要求

1）砌筑用水泥可采用32.5或42.5号普通硅酸盐水泥或矿渣硅酸盐水泥，并应有出厂合格证或试验报告。

2）砂采用中砂，并通过5mm筛孔，含泥量不得超过5%，不得含有草根等杂质。

2. 作业条件

（1）基槽或基础垫层均已完成，并验收，办完隐检手续。

（2）已定出建筑物主要轴线，标出基础及墙身轴线和标高，弹出基础边线，立好皮数杆（间距15~20m，转角处均设立），办完预检手续。

（3）拉线检查基础垫层、表面标高，若毛石水平灰缝大于30mm时，应用细石混凝土找平，不得用砂浆或在砂浆中掺细砖或碎石处理。

（4）常温施工时，应提前1d将毛石浇水润湿，雨天施工不得使用含水饱和状态下的毛石。

（5）砌筑时砌筑部位的灰渣、杂物应清除干净，基层浇水湿润。

（6）砂浆配合比应在砌筑前至少提前7d送试验室进行试配，砌筑时按试验室提供的配合比进行计量控制，并搅拌均匀。

（7）脚手架应随砌随搭设，垂直运输机具应准备就绪。

3. 施工工艺流程

毛石基础砌筑施工工艺流程见图3-2。

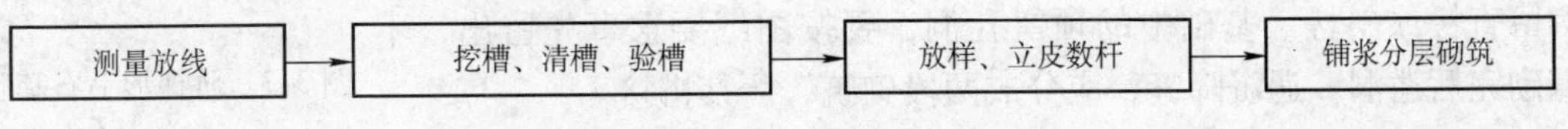

图3-2 毛石基础砌筑施工工艺流程

4. 施工操作要点

（1）挖槽、清槽、验槽：砌筑前，检查基槽（坑）土质、轴线、尺寸、标高，清除杂物，打好底夯。若地基过湿，则铺 10cm 厚的砂子、砂砾石或碎石填平夯实。

（2）放样、立皮数杆：根据控制点和控制轴线放出基础轴线及边线，抄平，在两端立好皮数杆，划出分层砌石高度（不宜小于 30cm），标出台阶收分尺寸。

（3）砌筑

1）毛石基础截面形状有矩形、阶梯形、梯形等，基础上部宽一般应比墙厚大 20cm 以上。毛石的形状不规整，不易砌平，为保证毛石基础的整体刚度和传力均匀，每一台阶应不少于 2 ~ 3 皮毛石，每阶排出宽度应不小于 20cm。

2）砌筑时，应双挂线，分层砌筑，每层高度为 30 ~ 40cm，大体砌平。基础最下一皮毛石，应选用较大的石块，使大面朝下，放置平稳，并灌浆。转角及阴阳角外露部分，应选用方正平整的毛石互相拉结砌筑。

3）毛石砌体应采用铺浆法砌筑，灰缝厚度宜为 20 ~ 30mm，砂浆必须饱满，叠砌面的粘灰面积（即砂浆饱满度）应大于 80%。石块间较大的空隙应先填塞砂浆后用碎石块嵌实，不得采用先铺石后灌浆的方法。

4）大、中、小毛石应搭配使用，使砌体平稳。形状不规则的石块，应用大锤将其棱角适当加工后使用。石块上下皮紧缝必须错开（错开不少于 10cm，角石不少于 15cm），做到丁顺交错排列。

5）为保证砌筑牢固，每隔 0.7m 应垂直墙面砌一块拉结石，同皮内每隔 2m 左右设置一块，上下左右拉结石应错开，使形成梅花形，并均匀分布。

6）毛石基础拉结石长度：如基础宽度等于或小于 400mm，应与基础宽度相等；如基础宽度大于 400mm，可用两块拉结石内外搭接，搭接长度不应小于 150mm，且其中一块拉结石长度不应小于基础宽度的 2/3。

7）填心的石块，应根据石块自然形状交错放置，尽量使石块间缝隙最小，过大缝隙，应铺浆用小石块填入使之稳固，并用锤轻敲使之密实，严禁石块间无浆直接接触，出现干缝、通缝。

8）毛石基础的扩大部分，如做成阶梯形，上级阶梯的石块应至少压砌下级阶梯石块的 1/2，相邻阶梯的毛石应相互错缝搭砌（图 3-3）。

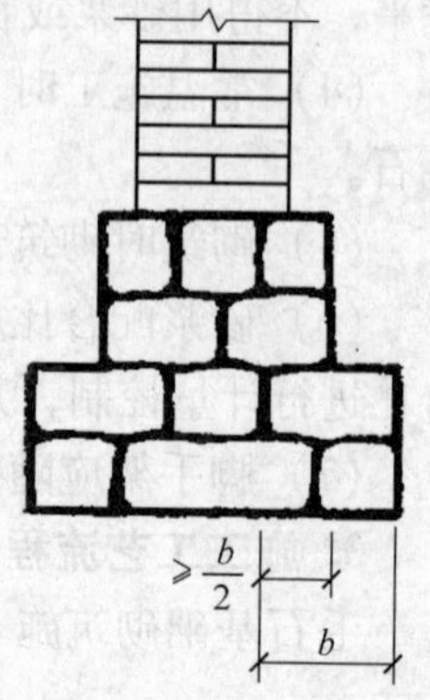

图 3-3　阶梯形毛石基础

（4）检查校验：每砌完一层，必须校对中心线，找平一次，检查有无偏差现象。基础上表面配平宜用片石，基础侧面要保持大体平整、垂直，不得有倾斜、内陷和外鼓现象。砌好后外侧石缝应用砂浆勾严。

（5）留槎处理：墙基需留槎时，不得留在外墙转角或纵墙与横墙的交接处，至少应离开 1.0 ~ 1.5m 距离。接槎应做成阶梯式，不得留直槎或斜槎。基础中的预留孔洞，要按图纸要求事先留出，不得砌完后凿洞。遇沉降缝，应分成两段砌筑，严禁搭接。

（6）砌完土方回填：毛石基础全部砌完，要及时在基础两边均匀分层回填土，分层夯实。

5. 质量检验标准

（1）毛石基础质量检查：毛石基础质量分为合格和不合格两个等级。质量合格应符合以下规定：

1）主控项目应全部符合规定。

2）一般项目应有80%及以上的抽检处符合规定，或偏差值在允许偏差范围以内。

（2）主控项目

1）石材及砂浆强度等级必须符合设计要求。

抽检数量：同一产地的石材至少应抽检一组。砂浆试块抽检数量：每一检验批且不超过250m³ 砌体的各种类型及强度等级的砌筑砂浆，每台搅拌机应至少抽检一次。

检验方法：料石检查产品质量证明书，石材、砂浆检查试块试验报告。

2）砂浆饱满度不应小于80%。

3）石砌体的轴线位置及垂直度允许偏差应符合表3-2的规定。

表3-2　毛石基础砌体尺寸、位置的允许偏差和检验方法

项次	项目	允许偏差/mm			检验方法
		毛石	毛料石	粗料石	
1	轴线位置位移	20	20	15	用经纬仪或拉线和尺检查
2	基础和墙砌体顶面标高	±25	±25	±15	用水准仪和尺量检查
3	砌体厚度	+30，0	+30，-10	+15，0	尺量检查

（3）一般规定项目：石砌体的组砌形式应符合下列规定：

1）内外搭砌，上下错缝，拉结石、丁砌石交错设置。

2）毛石墙拉结石每0.7m² 墙面不应少于1块。

抽检数量：每一台阶水平方向每20m抽查1处，每处3延长米，但不应少于3处。

检验方法：观察检查。

6. 施工注意事项

（1）砌筑砂浆配置要严格进行材料计量控制，保证计量准确，拌制时间符合规定要求。

（2）应挂线砌筑，大放脚两边收退要均匀，砌到靠墙身处时，应拉线找正墙的轴线和边线。

（3）砌筑过程中，如需调整石块时，应将毛石提起，刮去原有砂浆重新砌筑。严禁用敲击方法调整，以防松动周围砌体。

（4）当基础砌至顶面一层时，上皮石块伸入墙内长度不应小于墙厚的1/2，亦即上一皮石块排出或露出部分的长度，不应大于该石块的1/2长度或宽度，以免因连接不好而影响砌体强度。

（5）每天砌完应在当天砌的砌体上铺一层灰浆，表面应粗糙。夏季施工时，对刚砌完的砌体，用草袋覆盖养护5~7天，避免风吹、日晒、雨淋。

3.1.3　混凝土基础施工

混凝土基础包括有筋和无筋基础，形式有台阶式矩形基础、条形基础、杯形基础和锥形基础等。其施工特点是：深坑作业，施工条件差，工程较零星分散，工程量较小，对质量要求严格。本节混凝土基础指素混凝土刚性基础。

1. 施工准备

（1）材料

1）水泥：宜用32.5～42.5号硅酸盐水泥、矿渣硅酸盐水泥和普通硅酸盐水泥，要求新鲜无结块。

2）砂：中砂或粗砂，含泥量不大于5%。

3）石子：卵石或碎石，粒径5～40mm，含泥量不大于2%，且无杂物。

4）水：应用自来水或不含有害物质的洁净水。

5）外加剂、掺合料：其品种及掺量应根据需要通过试验确定。

（2）主要机具设备

1）机具设备：混凝土搅拌机、皮带输送机、推土机、散装水泥罐车、自卸翻斗汽车、机动翻斗车、插入式振动器。

2）主要工具：大、小平锹、铁板、磅称、水桶、胶皮管、手推车、串筒、溜槽、贮料斗、铁钎和抹子等。

（3）作业条件

1）基础轴线尺寸、基底标高和地质情况均经过检查，并应办完隐检手续。

2）安装的模板已经过检查，符合设计要求，模板内的木屑、泥土、垃圾等已清理干净，办完预检。

3）在槽帮、墙面或模板上做好混凝土成型上口标高控制标志，大面积浇筑的基础每隔3m左右钉上水平桩。

4）埋在垫层中的暖卫、电气等各种管线均已安装完毕，并经过有关方面验收。

5）校核混凝土配合比，检查计量仪器设备，进行开盘交底。

6）浇筑混凝土的脚手架及马道搭设完成，经检查合格。

7）混凝土搅拌、运输、浇灌和振捣机械设备经检修、试运转情况良好，可满足连续浇筑要求。

8）准备好混凝土试模。

2. 施工工艺流程

施工工艺流程见图3-4。

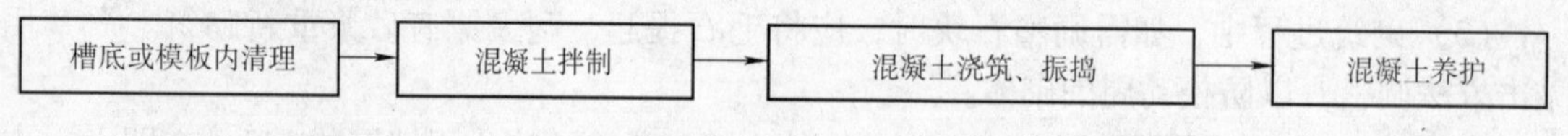

图3-4　基础混凝土施工工艺流程

3. 施工操作要点

（1）清理：在地基或基土上清除淤泥和杂物，并应有防水和排水措施。对于干燥土应用水润湿，表面不得留有积水。清除模板内的垃圾、泥土等杂物，并浇水润湿木模板，堵塞板缝和孔洞。

（2）混凝土拌制：混凝土拌制时应严格按混凝土的配合比准确计量、投料，每盘投料顺序为：石子→水泥→砂子（掺合料）→水（外加剂）。严格控制用水量，搅拌要均匀，最短时间不少于90s。

混凝土搅拌完后应及时用手推车、机动翻斗车或吊斗运至浇筑地点。运送时应防止离析或水泥浆流失；如有离析，应进行二次拌和。

（3）混凝土的浇筑

1）混凝土的下料口距离所浇筑的混凝土表面高度不得超过2m，浇筑时如高度超过2m，应使用串筒、溜槽下料，以防止混凝土发生离析现象。

2）混凝土的浇筑应分层连续进行，一般分层厚度为振捣器作用部分长度的1.25倍，最大不超过50cm。

3）浇筑台阶式基础，应按每一台阶高度内分层一次连续浇筑完成，每层先浇边角，后浇中间，摊铺均匀，振捣密实。每一台阶浇完，台阶部分表面应随即用原浆抹平。

4）浇筑现浇柱基础时保证柱子插筋位置的准确，防止位移和倾斜。浇筑时，先满铺一层5~10cm厚的混凝土并捣实，使柱子插筋下端基本固定，然后再继续对称浇筑，并避免碰撞钢筋。

5）浇筑条形基础应分段分层连续进行，一般不留施工缝。各段各层间应互相衔接，每段长2~3m，使逐段逐层呈阶梯形推进，并注意先使混凝土充满模板边角，然后浇筑中间部分，以保证混凝土密实。

6）混凝土捣固一般采用插入式振动器，其移动间距不大于作用半径的1.5倍。用插入式振捣器振捣应快插慢拔，插点均匀排列，逐点移动，顺序进行，不得遗漏，做到振捣密实。振捣上一层时应插入下层混凝土不少于5cm，以清除两层间的接缝。平板振捣器的移动间距应能保证振动器的平板覆盖已振捣的边缘。

7）同一整体基础混凝土浇筑应连续进行，一般接缝不应超过2h，如间歇时间超过水泥初凝时间，应按施工缝处理。

8）混凝土浇筑过程中，应有专人负责注意观察模板、支撑、管道和预留孔洞有无走动情况，当发现变形位移时，应立即停止浇筑，并应在已浇筑的混凝土凝结前修整完好，才能继续浇筑。

9）混凝土浇筑完后表面应用木抹子压实搓平。

（4）混凝土的养护：混凝土浇筑完毕后，应在12h内加以覆盖和浇水，浇水次数应能保持混凝土有足够的润湿状态。养护期一般不少于7昼夜。

（5）雨、冬期施工：雨、冬期施工时，露天浇筑混凝土应编制季节性施工方案，采取有效措施，确保混凝土的质量。

4. 质量检验标准

（1）保证项目

1）混凝土所用水泥、砂、石子、外加剂等必须符合施工规范和有关标准规定，并有出厂合格证和试验报告。

2）混凝土的配合比、原材料计量、搅拌、养护和施工缝处理必须符合施工规范的规定。

3）按《混凝土强度检验评定标准》（GBJ—107）的规定取样、制作、养护和试验试块，并评定混凝土强度等级，强度等级应符合设计要求和评定标准的规定。

4）对设计不允许有裂缝的结构，严禁出现裂缝；设计允许出现裂缝的结构，其裂缝宽度必须符合设计要求。

（2）基本项目

1）混凝土应振捣密实，蜂窝面积一处不大于200cm^2，累计不大于400cm^2，无孔洞。

2）无缝隙、夹层、裂缝。

(3) 允许偏差项目：混凝土基础尺寸、位置的允许偏差及检验方法见表3-3。

表3-3　混凝土基础允许偏差和检验方法

项次	项　目		允许偏差/mm	检验方法
1	轴线位移	独立基础	10	尺量检查
		其他基础	15	
2	标高		±10	用水准仪或尺量检查
3	基础轴线位移		±15	用经纬仪或拉线尺量检查
	截面尺寸		+15　-10	尺量检查
4	表面平整度		8	用2m靠尺和楔形塞尺检查
5	预留洞中心线位置偏移		5	尺量检查

5. 施工注意事项

(1) 浇筑台阶式基础：施工时应注意防止上下台阶交接处混凝土出现脱空和蜂窝（即吊脚和烂脖子）现象，预防措施是：待第一台阶浇筑完后稍停0.5～1h，待下部沉实再浇上一台阶；或待第一台阶捣实后、继续浇筑第二台阶前，先沿第二台阶模板底圈做成内外坡度，待第二台阶混凝土浇筑完成后，再将第一台阶混凝土铲平、拍实、拍平。

(2) 浇筑杯形基础：应注意杯底标高和杯口模的位置，防止杯口模上浮和倾斜。浇筑时，先将杯口底混凝土振实并稍停片刻，待其沉实，再对称均衡浇筑杯口模四周混凝土。

(3) 浇筑锥形基础：如斜坡较陡，斜坡部分宜支模浇筑，或随浇随安装模板，并应压紧，注意防止模板上浮。如斜坡较平坦时，可不支模，但应注意斜坡部位及边角部位混凝土的捣固密实，振捣完后，再用人工将斜坡表面修正、拍平、拍实。

(4) 基础排降水：基础混凝土浇筑时如基坑地下水位较高，应采取降低地下水措施，直到基坑回填土完成，方可停止降水，以防浸泡地基，造成基础不均匀沉降或倾斜、裂缝。

(5) 基础土方回填：基础拆模后应及时回填土，回填时要在相对的两侧或四周同时均匀进行，分层夯实，以保护基础并有利于进行一下道工序作业。

3.2　柔性基础施工工艺

柔性基础是指配筋混凝土基础。常见的柔性基础有柱下独立基础、柱下条形基础、墙下条形基础、筏形基础、箱形基础等。

1. 柱下独立基础

地基条件较好时，独立柱下常采用独立柱基础。

2. 墙下条形基础

承重墙一般采用条形基础，按选用的材料类别有刚性条形基础和钢筋混凝土条形基础。

3. 柱下条形基础

由钢筋混凝土材料做成的条形基础支承两个以上柱子，单排柱下为单向条形基础，多排柱下可以做成交叉条形基础。由于条形基础有较高的梁肋和一定底宽，因此，其抗弯刚度较大，具有能调整地基不均匀沉降的作用。

4. 筏形基础

当交叉条形基础底面积占建筑平面面积较大比例时，则可将交叉条形基础底面扩大为满堂基础，即筏形基础。筏形基础可减小地基土单位面积压力，提高土的承载能力并增强基础的整体刚度，调整不均匀沉降。

最简单的筏形基础是柱列下一片等厚度的（0.5～2.0m）钢筋混凝土平板。当前，高层建筑设置的地下车库的基础底板大多为等厚度的片筏基础。

5. 箱形基础

箱形基础由钢筋混凝土底板、顶板和纵横内外隔墙组成，如同一只埋在土中的刚性密闭的箱子。箱形基础不仅具有相当大的抗弯刚度，而且由于基础深埋、空腹减少了基础底面压力，可以增加建筑物的层数，又称为补偿式基础。

3.2.1 柱下独立基础施工

1. 施工准备

（1）作业条件

1）办完地基验槽及隐检手续。

2）办完基槽验线验收手续。

3）有混凝土配合比通知单，已准备好试验用工器具。

（2）材料要求

1）水泥：水泥品种、强度等级应根据设计要求确定，质量符合现行水泥标准。

2）砂、石子：根据结构尺寸、钢筋密度、混凝土施工工艺、混凝土强度等级的要求确定石子粒径、砂子细度。砂、石质量符合现行标准要求。

3）水：采用自来水或不含有害物质的洁净水。

4）外加剂：根据施工组织设计要求，确定是否采用外加剂。外加剂必须经试验合格后，方可在工程上使用。

5）掺合料：根据施工要求，确定是否采用掺合料。质量符合现行标准要求。

6）钢筋：钢筋的级别、规格必须符合设计要求，质量符合现行标准要求。钢筋表面应保持清洁，无锈蚀和油污。

7）脱模剂：水质隔离剂。

（3）施工机具。包括混凝土搅拌机、推土机、散装水泥罐车、自卸翻斗汽车、机动翻斗车、插入式振动器、钢筋加工机械、木制井字架、大小平锹、铁板、电子计量仪、胶皮管、手推车、串筒、溜槽、贮料斗、铁钎和抹子等。

2. 工艺流程

柱下独立基础施工工艺流程见图 3-5。

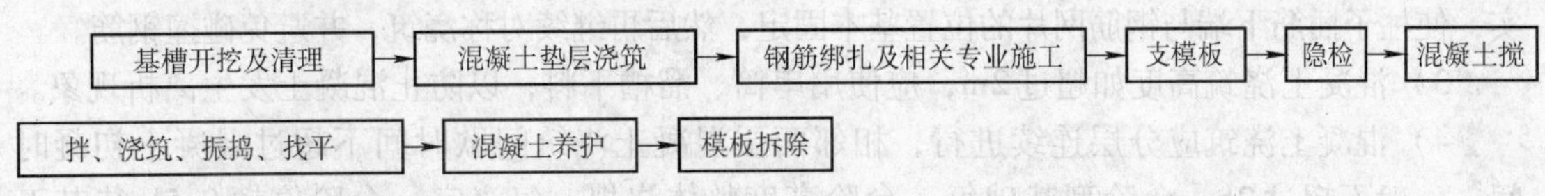

图 3-5 柱下独立基础施工工艺流程

3. 施工操作要点

（1）基槽土方开挖、清理及垫层混凝土浇灌：基槽开挖、清理并验槽合格后，随即清除表层浮土及扰动土，不留积水，立即进行垫层混凝土施工。垫层混凝土必须振捣密实，表面平整。

（2）钢筋绑扎：垫层浇灌完成并在混凝土达到1.2MPa后（即人踩不留痕迹），表面弹线进行钢筋绑扎，钢筋绑扎不允许漏扣，距插筋弯钩处5cm处绑扎第一个箍筋，距基础顶F100mm处绑扎最后一道箍筋，作为标高控制筋及定位筋，柱插筋最上部再绑扎一道定位筋，上下箍筋及定位箍筋绑扎完成后将柱插筋调整到位并用井字木架临时固定，然后绑扎剩余箍筋，保证柱插筋不变形走样，两道定位筋在基础混凝土浇完后，必须进行更换。

钢筋绑扎好后底面及侧面搁置保护层塑料垫块，厚度为设计保护层厚度，以防出现露筋的质量通病。注意对钢筋的成品保护，不得任意碰撞钢筋，造成钢筋移位。

（3）模板安装：钢筋绑扎及相关专业施工完成后立即进行模板安装，模板采用小钢模或木模，利用架子管或木方加固。锥形基础坡度$<30°$时，采用斜模板支护，利用螺栓与底板钢筋拉紧，防止上浮，模板上部设透气及振捣孔；坡度$\geqslant 30°$时，利用钢丝网（间距30cm）防止混凝土下坠，上口设井字木架控制钢筋位置。不得用重物冲击模板，不得在模板上搭设脚手架，确保模板的牢固和严密。

（4）混凝土现场搅拌

1）每次浇筑混凝土前，试验员根据现场实测砂石含水率调整试验室给定的混凝土配合比材料用量，换算每盘的材料用量，填写配合比板，经施工技术负责人校核后，挂在搅拌机旁醒目处；与监理工程师共同设定计量仪器的读数。

2）每盘投料顺序：石子→水泥（外加剂、掺合料粉剂）→砂子→水→外加剂液剂。水泥、掺合料、水、外加剂的计量误差为±2%，粗、细骨料的计量误差为±3%。

3）搅拌时间：为使混凝土搅拌均匀，自全部拌和料装入搅拌筒中起到混凝土开始卸料止，混凝土搅拌的最短时间：

强制式搅拌机，不掺外加剂时，不少于90s；掺外加剂时，不少于120s。

自落式搅拌机，在强制式搅拌机搅拌时间的基础上增加30s。

4）在第一次浇筑混凝土前，由施工单位组织监理（建设）单位对搅拌机组、混凝土试配单位计量仪器进行开盘鉴定工作，共同认定试验室签发的混凝土配合比确定的组成材料是否与现场施工所用材料相符，混凝土拌和物性能是否满足设计要求和施工需要。如果混凝土和易性不好，可以在维持水灰比不变的前提下适当调整砂率、水及水泥量，至和易性良好为止。

（5）混凝土浇筑

1）混凝土浇筑前应清除模板内的木屑、泥土等杂物，木模浇水湿润，堵严板缝及孔洞。

2）为保证柱插筋位置准确，防止位移和倾斜，浇筑时，先浇一层5~10cm厚混凝土并捣实，使柱子插筋下端与钢筋网片的位置基本固定，然后再继续对称浇筑，并避免碰撞钢筋。

3）混凝土浇筑高度如超过2m，应使用串筒、溜槽下料，以防止混凝土发生离析现象。

4）混凝土浇筑应分层连续进行，相邻两层混凝土浇筑间歇时间不超过混凝土初凝时间，一般不超过2h。台阶型基础每一台阶高度整体浇捣，每浇完一台阶停顿0.5h待其下沉，再浇上一层。

5）混凝土振捣采用插入式振捣器，插入的间距不大于振捣器作用部分长度的1.25倍，振动棒移动间距不大于作用半径的1.5倍；上层振捣棒插入下层3~5cm，尽量避免碰撞预埋件、预埋螺栓，防止预埋件移位；防止由于下料过厚、振捣不实或漏振、漏浆等原因造成蜂窝、麻面或孔洞。

6）浇筑混凝土时，经常观察模板、支架、钢筋、螺栓、预留孔洞和管道有无走动情况，一经发现有变形、走动或位移时，立即停止浇筑，并及时修整和加固模板，然后再继续浇筑。

7）对于大面积混凝土，应在其浇筑后再使用平板振捣器拖振一遍，然后用刮杆刮平，再用木抹子搓平；收面前校核混凝土表面标高，不符合要求处立即整改。

（6）混凝土养护

1）已浇筑完的混凝土应在12h左右覆盖和浇水。一般常温养护不得少于7d，特种混凝土养护不得少于14d。

2）养护由专人检查落实，防止由于养护不及时造成混凝土表面裂缝。

（7）模板拆除：侧面模板在混凝土强度能保证其棱角不因拆模板而受损坏时方可拆模，拆模前由专人检查混凝土强度，拆除时采用撬棍从一侧顺序拆除，不得采用大锤砸或撬棍乱撬，以免造成混凝土棱角破坏。

4. 质量标准

（1）主控项目

1）混凝土所用水泥、外加剂的质量必须符合施工质量验收规范和现行的国家标准的规定，并有出厂合格证和试验报告。

2）混凝土配合比设计，原材料计量、搅拌、养护和施工缝处理，必须符合施工质量验收规范及国家现行有关规程的规定。

3）混凝土应按《混凝土强度检验评定标准》（GBJ107）的规定取样、制作、养护和试验试块，并评定混凝土强度等级，应符合设计要求和评定标准的规定。

4）混凝土每盘称量允许偏差见表3-4。

表3-4　混凝土原材料每盘称量的允许偏差

项次	材料名称	允许偏差
1	水泥、掺合料	±2%
2	粗细骨料	±3%
3	水、外加剂	±2%

5）混凝土运输、浇筑及间歇的全部时间不应超过混凝土的初凝时间。同一施工段的混凝土应连续浇筑，并应在底层混凝土初凝前将上一层混凝土浇筑完毕。

6）混凝土结构外观质量不应有严重缺陷，其要求见表3-5。

表3-5　现浇钢筋混凝土结构外观质量要求

名称	现象	严重缺陷	一般缺陷
露筋	构件内钢筋未被混凝土包裹而外露	纵向受力钢筋有露筋	其他钢筋有少量露筋
蜂窝	混凝土表面因缺少水泥砂浆而形成石子外露	构件主要受力部位有蜂窝	其他部位有少量蜂窝
孔洞	混凝土中孔穴深度和长度均超过保护层厚度	构件主要受力部位有孔洞	其他部位有少量孔洞

（续）

名称	现象	严重缺陷	一般缺陷
夹渣	混凝土中夹有杂物且深度超过保护层厚度	构件主要受力部位有夹渣	其他部位有少量夹渣
疏松	混凝土中局部不密实	构件主要受力部位有疏松	其他部位有少量疏松
裂缝	缝隙从混凝土表面延伸至混凝土内部	构件主要受力部位有影响结构性能或使用功能的裂缝	其他部位有少量不影响结构性能或使用功能的裂缝
连接部位缺陷	构件连接处混凝土缺陷及连接钢筋、连接件松动	连接部位有影响结构传力性能的缺陷	连接部位有基本不影响结构传力性能
外形缺陷	缺棱掉角、棱角不直、翘曲不平、飞边凸肋等	清水混凝土构件有影响使用功能或装饰效果的外形缺陷	其他混凝土结构有不影响使用功能的外形缺陷
外表缺陷	构件表面麻面、掉皮、起砂、沾污等	具有重要装饰效果的清水混凝土构件有外表缺陷	其他混凝土结构有不影响使用功能的外表缺陷

（2）一般项目

1）混凝土所用砂、石子、掺合料应符合国家现行标准的规定。

2）首次使用的混凝土配合比应进行开盘鉴定，其工作性能应满足设计配合比的要求。开始生产时应至少留置一组标准养护试件，作为验证配合比的依据。混凝土拌制前，应测定砂、石含水率并根据测试结果调整材料用量，确定施工配合比。

3）施工缝和后浇带的留设位置应在混凝土浇筑前按设计要求和施工技术方案确定。施工缝的处理和后浇带混凝土浇筑应按施工技术方案执行。

4）现浇混凝土结构拆模后的尺寸偏差应符合表3-6要求。

表3-6　混凝土基础尺寸允许偏差和检验方法

项次	项目	允许偏差/mm	检验方法
1	轴线位置	10	钢尺检查
2	标高	15	水准仪或拉线，钢尺检查
3	截面尺寸	±10	钢尺检查
4	表面平整度	+8，−5	2m靠尺和塞尺检查
5	预留洞中心位置	15	钢尺检查

注：1. 检查轴线、中心线位置时，应沿纵、横两个方向量测，并取其中的较大值。

2. 检查数量，应抽查构件数量的10%，且不少于3件。

5. 施工注意事项

（1）浇筑台阶式基础，施工时应注意防止上下台阶交接处混凝土出现脱空和蜂窝（即吊脚和烂脖子）现象，预防措施是：待第一台阶浇筑完毕后稍停0.5~1h，待下部沉实，再浇上一台阶。

（2）浇筑杯形基础应注意杯底标高和杯口模的位置，防止杯口模上浮和倾斜。浇筑时，先将杯口底混凝土振实并稍停片刻，待其沉实，再对称均衡浇筑杯口模四周混凝土。

（3）浇筑锥形基础，如斜坡较平坦时可不支模，但应注意斜坡部位及边角部位混凝土的捣固密实，振实完后，再用人工将斜坡表面修正、拍平、拍实。

（4）基础混凝土浇筑如基坑地下水位较高，应采取降低地下水措施，直到基坑回填土完成方可停止降水，以防浸泡地基，造成基础不均匀沉降或倾斜、裂缝。

（5）基础拆模后应及时回填土，回填时要在相对的两侧或四周同时均匀进行，分层夯实，以保护基础并有利于进行下一道工序作业。

3.2.2 墙下条形基础施工

1. 施工准备

（1）作业条件

1）基础模板、钢筋及预埋管线应全部安装完毕，模板内的木屑、泥土、垃圾等已清理干净；钢筋上的油污已除净，经检查合格并办完隐检手续。

2）检查复核基础轴线、标高，在槽帮或模板上标好混凝土浇筑标高；办完基槽验线验收手续。

3）水泥、砂、石及外加剂等材料应备齐，经检查符合要求；有混凝土配合比通知单，已进行开盘交底和准备好试模等试验器具。

4）混凝土搅拌、运输、浇灌和振捣机械设备经检修、试运转情况良好，可满足连续浇筑要求。

5）浇筑混凝土的脚手架及马道搭设完成，经检查合格。

（2）材料要求

1）水泥：采用强度等级42.5级矿渣硅酸盐水泥、普通硅酸盐水泥，且符合设计和现行质量标准要求。

2）砂：中砂或粗砂，含泥量不大于5%。

3）石子：卵石或碎石，粒径5～40mm，含泥量不大于2%。

4）水：自来水或不含有害物质的洁净水。

5）外加剂：外加剂必须经试验合格后，方可在工程上使用。

6）掺合料：根据施工要求，确定是否采用掺合料；质量符合现行标准要求。

7）钢筋：钢筋的级别、规格必须符合设计要求，质量符合现行标准要求；钢筋表面应保持清洁，无锈蚀和油污。

8）脱模剂：水质隔离剂。

（3）施工机具：混凝土搅拌机、推土机、散装水泥罐车、自卸翻斗汽车、机动翻斗车、插入式振动器、钢筋加工机械、大小平锹、铁板、电子计量仪、胶皮管、手推车、串筒、溜槽、储料斗、铁钎和抹子等。

2. 工艺流程

墙下条形基础施工工艺流程见图3-6。

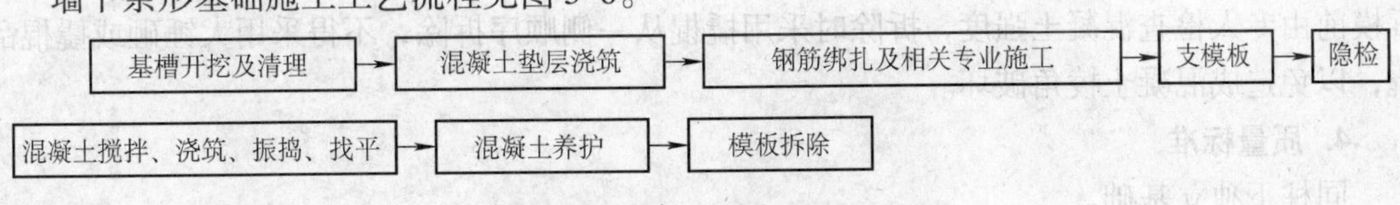

图3-6 墙下条形基础施工工艺流程

3. 施工操作要点

（1）基槽土方开挖、清理及垫层混凝土浇灌：基槽开挖、清理并验槽合格后，随即清除表层浮土及扰动土，不留积水，立即进行垫层混凝土施工。垫层混凝土必须振捣密实，表面平整。

（2）钢筋绑扎：同柱下独立基础。

（3）模板安装：钢筋绑扎及相关专业施工完成后立即进行模板安装，模板采用小钢模或木模，利用架子管或木方加固。

（4）混凝土现场搅拌：同柱下独立基础。

（5）混凝土浇筑：

1）混凝土浇筑前应清除模板内的木屑、泥土等杂物，木模浇水湿润，堵严板缝及孔洞。

2）为保证柱插筋位置准确，防止位移和倾斜，浇筑时，先浇一层5～10cm厚混凝土，并捣实，使柱子插筋下端与钢筋网片的位置基本固定，然后再继续对称浇筑，并避免碰撞钢筋。

3）混凝土浇筑高度如超过2m，应使用串筒、溜槽下料，以防止混凝土发生离析现象。

4）混凝土浇筑应分段分层连续进行，一般不留施工缝。各段各层之间互相衔接，每段长2～3m，使逐段逐层呈阶梯形推进，并注意先使混凝土充满模板边角，然后浇筑中间部分，以保证混凝土密实。

5）混凝土振捣采用插入式振捣器，插入的间距不大于振捣器作用部分长度的1.25倍，振动棒移动间距不大于作用半径的1.5倍；上层振捣棒插入下层3～5cm，尽量避免碰撞预埋件、预埋螺栓，防止预埋件移位；防止由于下料过厚、振捣不实或漏振、漏浆等原因造成蜂窝、麻面或孔洞。

6）混凝土浇筑过程中，应经常观察模板、支架、钢筋、螺栓、预留孔洞和管道有无走动情况，一经发现有变形、走动或位移时，立即停止浇筑，并及时修整和加固模板，然后再继续浇筑。

7）混凝土浇筑应连续进行，一般接缝不应超过2h，如间歇时间超过水泥初凝时间，应按规范留置施工缝。

8）混凝土浇筑后表面应用木抹子压实搓平。

（6）混凝土养护：

1）已浇筑完的混凝土应在12h左右覆盖和浇水。一般常温养护不得少于7d，特种混凝土养护不得少于14d。

2）养护由专人检查落实，防止由于养护不及时，造成混凝土表面裂缝。

（7）模板拆除。侧面模板在混凝土强度能保证其棱角不因拆模板而受损坏时方可拆模，拆模前由专人检查混凝土强度，拆除时采用撬棍从一侧顺序拆除，不得采用大锤砸或撬棍乱撬，以免造成混凝土棱角破坏。

4. 质量标准

同柱下独立基础。

5. 施工注意事项

（1）基础混凝土浇筑时如基坑地下水位较高，应采取降低地下水位措施，直到基坑回填土完成方可停止降水，以防浸泡地基，造成基础不均匀沉降或倾斜、裂缝。

（2）基础拆模后应及时回填土，回填时要在相对的两侧或四周同时均匀进行，分层夯实，以保护基础并有利于进行下一道工序作业。

3.2.3 筏形基础施工

筏板基础由整块钢筋混凝土平板或板与梁等组成。它在外形上如同倒置的钢筋混凝土平面无梁楼盖或肋形楼盖，有平板式和梁板式两种类型。筏板基础由于扩大了基础底面承压面积，所以整体性好，抗弯刚度大，可调整和避免结构物局部发生显著的不均匀沉降。

1. 材料要求

（1）水泥：42.5 号硅酸盐水泥、普通硅酸盐水泥、矿渣硅酸盐水泥，要求新鲜无结块。

（2）砂子：用中砂或粗砂，含泥量不大于5%；混凝土强度等级大于 C30 时，砂子含泥量不大于 3%。

（3）石子：卵石或碎石，料径 5～40mm，混凝土低于 C30 时，含泥量不大于 2%；混凝土强度等级大于 C30 时，含泥量不大于 1%。

（4）掺合料：采用Ⅱ级粉煤灰，其掺量通过试验确定。

（5）减水剂、早强剂。应符合有关标准的规定，其品种和掺量应根据施工需要通过试验确定。

（6）钢筋：品种和规格应符合设计要求，有出厂质量证明书及试验报告，并应取样作机械性能试验，合格后方可使用。

（7）扎丝、垫块：扎丝规格为 18～22 号，垫块为 1∶3 水泥砂浆埋 22 号扎丝预制而成；也可采用统一规格的塑料垫块制品。

2. 机具设备要求

（1）机械设备

1）采用自拌混凝土：混凝土搅拌机、插入式振动器、平板式振动器、输送泵及输送管、电子计量秤、自卸汽车、机动翻斗车等。

2）采用预拌混凝土：混凝土搅拌运输车、输送泵车、插入式振动器、平板式振动器等。

（2）主要工具：大小平锹、串筒、溜槽、胶皮管、混凝土卸料槽、吊斗、手推胶轮车、抹子、混凝土试模（抗渗 6 个/组、抗压 3 个/组）。

3. 作业条件

（1）已编制施工组织设计或施工方案，包括土方开挖、地基处理、深基坑降水和支护、支模和混凝土浇灌程序以及对邻近建筑物的保护等。

（2）基底土质情况和标高、基础轴线尺寸已经过鉴定和检查，并办理隐蔽检查手续。

（3）模板已经过检查，符合设计要求，并办完预检手续。

（4）在槽帮或模板上划或弹好混凝土浇筑高度标志，每隔 3m 左右钉上水平桩。

（5）埋设在基础中的钢筋、螺栓、预埋件、暖卫、电气等各种管线均已安装完毕，各专业已经汇签，并经质检部门验收，办完隐检手续。

（6）混凝土配合比已由试验室确定，并已根据现场材料调整复核；后台计量仪已经检查，并进行开盘交底，准备好试模。

（7）施工临时供水、供电线路已设置；施工机具设备已安装就位，试运行正常。

（8）混凝土的浇筑程序、方法、质量要求已进行详细的层层技术交底。

4. 施工工艺流程

筏形基础施工工艺流程见图 3-7。

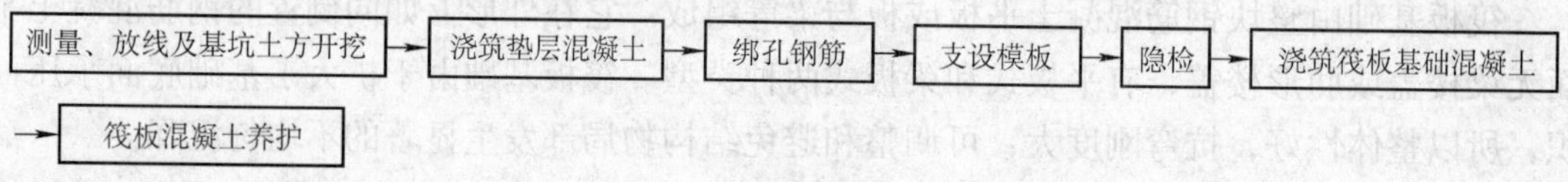

图 3-7 筏形基础施工工艺流程

5. 施工操作要点

（1）基坑开挖

1）按设计施工图放好轴线和基坑开挖边线后进行基坑土方开挖；如有地下水，应采用人工降低地下水位至基坑底 50cm 以下部位，以保证在无水的情况下进行土方开挖和基础结构施工。

2）基坑土方开挖应注意保持基坑底土的原状结构，如采用机械开挖时，基坑底面以上留 20～40cm 厚土层，采用人工挖除和修整，避免超挖或破坏基土。如局部有软弱土层或超挖，应进行换填并夯实。基坑开挖应连续进行，如基坑挖好后不能立即进行下一道工序，应在基底以上留置 15～20cm 厚一层土不挖，待下道工序施工时再挖至设计基坑底标高，以免基土被扰动。

（2）基础垫层施工：基坑土方开挖至设计标高，经验槽合格后，即可采用 C15 混凝土浇筑垫层。若底板有防水要求，应待底板混凝土达到 25% 以上强度后再进行底板防水层施工；防水层施工完毕，应浇筑一定厚底的混凝土保护层，以避免进行钢筋安装绑扎时防水层受到破坏。

（3）筏板钢筋绑扎、模板安装：按设计图纸要求绑扎基础底板和梁钢筋，并插好墙、柱及其他预留钢筋，然后安装梁、柱、墙侧模。

（4）筏板基础底板混凝土施工

1）筏板钢筋及模板安装完毕并检查无误，并清除模内泥土、垃圾、杂物及积水之后，即可进行筏板基础底板混凝土浇筑；混凝土应一次连续浇筑完成。

2）当筏板基础长度过长（40m 以上）时，往往在中部位置留设贯通后浇带或膨胀加强带，以避免出现温度收缩裂缝。对于超厚的筏形基础，应充分考虑采取降低水泥水化热和浇筑入模温度的措施，以避免出现过大温度收缩效应，导致基础底板开裂。

3）浇筑高度超过 2m 时，应使用串筒或溜槽（管），以免混凝土离析。

4）混凝土浇筑时应分层连续进行，每层厚度不超过 30cm。

5）浇筑混凝土时，应经常观察模板、钢筋、预埋件、预留孔洞和管道，若有偏位、变形的情况，应先停止浇筑，及时纠正好后再继续浇筑，确保在混凝土初凝前处理好。

6）混凝土浇筑振捣密实后，应用木抹子搓平、压光。

（5）混凝土养护

筏板基础混凝土浇筑完毕，表面应及时覆盖和洒水养护（一般在浇筑完后 12h）；养护时间不得少于 7d，有抗渗要求时养护时间不得少于 14 天；养护期间，确保混凝土始终处于湿润状态。

（6）变形观测：混凝土浇筑前，宜在基础底板上埋设好沉降观测点，定期进行观测、分析和记录。

6. 质量标准

（1）保证项目

1）浇筑混凝土所用的水泥、水、骨料、外加剂等，必须符合施工规范和有关规定。

2）混凝土的配合比、原材料计量、搅拌、养护和施工缝处理，必须符合施工规范的规定。

3）评定混凝土试块的强度，必须按《混凝土强度检验评定标准》（GB50107）的规定取样、制作、养护和试验，其强度必须符合设计要求和评定标准的规定。

4）基础中钢筋的规格、形状、尺寸、数量、锚固长度、接头数量和位置，必须符合设计要求和施工规范的规定；钢筋表面应无锈蚀、油污；钢筋的品种质量、焊条的型号应符合设计和规范要求。

（2）一般项目

1）混凝土应振捣密实，蜂窝面积不大于400cm^2，孔洞面积不大于100cm^2；无缝隙、夹渣层。

2）允许偏差项目见表3-7。

表3-7　筏板基础的允许偏差和检验方法

项次	项目	允许偏差/mm	检验方法
1	标高	±10	用水准仪或拉线尺量检查
2	上表面平整度	10	用水准仪或拉线尺量检查
3	基础轴线位移	15	用经纬仪或拉线尺量检查
4	基础截面尺寸	+8，－5	用钢尺量

7. 施工注意事项

（1）混凝土浇筑前，应先清除地基或垫层上的淤泥和垃圾，基坑内不得存有积水。

（2）木模应浇水湿润，板缝和孔洞应予堵严。

（3）混凝土应分层浇筑，分层振捣密实，防止出现蜂窝麻面和混凝土不密实。

（4）对厚度较大的筏板，浇筑混凝土时应采取预防温度收缩裂缝措施。常用的防治混凝土开裂的施工措施有：

1）选用中低水化热的水泥，如矿渣水泥、火山灰质水泥、粉煤灰水泥或抗硫酸盐水泥配制混凝土，减少混凝土凝结时的发热量。

2）掺减水剂，减少水泥用量，降低水泥化热量，减缓水化速度；或掺中缓凝型减水剂，除有以上效果外，还可减缓浇灌速度和强度，以利散热。

3）掺粉煤灰，每立方米可减少水泥用量50~70kg，显著推迟和减少发热量，降低温升值20%~25%；

4）选择合适的混凝土配合比，提高混凝土的密实度，减少收缩，降低水泥用量。

5）在基础内预埋冷却水管，通循环低温水降温。

6）热天施工，砂石堆场设遮阳装置，必要时喷冷水雾预冷却，或利用冰水拌制混凝土；运输工具加盖，防止日晒，以降低混凝土初始温度。

7）混凝土采取薄层浇筑，以加速热量散发。

8）加强通风，基抗内设多台风机通风散热，降低浇灌混凝土的入模温度。

9）配制优质混凝土，控制砂、石含泥量，以减少混凝土的收缩，提高极限拉伸强度。

10）制定合理的温控指标，控制混凝土表面与内部温差最大不得大于25°C；内部温差不大于20°C，温度陡降不大于10°C。

11）做好混凝土的养护，适当延长拆模时间，提高混凝土强度，减少混凝土表面的温度梯度；必要时采取保温养护，使其缓慢降温，充分发挥混凝土的徐变性能。

12）配制补偿收缩混凝土，以部分或全部抵消干缩和冷缩在结构中产生的约束应力，防止或减少温度与收缩裂缝的出现。

13）加强混凝土的养护，混凝土浇筑完毕12h后及时浇水养护，宜采用麻袋或稻草等覆盖养护，养护时间普通混凝土不少于7天，抗渗混凝土不少于14天。

3.2.4 箱形基础施工

箱形基础是由钢筋混凝土底板、顶板、外墙和一定数量的内隔墙构成一封闭空间的整体箱体，基础中空部分可在内隔墙开门洞作地下室。箱形基础具有整体性好、刚度大、承受不均匀沉降能力及抗震能力强、可减少基底处原有地基自重应力、降低总沉降量等特点。

1. 材料要求

（1）水泥：42.5号硅酸盐水泥、普通硅酸盐水泥、矿渣硅酸盐水泥，新鲜无结块。

（2）砂子：用中砂或粗砂，含泥量不大于5%；混凝土强度等级大于C30时，砂子含泥量不大于3%。

（3）石子：卵石或碎石，料径5～40mm，混凝土低于C30时，含泥量不大于2%；混凝土强度等级大于C30时，含泥量不大于1%。

（4）掺合料：采用Ⅱ级粉煤灰，其掺量通过试验确定。

（5）减水剂、早强剂：应符合有关标准的规定，其品种和掺量应根据施工需要通过试验确定。

（6）钢筋：品种和规格应符合设计要求，有出厂质量证明书及试验报告，并应取样作机械性能试验，合格后方可使用。

（7）扎丝、垫块：扎丝规格为18～22号，垫块为1∶3水泥砂浆埋22号扎丝预制而成；也可采用统一规格的塑料垫块制品。

2. 机具设备要求

（1）机械设备

1）采用自拌混凝土：混凝土搅拌机、插入式振动器、平板式振动器、输送泵及输送管、电子计量秤、自卸汽车、机动翻斗车等。

2）采用预拌混凝土：混凝土搅拌运输车、输送泵车、插入式振动器、平板式振动器等。

（2）主要工具：大小平锹、串筒、溜槽、胶皮管、混凝土卸料槽、吊斗、手推胶轮车、抹子、混凝土试模（抗渗6个/组、抗压3个/组）。

3. 作业条件

（1）已编制施工组织设计或施工方案，包括土方开挖、地基处理、深基坑降水和支护、支模和混凝土浇灌程序以及对邻近建筑物的保护等。

（2）基底土质情况和标高、基础轴线尺寸已经过鉴定和检查，并办理隐蔽检查手续。

（3）模板已经过检查，符合设计要求，并办完预检手续。

（4）在槽帮或模板上划或弹好混凝土浇筑高度标志，每隔 3m 左右钉上水平桩。

（5）埋设在基础中的钢筋、螺栓、预埋件、暖卫、电气等各种管线均已安装完毕，各专业已经汇签，并经质检部门验收，办完隐检手续。

（6）混凝土配合比已由试验室确定，并根据现场材料调整复核；后台计量仪已经检查；并进行开盘交底，准备好试模。

（7）施工临时供水、供电线路已设置；施工机具设备已安装就位，试运行正常。

（8）混凝土的浇筑程序、方法、质量要求已进行详细的层层技术交底。

4. 施工工艺流程

同“筏形基础施工工艺”。

5. 施工操作要点

（1）开挖基坑应注意保持基坑底土的原状结构，当采用机械开挖基坑时，在基坑底面设计标高为 20 ~ 40mm 厚的土层，应用人工挖除并清理；如不能立即进行下道工序施工，应预留 10 ~ 15cm 厚土层，在下道工序施工前挖除，以防止地基被扰动。

（2）箱形基础底板、内外墙和顶板的支模、钢筋绑扎和混凝土浇筑，可采取分块进行，其施工缝的留设有以下要求：

1）外墙水平施工缝应留在底板面上部 300 ~ 500mm 范围内和无梁底板下部 30 ~ 50mm 处。为方便施工多采用平缝，施工缝处设钢板止水带或橡胶止水带。

2）若有严格防水要求时，多采用厚度不小于 3mm、宽度不小于 300mm，埋入接缝处上下或左右部位各 150mm 的钢板止水带进行施工缝处理。

3）在继续浇筑混凝土前必须先清除缝内杂物，将表面松散混凝土冲洗干净，然后继续浇筑混凝土。

（3）当箱形基础长度超过 40m 时，为避免出现混凝土收缩裂缝或减轻浇灌强度，宜在中部设置贯通后浇缝带，缝带宽度不宜小于 800mm，并从两侧混凝土内伸出贯通主筋，主筋按设计连续安装不切断，经 2 ~ 4 周，再在预留的中间缝带用高一强度等级的膨胀混凝土（掺水泥用量 12% 的 U 型膨胀剂）浇筑密实，使之连成一个整体，并蓄水养护不少于 14d。

（4）钢筋绑孔应注意接头和位置的准确，严格控制接头位置及数量，混凝土浇筑接头部位用闪光对焊或套管挤压焊接前须经验收合格。

（5）外部模板宜采用大块模板组装，内壁用定型模板；墙体尺寸采用直径 12mm 的穿墙对拉螺杆控制，埋设件位置应准确固定。箱顶板应适当预留施工洞口，以便内墙模板拆除取出。

（6）混凝土浇筑要根据每次浇筑量，确定搅拌、运输、振捣能力，配备机械人员，确保混凝土浇筑均匀、连续，避免出现过多的施工缝和薄弱层面。

（7）底板混凝土浇筑，一般应在底板钢筋和墙壁钢筋全部绑扎完毕，柱子插筋就位后进行，可沿长方向分 2 ~ 3 个区，由一端向另一端分层推进，分层均匀下料。当底面积大或底板呈正方形，宜分段分组浇筑，当底板厚度小于 50cm 时，可不分层，采用斜面赶浆法浇筑，表面及时整平；当底板厚度等于或大于 50cm，宜水平分层和斜面分层浇筑，每层厚25 ~ 30cm，分层用插入式或平板式振捣器捣固密实，同时应注意各区、组搭接处的振捣，防止漏振，每层应在水泥初凝时间内浇筑完成，以保证混凝土的整体性和强度，提高抗裂性。

（8）墙体混凝土浇筑应在墙全部钢筋绑扎完毕，包括顶板插筋、预埋铁件、各种穿管道敷设完毕，模板尺寸正确，支撑牢固安全，经检查无误后进行。一般先浇外墙、后浇内墙，或内外墙同时浇筑，分支流向轴线前进，各组兼顾横墙左右宽度各半范围。外墙浇筑可采取分层分段循环浇筑法，即将外墙沿周边分成若干段，一般分 3 ~4 个小组，绕周长循环转圈进行，周而复始，直至外墙体浇筑完成。当周边较长，工程量较大，亦可采取分层分段一次浇筑法，即由 2 ~6 个浇筑小组从一点开始，混凝土分层浇筑，每两组相对应向后延伸浇筑，直至周边闭合。箱形基础顶板（带梁）混凝土浇筑方法与基础底板浇筑基本相同。

（9）对特厚、超长钢筋混凝土箱形基础底板，由于基础体积及截面大，水泥用量多，混凝土浇筑后，在混凝土内部产生的水化热升温。在降温期间，当受到外部地基的约束作用时，会产生较大的温度收缩应力，有可能导致箱形基础产生深进或贯穿性裂缝，影响基础结构的整体性、持久强度和防水性能。因此，对特厚、超长箱形基础底板，在混凝土浇筑时应采取有效的技术措施，如减少水泥水化热温度，降低混凝土浇灌入模温度，改善约束条件，提高混凝土的极限拉伸强度，加强施工的温度控制与管理等，来预防出现温度收缩裂缝，保证基础混凝土的工程质量。

（10）箱形基础施工完毕后，应防止长期暴露，要抓紧基坑的回填土。回填要在相对的两侧或四周同时均匀进行，分层夯实；停止降水时，应验算箱形基础的抗浮稳定性；如不能满足时，必须采取有效的措施，防止基础上浮或倾斜。地下室施工完成后，方可停止降水。

6. 质量标准

同“筏形基础施工”。

7. 注意事项

（1）箱形基础施工前应查明建筑物荷载影响范围内地基土的组成、分布、性质和水文情况，判明深基坑开挖时坑壁的稳定性及对相邻建筑物的影响；编制施工组织设计时应包括土方开挖、地基处理、深基坑降水和支护以及对邻近建筑物的保护等方面具体内容，以指导施工和保证工程顺利进行。

（2）基坑开挖，如地下水位较高，应采取措施降低地下水位至基坑底以下 50cm 处；当地下水位较高，土质为粉土、粉砂或细砂时，不得采用明沟排水，以免产生流砂现象，破坏基底土体；宜采用轻型井点或深井井点方法降水措施，并应设置水位降低观测孔，井点设置应有专门设计。降水时间应持续到箱形基础施工完成，回填土完毕，以防止发生基础箱体上浮事故。

（3）基础开挖应验算边坡稳定性，当地基为软弱土或基坑邻近有建（构）筑物时，应有临时支护措施，如设钢筋混凝土钻孔灌注桩，桩顶浇混凝土连续梁连成整体，支护离箱形基础应不少于 1. 2m，上部应避免堆载、卸土。

（4）箱形基坑开挖深度大，挖土卸载后，土中压力减小，土的弹性效应有时会使基坑面土体回弹变形（回弹变形量有时占建筑物地基变形量的 50% 以上），基坑开挖到设计基底标高经验收后，应随即浇筑垫层和箱形基础底板，防止地基土被破坏。冬期施工应采取有效的措施，防止基坑底土的冻胀。

（5）箱形基础设置后浇带时，应注意必须在底板、墙壁和顶板的同一位置上部留设，使之形成环形，以利释放早、中期温度应力。若只在底板和墙壁上留后浇带，而在顶板上不留设，将会在顶板上产生应力集中，出现裂缝，且会传递到墙壁后浇带，也会引起裂缝。

3.3 桩基础工程施工工艺

3.3.1 桩的分类

1. 按承载性质分类

（1）摩擦型桩：即摩擦桩，指桩顶荷载全部或主要由桩侧阻力承担的桩；根据桩侧阻力承担荷载的份额，摩擦桩又分为纯摩擦桩和端承摩擦桩。

（2）端承型桩：即端承桩，指桩顶荷载全部或主要由桩端阻力承担的桩；根据桩端阻力承担荷载的份额，端承桩又分为纯端承桩和摩擦端承桩。

（3）复合受荷载桩：承受竖向、水平荷载均较大的桩。

2. 按成桩方法与工艺分类

（1）非挤土桩：如干作业法桩、泥浆护壁法桩、套管护壁法桩、人工挖孔桩。

（2）部分挤土桩：如部分挤土灌注桩，预钻孔打入式预制桩、打入式开口钢管桩，H形钢桩，螺旋成孔桩等。

（3）挤土桩。如挤土灌筑桩、挤土预制混凝土桩（打入式桩、振入式桩、压入式桩）。

3.3.2 桩型与施工工艺的选择

桩型与成桩工艺应根据建筑结构类型、荷载性质、桩的使用功能、穿越土层、桩端持力层土类、地下水位、施工设备、施工环境、施工经验、制桩材料供应条件等，根据经济合理、安全适用原则选用。

3.3.3 钢筋混凝土静力压桩施工

机械静力压桩系采用静力压桩机将预制钢筋混凝土桩分节压入地基土层中成桩。见图3-8。适用于软土、填土、一般粘性土层中，以及居民稠密和危房附近环境保护要求严格的地区。

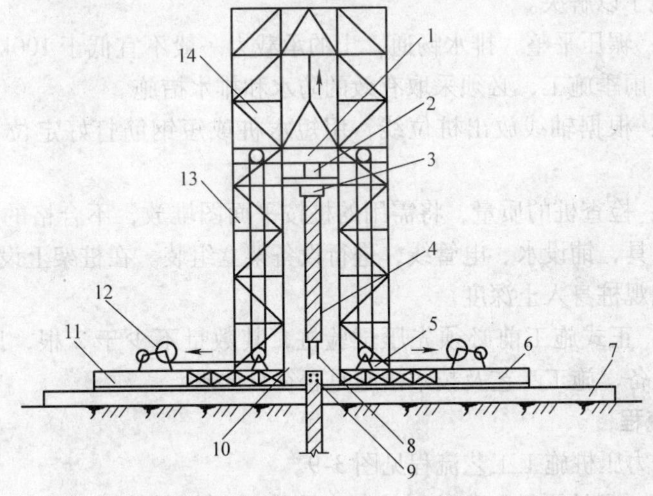

图3-8 静力压桩

1—活动压梁 2—油压表 3—桩帽 4—上段桩 5—加重物 6—底盘 7—轨道 8—上段接桩锚筋 9—下段接桩锚筋孔 10—导笼口 11—操作平台 12—卷扬机 13—加压钢丝绳滑轮组 14—桩架导向笼

1. 施工准备

（1）材料

1）钢筋混凝土预制桩常用截面尺寸为300mm×300mm、350mm×350mm和400mm×400mm，常用节长为7m、9m和12m，施工时可根据设计桩长按不同的节长进行搭配连接。

桩的起吊强度要求达到设计强度的70%，运输时其强度必须达到100%。

2）桩的连接方法有焊接、法兰连接及硫磺胶泥锚接。

① 当采用硫磺胶泥锚接时，所使用的硫磺胶泥配合比应通过试验确定，其物理性能指标（热变性、重度、吸水率、弹性模量、耐酸性）和力学性能指标（抗压强度、抗拉强度、抗折强度和粘结强度）必须达到设计要求和施工规范的规定，并有出厂合格证明。

② 当采用焊接时，使用的焊条牌号、性能必须符合设计要求和有关技术标准的规定，并应有出厂合格证明，钢板宜用低碳钢，焊条宜用E43。

③ 当采用法兰连接时，钢板和螺栓宜用低碳钢。

（2）主要机具

1）机械设备：WJY型或YZY型（1200~2000kN）全液压静力压桩机、轮胎式起重机、运输载重汽车。

2）主要工具：钢丝绳吊索、卡环、撬杠、砂浴锅、铁盘、长柄勺、浇灌壶、扁铲、台秤、温度计等。

（3）作业条件

1）资料。应有工程地质资料、桩基施工平面图、桩基施工组织设计或施工方案。

2）桩基轴线和控制标高。桩基轴线桩和水准点桩测设完毕后，经过检查，并办理复核签证手续。

3）障碍物：排除架空、地面和地下障碍物。在建筑物旧址或杂填土区施工时，应预先进行钎探，清除处理桩位下的旧基础、石块、废铁等障碍物。

4）场地周围：若压桩对周围建筑物或构筑物的使用和安全有影响，则在压桩前应会同有关单位采取措施予以解决。

5）场地要求：辗压平整，排水畅通，土的承载力一般不宜低于100kPa，以保证桩机的移动和稳定垂直。雨季施工，必须采取有效的防水和排水措施。

6）放线定位：根据轴线放出桩位线，用短木桩或短钢筋打好定位桩，并用白灰做出标志。

7）配套设施：检查桩的质量，将需用的桩按平面图堆放，不合格的桩另行堆放；检查机械设备及起重工具，铺设水、电管线，进行设备架立组装。在桩架上设置标尺或在桩侧面画上标尺，以便能观桩身入土深度。

8）压试验桩：正式施工前必须先压试验桩，其数量不少于2根，以确定桩长和贯入度，并校验打桩设备、施工工艺及技术措施是否符合要求。

2. 施工工艺流程

钢筋混凝土静力压桩施工工艺流程见图3-9。

（1）施工顺序。场地平整→定位、控制点测放→桩位样桩测放→监理验收→压桩机就位→吊桩、插桩→桩垂直度校正→下沉打桩→吊桩、接桩、校正、焊接→压桩→送桩至标高

（2）打桩流程

1）按规范要求常规流程实施，先深后浅，先长后短，由中轴线向两边分开推进或由中心向四周对称扩展。

2）在正式打桩前，应先打试沉桩，确保管桩参数。

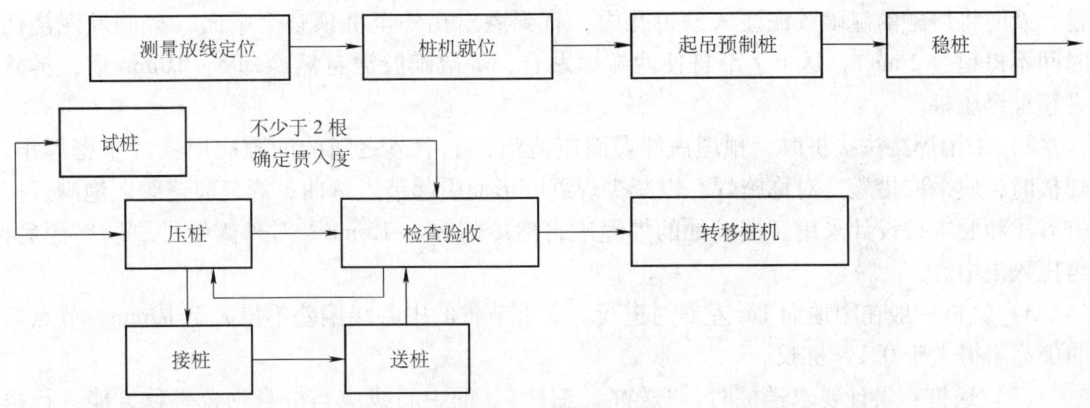

图3-9　钢筋混凝土静力压桩施工工艺流程

3. 施工操作要点

（1）测量放线：在桩施工区域附近设置控制桩与水准点不少于2个，其位置以不受压桩影响为原则（距操作地点40m以外）。轴线控制桩应设置在距外墙桩5～10m处，以控制桩基轴线和标高。

（2）压桩机的安装：压桩机的安装，必须按有关程序或说明书进行。压桩机的配重应平衡配置于平台上。压桩机就位时应对准桩位，起动平台支腿油缸，校正平台处于水平状态。起动门架支撑油缸，使门架微倾15°，以便吊插预制桩。

（3）起吊预制桩：先拴好吊装用的钢丝绳及索具，然后应用索具捆绑住桩上部约500mm处，起动机器起吊预制桩，使桩尖垂直对准桩位中心，缓缓放下插入土中，回复门架在桩顶扣好桩帽，卸去索具。桩帽与桩周边应留5～10mm的间隙，锤与桩帽、桩帽与桩顶之间应有相应的衬垫，一般采用硬木板，其厚度为100mm左右。

（4）稳桩和压桩：当桩尖插入桩位后，扣好桩帽后，微微起动压桩油缸，当桩入土至500mm时，再次校正桩的垂直度和平台的水平度，保证桩的纵横双向垂直偏差不超过0.5%。然后起动压桩油缸，把桩徐徐压下，控制施压速度，一般不宜超过2m/min。

（5）压桩顺序：宜根据场地的地形、地质、桩基的设计布置密集程度以及压桩机移动方便等因素来确定：

1）建筑面积较大，桩数较多时，可将基桩分为数段，压桩在各段范围内分别进行。

2）对多桩台，应由中央向两边或从中心向外施压，避免自外向内或从周边向中心进行。

3）在粉质粘土及粘土地基施工，应避免沿单一方向进行，以免地基向一边挤压，造成压入深度不一，地基挤密程度不均。

（6）接桩：当桩长度不够时，可采用浆锚法、法兰接法或焊接法接桩，一般在距离地面1m左右时进行。焊接和法兰适用于各类土层桩体的连接，硫磺胶泥锚接的桩体适用于软土层，对一级建筑桩基或承受拔力的桩慎用。

1）当采用硫磺胶泥锚接时，其施工方法为：

① 起吊上节桩，矫直外露锚固钢筋，对准下节桩放下，使上节桩的外露锚筋全部插入下节桩的预留孔中，目测上下两节桩确保其垂直和接触面吻合。

② 稍微提升上节桩，使上下节桩径保持 20~25cm 的间隙，在下节桩四侧箍上特制的夹箍，及时将熔融的硫磺胶泥注入预留孔内，直到溢出孔外至桩顶整个平面（硫磺胶泥浇注时间不得超过 2min），送下上节桩使两端面贴合，等硫磺胶泥自然冷却 5~10min 后，拆除夹箍继续压桩。

2）采用焊接法接桩时，预埋铁件表面应清洁，上下节之间的间隙应用铁片垫密焊牢。焊接时，应采取措施，对称施焊，以减少焊缝变形而引起节点弯曲；焊缝应连续、饱满。接桩方法和要求按设计采用。接桩处的焊缝应自然冷却 10~15min，对外露铁件刷防腐漆后，再压入土中。

3）接桩一般在距地面 1m 左右时进行。上下节桩的中心线偏差不得大于 10mm，节点弯曲矢高不得大于 0.1% 桩长。

（7）送桩：设计要求送桩时，“送桩（工具）”的中心线应与桩身吻合一致方能进行送桩；送桩深度一般不宜超过 2m。压桩应连续，同一根桩的中间间歇时间不宜超过半小时。

（8）稳压：当压桩力已达到两倍设计荷载或桩端已到达持力层时，应随即进行稳压。当桩长小于 15m 或粘性土为持力层时，宜取略大于 2 倍设计荷载作为最后稳压力，并稳压不少于 5 次，每次 1min；当桩长大于 15m 或密实砂土为持力层时，宜取 2 倍设计荷载作为最后稳压力，并稳压不少于 3 次，每次 1min。测定其最后各次稳压时的贯入度。以上如设计有具体要求时，则按设计要求执行。

（9）记录：压桩施工时，应由专人或开启自动记录设备做好施工记录。开始压桩时，应记录每沉落 1m 油压表压力值。当下沉至设计标高或两倍于设计荷载时，应记录最后三次稳压时的贯入度。

4. 质量标准

（1）钢筋混凝土静压力桩质量检验标准应符合表 3-8 的规定。

（2）桩位允许偏差应符合表 3-9 的规定。

表 3-8　静压力桩质量检验标准

项	序	检查项目	允许偏差或允许值		检查方法
			单位	数值	
主控项目	1	桩体质量检验	按基桩检测技术规范		按基桩检测技术规范
	2	桩位偏差	见表 3-11		用钢尺量
	3	承载力	按基桩检测技术规范		按基桩检测技术规范
一般项目	1	成品桩质量： 外观	表面平整，颜色均匀，掉角深度 < 10mm，蜂窝面积小于总面积 0.5%		直观
		外形尺寸： 横截面边长	mm	±5	用钢尺量
		桩顶对角线差	mm	<10	用钢尺量
		桩尖中心线	mm	<10	用钢尺量
		桩身弯曲矢高		<1/1000L	用钢尺量，L 为桩长
		桩顶平整度	mm	<2	用水平尺量
		强度	满足设计要求		查产品合格证或钻芯试压

（续）

项	序	检查项目		允许偏差或允许值		检查方法
				单位	数值	
一般项目	2	硫磺胶泥质量（半成品）		设计要求		查产品合格证或抽样送检
	3	接桩	电焊接桩：焊缝质量外观	无气孔，无焊瘤、无裂缝		直观
			电焊结束后停歇时间	min	>1.0	秒表测定
			硫磺胶泥接桩： 胶泥浇注时间	min	<2	秒表测定
			浇注后停歇时间	min	>7	秒表测定
	4	焊条质量		设计要求		查产品合格证书
	5	压桩压力（设计有要求时）		%	±5	查压力表读数
	6	接桩时上下节平面偏差接桩时节点弯曲矢高		mm	<10 <1/1000L	用钢尺量 用钢尺量，L 为两节桩长
	7	桩顶标高		mm	±50	水准仪

表 3-9　桩位允许偏差　（单位：mm）

项	项　目	允许偏差
1	有基础梁的桩： 1. 垂直基础梁的中心线 2. 沿基础梁的中心线	 100 + 0.01H 150 + 0.01H
2	桩数为 1～3 根桩基中的桩	100
3	桩数为 4～16 根桩基中的桩	1/2 桩径或边长
4	桩数大于 16 根桩基中的桩： 1. 最外边的桩 2. 中间桩	 1/3 桩径或边长 1/2 桩径或边长

注：H 为施工现场地面标高与桩顶设计标高的距离。

5. 施工注意事项

（1）桩的堆放应符合下列要求：

1）场地平整、坚实，不得产生不均匀下沉。

2）垫木与吊点的位置应相同，并应保持在同一平面内，各层垫木上、下对齐。

3）同桩号（规格）的桩应堆放在一起，桩尖应向一端，便于施工。

4）多层的垫木应上下对齐，最下层的垫木应适当加宽。堆放的层数一般不宜超过四层。预应力管桩堆放时，层与层之间可设置垫木，当层间不设垫木时，最下层的贴地垫木不得省去，垫木边缘处的管桩应用木楔塞紧，防止滚动。

（2）妥善保护好桩基的轴线和标高的控制桩，不得碰撞和振动，以免引起位移。

（3）送桩留下的桩孔应立即回填密实。

（4）压桩完毕进行基坑开挖时，应制定合理的施工顺序和技术措施，防止土体挤压引起移位和倾斜。

（5）截断过长的桩头，严禁用横锤敲打，以免造成断桩和产生横向裂纹。

（6）安全措施

1）机械司机在施工操作时，听从指挥信号，不得随意离开岗位，应经常注意机械的运转情况，发现异常应立即检查处理，以防止机械倾斜、倾倒。

2）桩身混凝土强度达到设计强度75%方可起吊，达到100%方可运输和压桩。桩机架安设应铺垫平稳、牢固。吊桩就位时，起吊要慢，并拉紧溜绳，防止桩头冲击桩架，撞坏桩身。吊立后要加强检查，发现不安全情况及时处理。

3）硫磺胶泥的原料及制品在运输、储存和使用时应注意防火。熬制胶泥时，操作人员应穿戴防护用品，熬制场地应通风良好，人应在上风向操作，严禁水溅入锅内。胶泥浇注后，上节桩应缓慢放下，防止胶泥飞溅伤人。

4）夜间施工，必须有足够的照明设施；雷雨天、大风大雾天应停止压桩作业。

3.3.4 人工挖孔灌注桩施工

人工挖孔灌注桩采用人工挖土成孔，灌注混凝土成桩。其特点是单桩承载力高，可用作支承、抗滑、锚拉、挡土等。由于可直接检查桩直径、垂直度和持力层情况，故质量可靠，且施工机具设备简单，操作简便，施工无振动、无噪声、无环境污染，对周围建筑物影响小；可多桩同时进行施工，施工速度快，节省设备费用，降低工程造价，适用于无地下水或少量地下水，孔深小于15m，孔径80cm以上的土层和岩层，是应用非常广泛的一种桩基类型。

1. 施工准备

（1）材料

1）水泥：32.5级或以上普通硅酸盐或矿渣酸盐水泥，要求新鲜无结块，其初凝时间不早于2.5h。如采用水下灌注时，水泥的标号采用42.5级。

2）砂子：采用级配良好的中砂或粗砂，含泥量小于5%。

3）石子：采用级配良好的卵石或碎石。粒径5~40mm，含泥量不大于2%。

4）钢筋：品种和规格均符合设计要求，并有出厂合格证及试验报告。

5）外加剂、掺合料：根据施工需要通过试验确定，外加剂应有产品出厂合格证。

6）混凝土坍落度：孔内无钢筋骨架时，宜小于65mm；当孔内设置钢筋骨架时，宜为70~90mm。当采用水下灌注时，塌落度宜为180~220mm。

（2）主要机具设备

1）提升机具：手动绞车。

2）挖孔机具：短柄铁锹、镐、锤、钎。

3）水平运输机具：双轮手推车。

4）混凝土浇筑机具：350~500L强制式搅拌机，小直径插入式振动器、插钎、串筒。当水下灌注混凝土时，尚应配置金属导管、吊斗、混凝土储料仓。

5）其他机具：钢筋加工机具、电焊机、36V低压变压器；井深超过10m时，另配鼓风机，有地下水时，另配潜水泵。

（3）作业条件

1）地质勘察报告和水文地质资料、桩基施工图已齐全。根据地质情况选择孔壁支护方案，并经计算，确保施工安全并满足设计要求，同时已编制挖孔桩施工组织设计或施工方案。

2）施工场地范围内的障碍物已拆除或迁移，场地已整平，并设置排水措施。施工用水、用电线路已铺设，临时设施及道路已修建。

3）现场已设置测量基准线、水准基点，并妥加保护。施工前已放线定位，复核桩位。

4）水、水泥、砂、石、钢筋等原材料均已经质量检验，混凝土试配完成。

5）机具设备已齐备，并已维修、保养，处于完好状态。

6）已进行挖孔、护壁试验，数量不少于2个。

2. 施工工艺流程

人工挖孔灌注桩施工工艺流程见图3-10。

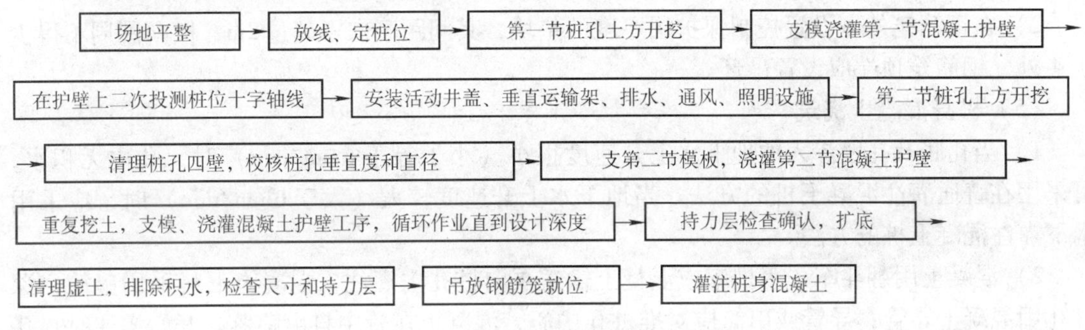

图3-10　人工挖孔灌注桩施工工艺流程

3. 施工操作要点

（1）测量定位：场地平整完毕，按设计要求放出控制轴线位置和桩孔位置，然后采用粘土砖砌出待挖桩孔的孔口。

（2）挖孔及浇筑护壁混凝土

1）挖孔工人必须配有安全帽、安全绳，必要时应搭设掩体。

2）提取土渣的吊桶、吊钩、钢丝绳、卷扬机等机具应经常检查。

3）井口围护应高出地面200～300mm，防止土、石、杂物落入孔内伤人。

4）挖孔工作暂停时，孔口必须罩盖。

5）挖孔时，如孔内的二氧化碳含量超过0.3%，或孔深超过10m时，应采用机械通风。

6）孔内岩石须爆破时，应采用浅眼爆破法，严格控制炸药用量，并在炮眼附近加强支撑和护壁，防止震塌孔壁。当桩底进入倾斜岩层时，桩底应凿成水平状或台阶形。孔内爆破后，应先通风排烟，经检查无毒气后，施工人员方可下井继续工作。

7）为防止坍孔和保证操作安全，1.2m直径以上桩孔多设混凝土护壁，每节高0.9～1.0m，厚8～15cm，或加配适量直径6～10mm光圆钢筋，混凝土张度等级采用C20或C25。

8）护壁模板采用组合式钢模板拼装而成，循环周转使用，模板同U形卡连接，上下由两半圆组成的钢圈顶紧，不另设支撑；混凝土用吊桶运输，人工浇筑，混凝土强度达到1MPa即可拆模。

9）挖孔由人工自上而下逐层用镐、锹进行，遇坚硬土层，用锤、钎破碎，挖土次序为先挖中间部分，后挖周边，允许尺寸误差30mm。

10）弃土装入活底吊桶内，由人工通过孔口支架、手动绞车提升吊至地面上后，用机动翻斗车或手推车运出丢弃指定处。

11）桩中线控制：在第一节混凝土护壁上设十字控制点，每一节设横杆吊大线锤作中心线，以十字控制点为圆心画圆控制桩中线。

（3）扩底

1）扩底采取先挖桩身圆柱体，再按扩底尺寸从上到下削土修成锅底形。

2）为防止扩底时扩大头处的土方坍塌，宜采取间隔挖土措施，留4~6个土肋条作为支撑，待浇筑混凝土前再挖除。

（4）钢筋笼制作、安装

1）钢筋笼就位用小型吊运机具或起重机完成，上下节主筋采用帮条双面焊接，整个钢筋笼用槽钢悬挂在井壁上，借自重保持垂直度正确。

2）在钢筋笼外侧设置控制保护层厚度的垫块，其间距竖向不超过2m，横向圆周不得少于4处，钢筋笼顶端应设置吊环。

（5）桩身混凝土浇筑

1）当孔底及孔壁渗入的地下水上升速度很小（小于等于6mm/min）时，孔内无积水，可采用在普通灌注混凝土桩的方法，当地下水上升速度较大（大于6mm/min）时，应采用水下灌注混凝土桩的方法。

2）混凝土用翻斗车、手推车或混凝土输送泵向桩孔内灌注。混凝土下料采用串筒，深桩孔用混凝土导管；导管或串筒应对准桩孔中心，混凝土在管中自由坠落。开始灌注时，孔底积水不宜超过50mm；灌注速度要尽量加快，应使混凝土对孔壁压力尽快地大于渗水压力。

3）孔内的混凝土应连续浇筑，每层厚不超过1.5m。若必须留设施工缝时应按规范规定处理，并一律设置上下层的锚固钢筋，锚固钢筋的截面积应根据施工缝的位置确定；设计无要求时可按桩截面积的1%配筋（不计桩钢筋笼骨架截面面积）。若骨架主筋面积超过桩截面积的1%，则可不设锚固钢筋。

4）灌注水下混凝土

① 灌注水下混凝土一般采用导管法施工，导管直径一般为25~30cm，并应使导管（包括法兰盘的直径）与骨架内径周围留有必要的间距，以便导管自由拔出。导管内壁要求光滑，内径一致，两端焊有法兰盘，导管组装时接头必须密合不漏水。

② 导管内使用的混凝土止水球或木球胶垫大小要合适（大于导管内径1cm），安装要正，不能漏浆。止水球应安装在导管内水面以上约20cm处。亦可安设特制活门代替止水球。

③ 在试压好的导管表面用磁漆标出0.5m一格的连续标尺，并注明导管全长尺度，以便灌注混凝土时掌握提升高度及埋入深度。

④ 开始灌注混凝土时，应先用一盘砂浆灌入止水球或特别活门上方，然后将已拌制好的混凝土倒入漏斗，避免混凝土在储备过程中将出口堵塞。

⑤ 在灌注水下混凝土时，应做好孔深和导管在混凝土中的埋置深度的测量记录。

⑥ 当导管下口埋置深度到3m左右或导管中混凝土下不去时，应立即提升导管。提升导管要求及时准确，提升时不宜太快，提升后导管的埋置深度不宜少于1m。

⑦ 混凝土灌注过程中，应始终保持导管位置居中。提升导管时应有专人撑握，防止倾斜、位移及将骨架钢筋挂住。

⑧ 混凝土必须连续灌注，边灌注混凝土边提升和拆除上节导管，使混凝土经常处于流动状态。混凝土灌注到桩孔上部5m以内时，可不再提升导管，直到应灌注的标高或出水面后一次拔出。

⑨ 在灌注水下混凝土过程中，应有专人排除漫出之水，防止坍孔。

⑩ 水下混凝土终凝后，轻轻凿去顶面0.5m左右厚的部分（泥浆与混凝土混合部分），直到露出纯净混凝土面，再灌注接桩混凝土。

（6） 桩身混凝土养护：桩身混凝土埋置于土中，一般情况下不需人工养护。而当桩顶标高高出场地标高时，混凝土浇筑12h后应覆盖草袋，并浇水养护，养护时间不少于7d。

4. 质量标准

（1） 主控项目

1） 孔径、孔形和倾斜度宜采用专用仪器测定。当缺乏专用仪器时，可采用外径为桩钢筋笼直径加100mm，长度为4~6倍外径的钢筋检孔器吊入钻孔内检测。

2） 嵌入承台的锚固钢筋长度不得低于规范规定的最小锚固要求。

3） 灌注混凝土的桩顶标高及浮浆处理，水下混凝土宜高出设计50~100cm；空气中灌注混凝土时宜高出设计200~300mm。

4） 钢筋同一截面的接头数量、搭接长度和焊接，机械接头质量应符合规范要求。

5） 应按设计要求采用无破损法逐根桩检测桩与混凝土质量（声测法、动测法）。当设计有要求或对桩的质量有疑问时，应采用钻芯取样法对桩进行检测。

6） 挖孔桩质量检验标准实测项目见表3-10。

表3-10　挖孔桩质量标准实测项目

项次	检查项目		规定值或允许偏差	检查方法和频率
1	混凝土强度/MPa		在合格标准内	按JTJ071附录D检查
2	孔的中心位置/mm	群 桩	100	用经纬仪检查纵、横方向
		排架桩	50	查灌注前记录
3	孔的倾斜度		0.5%	查灌注前记录
4	钢筋骨架底面高程/mm		±50	查灌注前记录

（2） 一般项目

1） 成孔深度和终孔岩土，必须符合设计要求。

2） 混凝土的原材料、混凝土强度必须符合设计要求和施工规范要求。

3） 挖孔桩在终孔后，应进行孔位，孔深检测。

4） 桩芯灌注混凝土量不得小于计算体积。

5. 施工注意事项

（1） 为防止出现缩颈、断桩、混凝土拒落、钢筋下沉、桩身夹泥等现象，应详细研究工程地质勘察报告，制定切实有效的技术措施。

（2） 钢筋笼放入桩管内应按设计标高固定好，防止插斜、插偏和下沉。

（3） 灌注混凝土时，要准确测定每一根桩的混凝土总灌入量是否能满足设计计算的灌入量，在拔管过程中，应严格控制拔管速度，用测锤观测每50~100cm高度的混凝土用量，换算出桩的灌注直径，发现缩颈应及时采取措施处理。

（4）拔管时尽量避免翻插。确需翻插时，翻插的深度不要太大，以防止孔壁周围的泥浆挤进桩身，造成桩身夹泥。

（5）安全措施

1）在孔口应设水平移动式活动安全盖板，以防土块、操作人员掉入孔内。

2）直径较大（1.2m以上）桩孔开挖，井口应设护筒，下部应设护壁，挖一节，随即浇一节混凝土护壁，以防坍孔或孔壁掉下，保证操作安全。

3）孔内遇到岩层须爆破时，应专门设计，严格控制炸药用量并在炮眼附近加强支护。孔深大于5m时，必须采用电雷管引爆。孔内爆破后应先通风排烟15min，经检查无有害气体后，施工人员方可下井继续作业。

4）吊桶装土不应太满，以免在提升时掉落伤人；每挖完一节，应清理桩孔顶部周围松动土方、石块，防止落下伤人。

5）人员上下可利用吊桶、吊篮，但要配备粗绳或悬挂软梯，供停电时人员上下应急使用。

6）在10m深以下作业，应在井下设100W防水带罩灯泡照明，并用36V安全电压，井内一切设备必须接地，绝缘良好。

7）二氧化碳含量超过0.3%时，应采取通风措施。对含量虽不超过规定，但作业人员有呼吸不适感觉时，亦应采取通风或换班作业措施。

8）井口作业人员应挂安全带，井下作业戴安全帽和绝缘手套，穿绝缘胶鞋；提土时井下设安全区，防掉土或石块伤人；在井内必须设有可靠的上、下安全联系信号装置。

9）加强对孔壁土层涌水情况的观察，如发现流砂、大量涌水等异常情况，应及时采取处理措施。

10）向井内吊放钢筋等材料及施工工具时，必须绑紧系牢，防止溜脱发生坠落事故。

11）桩孔挖好后，如不能及时浇筑混凝土，或中途停止挖孔时，孔口应予覆盖。

12）孔口四周必须设置护栏，一般加0.8m高围栏围护。

13）挖出的土石方应及时运离孔口，不得堆放在孔口四周1m范围内，机动车辆的通行不得对井壁的安全造成影响。

14）混凝土护壁浇完后应进行检查，如以现有蜂窝、漏水等现象应及时补强，以防造成事故。

15）施工用电开关必须集中于井口，应装设漏电保安器，并按TN—S系统接线，防止漏电而发生触电事故；值班电工必须经常检查一切电器设备及线路，加强维护，及时发现问题并进行妥善处理。

16）井内抽水管线、通风管、电线等必须妥加整理，并临时固定在护壁上，以防吊桶或吊篮上下时挂住拉断或撞断。

3.3.5 回转钻成孔灌注桩施工

回转钻成孔灌注桩是用一般地质钻机，在泥浆护壁条件下，慢速钻进排渣成孔灌注混凝土成桩。其特点是：可用于各种地质条件、各种大小孔径（300~3000mm）、深度（10~30m），护壁效果好，成孔质量高，机具设备简单，操作方便，费用较低；但成孔速度慢、效率低，用水量大，泥浆排放量大，污染环境，扩孔率较难控制。

1. 施工准备

（1）材料

1）水泥：用32.5级及以上普通硅酸盐水泥或矿渣硅酸盐水泥。水泥进场时应有出厂合格证明书。施工单位应根据进场水泥品种、批号进行抽样检验，合格后才能使用。若存放时间超过三个月，应重新检验确认，符合要求后才能使用。

2）粗集料优先选用卵石。如采用碎石宜适当增加混凝土配合比的含砂率。集料最大粒径不应大于导管内径的1/6～1/8和钢筋最小净距的1/4，同时不应大于40mm。

3）细集料宜采用级配良好的中砂。

（2）主要机具设备

1）机械设备：正、反循环回转钻机、汽车起重机、卷扬机、泥浆泵或离心式水泵、空气压缩泵、混凝土搅拌机、插入式振动器及钢筋加工设备。

2）主要工具：龙门式四角钻架、钻杆、测渣铁砣、混凝土浇灌台架、下料斗、卸料槽、导管、预制混凝土塞、大小平锹、磅秤。

（3）作业条件

1）施工前，必须取得所需的地质勘察报告、水文地质资料、桩基施工图。因地制宜选择孔壁支护方案，并经计算，确保施工安全并满足设计要求，同时应已经编制钻孔桩施工组织设计或施工方案。

2）施工场地内所有障碍物和地下埋设物（如管线、电缆、石块、树根等）已经排除，附近有隔震要求的建筑物和危房已采取保护措施。

3）场地已经整平，周围已设排水设施，对场地中影响施工机械进场的松软土层已进行适当碾压处理。

4）水、水泥、砂、石、钢筋等原材料已经质量检验，混凝土试配完成。

5）施工临时供水、供电、运输道路及小型临时设施已经铺设或修筑，泥浆池及废浆处理池等已设置。

6）桩基测量控制桩、水准基点桩已经设置并经复核，桩位已钉小木桩。

7）已在现场进行成孔试验，数量不少于2个。摸清地质情况并取得有关成孔技术参数。

2. 施工工艺流程

回转钻成孔灌注桩施工工艺流程见图3-11。

图3-11　回转钻成孔灌注桩施工工艺流程

3. 施工操作要点

（1）设置施工平台

1）场地为浅水时，宜采用筑岛法施工。筑岛法的技术要求应符合规范的有关规定。筑岛面积按钻孔方法、机具大小等要求确定；高度应高于最高施工水位0.5～1.0m。

2）场地为深水时，可采用钢管桩施工平台、双壁钢围堰平台等固定式平台，也可采用浮式施工平台。平台须牢靠稳定，能承受工作时所有静、动荷载。

(2) 设置护筒

1) 护筒内径宜比桩径大200～400mm。

2) 旱地、筑岛处护筒可采用挖坑埋设法，护筒底部和四周所填粘质土必须分层夯实。

3) 沉入时可采用压重、振动、锤击方法并铺以筒内除土的方法。

4) 护筒高度宜高出地面0.3m或水面1.0～2.0m。当钻孔内有承压水时，应高于稳定后的承压水位2.0m以上。若承压水位不稳定或稳定后承压水位高出地下水位很多，应先做试桩。当处于潮水影响地区时，应高于最高施工水位1.5～2.0m，并应采用稳定护筒内水头的措施。

5) 护筒埋置深度应根据设计要求或桩位的水文地质情况确定，一般情况埋置深度宜为2～4m，特殊情况应加深，以保证钻孔和灌注混凝土的顺利进行。

6) 有冲刷影响的河床，应沉入局部冲刷线以下不小于1.0～1.5m。

(3) 调制泥浆

1) 钻孔泥浆一般由水、粘土（或膨润土）和添加剂按适当配合比配制而成，其性能指标可参照表3-11选用。

表3-11 泥浆性能指标选择

钻孔方法	地层情况	泥浆性能指标							
		相对密度	粘度/(Pa·s)	含砂率(%)	胶体率(%)	失水率/(ml/30min)	泥皮厚/(mm/30min)	静切力/Pa	酸碱度/pH
正循环	一般地层	1.05～1.20	16～22	8～4	≥96	≤25	≤2	1.0～2.5	8～10
	易坍地层	1.20～1.45	19～28	8～4	≥96	≤15	≤2	3～5	8～10
反循环	一般地层	1.02～1.06	16～20	≤4	≥95	≤20	≤3	1～2.5	8～10
	易坍地层	1.06～1.10	18～28	≤4	≥95	≤20	≤3	1～2.5	8～10
	卵石土	1.10～1.15	20～35	≤4	≥95	≤20	≤3	1～2.5	8～10

2) 直径大于2.5m的大直径钻孔灌注桩对泥浆的要求较高。泥浆的选择应根据钻孔的工程地质情况、孔位、钻机性能、泥浆材料条件等确定；在地质复杂、覆盖层较厚、护筒下沉不到岩层的情况下，宜采用丙烯酰胺即PHP泥浆。PHP泥浆的特点是不分散、低固相、高粘度。

(4) 钻孔施工

1) 正循环回转法：利用钻具旋转切削土体钻进，泥浆泵将泥浆压进泥浆笼头。通过钻杆中心从钻头喷入钻孔内，泥浆挟到钻渣沿钻孔上升，从护筒顶部排浆孔排出至沉淀池，钻渣在此沉淀，而泥浆循环使用。其特点是钻进与排渣同时进行，在适用的土层中钻进速度较快，但需设置泥浆槽、沉淀池等，施工占地较多，且机具设备较复杂。

2) 反循环回转法：与正循环法不同的是泥浆输入钻孔内，然后从钻头的钻杆下口吸进。通过钻杆中心排入沉淀池内。其钻进与排渣效率较高。但接长钻杆时装卸麻烦，钻渣容易堵塞管路。另外，因泥浆是从上而下流动，孔壁坍塌的可能性较正循环大，为此，需要较高质量的泥浆。

3) 钻孔就位前，应对钻孔各项准备工作进行检查。

4) 钻孔时，应按设计资料绘制的地质剖面图，选用适当的钻机和泥浆。

5）钻机安装后，底座和顶部应平稳，在钻进中不应产生位移或沉陷，否则应及时处理。

6）钻孔作业应分班连续进行，填写的钻孔记录、交接班时应交待钻进情况及下一班应注意事项。应经常对钻孔泥浆进行检测和试验，不合要求时，应随时改正。应经常注意地层变化，在地质变化处均应捞取渣样，判明后记入记录表中并与地质剖面图核对。

7）钻孔可采用常规方法，提钻压浆应慢速进行，一般控制在0.5～1.0m/min，过快易塌孔或缩孔。

8）钻孔时，应随钻随清理钻进排出的土方。成孔后应立即投入钢筋和碎石进行补浆，间隔时间不少于30min。

9）当钻进遇到较大的漂石、孤石卡钻时，应作移位处理。当土质松软、拔钻后塌方不能成孔，可先灌注水泥浆，经2h后再在已凝固的水泥浆上二次钻孔。

10）钻孔故障及处理方法

① 坍孔：其表征是孔内水位突然下降又回升，孔口冒细密水泡，出渣量显著增加而不见进尺，钻机负荷显著增加等。坍孔多由泥浆性能不符合要求、孔内水头未能保证、机具碰撞孔壁等原因造成，应查明坍孔位置后进行处理，坍孔不严重时，可回填土到坍孔位以上，并采取改善泥浆性能、加高水头、深埋护筒等措施，继续钻进；坍孔严重时，应立即将钻孔全部用砂类土或砾石土回填，无上述土类时可采用粘质土并掺入5%～8%的水泥砂浆，应等待数日方可采取改善措施后重钻。坍孔部位不深时，可采取深埋护筒法，将护筒填土夯实，重新钻孔。

② 钻孔偏斜、弯曲：常由地质松软不均、岩面倾斜、钻架位移、安装未平或遇探头石等原因造成。一般可在偏斜处吊住钻锥反复扫孔，使钻孔正直。偏斜严重时，应回填粘质土到偏斜处顶面，待沉积密实后重新钻孔。

③ 扩孔与缩孔：扩孔多为孔壁坍塌或钻锥摆动过大造成，应针对原因采取防治措施。缩孔常因地层中含遇水膨胀的软塑土或泥质页岩造成；钻锥磨损过甚，亦能使孔径稍小。前者应采用失水率小的优质泥浆护壁，后者应及时焊补钻锥。缩孔已发生时，可用锥上下反复扫孔，扩大孔径。

④ 钻孔漏浆：护筒内水头不能保持时，宜采取护筒周围回填夯筑密实、增加护筒埋深、适当减小护筒内水头高度、增加泥浆相对密度和粘度、倒入粘土使钻锥慢速转动、增加孔壁粘质土层厚度等措施。

⑤ 糊钻、埋钻：多系正循环（含潜水钻机）回转钻进时，遇软塑粘质土层，泥浆相对密度和粘度过大，进尺快、钻渣量大，钻杆内径过小，出浆口堵塞而造成。应改善泥浆性能，对钻杆内径、钻渣进出口和排渣设备的尺寸进行检查计算，并控制适当进尺。若已严重糊钻，应停钻提出钻锥，清除钻渣。遇到坍方或其他原因造成埋钻时，应使用空气吸泥机吸走埋锥的泥砂，提出钻锥。

⑥ 掉落钻物：宜迅速用打捞叉、钩、绳套等工具打捞；若落体已被泥砂埋住，宜按前述各条先清泥砂，使打捞工具能接触落体后打捞。

（5）清孔

1）换浆清孔法适用于正循环回转钻孔。在完成钻孔深度后提升钻锥至距孔底钻渣面0.1～0.3m，大量泵入符合清孔后性能指标的新泥浆，维持正循环4h以上，直到清除孔底沉渣、减薄孔壁泥及泥浆性能指标符合要求为止。本方法清孔进度慢，对大直径、深孔可将正循环机具拆除，改用抽浆法。

2）抽浆法清孔较彻底迅速。适用于各种方法的钻机。对于反循环回转钻孔，钻孔完成后可停止钻具回转，将钻锥提离孔底钻渣面 10 ~ 30cm，维持泥浆的反循环，并向孔中注入清水，应经常测量孔底沉渣厚度和孔中泥浆性能指标，满足要求后立即停止。应注意在清孔过程中，必须经常保持孔内原有水头高度。

3）喷射清孔法只宜配合换浆法或抽浆法清孔后使用。该法是在灌注水下混凝土前，对孔底进行高压射水或射风数分钟，当孔底剩余的少量沉淀物漂浮后，立即灌注水下混凝土。

4）砂浆置换清孔法适宜于掏渣清孔后使用。该法按下述工序进行：

① 用掏渣筒尽量清除钻渣。

② 以高压水管插入孔底射水，降低泥浆相对密度。

③ 以活底箱在孔底灌注 0.6m 厚的以粉煤灰与水泥加水拌和并掺入缓凝剂的特殊砂浆，砂浆初凝时间应延长到 6 ~ 12h。

④ 插入比孔径稍小的搅拌器，慢速旋转，将孔底残渣搅入砂浆中。

⑤ 吊出搅拌器。

⑥ 吊入钢筋骨架。

⑦ 灌注水下混凝土，搅入残渣的砂浆被混凝土置换后，一直被顶托在混凝土面以上而被推到桩顶后再予以清除。砂浆配合比常用：水泥：粉煤灰：砂：加气剂 = 1：0.4：1.4：0.007（质量比）。

（6）钢筋笼的制作及吊装就位

1）钢筋笼通常由主筋、加强箍筋和螺栓式箍筋组成。钢筋笼应加工成整体，螺旋式箍筋应绑牢。

2）过长的钢筋笼宜分段制作，分段长度应根据吊装条件确定，应确保不变形，接头应错开。

3）应在钢筋笼外侧设置控制保护层厚度的垫块，其间距竖向不超过 2m，横向圆周不得少于 4 处，钢筋笼顶端应设置吊环。

4）钢筋笼入孔一般用吊机。无吊机时，可采用钻机钻架、灌注塔架。起吊应按钢筋笼长度的编号入孔。

（7）混凝土浇筑

1）每立方米水下混凝土的水泥用量不宜小于 350kg，当掺有适宜数量的减水缓凝剂或粉煤灰时，应不少于 300kg。

2）混凝土配合比的含砂率宜采用 0.4 ~ 0.5，水灰比宜采用 0.5 ~ 0.6。有试验依据时含砂率和水灰比可酌情增大或减小。

3）混凝土拌和物应有良好的和易性。在运输和灌注过程中应无显著离析、泌水现象，灌注时应保护足够的流动性，其坍落度宜为 180 ~ 220mm。混凝土拌和物中宜掺用外加剂、粉煤灰等材料。

4）水下混凝土灌注详见《水下混凝土灌注桩基施工工艺》。

4. 质量标准

（1）主控项目

1）成孔后，孔位、孔深应满足设计要求。

2）水下混凝土应连续灌注，严禁有夹层和断层。

3）钢筋笼不得上浮，嵌入承台的锚固钢筋长度不得低于规范规定的最小锚固长度要求。

4）按施工规范的要求，对有代表性的桩，对质量有怀疑的桩以及因灌注故障处理过的桩，应采用无破损法检测桩的质量，重要工程或重要部位的桩应逐根进行无破损检测或钻取芯样。

5）凿除桩头混凝土后，无残余的松散混凝土。

6）钻孔桩质量检验实测标准见表3-12。

表3-12 钻孔桩质量实测标准

项次	检查项目		规定值或允许偏差	检查方法和频率
1	混凝土强度/MPa		在合格标准内	按JTJ071附录D检查
2	孔中心位置/mm	群桩	100	用经纬仪检查纵、横方向
		排架桩	50	
3	孔径		不小于设计桩径	查灌注前记录
4	倾斜度	直桩	1%	查灌注前记录
		斜桩	±2.5%	
5	沉淀厚度/mm	摩擦桩	符合图纸要求。 图纸无要求时，对于直径小于等于1.5m的桩，小于等于300mm；对桩径大于1.5m或桩长大于40m或地质较差的桩小于等于500mm	查灌注前记录
		支承桩	不大于图纸规定	
6	清孔后泥浆指标	相对密度	1.03~1.10	查灌注前记录
		粘度	17~20Pa·s	
		含砂率	<2%	
		胶体率	>98%	

（2）一般项目

1）成孔深度和终孔岩土必须符合设计要求。

2）混凝土的原材料、混凝土强度必须符合设计要求和施工规范要求。

3）桩芯灌注混凝土量不得小于计算体积。

5. 施工注意事项

（1）钻机安装后的底座和顶端应平稳，在钻进中不应产生位移或沉陷，否则应及时处理。

（2）桩的钻孔和开挖应在中距5m内的任何混凝土灌注桩完成24h后才能进行，以避免干扰邻桩混凝土的凝固。

（3）钻孔作业应分班连续进行，填写的钻孔施工记录交接班时应交待钻进情况及下一班应注意事项。应经常对钻孔泥浆进行检测和试验，不符合要求时，应立即改正。应经常注意地层变化，在地层变化处均应捞取渣样，判明后记入记录表中并与地质剖面图核对。

（4）开孔的孔位必须正确，开钻时均应慢速钻进，待导向部位或钻头全部进入地层后，方可加速钻进。

（5）成孔后必须清孔，测量孔径、孔深、孔位和沉淀厚度，确认满足设计要求后，再灌注水下混凝土。

（6）采用筑岛法施工所设置的各种围堰和基坑支撑，其结构必须坚固牢靠。在挖土、吊运、浇筑混凝土等作业过程中，严禁碰撞支撑，并不得在支撑上放置重物。施工中发现围堰、支撑有松动、变形等情况时，应及时加固，危及作业人员安全时应立即撤出。

（7）拆除基坑支撑应在施工负责人的指导下进行，拆除支撑应与基坑回填相互配合进行。有引起坑壁坍塌危险时，必须采取安全措施。

（8）采用泥浆护壁成孔，应根据设备情况、地质条件和孔内情况变化认真控制泥浆密度、孔内水头高度、护筒埋设深度、钻进和提钻速度等，以防塌孔造成机具塌陷。

（9）钻孔使用的泥浆，宜设置泥浆循环净化系统，并注意防止或减少环境污染。

（10）在已成孔尚未灌注混凝土前，桩孔应用盖板封严，以免发生意外。

（11）钻机停钻，必须将钻头提出孔外，置于钻架上，不得滞留在孔内。

（12）对于已埋设护筒未开钻或已成桩护筒尚未拔除的，应加设护筒顶盖或铺设安全网遮盖。

（13）所有成孔设备、电路要架空设置，不得使用不防水的电线或绝缘层有损伤的电线。电闸箱和电动机要有接地装置，加盖防雨罩；电路接头要安全可靠，开关要有保险装置。

（14）恶劣气候钻孔机应停止作业，休息或作业结束时，应切断操作箱上的总开关，并将离电源最近的配电盘上的开关切断。

（15）混凝土灌注时，装、拆导管人员必须戴安全帽，并注意防止扳手、螺钉等掉入桩孔内；拆卸导管时，其上空不得进行其他作业，导管提升后继续浇注混凝土前，必须检查其是否垫稳或挂牢。

（16）在任何情况下，严禁施工人员进入没有护筒或无其他防护措施的钻孔中处理故障。

3.3.6 水下混凝土灌注桩基施工

水下混凝土灌注桩基施工工艺适用于地下水上升速度大于 6mm/min 的挖孔桩混凝土灌注施工。

1. 施工准备

（1）材料

1）水泥：可采用火山灰水泥、粉煤灰水泥、普通硅酸盐水泥或硅酸盐水泥（使用矿渣水泥时应采取防离析措施）；水泥的初凝时间不早于 2.5h，水泥强度等级不宜低于 42.5 级。

2）卵石：粗骨料优先选用卵石，如采用碎石宜适当增加混凝土配合比的含砂率；最大粒径不应大于导管内径的 1/6～1/8 和钢筋最小净距的 1/4，同时不应大于 40mm。

3）砂：宜采用级配良好的中砂；混凝土配合比的含砂率宜采用 0.4～0.5，水灰比宜采用0.5~0.6。有试验依据时含砂率和水灰比可酌情增大或减小。

4）混凝土拌和物应有良好的和易性。在运输和灌注过程中应无显著离析、泌水现象，灌注时应保持足够的流动性，其坍落度宜为180~220mm。混凝土拌和物中宜掺用外加剂、粉煤灰等材料。

5）每立方米水下混凝土的水泥用量不宜小于350kg，当掺有适宜数量的减水缓凝剂或粉煤灰时，应不少于300kg。

（2）主要机具设备：混凝土搅拌机、混凝土输送泵、插入式振动器、混凝土浇灌台架、下料斗、卸料槽、导管。

（3）作业条件

1）成孔完毕且孔壁支护完成，钢筋骨架按设计准确吊装到位且固定。

2）混凝土按设计配合比配置完毕。

3）各种施工设备安装和摆放到位。

2. 施工操作要点

（1）灌注水下混凝土一般采用导管法施工，导管直径一般为25~30cm，并应使导管（包括法兰盘的直径）与骨架内径周围留有必要的间距，以便导管自由拔出。导管内壁要求光滑，内径一致，两端焊有法兰盘，导管组装时接头必须密合不漏水。

（2）导管内使用的混凝土止水球或木球胶垫大小要合适（大于导管内径1cm），安装要正，不能漏浆。止水球应安装在导管内水面以上约20cm处。亦可安设特制活门代替止水球。

（3）在试压好的导管表面用磁漆标出0.5m一格的连续标尺，并注明导管全长尺度，以便灌注混凝土时掌握提升高度及埋入深度。

（4）首批灌注混凝土的数量应能满足导管首次埋置深度（大于等于1.0m）和填充导管底部的需要，所需混凝土数量可参考公式（3-1）确定。

$$V \geqslant \pi D_2(H_1+H_2)/4+\pi d_2 h_1/4 \qquad (3\text{-}1)$$

式中 V——灌注首批混凝土所需数量（m^3）；

D——桩孔直径（m）；

H_1——桩孔底至导管底端间距，一般为0.4m；

H_2——导管初次埋置深度（m）；

d——导管内径（m）；

h_1——桩孔内混凝土达到埋置深度H_2时，导管内混凝土柱平衡导管外（或泥浆）压力所需的高度（m）。

（5）混凝土拌和物运至灌注地点时，应检查其均匀性和坍落度等，如不符合要求，应进行第二次拌和，二次拌和后仍不符合要求时，不得使用。

（6）首批混凝土拌和物下落后，混凝土应连续灌注，并掌握边灌注混凝土边提升和拆除上节导管，使混凝土经常处于流动状态。混凝土灌注到桩孔上部5m以内时，可不再提升导管，直到到达应灌注的标高或出水面后一次拔出。

（7）在灌注过程中，特别是在潮汐地区和有承压力地下水地区，应注意保持孔内水压，并有专人排除漫出之水，防止坍孔。

（8）在灌注过程中，导管的埋置深度宜控制在2~6m。

（9）在灌注过程中，经常测探井内混凝土面的位置，及时地调整导管埋深。

（10）为防止钢筋骨架上浮，当灌注的混凝土顶面距钢筋骨架底部1m左右时，应降低混凝土的灌注速度。当混凝土拌和物上升到骨架底口4m以上时，提升导管，使其底口高于骨架底部2m以上，即可恢复正常灌注速度。

（11）灌注的桩顶标高应比设计标高高出一定高度，一般为0.5～1.0m，以保证混凝土强度，多余部分接桩前必须凿除，残余桩头应无松散层。在灌注将近结束时，应核对混凝土的灌入数量，以确保所测混凝土的灌注高度是否正确。

（12）变截面桩灌注混凝土的技术要求：对变截面桩，应从最小截面的桩孔底部开始灌注，其技术要求与等截面桩相同。灌注至扩大截面处时，导管应提升至扩大截面下约2m，应稍加大混凝土灌注速度和混凝土的坍落度；当混凝土面高于扩大截面处3m后，应将导管提升至扩大截面处上1m，继续灌注至桩顶。

（13）使用护筒灌注水下混凝土时，当混凝土面进入护筒后，护筒底部始终应在混凝土面以下，随导管的提升，逐步上拔护筒，护筒内的混凝土灌注高度，不仅要考虑导管及护筒将提升的高度，还要考虑因上拔护筒引起的混凝土面的降低，以保证导管的埋置深度和护筒底面低于混凝土面。要边灌注、边排水，保持护筒内水位稳定，不至过高，造成反穿孔。

（14）灌注过程中发生的故障及处理方法

1）初灌导管进水：首批混凝土拌和物下落后，导管进水，应将已灌注的拌和物用吸泥机（可用导管作吸泥管）全部吸出，再针对进水原因改正操作工艺或增加首批拌和物储量，重新灌注。

2）中期导管进水：多在提升导管且底口超出已灌注混凝土拌和物表面时发生。遇到该种故障时，可依次将导管拔出，用吸泥机或潜水泥浆泵将原灌注的混凝土拌和物表面的沉淀土全部吸出，将装有底塞的导管重新插入原混凝土拌和物表面下2.5m深处，然后在无水导管中继续灌注，将导管提升0.5m，继续灌注的拌和物即可冲开导管底塞流出。

3）初灌导管堵塞：多因隔水硬球或硬柱塞不符合要求被卡住而产生。可采用长杆冲捣，或用附着于导管外侧的振动器振动导管，或提升导管迅速下落振冲，或在钻杆上加配重冲击导管内混凝土以实现疏通导管的目的。若上述方法无效，应提出导管，取出障碍物，重新改用其他隔水设施灌注。

4）中期导管堵塞：多因灌注时间过长，表层混凝土拌和物已初凝产生；或因某种故障，拌和物在导管内停留过久而发生堵塞。处理方法是将导管连同堵塞物一齐拔出，若原灌混凝土表层未初凝，可用新导管插入原灌拌和物内2m深，用潜水泥浆泵下入导管孔底，将底部水泵出，再用圆杆接长的小掏渣桶伸入管底，升降多次将残余渣土掏除干净，然后在新导管内继续灌注，但灌注结束后，此桩应作为断桩予以补强。

5）钢筋骨架上升：除去一般被勾挂上升的原因外，主要是由于混凝土拌和物冲出导管底口后向上的顶托力造成的。辅助办法是将钢筋骨架顶端焊固在护筒上，或将钢筋骨架中4根主筋伸长至桩孔底；当设计许可时，骨架下端2m范围内的箍筋间距布置应大一些。

6）埋管：灌注过程中导管提升不动，或灌注完毕导管提升不出，统称埋管。常因导管埋置过深所致。若发生此故障，宜插入一直径稍小的护筒至已灌混凝土中，用吸泥机吸出混凝土表面的泥渣，派潜水工下至混凝土表面，在水下将导管齐混凝土面切断，拔出安全护筒，重新下导管灌注。若桩径过小，潜水工无法下去工作，可在吸出混凝土表面的泥渣后，采用输送管直径100～150mm且水下连接一段钢管的混凝土泵泵送余下的混凝土桩身。

3. 质量标准

（1）主控项目

1）灌注混凝土的桩顶标高宜高出设计50～100cm。

2）应按设计要求逐根桩采用无破损法进行桩与混凝土质量的检测（声测法、动测法）。当设计有要求或对桩的质量有疑问时，应采用钻芯取样法对桩进行检测。

3）水下灌注桩质量检验实测标准见表3-13。

表3-13　水下灌注桩质量检验实测标准

项次	检查项目		规定值或允许偏差
1	混凝土强度/MPa		在合格标准内
2	桩径/mm	群桩	100
		排架桩	50
3	孔的倾斜度		0.5%
4	孔深		磨擦桩：不小于设计规定 支承桩：比设计深度超深不小于50mm
5	钢筋骨架底面高程/mm		±50
6	钢筋笼主筋间距/mm		±20
7	钢筋笼箍筋间距/mm		+0，-20
8	钢筋笼直径/mm		±5
9	钢筋笼长度/mm		±10

（2）一般项目

1）混凝土的原材料、混凝土强度必须符合设计要求和施工规范要求。

2）桩芯灌注混凝土量不得小于计算体积。

3）混凝土应连续灌注，严禁有夹层和断层。

4. 施工注意事项

（1）为防止出现缩颈、断桩、混凝土拒落、钢筋下沉、桩身夹泥等现象，应详细研究工程地质勘察报告，制定切实有效的技术措施。

（2）灌注混凝土时，要准确测定每一根桩的混凝土总灌入量是否能满足设计计算的灌入量，在拔管过程中，应严格控制拔管速度，用测锤观测每50～100cm高度的混凝土用量，换算出桩的灌注直径，发现缩颈应及时采取措施处理。

（3）钢筋笼放入桩管内应按设计标高固定好，防止插斜、插偏和下沉。

（4）拔管时尽量避免翻插。确需翻插时，翻插的深度不要太大，以防止孔壁周围的泥挤进桩身，造成桩身夹泥。

3.3.7　钢筋混凝土沉管灌注桩施工

沉管灌注桩适用于杂填土、粘性土、稍密及松散的砂土、淤泥、淤泥质土等土质情况。

1. 施工准备

（1）1 材料

1）水泥：用32.5级及以上普通硅酸盐水泥或矿渣硅酸盐水泥。水泥进场时应有出厂合格证明书。施工单位应根据进场水泥品种、批号进行抽样检验，合格后才能使用。若存放时间超过三个月，应重新检验确认符合要求后才能使用。

2）砂：采用级配良好、质地坚硬、颗粒洁净的河砂或海砂，其含泥量不大于3%。

3）石子：采用坚硬的卵石或碎石，粒径不大于40mm，且不宜大于钢筋最小净距的1/3，其针状颗料不应超过25%，含泥量不大于1%。

4）钢筋：钢筋进场时应有出厂质量合格证明书，应检查其品种规格是否符合要求及有无损伤、锈蚀、油污。并应按规定抽样，进行抗拉、抗弯、焊接试验，经试验合格后方能使用（进口钢筋要进行化学成分检验和焊接试验，符合有关规定后方可用于工程）。钢筋笼的直径除应符合设计要求外，还应比套管内径小60~80mm。

5）桩尖：一般采用钢筋混凝土桩尖，也可用钢桩尖。钢筋混凝土的桩尖强度等级不得低于C30。其配筋构造和数量必须符合设计或施工规范的要求。

（2）主要机具设备

1）振动成桩机：由桩架、振动箱、卷扬机、加压装置、桩管、混凝土下料斗、桩尖等成套设备组成。

2）锤击打桩机：由桩架、桩锤、卷扬机、桩管、混凝土下料斗组成。

3）桩管规格：振动沉管灌注桩桩管直径220~370mm，长10~28m；锤击沉管灌注桩桩管直径270~370mm，长8~12m。

（3）作业条件

1）施工前应作场地查勘工作，如有架空电线、地下电线、给排水管道等设施，妨碍施工或对安全操作有影响的，应先作清除、移位或妥善处理后方能开工。

2）若打桩对邻近的建筑物或构筑物的使用和安全有影响，在打桩前应会同有关单位采取措施予以处理。

3）施工前应做好场地平整工作，对不利于施工机械运行的松散土质场地，必须采取有效措施进行处理，雨季施工时，要采取有效的排水措施。

4）应具备施工区域内的工程地质资料。经会审确定的施工图纸、施工组织设计（或方案）、各种原材料及预制桩尖等的出厂合格证及其抽检试验报告、混凝土配合比设计报告及有关资料应齐全。

5）桩机性能必须满足成桩的设计要求。

6）按设计图纸标注的位置埋设好桩尖。埋设桩尖前，要根据其定位位置先进行钎探，其探测深度宜为2~4m，并将探明在桩位处的旧基础、石块、废铁等障碍物清除。

7）放线定位：根据轴线放出桩位线，用短木桩或短钢筋打好定位桩，并用白灰做出标志，以便施打。

8）桩尖埋设经复核后方能进行打桩，桩尖允许偏差值：单桩为10mm，群桩为20mm。

9）应会同设计单位选定1~2根桩进行打桩工艺试验（即试桩），以核对场地地质情况及桩基设备、施工工艺等是否符合设计图纸要求。

10）检查打桩机械设备及起重工具，铺设水、电管线，安设打桩机；在桩架上设置标尺或在桩管侧面画上标尺，以便能观测桩身入土深度。

11）桩机操作人员应持证上岗，施工前管理人员应向操作工人进行技术交底。

2. 施工工艺流程

振动沉管灌注桩施工工艺流程见图3-12。

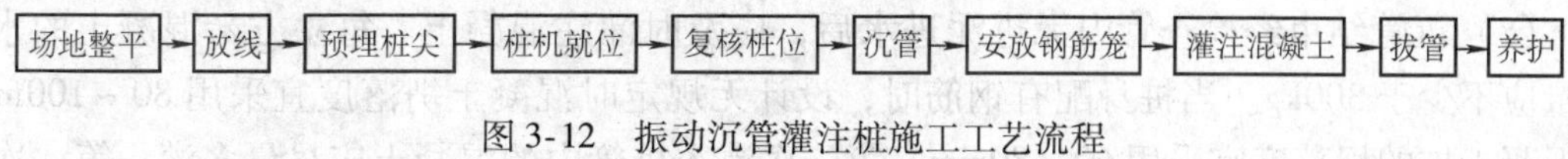

图3-12　振动沉管灌注桩施工工艺流程

3. 振动沉管灌注桩施工操作要点

（1）桩机就位：将桩管桩尖合拢，对准桩位中心，将振动锤压于桩顶，借自重把桩尖压入土中。

（2）沉管：开动振动箱，使桩管在振动下沉入土中。

（3）灌注混凝土：桩管沉到设计标高后，停止振动，用上料斗将混凝土灌入桩管内，宜灌满或略高于地面。

（4）拔管：先起动振动箱片刻再拔管，边振边拔。拔管速度宜控制在1.5m/min以内。拔管方法根据承载力的不同要求，可分别采用以下方法：

1）单打法：即一次拔管。拔管时，桩管每提升0.5m停拔，振动5～10s后再拔管0.5m，如此反复进行直到地面。

2）反插法：桩管每提升0.5～1.0m，再把桩管下沉0.3～0.5m，在拔管过程中添加混凝土，使桩管内混凝土始终高于地面，如此反复进行直至地面。在拔管过程中，桩管内应至少保持2m高的混凝土或不低于地面，可用吊坨探测，不足时及时补灌，以防混凝土中断形成缩颈。相邻桩施工时，其间隔时间不得超过水泥的初凝时间，中途停顿时，应将桩管在停顿前先沉入土中。

（5）吊放钢筋笼：凡灌注配有不到桩底的钢筋笼的桩身混凝土时，宜先灌注混凝土至钢筋笼底标高，再安放钢筋笼，然后继续按灌注混凝土的施工顺序进行。

4. 锤击沉管灌注桩施工操作要点

（1）锤击沉管灌注桩的施工方法一般为“单打法”，但根据设计要求或土质情况等也可用“复打法”。

（2）锤击沉管灌注桩宜按流水顺序，依次向后退打。对群桩基础及中心距小于3.5倍桩径的桩，应采取不影响邻桩质量的技术措施。

（3）桩机就位时，桩管在垂直状态下应对准并垂直套入已定位预埋的桩尖。

（4）桩尖埋设后应重新复核桩位轴线。桩尖顶面应清扫干净，桩管与桩尖肩部的接触处应加垫草绳或麻袋。

（5）注意检查及保证桩管垂直度无偏斜后才正式施打。施打开始时应低锤慢击，施打过程中若发现桩管有偏斜时，应采取措施纠正。如偏斜过大无法纠正时，应及时会同施工负责人及技术、设计部门研究解决。

（6）沉桩管过程中，应经常使用测锤检查管内情况及桩尖有否损坏，若发现桩尖损坏或进泥进水，应拔出桩管，回填桩孔，重新设置桩尖进行施打。

（7）沉管深度应以设计要求及经试桩确定的桩端持力层和最后三阵每阵十锤的贯入度来控制，并以桩管入土深度作参考，测量沉管的贯入度应在桩尖无破坏、锤击无偏心、落锤高度符合要求、桩帽及弹性垫层正常的条件下进行。最后三阵每阵十锤的贯入度宜不大于30mm，且每阵十锤贯入度值不应递增。对于短桩的最后贯入度应严格控制，并应通知设计部门确认。

（8）沉管结束经检查管内无进泥进水后，应及时灌注混凝土。每立方米混凝土的水泥用量应不少于300kg。当桩身配有钢筋时，设计无规定时混凝土坍落度宜采用80～100mm；素混凝土桩的坍落度宜采用60～80mm。第一次灌入桩管内的混凝土应尽量多灌，第一次拔管高度一般只要能满足第二次所需要灌入的混凝土量即可，桩管不宜拔得太高。

（9）拔管时采用倒打拔管的方法，用自由落锤小落距轻击不少于40次/min，拔管速度应均匀，对一般土层以不大于1m/min为宜。在软硬土层交界处及接近地面时，应控制在0.6～0.8m/min以内。在拔管过程中，应用测锤随时检查管内混凝土的下降情况，混凝土灌注完成面应比桩顶设计标高高出50cm，以留作打凿浮浆。

（10）凡灌注配有不到桩底的钢筋笼的桩身混凝土时，宜按先灌注混凝土至钢筋笼底标高，再安放钢筋笼，然后继续按灌注混凝土的施工顺序进行。在素混凝土桩的桩顶采用构造连接钢筋时，在灌注完毕拔出桩管及桩机退出桩位后，应按照设计标高要求，沿桩周对称、均匀、垂直地插入钢筋，并注意钢筋保护层不应小于3cm。

（11）对于混凝土灌注充盈系数小于1.1的桩，应会同设计单位研究补救措施。

（12）按设计要求进行局部复打或全复打施工，必须在第一次灌注的桩身混凝土初凝之前进行。复打法为在同一桩孔内进行两次单打，或根据需要进行局部复打。

5. 质量标准

钢筋混凝土沉管灌注桩的质量检验标准应符合表3-14～表3-16的规定。

表3-14　钢筋混凝土沉管灌注桩钢筋笼质量检验标准

项目	序号	检查项目	允许偏差或允许值	检查方法
主控项目	1	主筋间距	±9	用钢尺量
	2	长度	±90	用钢尺量
一般项目	1	钢筋材质检验	设计要求	抽样送检
	2	箍筋间距	±18	用钢尺量
	3	直径	±9	用钢尺量

6. 施工注意事项

（1）灌注桩身混凝土时应按有关规定留置试块。

（2）钢筋笼在制作、安装过程中应采取措施防止变形。

（3）桩顶锚入承台的钢筋要妥善保护，不得任意弯曲或折断。

（4）已完成的桩未达到设计强度70%，不准车辆辗压。

（5）应注意的质量问题：

1）为防止出现缩颈、断桩、混凝土拒落、钢筋下沉、桩身夹泥等现象，应详细研究工程地质勘察报告，制定切实有效的技术措施。

表 3-15 钢筋混凝土沉管灌注桩质量检验标准

项目	序号	检查项目	允许偏差或允许值		检查方法
			单位	数值	
主控项目	1	桩位	见表 3-18		基坑开挖前量套管，开挖后量桩中心
	2	孔深	mm	+270	只深不浅，用重锤测，或测套管长度，嵌岩桩应确保进入设计要求的嵌岩深度
	3	桩体质量检验	按基桩检测技术规范。如钻芯取样，大直径嵌岩桩应钻至桩尖下 50cm		按基桩检测技术规范
	4	混凝土强度	设计要求		试件报告或钻芯取样送检
	5	承载力	按基桩检测技术规范		按基桩检测技术规范
一般项目	1	垂直度	见表 3-18		测套管，或用超声波探测，或吊垂球
	2	桩径	见表 3-18		用井径仪或用超声波检测，干施工时用钢尺量
	3	混凝土坍落度	mm	70 ~ 100	坍落度仪
	4	钢筋笼安装深度	mm	±90	用钢尺量
	5	混凝土充盈系数	>1.1		检查每根桩的实际灌注量
	6	桩顶标高	mm	+27 −45	用水准仪，需扣除桩顶浮浆层及劣质桩体

表 3-16 钢筋混凝土沉管灌注桩平面位置和垂直度的允许偏差

序号	成孔方法		桩径允许偏差/mm	垂直度允许偏差（%）	桩位允许偏差/mm	
					1 ~ 3 根、单排桩基垂直于中心线方向和群桩基础的边桩	条形桩基沿中心线方向和群桩基础的中间桩
1	套管成孔灌注桩	$D \leqslant 500$mm	−18	<1	63	135
		$D > 500$mm			90	135

注：1. 桩径允许偏差的负值是指个别断面。

2. 采用复打、反插法施工的桩，其桩径允许偏差不受此表限制。

2）灌注混凝土时，要准确测定每一根桩的混凝土总灌入量是否能满足设计计算的灌入量，在拔管过程中，应严格控制拔管速度，用测锤观测每 50 ~ 100cm 高度的混凝土用量，换算出桩的灌注直径，发现缩颈应及时采取措施处理。

3）严格检查桩尖的强度和规格，桩管沉至设计要求后，应用测锤测量桩尖是否进入桩管内。如发现桩尖进入桩管内，应拔出桩管进行处理。灌注混凝土后拔管时，应用测锤测量，看混凝土是否的确已流出管外。

4）钢筋笼放入桩管内应按设计标高固定好，防止插斜、插偏和下沉。

5）拔管时尽量避免翻插。确需翻插时，翻插的深度不要太大，以防止孔壁周围的泥挤进桩身，造成桩身夹泥。

3.4 地基处理施工工艺

3.4.1 换土垫层法

常见的换土垫层法有灰土地基、砂和砂石地基、粉煤灰地基等多种类型地基换土。

1. 灰土地基

灰土地基是将基础底面下要求范围内的软弱土层挖去，用一定比例的石灰与土，在最优含水量情况下充分拌和，分层回填夯实或压实而成。灰土地基具有一定的强度、水稳性和抗渗性，施工工艺简单，费用较低，是一种应用广泛、经济、实用的地基加固方法。适于加固深1~4m厚的软弱土、湿陷性黄土、杂填土等，还可用作结构的辅助防渗层。

（1）材料要求

1）土料：采用就地挖出的粘性土及塑性指数大于4的粉土，土内有机质含量不得超过5‰，土料应过筛，其颗粒不应大于15mm。

2）石灰：应用Ⅲ级以上新鲜的块灰，含氧化钙、氧化镁越高越好，使用前1~2d消解并过筛，其颗粒不得大于5mm，且不应夹有未熟化的生石灰块粒及其他杂质，也不得含有过多的水分。

（2）施工工艺要点

1）对基槽（坑）应先验槽，消除松土，并打两遍底夯，要求平整干净。如有积水、淤泥应晾干；局部有软弱土层或孔洞，应及时挖除后用灰土分层回填夯实。

2）灰土配合比应符合设计规定，一般用3:7或2:8（石灰:土，体积比）。多用人工翻拌，不少于3遍，使其达到均匀，颜色一致，并适当控制含水量，现场以手握成团，两指轻捏即散为宜，一般最优含水量为14%~18%；如含水分过多或过少时，应稍晾干或洒水湿润，如有球团应打碎，要求随拌随用。

3）铺灰应分段分层夯筑，每层虚铺厚度参见表3-17，夯实机具可根据工程大小和现场机具条件用人力或机械夯打或碾压，遍数按设计要求的干密度由试夯（或碾压）确定，一般不少于4遍。

表3-17 灰土最大虚铺厚度 （单位：mm）

夯实机具种类	重量/t	虚铺厚度	备注
石夯、木夯	0.04~0.08	200~250	人力送夯，落距400~500mm，一夯压半夯，夯实后约80~100mm厚
轻型夯实机械	0.12~0.4	200~250	蛙式夯机、柴油打夯机，夯实后约100~150mm厚
压路机	6~10	200~300	双轮

4）灰土分段施工时，不得在墙角、柱基及承重窗间墙下接缝，上下两层的接缝距离不得小于500mm，接缝处应夯压密实，并做成直槎。当灰土地基高度不同时，应做成阶梯形，每阶宽不少于500mm；对做辅助防渗层的灰土，应将地下水位以下结构包围，并处理好接

缝，同时注意接缝质量，每层虚土从留缝处往前延伸500mm，夯实时应夯过接缝300mm以上；接缝时，用铁锹在留缝处垂直切齐，再铺下段夯实。

5）灰土应当日铺填夯压，入槽（坑）灰土不得隔日夯打。夯实后的灰土30d内不得受水浸泡，并及时进行基础施工与基坑回填，或在灰土表面作临时性覆盖，避免日晒雨淋。雨季施工时，应采取适当防雨、排水措施，以保证灰土在基槽（坑）内无积水的状态下进行。刚打完的灰土如突然遇雨，应将松软灰土除去，并补填夯实；稍受湿的灰土可在晾干后补夯。

6）冬期施工，必须在基层不冻的状态下进行，土料应覆盖保温，冻土及夹有冻块的土料不得使用；已熟化的石灰应在次日用完，以充分利用石灰熟化时的热量，当日拌和灰土应当日铺填夯完，表面应用塑料面及草袋覆盖保温，以防灰土垫层早期受冻降低强度。

2. 砂和砂石地基

砂和砂石地基（垫层）采用砂或砂砾石（碎石）混合物，经分层夯（压）实，作为地基的持力层，提高基础下部地基强度，并通过垫层的压力扩散作用降低地基的压实力，减少变形量。由于砂颗粒大，其垫层可起排水作用，施工时不受冻结的影响，可缩短工期；采用机械或人工都可使地基密实，施工工艺简单，降低造价等。砂和砂石地基适于处理3.0m以内的软弱、透水性强的粘性土地基，包括淤泥、淤泥质土；不宜用于加固湿陷性黄土地基及渗透系数小的粘性土地基。

（1）材料要求

1）砂：宜用颗粒级配良好、质地坚硬的中砂或粗砂，当用细砂、粉砂时，应掺加粒径20~50mm的卵石（或碎石），但要分布均匀。砂中有机质含量不超过5%，含泥量应小于5%，兼作排水垫层时，含泥量不得超过3%。

2）砂石：用自然级配的砂砾石（或卵石、碎石）混合物，粒级应在50mm以下，其含量应在50%以内，不得含有植物残体、垃圾等杂物，含泥量小于5%。

（2）构造要求

垫层的构造既要求有足够的厚度，以置换可能被剪切破坏的软弱土层，又要有足够的宽度，以防止垫层向两侧挤出。

1）垫层的厚度：垫层的厚度应根据垫层底部软弱土层的承载力确定，即作用在垫层底面土的自重压力（标准值）与附加压力（设计值）之和大于软弱土层经深度修正后的地基承载力标准值（图3-13），并应符合下式要求

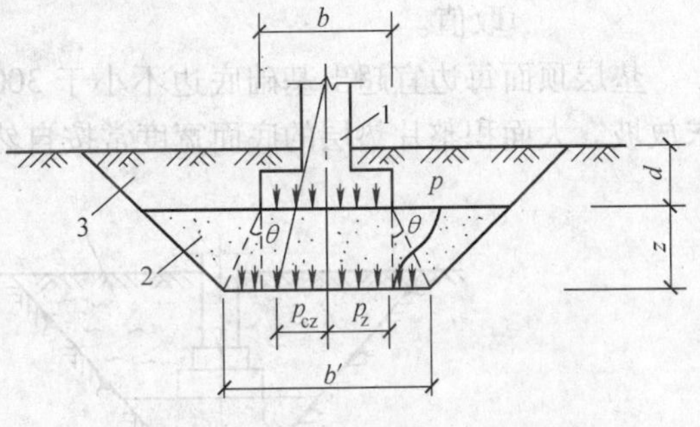

图3-13　垫层内应力的分布

1—基础　2—砂垫层　3—回填土

$$p_z + p_{cz} \leqslant f_{az} \tag{3-2}$$

式中　p_z——垫层底面的附加压力值（kPa），可根据基础不同形式分别按以下简化式计算

条形基础
$$p_z = \frac{b(p - p_c)}{b + 2z\tan\theta} \tag{3-3}$$

矩形基础
$$p_z = \frac{bl(p - p_c)}{(b + 2z\tan\theta)\ (c + 2z\tan\theta)} \tag{3-4}$$

式中　b——条形基础或矩形基础底面的宽度（m）；

l——矩形基础底面的长度（m）；

p——基层底面压力（kPa）；

p_c——基础底面土的自重压力值（kPa）；

z——基础底面下垫层的厚度（m）；

θ——垫层的压力扩散角，可按表 3-18 采用；

p_{cz}——垫层底面土的自重压力值（kPa）；

f_{az}——经深度修正后垫层底面土层的地基承载力特征值（kPa）。

表 3-18　压力扩散角 θ（°）

换填材料 / z/b	中砂、粗砂、砾砂、圆砾、角砾、卵石，碎石	粘性土和粉土（$8 < I_p < 14$）	灰土
0.25	20	6	30
≥0.50	30	23	

注：1. 当 $z/b < 0.25$ 时，除灰土仍取 $\theta = 30°$外，其余材料均取 $\theta = 0°$。

2. 当 $0.25 < z/b < 0.5$ 时，θ 值可内插求得。

按式（3-2）确定垫层厚度时，需要用试算法，即预先估计一个厚度，再按式（3-2）校核，如不能满足要求时，再增加垫层厚度，直至满足要求为止。

垫层的厚度一般为 0.5～2.5m，不宜大于 3.0m，否则费工费料，施工比较困难，也不够经济，小于 0.5m 则作用不明显。

2）垫层的宽度：垫层的宽度应满足基础底面应力扩散的要求，可按下式计算

$$b' \geqslant b + 2z\tan\theta \tag{3-5}$$

式中　b'——垫层底面宽度；

θ——垫层的压力扩散角，可按表 3-20 采用；当 $z/b < 0.25$ 时，仍按表中 $z/b = 0.25$ 取值。

垫层顶面每边宜超出基础底边不小于 300mm，或从垫层底面两侧向上按当地经验的要求放坡。大面积整片垫层的底面宽度常按自然倾斜角控制（图 3-14）适当加宽。

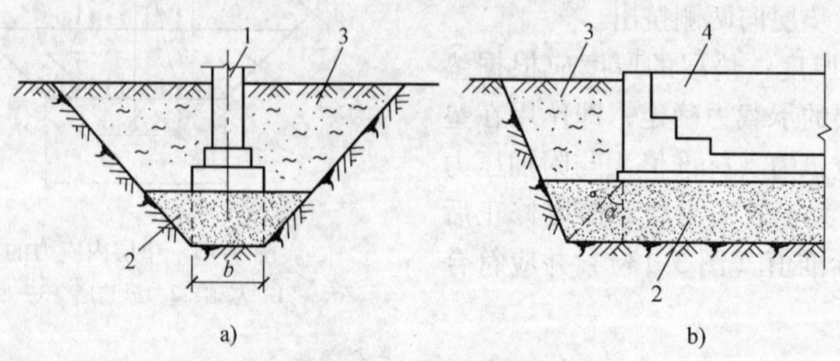

图 3-14　砂或砂石垫层

a）柱基础垫层　b）设备基础垫层

1—柱基础　2—砂或砂石垫层　3—回填土　4—设备基础

α—砂或砂石垫层自然倾斜角（休止角）　b—基础宽度

垫层的承载力宜通过现场试验确定，当无试验资料时，可按表 3-19 选用，并验算下卧层的承载力。

（3）施工工艺要点

1）铺设垫层前应验槽，将基底表面浮土、淤泥、杂物清除干净，两侧应设一定坡度，防止振捣时塌方。

表 3-19 各种垫层的承载力

施工方法	换填材料	压实因数 λ_c	承载力 f_K/kPa
碾压或振密	碎石、卵石	0.94～0.97	200～300
	砂夹石（其中碎石、卵石占全重的30%～50%）		200～250
	土夹石（其中碎石、卵石占全重的30%～50%）		150～200
	中砂、粗砂、砾砂		150～200
	粘性土和粉土（$8<I_p<14$）		130～180
	灰土	0.93～0.95	200～250
重锤夯实	土或灰土	0.93～0.95	150～200

注：1. 压实因数小的垫层承载力取低值，反之取高值。
2. 重锤夯实土的承载力取低值，灰土取高值。
3. 压实因数 λ_c 为土的控制干密度 ρ_d 与最大干密度 ρ_{max} 的比值；土的最大干密度宜采用击实试验确定，碎石或卵石的最大干密度可取 2.0～2.2t/m^3。

2）垫层底面标高不同时，土面应挖成阶梯或斜坡搭接，并按先深后浅的顺序施工，搭接处应夯压密实。分层铺设时，接头应做成斜坡或阶梯形搭接，每层错开 0.5～1.0m，并注意充分捣实。

3）人工级配的砂砾石，应先将砂、卵石拌和均匀后，再铺夯压实。

4）垫层铺设时，严禁扰动垫层下卧层及侧壁的软弱土层，防止被践踏、受冻或受浸泡，降低其强度。如垫层下有厚度较小的淤泥或淤泥质土层，在碾压荷载下抛石能挤入该层底面时，可采取挤淤处理。先在软弱土面上堆填块石、片石等，然后将其压入以置换和挤出软弱土，再做垫层。

5）垫层应分层铺设，分层夯实，基坑内预先安好 5m×5m 网格标桩，控制每层砂垫层的铺设厚度。每层铺设厚度、砂石最优含水量控制及施工机具、方法的选用参见表 3-20。振夯压要做到交叉重叠 1/3，防止漏振、漏压。夯实、碾压遍数、振实时间应通过试验确定。用细砂作垫层材料时，不宜使用振捣法或水撼法，以免产生液化现象。

表 3-20 砂垫层和砂石垫层铺设厚度及施工最优含水量

捣实方法	每层铺设厚度/mm	施工时最优含水量（%）	施工要点	备注
平振法	200～250	15～20	1. 用平板式振捣器往复振捣，往复次数以简易测定密实度合格为准 2. 振捣器移动时，每行应搭接 1/3，以防振动面积不搭接	不宜使用干细砂或含泥量较大的砂铺筑砂垫层
插振法	振捣器插入深度	饱和	1. 用插入式振捣器 2. 插入间距可根据机械振捣大小决定 3. 不用插至下卧粘性土层 4. 插入振捣完毕，所留的孔洞应用砂填实 5. 应有控制地注水和排水	不宜使用干细砂或含泥量较大砂铺筑砂垫层

（续）

捣实方法	每层铺设厚度/mm	施工时最优含水量（%）	施工要点	备注
水撼法	250	饱和	1. 注水高度略超过铺设面层 2. 用钢叉摇撼捣实，插入点间距100mm左右 3. 有控制地注水和排水 4. 钢叉分四齿，齿的间距30mm，长300mm，木柄长900mm	湿陷性黄土、膨胀土、细砂地基上不得使用
夯实法	150~200	8~12	1. 用木夯或机械夯 2. 木夯重40kg，落距400~500mm 3. 一夯压半夯，全面夯实	适用于砂石垫层
碾压法	150~350	8~12	6~10t压路机往复碾压；碾压次数以达到要求密实度为准，一般不少于4遍，用振动压实机械，振动3~5min	适用于大面积的砂石垫层，不宜用于地下水位以下的砂垫层

6）当地下水位较高或在饱和的软弱地基上铺设垫层时，应加强基坑内及外侧四周的排水工作，防止砂垫层泡水引起砂的流失，保持基坑边坡稳定；或采取降低地下水位措施，使地下水位降低到基坑底500mm以下。

7）当采用水撼法或插振法施工时，以振捣棒振幅半径的1.75倍为间距（一般为400~500mm）插入振捣，依次振实，以不再冒气泡为准，直至完成，同时应采取措施做到有控制地注水和排水。垫层接头应重复振捣，插入式振动棒振完所留孔洞应用砂填实；在振动首层的垫层时，不得将振动棒插入原土层或基槽边部，以避免使软土混入砂垫层而降低砂垫层的强度。

8）垫层铺设完毕，应立即进行下道工序施工，严禁小车及人在垫层上面行走，必要时应在垫层上铺板行走。

3. 粉煤灰地基

粉煤灰是火力发电厂的工业废料，有良好的物理力学性能，用它作为处理软弱土层的换填材料已在许多地区得到应用。它具有承载能力和变形模量较大，可利用废料，施工方便、快速，质量易于控制，技术可行，经济效果显著等优点。可用于各种软弱土层换填地基的处理以及作大面积地坪的垫层等。

（1）粉煤灰垫层的特性：根据化学分析，粉煤灰中含有大量SiO_2、Al_2O_3、Fe_2O_3（表3-21），有类似火山灰的特性，有一定活性，在压实功能作用下能产生一定的自硬强度。

表3-21 粉煤灰的化学成分（%）

编号＼项目	SiO_2	Al_2O_3	Fe_2O_3	CaO	MgO	K_2O	SO_3	Na_2O	烧失量
1	51.1	27.6	7.8	2.9	1.0	1.2	0.4	0.4	7.1
2	51.4	30.9	7.4	2.8	0.7	0.7	0.4	0.3	4.9
3	52.3	30.9	8.0	2.7	1.1	0.7	0.2	0.3	3.5

注：1. 编号1为国内一百多个电厂粉煤灰化学成分的平均值。
2. 编号2为上海地区粉煤灰化学成分平均值。
3. 编号3为宝钢电厂粉煤灰化学成分。

粉煤灰垫层具有遇水后强度降低的特性，其经验数值是：对压实因数 $\lambda_c=0.90\sim0.95$ 的浸水垫层，其容许承载力可采用 120 ~ 200kPa，可满足软弱下卧层的强度与地基变形要求；当 $\lambda_c>0.90$ 时，可抗地震液化。

（2）粉煤灰质量要求

用一般电厂Ⅲ级以上粉煤灰，含 SiO_2、Al_2O_3、Fe_2O_3 总量尽量选用高的，颗粒粒径宜 0.001 ~ 2.0mm，烧失量宜低于 12%，含 SO_3 宜小于 0.4%，以免对地下金属管道等产生一定的腐蚀性。粉煤灰中严禁混入植物、生活垃圾及其他有机杂质。粉煤灰进场，其含水量应控制在 ±2% 范围内。

（3）施工工艺要点

1）铺设前，应清除地基土垃圾，排除表面积水，平整场地，并用 8t 压路机预压两遍，使密实。

2）垫层应分层铺设与碾压，铺设厚度用机械夯为 200 ~ 300mm，夯完后厚度为 150 ~ 200mm；用压路机为 300 ~ 400mm，压实后为 250mm 左右。对小面积凹坑、槽垫层，可用人工分层摊铺，用平板振动器或蛙式打夯机进行振（夯）实，每次振（夯）板应重叠 1/2 ~ 1/3 板，往复压实，由两侧或四侧向中间进行，夯实不少于 3 遍。大面积垫层应采用推土机摊铺，先用推土机预压二遍，然后用 8t 压路机碾压，施工时压轮重叠 1/2 ~ 1/3 轮宽，往复碾压，一般碾压 4 ~ 6 遍。

3）粉煤灰铺设含水量应控制在最优含水量范围内；如含水量过大时，需摊铺晾干后再碾压。粉煤灰铺设后，应于当天压完；如压实时含水量过小，呈现松散状态，则应洒水湿润再压实，洒水的水质不得含有油质，pH 值应为 6 ~ 9。

4）夯实或碾压时，如出现“橡皮土”现象应暂停止压实，可采取将垫层开槽、翻松、晾晒或换灰等办法处理。

5）每层铺完经检测合格后，应及时铺筑上层，以防干燥、松散、起尘、污染环境，并应严禁车辆在其上行驶；全部粉煤灰垫层铺设完经验收合格后，应及时浇筑混凝土垫层，以防日晒、雨淋破坏。

6）冬期施工，最低气温不得低于 0℃，以免粉煤灰含水冻胀。

3.4.2 重锤夯实法地基施工

重锤夯实法是以起重机械将夯锤提升一定高度后自由落下，重复夯击土表面，使地基土受力压密，其适用于工业与民用建筑地基加固工程，地下水位 2m 以下稍湿的粘性土、砂土、饱和度 $Sr\leqslant60$ 的湿陷性黄土、杂填土以及分层填土地基的浅层（厚 1.2 ~ 2.0m）加固处理。当夯击对邻近建筑物有影响时，或地下水位高于有效夯实深度时，不宜采用。

1. 施工准备

（1）机械设备

1）夯锤：采用混凝土标准 C20 的钢筋混凝土制成，外形为截头圆锥体，锤重 1.5 ~ 3.0t，直径 1.0 ~ 1.5m；锤底面单位静压力宜为 15 ~ 20kPa。

2）起重机械：可采用履带式起重机、打桩机、装有摩擦绞车的挖土机或采用桅杆式起重机、龙门式起重机。对起重机起重能力要求：当采用自动脱钩时应大于夯锤质量的 1.5 倍；当采用钢丝绳悬吊夯锤时，应大于夯锤质量的 3 倍。

3）吊钩：采用半自动脱钩器。

（2）作业条件

1）施工前，必须了解邻近建筑物或构筑物的原有结构及基础等详细情况，如影响邻近建筑物的使用和安全时，应会同有关单位采取有效措施处理。

2）应备有工程地质勘察报告、重锤夯实场地平面图及设计对重锤夯实的效果要求等技术资料。

3）场地已进行平整，表面松土已进行预压实，基坑周边已采取排水设施。

4）夯实场地所有障碍物及地下管线已全部清除。

5）场地已进行试夯，确定有关技术参数，如夯锤重、底面直径及落距、最后下沉量及相应的夯击遍数和总下沉量以及夯实顺序、夯点布置等，并对夯实地基进行了夯前原位测试。

6）已做好测量控制，设置轴线桩、水准基点桩，并放出每个夯点的位置（撒灰线或钉木桩）。

7）向操作人员进行了技术和安全交底。

2. 施工工艺流程

重锤夯实法地基施工工艺流程见图3－15。

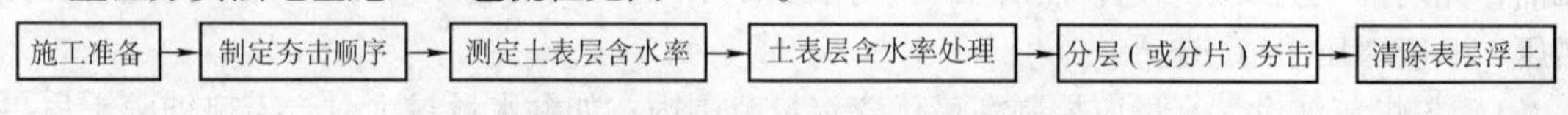

图3-15　重锤夯实法地基施工工艺流程

3. 施工操作要点

（1）夯实前，坑、槽底面的标高应高出设计标高，预留土层的厚度可为试夯时的总下沉量再加50～100mm；基槽、坑的坡度应适当放缓。

（2）夯实时地基土的含水量应控制在最佳含水量范围以内，如表层含水量过大，可采取撒干土、碎砖、生石灰粉或换土等措施；如土含水量过低，应适当洒水；加水后待全部渗入土中，过一昼夜后方可夯打。

（3）夯击工作应按起重机的位置分段（或分片）进行，每段（片）范围以起重臂作用半径为准，夯击时每完成一段（片）再转入进行下一段（片）。

（4）大面积基坑或条形基槽内夯实时，应一夯挨一夯顺序进行（如图3-16a），在一次循环中同一夯位应连夯两下，下一循环的夯位，应与前一循环错开1/2锤底直径的搭接，如此反复进行，在夯打最后一循环时，可以采用一夯压半夯的打法。对独立柱基，夯打时可采用先周边后中间或先外后里的跳打法（图3-16b、图3-16c）。当采用悬臂式桅杆式起重机或龙门式起重机夯实时，可采用图3-18d顺序，以提高功效。

（5）夯实最终下沉量系指最后两击的平均每击土面的夯沉量，对砂类土取5～10mm；对粘性土及湿陷性黄土取10～20mm。落距一般为4～6m，夯击遍数应按试夯确定的最少遍数增加两遍，一般取8～12遍。

（6）基底标高不同时，应先全部按基础浅的标高挖掘，并将基础部分夯实后，再将深基础部分加深并夯实，不宜一次挖成阶梯形，以免夯打时在高低相交处发生坍塌。夯打做到落距正确，落锤平稳，夯位准确，基坑的夯实宽度应比基坑每边宽0.2～0.3m。基槽底面边角不易夯实部位应适当增大夯实宽度。

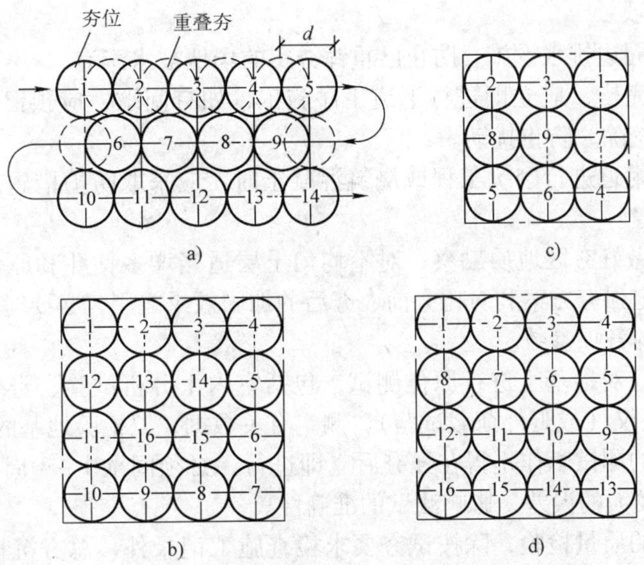

图 3-16　重锤夯实顺序

a）一夯挨一夯顺序　b）先周围后中间顺序　c）跳打法顺序　d）排夯法顺序

（7）重锤夯实在 10 ~ 15m 以外对建筑物振动影响较小，可不采取防护措施，在 10m 以内，应挖防振沟等做隔振处理。

（8）冬期施工应保持地基在不冻的状态下进行夯击，逐段开挖，逐段夯打，互相紧密衔接。开挖时，适当增加预留土层厚度，临夯实前挖除。如基坑挖好后不能立即夯实，应在表面覆盖草垫或松土保温；如已冻结，应采取地表加热解冻措施。应随时消除积雪，避免其融化后渗入地基。

（9）夯实结束后，应及时将夯松的表层浮土清除或将浮土在接近最优含水量状态下重新用 1m 的落距夯实至设计标高。

4. 质量标准

重锤夯实地基质量检验标准应符合表 3-22 的规定。

表 3-22　重锤夯实地基质量检验标准

项目	序号	检 查 项 目	允许偏差		检 验 方 法
			单位	数量	
主控项目	1	地基强度	设计要求		按规定方法
	2	地基承载力	设计要求		按规定方法
一般项目	1	夯锤落距	mm	±300	钢索设标志
	2	锤重	kg	±100	称重
	3	夯击遍数及顺序	设计要求		按规定方法
	4	夯点间距	mm	±500	用钢尺量
	5	夯击范围（超出基础范围距离）	设计要求		用钢尺量
	6	前后两遍间歇时间	设计要求		

5. 施工注意事项

（1）做好场地周边排水设施，防止已重锤夯实的场地被水淹泡。

（2）重锤夯实完毕，应立即进行下道工序施工，如有间歇，应预留 200 ~ 300mm 厚土层，施工基础时再挖除，防止扰动。

（3）夯实地基附近进行砌筑工程或浇筑混凝土时，应采取防护措施，以防造成砌体和混凝土受振产生裂缝。

（4）强夯前应做好夯区地质勘察，对不均匀土层适当增多钻孔和原位测试工作，掌握土质情况，作为制定强夯方案和对比夯前、夯后的加固效果之用，必要时进行现场试验性强夯，确定强夯施工的各项参数。

（5）夯击前后应对地基土进行原位测试，包括室内土分析试验、野外标准贯入、静力（轻便）触探、旁压仪（或野外荷载试验），测定有关数据，以检验地基的实际影响深度。

（6）检测强夯的测试工作不得在强夯后立即进行，必须间歇 1 ~ 4 周，以避免测得的土体强度偏低而出现较大的误差，影响测试的准确性。

（7）重锤夯实的质量检验，除按试夯要求检查施工记录外，总夯沉量不应小于试夯总量的 90%。

（8）质量检验的数量应根据场地复杂程度和建筑物的重要性确定。对于简单场地上的一般建筑物，每个建筑物地基的检验点不应少于 3 处；对于复杂场地或重要建筑物地基应增加检验点数。检验深度应不小于设计处理的深度。

3.4.3 强夯法

强夯法是用起重机械（起重机或起重机配三角架、龙门架）将大吨位（一般 8 ~ 30t）夯锤起吊到 6 ~ 30m 高度后，自由落下，给地基土以强大的冲击能量的夯击，使土中出现冲击波和很大的冲击应力，迫使土层孔隙压缩，土体局部液化，在夯击点周围产生裂隙，形成良好的排水通道，孔隙水和气体逸出，使土料重新排列，经时效压密达到固结，从而提高地基承载力，降低其压缩性的一种有效的地基加固方法。适用于加固碎石土、砂土、低饱和度粉土、粘性土、湿陷性黄土、高填土、杂填土以及“围海造地”地基、工业废渣、垃圾地基等的处理；也可用于防止粉土及粉砂的液化，消除或降低大孔土的湿陷性等级；对于高饱和度淤泥、软粘土、泥炭、沼泽土，如采取一定技术措施也可采用，还可用于水下夯实。强夯不得用于对工程周围建筑物和设备有一定振动影响的地基加固。

强夯法加固的特点是：施工工艺、操作简单；适用土质范围广，加固效果显著；变形沉降量小，土粒结合紧密，有较高的结构强度；工效高，施工速度快；节省加固原材料；施工费用低，节省投资。

1. 施工准备

机具设备：

1）夯锤：用钢板作外壳，内部焊接钢筋骨架后浇筑 C30 混凝土，或用钢板做成组合成的夯锤，以便于使用和运输。夯锤底面有圆形和方形两种，圆形不易旋转，定位方便，稳定性和重合性好，采用较广；锤底面积宜按土的性质和锤重确定，锤底静压力值可取 25 ~ 40kPa；对于粗颗粒土（砂质土和碎石类土）选用较大值，一般锤底面积为 3 ~ 4m^2；对于细颗粒土（粘性土或淤泥质土）宜取较小值，锤底面积不宜小于 6m^2。一般 10t 夯锤底面积用 4.5m^2，15t 夯锤用 6m^2 较适宜。锤重一般为 8、10、12、16、25t。夯锤中宜设 1 ~ 4 个直径

250～300mm 上下贯通的排气孔，以利空气迅速排走，减小起锤时，锤底与土面间形成真空产生的强吸附力和夯锤下落时的空气阻力，以保证夯击能的有效性。

2）起重设备：由于履带式起重机重心低，稳定性好，行走方便，多使用起重量为 15t、20t、25t、30t、50t 的履带式起重机（带摩擦离合器）。

3）脱钩装置：采用履带式起重机做强夯起重设备，国内目前使用较多的是通过动滑轮组用脱钩装置来起落夯锤。脱钩装置要求有足够的强度，使用灵活，脱钩快速、安全。常用的工地自制自动脱钩器由吊环、耳板、销环、吊钩等组成（图 3-17）。

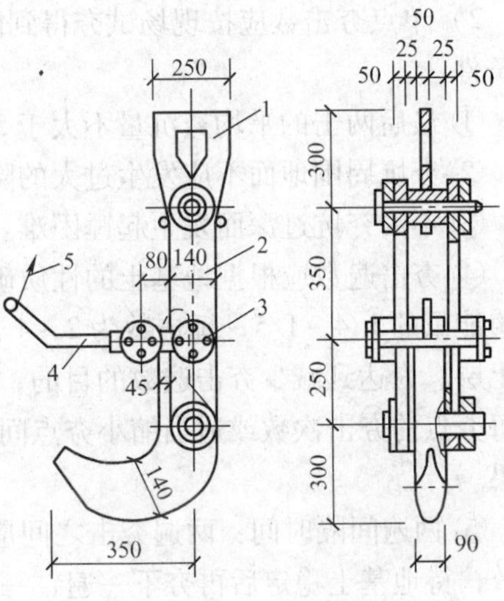

图 3-17　强夯自动脱钩器

1—吊环　2—耳板

3—销环轴辊　4—销柄　5—拉绳

4）锚系设备：当用起重机起吊夯锤时，为防止夯锤突然脱钩使起重臂后倾和减小对臂杆的振动，应用 T1－100 型推土机一台设在起重机的前方做地锚，在起重机臂杆的顶部与推土机之间用两根钢丝绳连系锚旋。钢丝绳与地面的夹角不大于 30°，推土机还可用于夯完后做表土推平、压实等辅助性工作。

当用起重三角架、龙门架或起重机加辅助桅杆起吊夯锤时，则不用设锚系设备。

2. 施工技术参数

（1）锤重与落距：锤重一般不宜小于 8t，常用的为 10t、12t、17t、18t、25t。落距一般不小于 6m，多采用 8m、10m、12m、13m、15m、17m、18m、20m、25m 等几种。

（2）单位夯击能：锤重 M 与落距 h 的乘积称为夯击能 E（$E = M \times h$）。强夯的单位夯击能（指单位面积上所施加的总夯击能），应根据地基土类别、结构类型、载荷大小和要求处理的深度等综合考虑，并通过现场试夯确定。夯击能过小，加固效果差；夯击能过大，不仅浪费能源，相应也增加费用，而且，对饱和粘性土还会破坏土体，形成橡皮土，降低强度。

（3）夯击点布置及间距：夯击点布置应根据基础的形式和加固要求而定。对大面积地基，一般采用等边三角形、等腰三角形或正方形（图 3-18）；对条形基础，夯点可成行布置；对独立柱基础，可按柱网设置采取单点或成组布置，在基础下面必须布置夯点。

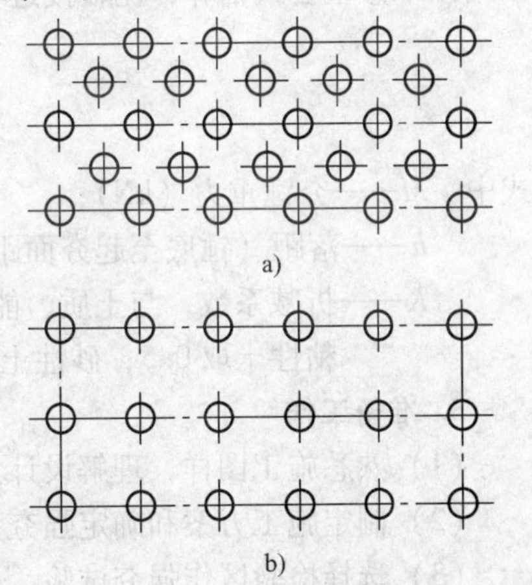

图 3-18　夯点布置

a）梅花形布置　b）方形布置

夯击点间距取决于基础布置、加固土层厚度和土质等条件。加固土层厚、土质差、透水性弱、含水率高的粘性土，夯点间距宜大。加固土层薄、透水性强、含水量低的砂质土，间距宜小些，通常夯击点间距取夯锤直径的 3 倍。

(4) 单点的夯击数与夯击遍数

1) 单点夯击数指单个夯点一次连续夯击次数。夯击遍数指以一定的连续击数，对整个场地的一批点，完成一个夯击过程叫一遍，单点的夯击遍数加满夯的夯击遍数为整个场地的夯击遍数。

2) 单点夯击数应按现场试夯得到的夯击次数和夯沉量关系曲线确定，且应同时满足以下条件：

① 最后两击的平均夯沉量不大于50mm，当单击夯击能量较大时不大于100mm。

② 夯坑周围地面不应发生过大的隆起。

③ 不因夯坑过深而发生起锤困难。每夯击点之夯击数一般为3~10击。

④ 夯击遍数应根据地基土的性质确定，一般情况下可2~3遍，最后再以低能量（为前几遍能量的1/4~1/5，锤击数为2~4击）满夯一遍，以加固前几遍之间的松土和被振松的表土层。为达到减少夯击遍数的目的，应根据地基土的性质适当加大每遍的夯击能，亦即增加每夯点的夯击次数或适当缩小夯点间距，以便在减少夯击遍数的情况下能获得相同的夯击效果。

⑤ 两遍间隔时间：两遍夯击之间应有一定的时间间隔，以利于土中超静孔隙水压力的消散，待地基土稳定后再夯下一遍，一般两遍之间间隔1~4周。对渗透性较差的粘性土不少于3~4周；若无地下水或地下水在-5m以下，或为含水量较低的碎石类土，或透水性强的砂性土，可采取只间隔1~2d，或在前一遍夯完后，将土推平，接着随即连续夯击，而不需要间歇。

⑥ 处理范围：强夯处理范围应大于建筑物基础范围，每边超出基础外缘的宽度宜为设计处理深度的1/2~2/3，并且不小于3m。

⑦ 加固影响深度：强夯法的有效加固深度 H（m）与强夯工艺有密切关系，实际影响有效加固深度的因素很多，除锤重和落距外，与地基土性质、不同土层的厚度和埋藏顺序、地下水位以及强夯工艺参数（如夯击次数、锤底单位压力等）都有着密切关系，因此国内多用以下修正公式估算，比较接近实际情况

$$H = K\sqrt{\frac{M \cdot h}{10}} \tag{3-6}$$

式中 M——夯锤重力（kN）；

h——落距（锤底至起夯面距离）（m）；

K——折减系数，与土质、能级、锤型、锤底面积、工艺选择等多种因素有关，一般粘性土取0.5；砂性土取0.7；黄土取0.35~0.50。

3. 准备工作

(1) 熟悉施工图样，理解设计意图，掌握各项参数，现场实地考察，定位放线。

(2) 制定施工方案和确定强夯参数。

(3) 选择检验区作强夯试验。

(4) 场地整平，修筑机械设备进出场道路，以便有足够的净空高度、宽度、路面强度和转弯半径。填土区应清除表层腐殖土、草根等。场地整平挖方时，应在强夯范围预留夯沉量需要的土厚。

4. 施工工艺流程

强夯法施工工艺流程见图 3-19。

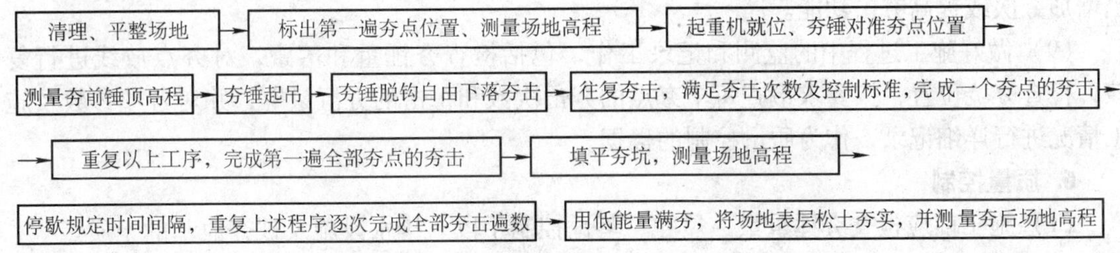

图 3-19　强夯法施工工艺流程

5. 施工工艺操作要点

（1）做好强夯地基的地质勘察，对不均匀土层适当增多钻孔和原位测试工作，掌握土质情况，作为制定强夯方案和对比夯前、夯后加固效果之用。必要时进行现场试验性强夯，确定强夯施工的各项参数。同时应查明强夯范围内的地下构筑物和各种地下管线的位置及标高，并采取必要的防护措施，以免因强夯施工而造成损坏。

（2）强夯前应平整场地，周围挖好排水沟，按夯点布置测量放线确定夯位。地下水位较高时，应在表面铺 0.5 ~ 2.0m 中（粗）砂或砂砾石、碎石垫层，以防设备下陷和便于消散强夯产生的孔隙水压，或采取降低地下水位后再强夯。

（3）强夯应分段进行，顺序从边缘夯向中央。对厂房柱基亦可一排一排夯，起重机直线行驶，从一边向另一边进行，每夯完一遍，用推土机整平场地，放线定位即可接着进行下一遍夯击。强夯法的加固顺序是：先深后浅，即先加固深层土，再加固中层土，最后加固表层土。最后一遍夯完后，再以低能量满夯一遍，如有条件以采用小夯锤夯击为佳。

（4）回填土应控制含水量在最优含水量范围内，如低于最优含水量，可钻孔灌水或洒水浸渗。

（5）夯击时应按试验和设计确定的强夯参数进行，落锤应保持平稳，夯位应准确，夯击坑内积水应及时排除。坑底上含水量过大时，可铺砂石后再进行夯击。在每一遍夯击之后，要用新土或周围的土将夯击坑填平，再进行下一遍夯击。强夯后，基坑应及时修整，浇筑混凝土垫层封闭。

（6）对于高饱和度的粉土、粘性土和新饱和填土，进行强夯时，很难以控制最后两击的平均夯沉量，在规定的范围内，可采取以下措施：

1）适当将夯击能量降低。

2）将夯沉量差适当加大。

3）填土采取将原土上的淤泥清除，挖纵横盲沟，以排除土内的水分，同时在原土上铺 50cm 的砂石混合料，以保证强夯时土内的水分排除，在夯坑内回填块石、碎石或矿渣等粗颗粒材料，进行强夯置换等措施。通过强夯将坑底软土向四周挤出，使在夯点下形成块（碎）石墩，并与四周软土构成复合地基，一般可取得明显的加固效果。

（7）雨季填土区强夯，应在场地四周设排水沟、截洪沟，防止雨水流入场内；填土应使中间稍高；土料含水率应符合要求；认真分层回填，分层推平、碾压，并使表面保持 1% ~2% 的排水坡度；当班填土当班推平压实；雨后抓紧排除积水，推掉表面稀泥和软土，再碾压；夯后夯坑立即推平、压实，使高于四周。

（8）冬期施工应清除地表的冻土层再强夯，夯击次数要适当增加，如有硬壳层，要适当增加夯次或提高夯击功能。

（9）做好施工过程中的监测和记录工作，包括检查夯锤重和落距，对夯点放线进行复核，检查夯坑位置，按要求检查每个夯点的夯击次数和每击的夯沉量等，并对各项参数及施工情况进行详细记录，作为质量控制的根据。

6. 质量控制

（1）施工前应检查夯锤重量、尺寸、落锤控制手段、排水设施及被夯地基的土质。

（2）施工中应检查落距、夯击遍数、夯点位置、夯击范围。

（3）施工结束后，检查被夯地基的强度并进行承载力检验。检查点数，每一独立基础至少有一点，基槽每20延米取一点，整片地基50～100m^{2}取一点。强夯后的土体强度随间歇时间的增加而增加，检验强夯效果的测试工作，宜在强夯之后1～4周进行，而不宜在强夯结束后立即进行测试工作，否则测得的强度偏低。

（4）强夯地基质量检验标准见表3-23。

表3-23　强夯地基质量检验标准

项	序	检查项目	允许偏差或允许值		检查方法
			单位	数值	
主控项目	1	地基强度	设计要求		按规定方法
	2	地基承载力	设计要求		按规定方法
一般项目	1	夯锤落距	mm	±300	钢索设标志
	2	锤重	kg	±100	称重
	3	夯击遍数及顺序	设计要求		计数法
	4	夯点间距	mm	±500	用钢尺量
	5	夯击范围（超出基础范围距离）	设计要求		用钢尺量
	6	前后两遍间歇时间	设计要求		

3.4.4　振冲法

振冲法又称振动水冲法，是以起重机吊起振冲器，起动潜水电动机带动偏心块，使振动器产生高频振动，同时起动水泵，通过喷嘴喷射高压水流，在边振边冲的共同作用下，将振动器沉到土中的预定深度，经清孔后，从地面向孔内逐段填入碎石，或不加填料，使在振动作用下被挤密实，达到要求的密实度后即可提升振动器，如此重复填料和振密，直至地面，在地基中形成一个大直径的密实桩体与原地基构成复合地基，从而提高地基的承载力，减少沉降和不均匀沉降，是一种快速、经济、有效的加固方法。

振冲法按加固机理和效果的不同，又分为振冲置换法和振冲密实法两类。前者是在地基土中借振冲器成孔，振密填料置换，制造一群以碎石、砂砾等散粒材料组成的桩体，与原地基土一起构成复合地基，使地基承载力提高、沉降减少，它又名振冲置换碎石桩法；后者主要是利用振动和压力水使砂层液化，砂颗粒相互挤密，重新排列，孔隙减少，从而提高砂层的承载力和抗液化能力，它又名振冲挤密砂桩法，这种桩根据砂土质的不同，又有加填料和不加填料两种。

振冲法加固地基特点是：技术可靠，机具设备简单，操作技术易于掌握，施工简便，可节省三材，因地制宜，就地取材，采用碎石、卵石、砂或矿渣等作填料；加固速度快，节约投资；而且，碎石桩具有良好的透水性，可加速地基固结，地基承载力可提高 1.2 ~ 1.35 倍；此外，振冲过程中的预震效应可使砂土地基增加抗液化能力。

振冲置换法适于处理不排水、抗剪强度小于 20kPa 的粘性土、粉土、饱和黄土和人工填土等地基，如果桩周土的强度过低，则难以形成桩体。振冲密实法适用于处理砂土和粉土等地基，不加填料的振冲密实法仅适用于处理粘土粒含量小于 10% 的粗砂、中砂地基。振冲法不适于地下水位较高、土质松散易塌方和含有大块石等障碍物的土层中使用。国内应用振冲法加固地基的深度一般为 14m，最大达 18m，置换率一般在 10% ~30%，每米桩的填料量为 0.3 ~0.7m^3，直径为 0.7 ~1.2m。

1. 振冲法的构造要求

（1）振冲置换法

1）处理范围：处理范围应大于基底面积；对于一般地基，在基础外缘宜扩大 1 ~2 排桩；对可液化地基，在基础外缘应扩大 2 ~4 排桩。

2）桩位布置：对大面积满堂处理，宜用等边三角形布置；对独立或条形基础，宜用正方形、矩形或等腰三角形布置。

3）桩的间距：应根据荷载大小和原土的抗剪强度确定，一般取 1.5 ~2.5m，对荷载大或原土强度低、或短桩宜取小值，反之宜取大的间距。

4）桩长的确定：当相对硬层的埋藏深度不大时，应按相对硬层埋藏深度确定；当相对硬层的埋藏深度较大时，应按建筑物地基的变形允许值确定。桩长不宜短于 4m。在可液化的地基中，桩长应按要求的抗震处理深度确定。桩顶应铺设一层 200 ~500mm 厚的碎石垫层。

5）桩的直径：可按每根桩所用的填料计算，一般为 0.8 ~1.2m。

（2）振冲密实法

1）处理范围：应大于建筑物基础范围，在建筑物基础外缘每边放宽不得小于 5m。

2）振冲深度：当可液化土层不厚时，应穿透整个可液化层；当可液化土层较厚时，应按要求的抗震处理深度确定。

3）每一振点所需的填料量：随地基土要求达到的密实程度和振点间距而定，应通过现场试验确定。

2. 机具设备要求

（1）振冲器：类似混凝土插入式振动器，其工作原理是，利用电动机旋转一组偏心块产生一定频率和振幅的水平振动，压力水通过空心竖轴从振冲器下端喷口喷出。常见的振冲器技术参数见表 3-24。

表 3-24　振冲器的技术参数

型　　号	ZCQ－13	ZCQ－30	ZCQ－55	BL－75
电动机功率/kW	13	30	55	75
转速/（r/min）	1450	1450	1450	1450
额定电流/A	25.5	60	100	150

（续）

型　　号	ZCQ－13	ZCQ－30	ZCQ－55	BL－75
不平衡重量/kg	29.0	66.0	104.0	
型号振动力/kN	35	90	200	160
振幅/mm	4.2	4.2	5.0	7.0
振冲器外径/mm	274	351	450	426
长度/mm	2000	2150	2500	3000
总质量/t	0.78	0.94	1.6	2.05

操纵振冲器的起吊设备可采用8～10t履带式起重机、轮胎式起重机、汽车式起重机或轨道式自行塔架等。水泵要求水压力为400～600kPa，流量20～30m^3/h，每台振冲器备用一台水泵。

（2）控制设备包括：控制电流操作台、150A电流表、500V电压表以及供水管道、加料设备（吊斗或翻斗车）等。

3. 材料要求

填料可用坚硬不受侵蚀影响的碎石、卵石、角砾、圆砾、矿渣以及砾砂、粗砂、中砂等；粗骨料粒径以20～50mm较合适，最大粒径不宜大于80mm，含泥量不宜大于5%，不得含有杂质、土块和已风化的石子。

4. 施工工艺流程及施工操作要点

（1）振冲置换法施工工艺见图3-20。

（2）振冲挤密法施工工艺见图3-21。

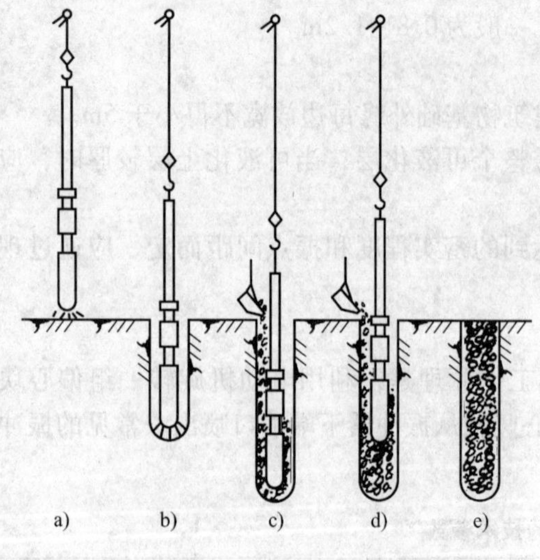

图3-20　振冲置换法施工工艺

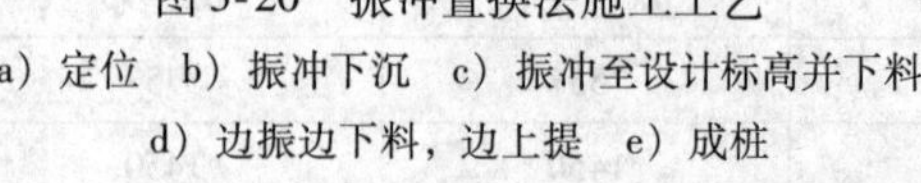
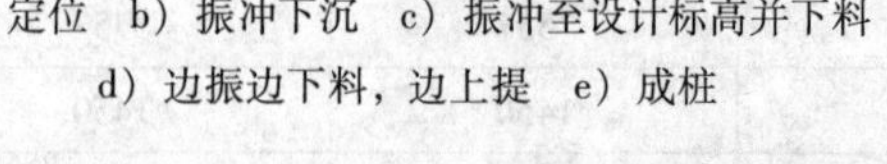
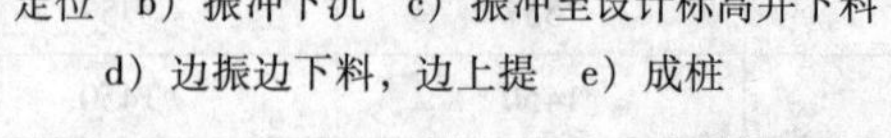

a）定位　b）振冲下沉　c）振冲至设计标高并下料
d）边振边下料，边上提　e）成桩

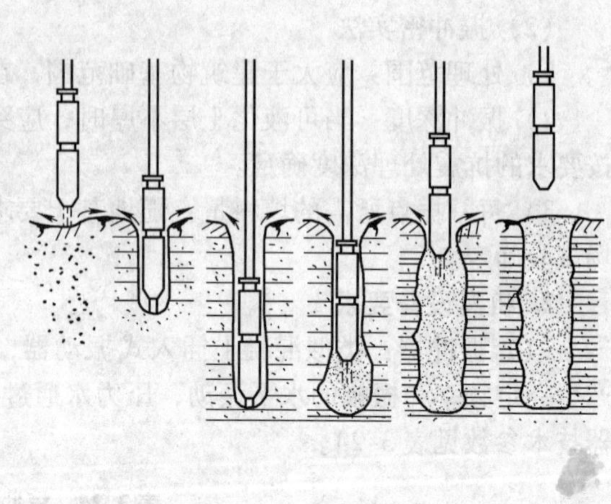

图3-21　振冲挤密法施工工艺
（定位→成孔→边振边上提→振密）

（3）振冲造孔顺序、方法可按表3-25选用。

表3-25　振冲成孔方法的选择

造孔方法	步　骤	优缺点
排孔法	由一端开始，依次逐步造孔到另一端结束	易于施工，且不易漏掉孔位。但当孔位较密时，后打的桩易发生倾斜和位移
跳打法	同一排孔采取隔一孔造一孔	先后造孔影响小，易保证桩的垂直度。但要防止漏掉孔位，并应注意桩位准确
围幕法	先造外围2~3圈（排）孔，然后造内圈（排）。采用隔圈（排）造一圈（排）或依次向中心区造孔	能减少振冲能量的扩散，振密效果好，可节约桩数10%~15%，大面积施工常采用此法。但施工时应注意防止漏掉孔位和保证其位置准确

5. 施工操作要点

（1）施工前应先进行振冲试验，以确定成孔合适的水压、水量、成孔速度及填料方法；达到土体密实时的密实电流、填料量和留振时间（称为施工工艺的三要素）。一般控制标准是：密实电流不小于50A；填料量为每米桩长不小于0.6m^3，且每次搅拌量控制在0.20~0.35m^3；留振时间30~60s。

（2）成孔：起动水泵和振冲器，水压可用400~600kPa（对于较硬土层应取上限，对于软土取下限），水量可用200~400L/min，使振冲器徐徐沉入土中，直至达到设计处理深度以上0.3~0.5m。如土层中夹有硬层时，应适当进行扩孔，即在硬层中将振冲器往复上下多次，使孔径扩大，以便于填料。

（3）清孔：成孔过程中，由于泥浆水太稠，使填料下降速度缓慢，因此在成孔后，应停留几分钟进行清孔，以便回水将稠泥浆带出地面，以降低孔内泥浆密度。

（4）填料和振料：成孔后，将振冲器提出少许，从孔口往下填料，填料从孔壁间隙下落，边填边振，直至该段振实，然后将振冲器提升0.5m，再从孔口往下填料，逐段施工。填料宜"少吃多餐"，每次往孔内倒入填料数量，约为堆积在孔内0.8m高，然后用振冲器振密后再继续加料。在强度很低的软土地基施工，则要用"先护壁，后制桩"的施工方法。即在振冲开孔到达第一层软弱层时，加些填料进行初步挤振，将填料挤到此层软弱层周围以加固孔壁，接着再同样方法处理以下第二、第三层软弱层，直到加固深度。

（5）振冲挤密法施工操作，关键是控制水量大小和留振时间。水量的大小是保证地基中砂土充分饱和，受到振动能够产生液化；足够的留振时间（30~60s）是使地基中的砂土完全液化，在停振后土颗粒便重新排列，使孔隙比减小，密实度提高。振密程度一般以电流超过原空振时电流25~30A时，表示该深度处的桩体已经挤密。对粉细砂应加填料，其功用是填充在振冲器上提后留下的孔洞；此外，填料作为传力介质，在振冲器的水平振动下，通过连续加填料将砂层进一步挤压加密。对中、粗砂，当振冲器上提后孔壁极易塌落能自行填满下面的孔洞，因而可以不加填料就地振密。如干砂厚度大，地下水位低，则应采取措施大量补水，使砂处于或接近饱和状态时，方可施工。

（6）振冲挤密法的水压、水量控制同振冲置换法，下沉速率控制在1~2m/min，待达到要求处理深度后，将水压和水量降至孔口，处于有一定量回水，但无大量细颗粒带出的程度，将填料堆于孔口扩筒周围，采取自下而上地分段振动加密，每段长0.5~1.0m，填料在振冲器振动下依靠自重沿护筒壁下沉至孔底，在电流升高到规定控制值后，将振冲器上提

0.3～0.5m；重复上一步骤直至完成全孔处理。

（7）加固区的振冲桩施工完毕，在振冲最上1m左右时，由于土覆压力小，桩的密实度难以保证，故应挖除，另做垫层，或另用振动碾压机进行碾压密实处理。

6. 质量控制

（1）施工前应检查振冲器的性能；电流表、电压表的准确度；填料的性能。

（2）施工中应检查密实电流、供水压力、供水量、填料量、孔底留振时间、振冲点位置、振冲器施工参数等（施工参数由振冲试验或设计确定）。

（3）施工结束后应在有代表性的地段做地基强度（标准贯入、静力触探）或地基承载力（单桩静载荷或复合地基静载）检验。

（4）振冲施工结束后，除砂土地基外，应间隔一定时间再进行质量检验。对粘性土地基，间隔时间为3～4周；对粉土地基为2～3周。

（5）振冲地基质量标准见表3-26。

表3-26 振冲地基质量检验标准

项目	序号	检查项目	允许偏差或允许值		检查方法
			单位	数值	
主控项目	1	填料粒径	设计要求		抽样检查
	2	密实电流（粘性土） 密实电流（砂性土或粉土） （以上为功率30kW振冲器）	A A	50～55 40～50	电流表读数
		密实电流（其他类型振冲器）	A_0	1.5～2.0	电流表读数，A_0为空振电流
	3	标贯、静力触探	设计要求		按规定的方法
	4	载荷试验（单桩、复合地基）	设计要求		按规定的方法
一般项目	1	填料含泥量	%	<5	抽样检查
	2	振冲器喷水中心与孔径中心偏差	mm	≤50	用钢尺量
	3	成孔中心与设计孔位中心偏差	mm	≤100	用钢尺量
	4	桩体直径	mm	<50	尺量
	5	孔深	mm	±200	量钻杆或重锤测

3.4.5 水泥粉煤灰碎石桩地基

水泥粉煤灰碎石桩（Cement Fly－ash Gravel Pile）简称CFG桩，是在碎石桩的基础上掺入适量石屑、粉煤灰和少量水泥，加水拌和后制成具有一定强度的桩体。其骨料仍为碎石，用掺入石屑来改善颗粒级配；掺入粉煤灰来改善混合料的和易性，并利用其活性减少水泥用量；掺入少量水泥使其具有一定粘结强度。它不同于碎石桩，碎石桩是由松散的碎石组成，在荷载作用下将会产生鼓胀变形，当桩周围的土为强度较低的软粘土时，桩体易产生鼓胀破坏；并且碎石桩仅在上部约3倍桩径长度的范围内传递荷载，超过此长度，增加桩长，承载力提高不显著，故此碎石桩加固粘性土地基，承载力提高幅度不大（约20%～60%）。而CFG桩是一种低强度混凝土桩，可充分利用桩间土的承载力，共同作用，并可传递荷载到深层地基中去，具有较好的技术性能和经济效果。

1. CFG 桩特点及适用范围

改变桩长、桩径、桩距等设计参数，可使承载力在较大范围内调整；有较高的承载力，承载力提高幅度在250%～300%，对软土地基承载力提高更大；沉降量小，变形稳定快，如将CFG桩落在较硬的土层上，可较严格地控制地基沉降量（在10mm以内）；工艺性好，由于大量采用粉煤灰，桩体材料具有良好的流动性与和易性，灌筑方便，易于控制施工质量；可节约大量水泥、钢材，利用工业废料，消耗大量粉煤灰，降低工程费用，与预制钢筋混凝土桩加固相比，可节省投资30%～40%。

CFG桩适于多层和高层建筑地基，如砂土、粉土、松散填土、粉质粘土、粘土、淤泥质粘土等的处理。

2. 构造要求

（1）桩径：根据振动沉桩机的管径大小而定，一般为350～400mm。

（2）桩距：根据土质、布桩形式、场地情况，按表3-27选用。

表3-27 桩距选用表

土质／桩距／布桩形式	挤密性好的土，如砂土、粉土、松散填土等	可挤密性土，如粉质粘土、非饱和粘土等	不可挤密性土，如饱和粘土、淤泥质土等
单、双排布桩的条基	$(3\sim5)d$	$(3.5\sim5)d$	$(4\sim5)d$
含9根以下的独立基础	$(3\sim6)d$	$(3.5\sim6)d$	$(4\sim6)d$
满堂布桩	$(4\sim6)d$	$(4\sim6)d$	$(4.5\sim7)d$

注：d 为桩径，以成桩后桩的实际桩径为准。

（3）桩长：根据需挤密加固深度而定，一般为6～12m。

3. 机具设备

CFG桩成孔、灌筑一般采用振动式沉管打桩机架，配DZJ90型变矩式振动锤，主要技术参数为：电动机功率：90kW；激振力：0～747kN；质量：6700kg。也可根据现场土质情况和设计要求的桩长、桩径，选用其他类型的振动锤。亦可采用履带式起重机、走管式或轨道式打桩机，配有挺杆、桩管。桩管外径分 ϕ325mm 和 ϕ377mm 两种。此外配备混凝土搅拌机及电焊、气焊设备及手推车、吊斗等机具。

4. 材料要求及配合比

（1）碎石：粒径20～50mm，松散密度1.39t/m^3，杂质含量小于5%。

（2）石屑：粒径2.5～10mm，松散密度1.47t/m^3，杂质含量小于5%。

（3）粉煤灰：用Ⅲ级粉煤灰，烧失量不大于15%。

（4）水泥：用强度等级32.5普通硅酸盐水泥，新鲜无结块。

（5）混合料配合比：根据拟加固场地的土质情况及加固后要求达到的承载力而定。水泥、粉煤灰、碎石混合料的配合比相当于抗压强度为C1.2～C7的低强度等级混凝土，密度大于2.0t/m^3。掺加最佳石屑率（石屑量与碎石和石屑总质量之比）约为25%左右，W/C（水与水泥用量之比）为1.01～1.47，F/C（粉煤灰与水泥质量之比）为1.02～1.65，混凝土抗压强度约为8.8～1.42MPa。

5. 施工工艺

（1）CFG 桩施工工艺流程图如图 3-22 所示。

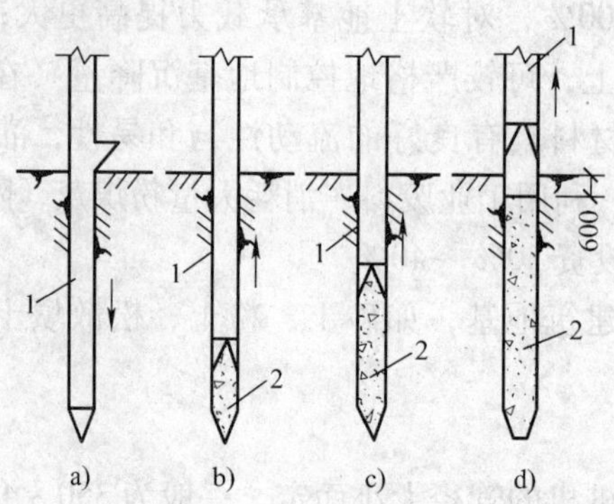

图 3-22 水泥粉煤灰碎石桩工艺流程图

a）打入桩管 b）、c）灌水泥、粉煤灰、碎石、振动、拔管 d）成桩

1—桩管 2—水泥粉煤灰碎石桩

（2）桩施工程序：

水泥粉煤灰碎石桩施工程序见图 3-23。

桩机就位 → 沉管至设计深度 → 停振下料 → 振动捣实后拔管 → 留振10s → 振动拔管、复打

图 3-23 水泥粉煤灰碎石桩施工程序

应考虑隔排隔桩跳打，新打桩与已打桩间隔时间不应少于 7d。

6. 施工操作要点

（1）桩机就位：桩机就位须平整、稳固，沉管与地面保持垂直，垂直度偏差不大于 1.5%；如带预制混凝土桩尖，需埋入地面以下 300mm。

（2）沉管和投料：在沉管过程中用料斗在空中向桩管内投料，待沉管至设计标高后须尽快投料，直至混合料与钢管上部投料口齐平。如上料量不够，可在拔管过程中继续投料，以保证成桩标高、密实度要求。混合料应按设计配合比配制，投入搅拌机加水拌和，搅拌时间不少于 2min，加水量由混合料坍落度控制，一般坍落度为 30 ~ 50mm；成桩后桩顶浮浆厚度一般不超过 200mm。

（3）振动和拔管：当混合料加至钢管投料口齐平后，沉管在原地留振 10s 左右，即可边振动边拔管，拔管速度控制在 1.2 ~ 1.5m/min 左右，每提升 1.5 ~ 2.0m，留振 20s。桩管拔出地面确认成桩符合设计要求后，用粒状材料或粘土封顶。

（4）桩体经 7d 达到一定强度后，方可进行基槽开挖；如桩顶离地面在 1.5m 以内，宜用人工开挖；如大于 1.5m，下部 700mm 亦宜用人工开挖，以避免损坏桩头部分。为使桩与桩间土更好地共同工作，在基础下宜铺一层 150 ~ 300mm 厚的碎石或灰土垫层。

7. 质量控制

（1）施工前应对水泥、粉煤灰、砂及碎石等原材料进行检验。

（2）施工中应检查桩身混合料的配合比、坍落度、提拔杆速度（或提套管速度）、成孔深度、混合料灌入量等。

（3）施工结束后应对桩顶标高、桩位、桩体强度及完整性、复合地基承载力以及褥垫层的质量进行检查。

（4）水泥粉煤灰碎石桩复合地基的质量检验标准见表3-28。

表3-28　水泥粉煤灰碎石桩复合地基质量检验标准

项目	序号	检查项目	允许偏差或允许值		检查方法
			单位	数值	
主控项目	1	原材料	符合有关规范、规程要求、设计要求		检查出厂合格证及抽样送检
	2	桩径	mm	-20	尺量或计算填料量
	3	桩身强度	设计要求		查28d试块强度
	4	地基承载力	设计要求		按规定的方法
一般项目	1	桩身完整性	按有关检测规范		按有关检测规范
	2	桩位偏差	mm	满堂布桩≤0.4D 条基布桩≤0.25D	用钢尺量，D为桩径
	3	桩垂直度	%	≤1.5	用经纬仪测桩管
	4	桩长	mm	+100	测桩管长度或垂球测孔深
	5	褥垫层夯填度	≤0.9		用钢尺量

注：1. 夯填度指夯实后的褥垫层厚度与虚体厚度的比值。

2. 桩径允许偏差负值是指个别断面。

第4章　砌筑工程施工工艺

4.1　脚手架及垂直运输设施

4.1.1　脚手架

1. 脚手架的分类

"脚手架"是为施工作业需要所搭设的架子，是砌筑工程实施过程中堆放材料和工人进行操作的临时设施。其类别有以下几种划分方式：

（1）按用途划分

1）操作（作业）脚手架：又分为结构作业脚手架（俗称"砌筑脚手架"）和装修作业脚手架。可分别简称为"结构脚手架"和"装修脚手架"，其架面施工荷载标准值分别规定为3kN/m^2 和2kN/m^2。

2）防护用脚手架。架面施工（搭设）荷载标准值可按1kN/m^2 计。

3）承重、支撑用脚手架。架面荷载按实际使用值计。

（2）按构架方式划分

1）杆件组合式脚手架：俗称"多立杆式脚手架"，简称"杆组式脚手架"。

2）框架组合式脚手架（简称"框组式脚手架"）：即由简单的平面框架（如门架、梯架、"口"字架、"日"字架和"目"字架等）与连接、撑拉杆件组合而成的脚手架，如门形钢管脚手架（见图4-1，图4-2）、梯式钢管脚手架和其他各种框式构件组装的鹰架等。

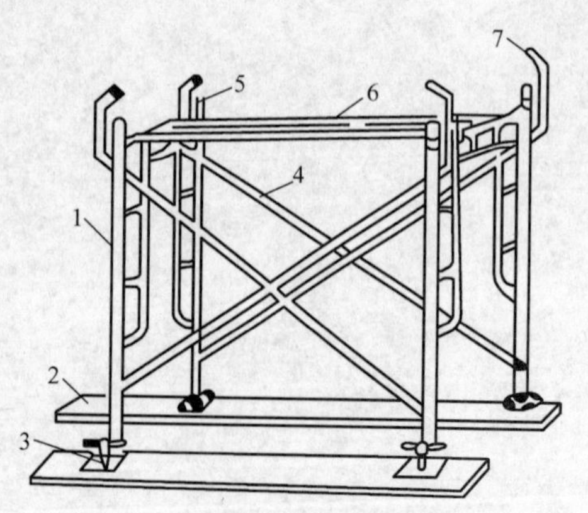

图4-1　门形脚手架的基本单元

1—门架　2—平板　3—螺旋基脚　4—剪刀撑

5—连接棒　6—水平梁架　7—锁臂

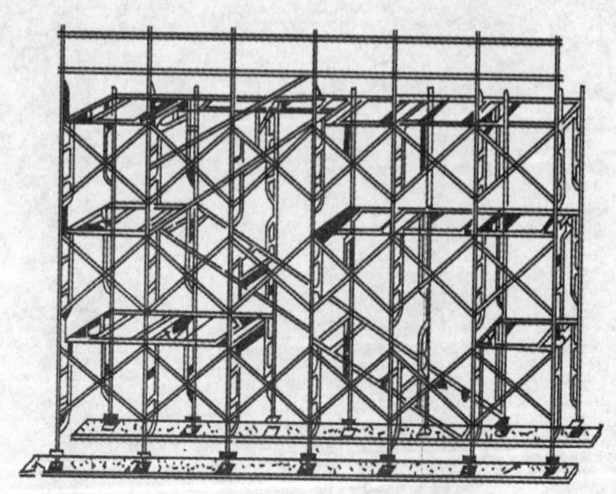

图4-2　整片门形脚手架

3）格构件组合式脚手架：即由桁架梁和格构柱组合而成的脚手架，如桥式脚手架［又有提升（降）式和沿齿条爬升（降）式两种]。

4）台架：具有一定高度和操作平面的平台架，多为定型产品，其本身具有稳定的空间结构。可单独使用，常带有移动装置。

（3）按脚手架的设置形式划分

1）单排脚手架：只有一排立杆的脚手架，其横向平杆的另一端搁置在墙体结构上。

2）双排脚手架：具有两排立杆的脚手架（见图 4-3）。

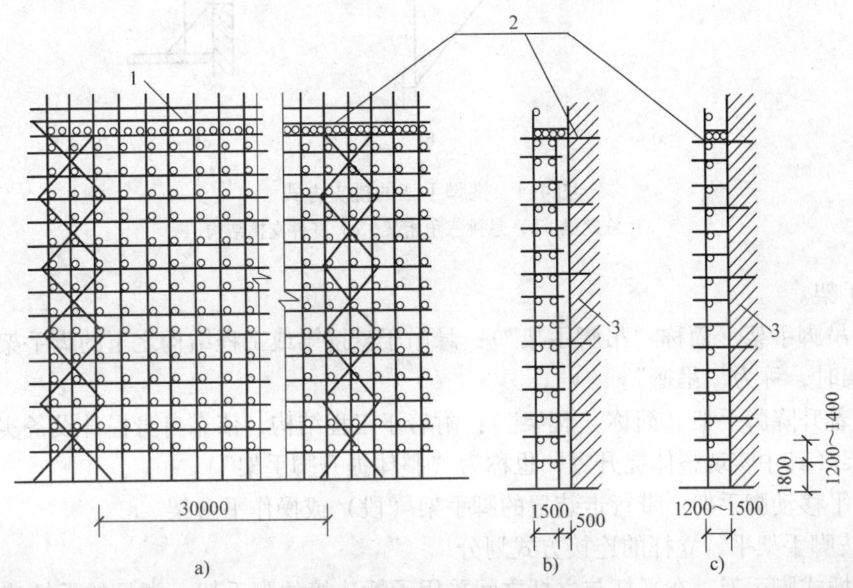

图 4-3　钢管扣件式外脚手架

1—脚手板　2—连墙杆　3—墙身

3）多排脚手架：具有 3 排以上立杆的脚手架。

4）满堂脚手架：按施工作业范围满设的、两个方向各有 3 排以上立杆的脚手架。

5）满高脚手架：按墙体或施工作业最大高度、由地面起满高度设置的脚手架。

6）交圈（周边）脚手架：沿建筑物或作业范围周边设置并相互交圈连接的脚手架。

7）特形脚手架：具有特殊平面和空间造型的脚手架，如用于烟囱、水塔、冷却塔以及其他平面为圆形、环形、“外方内圆”形、多边形和上扩、上缩等特殊形式的建筑施工脚手架。

（4）按脚手架的支固方式划分

1）落地式脚手架：搭设（支座）在地面、楼面、屋面或其他平台结构之上的脚手架。

2）悬挑脚手架（简称“挑脚手架”）：采用悬挑方式支固的脚手架，其挑支方式又有图 4-4 所示 3 种形式。

① 架设于专用悬挑梁上。

② 架设于专用悬挑三角桁架上。

③ 架设于由撑拉杆件组合的支挑结构上。其支挑结构有斜撑式、斜拉式、拉撑式和顶固式等多种。

3）附墙悬挂脚手架（简称“挂脚手架”）：在上部或（和）中部挂设于墙体挑挂件上

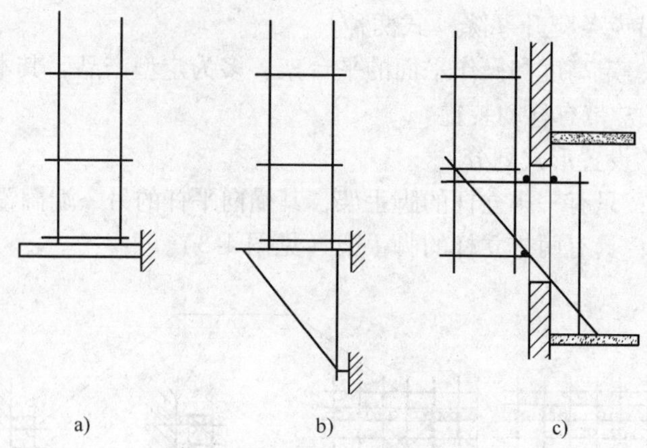

图 4-4　挑脚手架的挑支方式

a）悬挑梁　b）悬挑三角桁架　c）杆件支挑结构

的定型脚手架。

4）悬吊脚手架（简称“吊脚手架”）：悬吊于悬挑梁或工程结构之下的脚手架，当采用篮式作业架时，称为“吊篮”。

5）附着升降脚手架（简称“爬架”）：附着于工程结构、依靠自身提升设备实现升降的悬空脚手架（其中实现整体提升者，也称为“整体提升脚手架”）。

6）水平移动脚手架：带行走装置的脚手架（段）或操作平台架。

（5）按脚手架平、立杆的连接方式划分

1）承插式脚手架：在平杆与立杆之间采用承插连接的脚手架。常见的承插连接方式有插片和楔槽、插片和楔盘、插片和碗扣、套管与插头以及 U 形托挂等（图 4-5）。

2）扣接式脚手架：使用扣件箍紧连接的脚手架，即靠拧紧扣件螺栓所产生的摩擦作用构架和承载的脚手架。

3）销栓式脚手架：采用对穿螺栓或销杆连接的脚手架，此种形式已很少使用。

（6）其他类型：除上述类型外，还有按脚手架的材料划分为竹脚手架、木脚手架、钢管或金属脚手架；按使用对象或场合划分为高层建筑脚手架、烟囱脚手架、水塔脚手架、外脚手架、里脚手架等；还有定型与非定型、多功能与单功能之分，但这些均非严格的界限。

2. 脚手架的材料要求

脚手架的杆件、构件、连接件、其他配件和脚手板必须符合以下质量要求，不合格者禁止使用：

（1）脚手架杆件：钢管件采用镀锌焊管，钢管的端部切口应平整。禁止使用有明显变形、裂纹和严重锈蚀的钢管。使用普通焊管时，应内外涂刷防锈层并定期复涂以保持其完好。

（2）脚手架连接件：应使用与钢管管径相配合的、符合我国现行标准的可锻铸铁扣件。使用铸钢和合金钢扣件时，其性能应符合相应可锻铸铁扣件的规定指标要求。严禁使用加工不合格、锈蚀和有裂纹的扣件。

（3）脚手架配件

1）加工应符合产品的设计要求。

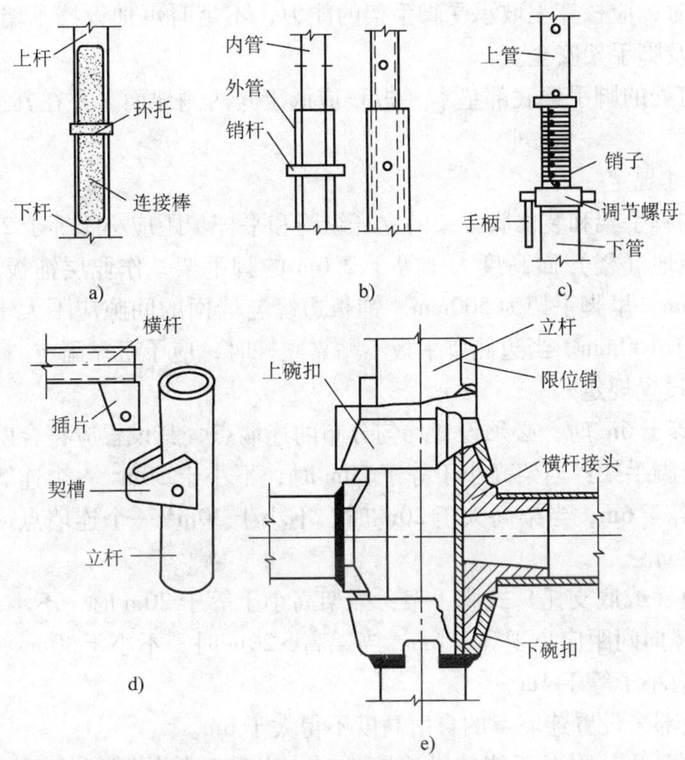

图 4-5　承插连接构造的形式

a）环套承接式　b）套接销固式　c）螺旋销接式　d）楔槽式　e）碗扣式

2）确保与脚手架主体构架杆件的连接可靠。

（4）脚手板

1）各种定型冲压钢脚手板、焊接钢脚手板、钢框镶板脚手板以及自行加工的各种形式的金属脚手板，自重均不宜超过 0. 3kN，性能应符合设计使用要求，且表面应有防滑、防积水构造。

2）使用大块铺面板材（如胶合板、竹笆板等）时，应进行设计和验算，确保满足承载和防滑要求。

3. 脚手架的一般要求

（1）脚手架对基础的要求：良好的脚手架底座和基础、地基对于脚手架的安全极为重要，在搭设脚手架时，必须加设底座、垫木（板）或基础并对地基进行相应的处理。对脚手架的基础要求有：

1）脚手架地基应平整夯实。

2）脚手架的钢立柱不能直接立于土地面上，应加设底座和垫板（或垫木），垫板（木）厚度不小于 50mm。

3）遇有坑槽时，立杆应下到槽底或在槽上加设底梁（一般可用枕木或型钢梁）。

4）脚手架地基应有可靠的排水措施，防止积水浸泡地基。

5）脚手架旁有开挖的沟槽时，应控制外立杆距沟槽边的距离：当架高在 30m 以内时，不小于 1. 5m；架高为 30 ~ 50m 时，不小于 2. 0m；架高在 50m 以上时，不小于 2. 5m。当不能满足上述距离时，应核算土坡承受脚手架的能力，不足时可加设挡土墙或其他可靠支护，避免槽壁坍塌危及脚手架安全。

6）位于通道处的脚手架底部垫木（板）应低于其两侧地面，并在其上加设盖板，避免扰动。

（2）构架尺寸规定

1）双排结构脚手架和装修脚手架的立杆纵距和平杆步距应小于等于2.0m。

2）作业层距地（楼）面高度大于等于2.0m的脚手架，作业层铺板的宽度不应小于：外脚手架为750mm，里脚手架为500mm。铺板边缘与墙面的间隙应不大于300mm、与挡脚板的间隙应不大于100mm。当边侧脚手板不贴靠立杆时，应予可靠固定。

（3）连墙点设置规定

当架高大于等于6m时，必须设置均匀分布的连墙点，其设置应符合以下规定：

1）门式钢管脚手架：当架高小于等于20m时，不小于$50m^2$一个连墙点，且连墙点的竖向间距应小于等于6m；当架高大于20m时，不小于$30m^2$一个连墙点，且连墙点的竖向间距应小于等于4m。

2）其他落地（或底支托）式脚手架：当架高小于等于20m时，不小于$40m^2$一个连墙点，且连墙点的竖向间距应小于等于6m；当架高>20m时，不小于$30m^2$一个连墙点，且连墙点的竖向间距应小于等于4m。

3）脚手架上部未设置连墙点的自由高度不得大于6m。

4）当设计位置及其附近不能装设连墙件时，应采取其他可行的刚性拉结措施予以弥补。

（4）整体性拉结杆件设置规定：脚手架应根据确保整体稳定和抵抗侧力作用的要求，按以下规定设置剪刀撑或其他有相应作用的整体性拉结杆件：

1）周边交圈设置的单、双排木、竹脚手架和扣件式钢管脚手架，当架高为6~25m时，应于外侧面的两端和其间按小于等于15m的中心距并自下而上连续设置剪刀撑；当架高大于25m时，应于外侧面满高设剪刀撑。

2）周边交圈设置的碗扣式钢管脚手架，当架高为9~25m时，应按不小于其外侧面框格总数的1/5设置斜杆；当架高大于25m时，按不小于外侧面框格总数的1/3设置斜杆。

3）门式钢管脚手架的两个侧面均应满设交叉支撑。当架高小于等于45m时，水平框架允许间隔一层设置；当架高大于45m时，每层均满设水平框架。此外，架高大于等于20m时，还应每隔6层加设一道双面水平加强杆，并与相应的连墙件层同高。

4）“一”字形单双排脚手架按上述相应要求增加50%的设置量。

5）满堂脚手架应按构架稳定要求设置适量的竖向和水平整体拉结杆件。

6）剪刀撑的斜杆与水平面的交角宜在45°~60°之间，水平投影宽度应不小于2跨或4m和不大于4跨或8m。斜杆应与脚手架基本构架杆件加以可靠连接，且斜杆相邻连接点之间杆段的长细比不得大于60。

7）在脚手架立杆底端之上100~300mm处一律遍设纵向和横向扫地杆，并与立杆连接牢固。

（5）杆件连接构造规定

1）多立杆式脚手架左右相邻立杆和上下相邻平杆的接头应相互错开并置于不同的构架

框格内。

2）搭接杆件接头长度：扣件式钢管脚手架应大于等于 10.8m；搭接部分的结扎应不少于 2 道，且结扎点间距应不大于 0.6m。

3）杆件在结扎处的端头伸出长度应不小于 0.1m。

（6）安全防（围）护规定

脚手架必须按以下规定设置安全防护措施，以确保架上作业和作业影响区域内的安全：

1）作业层距地（楼）面高度大于等于 2.5m 时，在其外侧边缘必须设置挡护高度大于等于 1.1m 的栏杆和挡脚板，且栏杆间的净空高度应小于等于 0.5m。

2）临街脚手架，架高大于等于 25m 的外脚手架以及在脚手架高空落物影响范围内同时进行其他施工作业或有行人通过的脚手架，应视需要采用外立面全封闭、半封闭以及搭设通道防护棚等适合的防护措施。封闭围护材料应采用密目安全网、塑料编织布、竹笆或其他板材。

3）架高 9~25m 的外脚手架，除执行 1）规定外，可视需要加设安全立网维护。

4）挑脚手架、吊篮和悬挂脚手架的外侧面应按防护需要采用立网围护或执行 2）规定。

5）遇有下列情况时，应按以下要求加设安全网：

① 架高大于等于 9m，未做外侧面封闭、半封闭或立网封护的脚手架，应按以下规定设置首层安全（平）网和层间（平）网：首层网应距地面 4m 设置，悬出宽度应大于等于 3.0m。层间网自首层网每隔 3 层设一道，悬出高度应大于等于 3.0m。

② 外墙施工作业采用栏杆或立网围护的吊篮，架设高度小于等于 6.0m 的挑脚手架、挂脚手架和附墙升降脚手架时，应于其下 4~6m 起设置两道相隔 3.0m 的随层安全网，其距外墙面的支架宽度应大于等于 3.0m。

6）上下脚手架的梯道、坡道、栈桥、斜梯、爬梯等均应设置扶手、栏杆或其他安全防（围）护措施并清除通道中的障碍，确保人员上下的安全。

7）采用定型的脚手架产品时，其安全防护配件的配备和设置应符合以上要求；当无相应安全防护配件时，应按上述要求增配和设置。

（7）搭设高度限制和卸载规定：脚手架的搭设高度一般不应超过表 4-1 的限值。当需要搭设超过表 4-1 规定高度的脚手架时，可采取下述方式及其相应的规定解决：

表 4-1　脚手架搭设高度的限值

<table>
<tr><th>序次</th><th>类别</th><th>形式</th><th>高度限值/m</th><th>备　注</th></tr>
<tr><td rowspan="2">1</td><td rowspan="2">木脚手架</td><td>单排</td><td>30</td><td rowspan="6">架高大于等于 30m 时，立杆纵距不大于 1.5m</td></tr>
<tr><td>双排</td><td>60</td></tr>
<tr><td rowspan="2">2</td><td rowspan="2">竹脚手架</td><td>单排</td><td>25</td></tr>
<tr><td>双排</td><td>50</td></tr>
<tr><td rowspan="2">3</td><td rowspan="2">扣件式钢管脚手架</td><td>单排</td><td>20</td></tr>
<tr><td>双排</td><td>50</td></tr>
<tr><td rowspan="2">4</td><td rowspan="2">碗扣式钢管脚手架</td><td>单排</td><td>20</td><td rowspan="2">架高大于等于 30m 时，立杆纵距不大于 1.5m</td></tr>
<tr><td>双排</td><td>60</td></tr>
<tr><td rowspan="2">5</td><td rowspan="2">门式钢管脚手架</td><td>轻载</td><td>60</td><td>施工总荷载小于等于 $3kN/m^2$</td></tr>
<tr><td>普通</td><td>45</td><td>施工总荷载小于等于 $5kN/m^2$</td></tr>
</table>

1）在架高 20m 以下采用双立杆和在架高 30m 以上采用部分卸载措施。

2）架高 50m 以上采用分段全部卸载措施。

（8）脚手架的计算规定

建筑施工脚手架，凡有以下情况之一者，必须进行计算或进行 1:1 实架段的荷载试验，验算或检验合格后，方可进行搭设和使用：

1）架高大于等于 20m，且相应脚手架安全技术规范没有给出不必计算的构架尺寸规定。

2）实际使用的施工荷载值和作业层数大于以下规定：

① 结构脚手架施工荷载的标准值取 $3kN/m^2$，允许不超过 2 层同时作业。

② 装修脚手架施工荷载的标准值取 $2kN/m^2$，允许不超过 3 层同时作业。

3）全部或局部脚手架的形式、尺寸、荷载或受力状态有显著变化。

4）作支撑和承重用途的脚手架。

5）吊篮、悬吊脚手架、挑脚手架和挂脚手架。

6）特种脚手架。

7）尚未制定规范的新型脚手架。

8）其他无可靠安全依据搭设的脚手架。

（9）单排脚手架的设置规定

单排脚手架的设置应遵守以下规定：

1）单排脚手架不得用于以下砌体工程中：

① 墙厚小于 180mm 的砌体。

② 土坯墙、空斗砖墙、轻质墙体、有轻质保温层的复合墙和靠脚手架一侧的实体厚度小于 180mm 的空心墙。

③ 砌筑砂浆强度等级小于 M1.0 的墙体。

2）在墙体的以下部位不得留脚手眼：

① 梁和梁垫下及其左右各 240mm 范围内。

② 宽度小于 480mm 的砖柱和窗间墙。

③ 墙体转角处每边各 360mm 范围内。

④ 施工图上规定不允许留洞眼的部位。

3）在墙体的以下部位不得留尺寸大于 60mm × 60mm 的脚手眼：

① 砖过梁以上与梁端呈 60°角的三角形范围内。

② 宽度小于 620mm 的窗间墙。

③ 墙体转角处每边各 620mm 范围内。

4）使用其他杆、配件进行加强的规定：一般情况下，禁止不同材料和连接方式的脚手架杆、配件混用。当所用脚手架杆件的构架能力不能满足施工需要和确保安全、而必须采用其他脚手架杆、配件或其他杆件予以加强时，应遵守下列规定：

① 混用的加强杆件，当其规格和连接方式不同时，均不得取代原脚手架基本构架结构的杆、配件。

② 混用的加强杆件，必须以可靠的连接方式与原脚手架的杆件连接。

③ 大面积采取混用加强立杆时，混用立杆应与原架立杆均匀错开，自基地向上连续搭设，先使用同种类平杆和斜杆形成整体构架并与原脚手架杆件可靠连接，确保起到分担荷载

和加强原架整体稳定性的作用。

④ 混用低合金钢和碳钢钢管杆件时，应经过严格的设计和计算，且不得在搭设中设错。

4. 外脚手架施工要求

（1）施工操作要点

1）场地平整和设置排水措施

① 搭设场地应进行平整、夯实，最好进行硬化，且应设置合理的排水措施。

a. 30m 以下的脚手架、其内立杆大多处在基坑回填土之上。回填土必须分层夯实。垫木宜采用长 2.0～2.5m、宽不小于 200mm、厚 50～60mm 的木板，垂直于墙面放置（用长 4.0m 左右平行于墙放置亦可），在脚手架外侧挖一浅排水沟排除雨水，如图 4-6 所示。

b. 架高超过 30m 的高层脚手架的基础做法为：

（a）采用道木支垫。

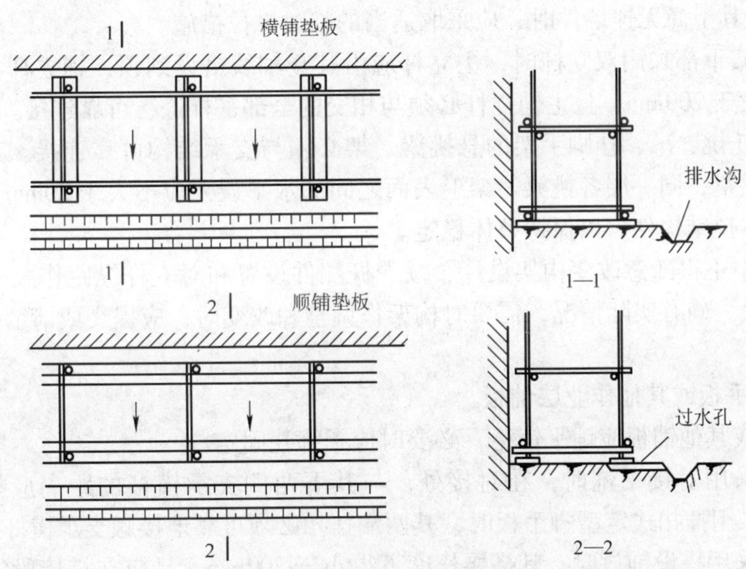

图 4-6　普通脚手架基底做法

（b）在地基上加铺 20cm 厚道碴后铺混凝土预制块或硅酸盐砌块，在其上沿纵向铺放 12～16 号槽钢，将脚手架立杆坐于槽钢上。

（c）若脚手架地基为回填土，应按规定分层夯实，达到密实度要求；并自地面以下 1m 深改做三七灰土。高层脚手架基底做法见图 4-7。

② 立于土地面之上的立杆底部应加设垫木、垫板或其他刚性垫块，每根立杆的支垫面积应符合设计要求且不得小于 0.15m²。

③ 底端埋入土中的木立杆，其埋置深度不得小于 500mm，且应在坑底加垫后填土夯实。使用期较长时，埋入部分应做防腐处理。

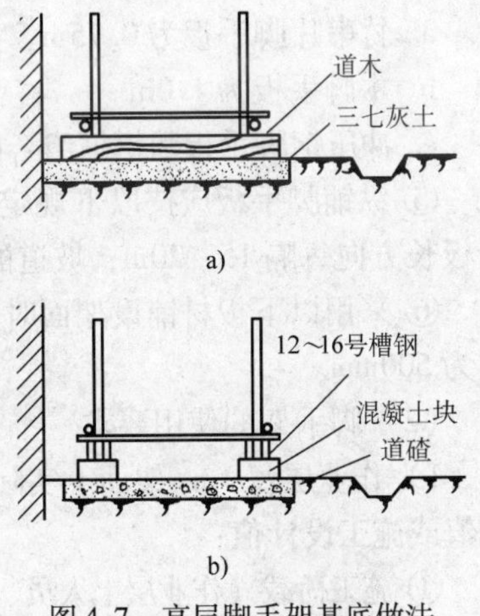

图 4-7　高层脚手架基底做法
a）垫道木　b）垫槽钢

2）放线定位

① 按施工设计放线、铺垫板、设置底座或标定立杆位置。

② 周边脚手架应从一个角部开始并向两边延伸交圈搭设；“一”字形脚手架应从一端开始并向另一端延伸搭设。

3）杆件搭设

① 应按定位依次竖起立杆，将立杆与纵、横向扫地杆连接固定，然后装设第1步的纵向和横向平杆，当校正立杆垂直之后予以固定，并按此要求继续向上搭设。

② 在设置第一排连墙件前，“一”字形脚手架应设置必要数量的抛撑；以确保构架稳定和架上作业人员的安全。边长大于等于20m的周边脚手架亦应适量设置抛撑。

③ 剪刀撑、斜杆等整体拉结杆件和连墙件应随搭升的架子一起及时设置。

④ 脚手架处于顶层连墙点之上的自由高度不得大于6m。当作业层高出其下连墙件2步或4m以上、且其上尚无连墙件时，应采取适当的临时撑拉措施。

⑤ 当脚手架下部采用双立杆时，主立杆应沿其竖轴线搭设到顶，辅立杆与主立杆之间的中心距不得大于200mm，且主辅立杆必须与相交的全部平杆进行可靠连接。

⑥ 用于支托挑、吊、挂脚手架的悬挑梁、架必须与支承结构可靠连接。其悬臂端应有适当的架设起拱量，同一层各挑梁、架上表面之间的水平误差应不大于20mm，且应视需要在其间设置整体拉结构件，以保持整体稳定。

⑦ 在搭设中不得随意改变构架设计、减少杆配件设置和对立杆纵距作大于等于100mm的构架尺寸放大。确有实际情况，需要对构架作调整和改变时，应提交或请示技术主管人员解决。

4）铺设脚手板或其他作业层铺板

① 脚手板或其他铺板应铺平铺稳，必要时应予绑扎固定。

② 脚手板采用对接平铺时，在对接处，与其下两侧支承横杆的距离应控制在100～200mm之间；采用挂扣式定型脚手板时，其两端挂扣必须可靠地接触支承横杆并与其扣紧。

③ 脚手板采用搭设铺放时，其搭接长度不得小于200mm，且应在搭接段的中部设有支承横杆。铺板严禁出现端头超出支承横杆250mm以上未作固定的探头板。

④ 长脚手板采用纵向铺设时，其下支承横杆的间距不得大于：

a. 竹串片脚手板为0.75m。

b. 木脚手板为1.0m。

c. 冲压钢脚手板和钢框组合脚手板为1.5m（挂扣式定型脚手板除外）。

⑤ 纵铺脚手板应按以下规定部位与其下支承横杆绑扎固定：脚手架的两端和拐角处；沿板长方向每隔15～20m；坡道的两端；其他可能发生滑动和翘起的部位。

⑥ 采用以下板材铺设架面时，其下支承杆件的间距不得大于：竹笆板为400mm，七合板为500mm。

（2）脚手架的使用要求

1）作业层每1m^{2}架面上实际的施工荷载（人员、材料和机具质量）不得超过以下的规定值或施工设计值：

① 施工荷载（作业层上人员、器具、材料的重量）的标准值，结构脚手架采取3N/m^2；装修脚手架取2kN/m^2；吊篮、桥式脚手架等工具式脚手架按实际值取用，但不得大于1kN/m^2。

② 在架板上堆放的标准砖不得多于单排立码 3 层；砂浆和容器总重不得大于 1. 5kN；施工设备单重不得大于 1kN，使用人力在架上搬运和安装的构件的自重不得大于 2. 5kN。

2）在架面上设置的材料应码放整齐稳固，不得影响施工操作和人员通行。按通行手推车要求搭设的脚手架应确保车道畅通。严禁上架人员在架面上奔跑、退行或倒退拉车。

3）作业人员在架上的最大作业高度应以可进行正常操作为度，禁止在架板上加垫器物或单块脚手板以增加操作高度。

4）在作业中，禁止随意拆除脚手架的基本构架杆件、整体性杆件、连接紧固件和连墙件。确因操作要求需要临时拆除时，必须经主管人员同意，采取相应弥补措施，并在作业完毕后，及时予以恢复。

5）工人在架上作业应注意自我安全保护和他人的安全，避免发生碰撞、闪失和落物。严禁在架上嬉闹和坐在栏杆上等不安全处休息。

6）人员上下脚手架必须走设安全防护的出入通（梯）道，严禁攀援脚手架上下。

7）每班工人上架作业时，应先行检查有无影响安全作业的问题，在排除和解决后方可开始作业。在作业中发现有不安全的情况和迹象时，应立即停止作业进行检查，解决以后才能恢复正常作业；发现有异常和危险情况时，应立即通知所有架上人员撤离。

8）在每步架的作业完成之后，必须将架上剩余材料物品移至上（下）步架或室内；每日收工前应清理架面，将架面上的材料物品堆放整齐，垃圾清运出去；在作业期间，应及时清理落入安全网内的材料和物品。在任何情况下，严禁自架上向下抛掷材料物品和倾倒垃圾。

（3）脚手架的拆除要求

1）脚手架的拆除作业应按确定的拆除程序进行。

2）连墙件应在位于其上的全部可拆杆件都拆除之后才能拆除。

3）在拆除过程中，凡已松开连接的杆、配件应及时拆除运走，避免误扶和误靠已松脱连接的杆件。

4）拆下的杆、配件应以安全的方式运出和吊下，严禁向下抛掷。

5）在拆除过程中，应做好配合、协调动作，禁止单人进行拆除较重杆件等危险性的作业。

5. 模板支撑架和特种脚手架施工要求

（1）模板支撑架基本要求

1）使用门式钢管脚手架构配件搭设模板支撑架和其他重载架时，数值大于等于 5kN 集中荷载的作用点应避开门架横梁中部 1/3 架宽范围，或采用加设斜撑、双榀门架重叠交错布置等可靠措施。

2）使用扣件式和碗扣式钢管脚手架杆、配件搭设模板支撑架和其他重载架时，作用于跨中的集中荷载应不大于以下规定值：相应于 0. 9m、1. 2m、1. 5m 和 1. 8m 跨度的允许值分别为 4. 5kN、3. 5kN、2. 5kN 和 2kN。

3）支撑架的构架必须按确保整体稳定的要求设置整体性拉结杆件和其他撑拉、连墙措施。并根据不同的构架、荷载情况和控制变形的要求，给横杆件以适当的起拱量。

4）支撑架高度的调节宜采用可调底座或可调顶托解决。当采用搭接立杆时，其旋转扣件应按总抗滑承载力不小于 2 倍设计荷载设置，且不得少于 2 道。

5）配合垂直运输设施设置的多层转运平台架应按实际使用荷载设计，严格控制立杆间距，并单独构架和设置连墙、撑拉措施，禁止与脚手架的杆件共用。

6）当模板支撑架和其他重载架设置上人作业面时，应按前述规定设置安全防护。

（2）特种脚手架基本要求

凡不能按一般要求搭设的高耸、大悬挑、曲线形和提升等特种脚手架，应遵守下列规定：

1）特种脚手架只有在满足以下各项规定要求时，才能按所需高度和形式进行搭设：

① 按确保承载可靠和使用安全的要求经过严格的设计计算，在设计时必须考虑风荷载的作用。

② 有确保达到构架要求质量的可靠措施。

③ 脚手架的基础或支撑结构物必须具有足够的承受能力。

④ 有严格确保安全使用的实施措施和规定。

2）在特种脚手架中用于挂扣、张紧、固定、升降的机具和专用加工件必须完好无损和无故障，且应有适量的备用品，在使用前和使用中应加强检查，以确保其工作安全可靠。

6. 质量检查验收规定

（1）脚手架的验收标准规定

1）构架结构符合前述的规定和设计要求，个别部位的尺寸变化应在允许的调整范围之内。

2）节点的连接可靠。其中扣件的拧紧程度应控制在扭力距达到 40～60N·m；碗扣应盖扣牢固（将上碗扣拧紧）；8 号钢丝十字交叉扎点应拧 1.5～2 圈后箍紧，不得有明显扭伤，且钢丝在扎点外露的长度应大于等于 80mm。

3）钢脚手架立杆的垂直度偏差应小于等于 1/300，且应同时控制其最大垂直偏差值：当架高小于等于 20m 时为不大于 50mm；当架高大于 20m 时为不大于 75mm。

4）纵向钢平杆的水平偏差应小于等于 1/250，且全架长的水平偏差值应不大于 50mm。木、竹脚手架的搭接平杆按全长的上皮走向线（即各杆上皮线的折中位置）检查，其水平偏差应控制在 2 倍钢平杆的允许范围内。

5）作业层铺板、安全防护措施等均应符合前述要求。

（2）脚手架的验收和日常检查按以下规定进行，检查合格后，方允许投入使用或继续使用：

1）搭设完毕后。

2）连续使用达到 6 个月。

3）施工中途停止使用超过 15 天，在重新使用之前。

4）在遭受暴风、大雨、大雪、地震等强力因素作用之后。

5）在使用过程中，发现有显著的变形、沉降、拆除杆件和拉结以及安全隐患存在的情况时。

7. 脚手架设计和计算的一般规定

（1）脚手架方案的设计

建筑施工脚手架的设计内容：

① 施工方案的选择，包括：脚手架的类别；脚手架构架的形式和尺寸；相应的设置措

施（基础、支承、整体拉结和附墙连接、进出（或上下）措施等）。

② 承载可靠性的验算，包括：构架结构和杆件验算；地基、基础和其他支承结构的验算；专用加工件验算。

③ 安全使用措施，包括：作业面的防（围）护；整架和作业区域（涉及的空间环境）的防（围）护；进行安全搭设、移动（升降）和拆除的措施；安全使用措施。

（2）脚手架构架结构的计（验）算项目

1）构架的整体稳定性计算。可转化为立杆稳定性计算。

2）单肢立杆的稳定性计算。当单肢立杆稳定性计算已包括在整体稳定性计算中，且立杆未显著超出构架的计算长度和使用荷载时，可以略去此项计算。

3）平杆的强度、稳定和刚度计算。

4）附着和连墙件的强度和稳定验算。

5）抗倾覆验算。

6）悬挂件、挑支撑拉件的验算（根据其受力状态确定验算项目）。

7）地基基础和支撑结构的验算。

（3）脚手架结构设计采用的方法

1）基本概念：各种脚手架结构计算采用“概率极限状态设计法”，其基本概念主要概括如下：不论什么结构，当其整个结构或结构的一部分超过某一特定状态就不能满足设计规定的某一功能要求时，这个特定状态就称为该功能的极限状态。

2）结构的极限状态分类：

① 承载能力极限状态：结构或结构构件达到其最大承载能力或出现不适于继续承载的变形的某一特定的状态。

对于建筑工程结构，当出现下列状态时，即认为超过了承载能力极限状态：

a. 整个结构或结构的一部分作为刚体失去平衡（如倾覆等）。

b. 结构构件或连接节点构造的承载因超过材料的强度而破坏（包括疲劳）或因出现过度的塑性变形而不适于继续承载。

c. 结构转变为机动体系。

d. 结构或构件丧失稳定（如压屈等）。

② 正常使用极限状态：结构或构件达到正常使用或耐久性能的某项规定限值的特定状态。对于建筑工程结构，当出现下列状态之一时，即认为超过了正常使用状态：

a. 影响正常使用的外观的变形。

b. 影响正常使用的耐久性能的局部损坏（包括裂缝）。

c. 影响正常使用的振动。

d. 影响正常使用的其他特定状态。

对于建筑脚手架结构（包括使用脚手架材料组装的支撑架）来说，由于对构架杆、配件的质量和缺陷都作了规定，且在出现正常使用极限状态时会有明显的征兆和发展过程，有时间采取相应措施而不会出现突发性事故。因此，在脚手架设计时一般不考虑正常使用极限状态，而主要考虑其承载能力极限状态。

在上述4种承载能力极限状态中，倾覆问题可通过加强结构的整体性和附墙拉结来解决（对拉结件进行抗水平力作用的计算）；转变为机动体系的问题也可用合理的构造（如加设适量的斜杆和剪刀撑）来解决而不必计算。因此应考虑的是强度和稳定的计算。而脚手架整体或局部丧失稳定破坏是脚手架破坏的主要危险所在，因而是最主要的设计计算项目。

③ 结构可靠度指标：对于结构的各种极限状态，均应规定或给予明确的标志或限值，即给定或预先规定用以量度结构的可靠度的可靠指标。结构在规定的时间内和规定的条件下完成预定功能（即设计要求）的概率，称为结构的可靠度。它是结构可靠性的概率量度，并采用以概率理论为基础的极限状态设计方法确定。在各种因素的影响下，结构完成预定功能的能力不能事先确定，只能用概率来描述，这是从统计数学出发的、比较科学的方法。

由于“概率极限状态设计法”中所涉及的作用效应和抗力值等都是以大量的统计数据为基础并经过概率分析后确定的，而对于各种脚手架结构来说，虽然也作了一些工作，但远远达不到用概率理论确定它的数据的程度。为了与现行建筑结构规范的计算理论和方法衔接，以便可以利用它们的计算方法和有关适合的数据，就必须给脚手架的计算穿上概率极限状态设计的“外衣”，而所用的计算方法实际上仍是半理论和半经验的，有待以后继续积累数据，向真正的极限状态设计法过渡。

因此，建筑脚手架结构可靠度的校核方法规定为：按概率极限状态设计法计算的结果，在总体效果上应与脚手架使用的历史经验大体一致。

4.1.2 垂直运输设施

垂直运输设施在建筑施工中担负垂直运（输）送材料设备和人员上下的机械设备和设施，它是施工技术措施中不可缺的重要环节。随着高层、超高层建筑、高耸工程以及超深地下工程的飞速发展，对垂直运输设施的要求也相应提高，垂直运输技术已成为建筑施工中的重要的技术领域之一。垂直运输设施的种类很多，大致可分为塔式起重机、施工电梯、物料提升架、混凝土泵、采用葫芦式起重机或其他小型起重机具的物料提升设施五大类。

1. 塔式起重机

（1）塔式起重机具有提升、回转、水平输送（通过滑轮车移动和臂杆仰俯）等功能，其分类见表4-2。

表4-2 塔式起重机的分类

分类方式	类别
按固定方式划分	固定式；轨道式；附墙式；内爬式
按架设方式划分	自升；分段架设；整体架设；快速拆装
按塔身构造划分	非伸缩式；伸缩式
按臂构造划分	整体式；伸缩式；折叠式
按回转方式划分	上回转式；下回转式
按变幅方式划分	小车移动；臂杆仰俯；臂杆伸缩
按控速方式划分	分级变速；无级变速
按操作控制方式划分	手动操作；电脑自动监控
按起重能力划分	轻型（小于等于80t·m）；中型（大于等于80t·m，小于等于250t·m） 重型（大于等于250t·m，小于等于1000t·m）；超重型（大于等于1000t·m）

（2）高层施工塔式起重机的选择：在高层建筑施工选择塔式起重机时应主要考虑以下几个方面：

1）塔式起重机的主要参数应满足施工需要。主要参数包括工作幅度、起重高度、起重量和起重力矩。

① 工作幅度：为塔式起重机回转中心线至吊钩中心线的水平距离。最大工作幅度 R_{max} 为最远吊点至回转中心的距离，可按图4-8确定。其中，附着式外墙塔式起重机的 B_2 点可定在建筑物的外墙线上或其内、外一定距离。

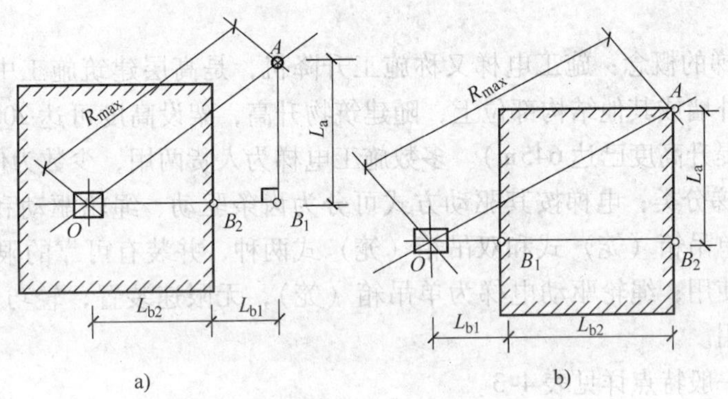

图4-8　塔式起重机所需最大工作幅度

a）内爬式塔式起重机　b）附着式外塔式起重机

② 起重高度：应不小于建筑物总高度加上构件（或吊斗、料笼）、吊索（吊物顶面至吊钩）和安全操作高度（一般为2～3m）。当塔式起重机需要越过超过建筑物顶面的脚手架、井架或其他障碍物时（其超越高度应不小于1m），尚应满足此最大超越高度的需要。

③ 起重量：包括吊物、吊具（铁扁担、吊架）和索具等作用于塔式起重机起重吊钩上的全部重量。起重力矩为起重量其工作幅度的乘积，工作幅度大则起重量小。因此塔式起重机的技术参数中一般都给出最小工作幅度时的最大起重量和最大工作幅度时的（最小）起重量。因此塔式起重机的工作状态一般宜控制在其额定起重力矩的75%之下。一方面确保了吊装和垂直运输作业的安全；另一方面也确保了塔式起重机本身的安全和延长其使用寿命。

2）塔式起重机的生产率应满足施工需要。塔式起重机的台班生产率 P（单位：t/h）等于8h乘以额定起重量 Q（t）、吊次 n（次/h）、额定起重量利用系数 K_q 和工作时间利用系数 K_t，即：

$$P = 8QnK_qK_t \tag{4-1}$$

但实际确定时，由于施工需要和安排的不同，常需按不同情况来考虑：

① 塔式起重机以满足结构安装施工为主，服务垂直运输为辅。

② 塔式起重机以满足垂直运输为主，以零星结构安装为辅。例如采用现浇混凝土结构的工程，塔式起重机以承担钢筋、模板、混凝土和砂浆等材料的垂直运输为主。

3）综合考虑、择优选用：当塔式起重机主要参数和生产率指标均可满足施工要求时，还应综合考虑、择优选用性能好、工效高和费用低的塔式起重机。

在一般情况下，13层以下建筑工程可选用轨道式上回转或下回转式塔式起重机，如

TQ60/80 或 QTG60，且以采用快速安装的下回转式塔式起重机为最佳；13 层以上建筑工程可选用轨道式或附着式上回转塔式起重机，如 QTZ120、QT80、QT80A、280；而 30 层以上的高层建筑应优先采用内爬式塔式起重机，如 QTP60 等。

外墙附着式自升塔式起重机的适应性强、装拆方便，且不影响内部施工。但塔身接高和附墙装置随高度增加、台班费用较高；而内爬式塔式起重机适合于小施工现场、装设成本低、台班费用亦低，但装拆麻烦、爬升洞的结构需适当加固。因此，应综合比较其利弊后择优选用。

2. 施工电梯

（1）施工电梯的概念：施工电梯又称施工升降机，是高层建筑施工中主要的垂直运输设备。它附着在外墙或其他结构部位上，随建筑物升高，架设高度可达 200m 以上（国外施工升降机的最高提升高度已达 645m）。多数施工电梯为人货两用，少数为仅供货用。

（2）施工电梯分类：电梯按其驱动方式可分为齿条驱动、绳轮驱动和混合式三种。齿条驱动电梯又有单吊箱（笼）式和双吊箱（笼）式两种，并装有可靠的限速装置，适于 20 层以上建筑工程使用；绳轮驱动电梯为单吊箱（笼），无限速装置，轻巧便宜，适于 20 层以下建筑工程使用。

施工电梯的一般特点详见表 4-3。

表 4-3　三类电梯的一般特点比较

项目	SC 系列	SS 系列	SH 系列
传动形式	齿轮齿条式	钢丝绳牵引式	混合式
驱动方式	双电动机驱动或三电动机驱动	卷扬驱动	梯笼电动机驱动 货笼卷扬驱动
安全装置	锥鼓限速器，过载、短路、断绳保护，限位和急停开关等	主安全装置（杠杆增力摩擦制动式安全钳）和辅助安全装置（电磁卡块、手动卡块）	梯笼安全装置与 SC 系列相同；货笼设断绳保护和安全门等
提升速度	一般 40m/min 以内，最高可达 90m/min	一般 40m/min 内	
架设高度	一般 200m 内，先进者可达 300m 以上	一般 100m 内	

施工电梯的型号由类、组、型、特性、主参数和变型代号组成，见图 4-9：

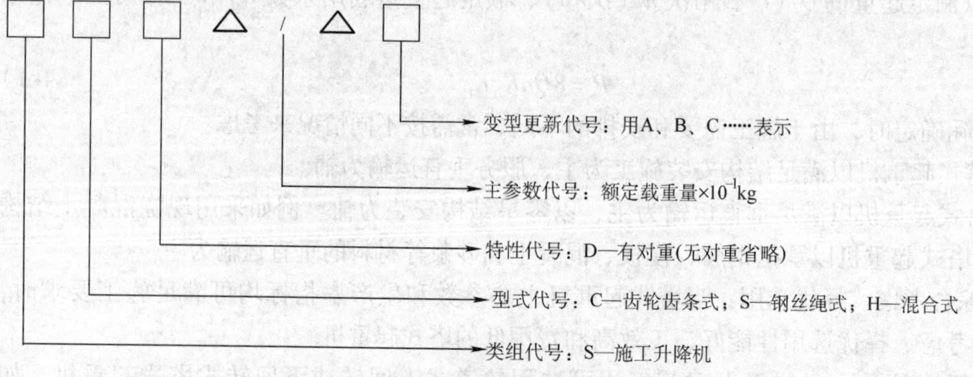

图 4-9　施工电梯的型号标记

（3）施工电梯的安全装置

1）限速制动装置：有重锤离心式摩擦捕捉器和双向离心摩擦锥鼓限速装置两种。前者在起作用时产生的动荷载较大，对电梯结构和机构可能产生不利的影响。

双向离心摩擦锥鼓式限速装置（图 4-10）的优点在于减少了中间传力路线，在齿条上实现柔性直接制动，安全可靠性大，冲击性小，且其制动行程也可以预调。可有效地防止上升时“冒顶”和下降时出现“自由落体”坠落现象。

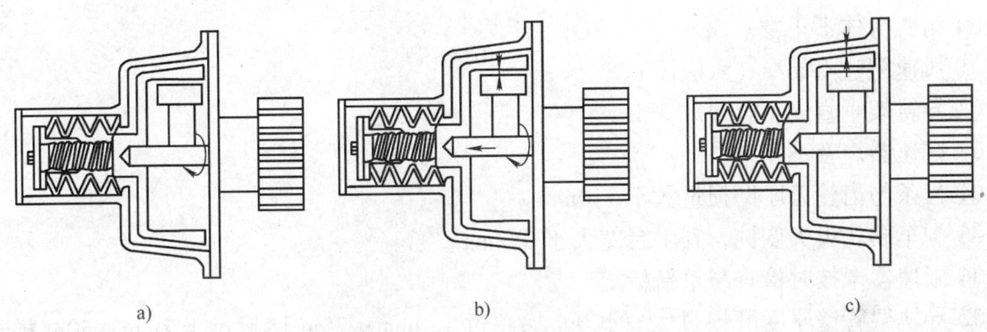

图 4-10　离心摩擦锥鼓式限速器

a）不介入　b）介入降速　c）介入制动

2）制动装置

① 限位装置：由限位碰铁和限位开关构成。设在梯架顶部的为最高限位装置可防止冒顶；设在楼层的为分层停车限位装置可实现准确停层。

② 电机制动器：有内抱制动器和外抱电磁制动器等。

③ 紧急制动器：有手动楔块制动器和脚踏液压紧急刹车等，在限速和传动机构都发生故障时，可紧急实现安全制动。

3）断绳保护开关：梯笼在运行过程中因某种原因使钢丝绳断开或放松时，该开关可立即控制梯笼停止运行。

4）塔形缓冲弹簧：装在基座下面，使梯笼降落时免受冲击，不致使乘员受震。

（4）施工电梯的使用注意事项

1）电梯司机必须身体健康（无心脏病和高血压病），并经训练合格，严禁非司机开车。

2）司机必须熟悉电梯的结构、原理、性能、运行特点和操作规程。

3）严禁超载，防止偏重。

4）班前、满载和架设时均应作电动机制动效果的检查（点动 1m 高度，停 2min，里笼无下滑现象）。

5）坚持执行定期进行技术检查和润滑的制度。

6）对于斗梯笼，严禁混凝土和人混装（即乘人时不载混凝土；载混凝土时不乘人）。

7）司机开车时应思想集中，随时注意信号，遇事故和危险时立即停车。

8）在下述情况下严禁使用：

① 电动机制动系统不灵活可靠。

② 控制元件失灵和控制系统不全。

③ 导轨架和管架的连接松动。

④ 视野很差（大雾及雷雨天气）、滑杆结冰以及其他恶劣作业条件。

⑤ 齿轮与齿条的啮合不正常。

⑥ 站台和安全栏杆不合格。

⑦ 钢丝绳卡得不牢或有锈蚀断裂现象。

⑧ 限速或手动刹车器不灵。

⑨ 润滑不良。

⑩ 司机身体不正常。

⑪ 风速超过 12m/s（六级风）。

⑫ 导轨架垂直度不合要求。

⑬ 减速器声音不正常。

⑭ 齿条与齿轮齿厚磨损量大于 1.0mm。

⑮ 刹车楔块齿尖变钝，其平台宽大于 0.2mm。

⑯ 限速器未按时检查与重新标定。

⑰ 导轨架管壁厚度磨损过大（100m 梯超过 1.0mm；75m 梯超过 1.2mm；50m 梯超过 1.4mm）。

9）记好当班记录，发现问题及时报告并查明解决。

10）按规定及时进行维修和保养，一般定为：一级保养 160h；二级保养 480h；中修 1440h；大修 5760h。

3. 物料提升架

物料提升架包括井式提升架（简称“井架”）、龙门式提升架（简称“龙门架”）、塔式提升架（简称“塔架”）和独杆升降台等，它们的共同特点为：

① 提升采用卷扬机，卷扬机设于架体外。

② 安全设备一般只有防冒顶、防坐冲和停层保险装置，因而只允许用于物料提升，不得载运人员。

③ 用于 10 层以下时，多采用缆风固定；用于超过 10 层的高层建筑施工时，必须采取附墙方式固定，成为无缆风高层物料提升架，并可在顶部设液压顶升构造，实现井架或塔架标准节的自升接高。

塔架是一种采用类似塔式起重机的塔身和附墙构造、两侧悬挂吊笼或混凝土斗的、可自升的物料提升架。

用于烟囱等高耸构筑物施工的、随作业平台升高的井架式物料提升机，同时供人员上下使用，在安全设施方面需相应加强，例如增加限速装置和断绳保护等，以确保人员上下的安全。

4. 混凝土泵

混凝土泵是水平和垂直输送混凝土的专用设备，用于超高层建筑工程时则更显示出它的优越性。它能一次性连续完成混凝土的水平和垂直运输，配以布料杆和布料机还可以进行布料和浇筑。

混凝土泵按工作方式分为固定式和移动式两种；按泵的工作原理则分为挤压式和柱塞式两种。目前我国已使用混凝土泵施工高度超过 300m 的电视塔。

5. 采用葫芦式起重机或其他小型起重机具的物料提升设施

这类物料提升设施由小型（一般起重量在 1.0t 以内）起重机具如电动葫芦、手扳葫芦、倒链、滑轮、小型卷扬机等与相应的提升架、悬挂架等构成，形成墙头吊、悬臂吊、摇头把杆吊、台灵架等。常用于多层建筑施工或作为辅助垂直运输设施。

6. 垂直运输设施的选择

（1）垂直运输设施的总体情况见表 4-8。

表 4-8　垂直运输设施的总体情况

序次	设备（施）名称	形式	安装方式	工作方式	设备能力	
					起重能力	提升高度
1	塔式起重机	整装式	行走	在不同的回转半径内形成作业覆盖区	60～10000kN · m	80m 内
			固定			
		自升式	附着			250m 内
		内爬式	装于天井道内、附着爬升		3500kN · m 内	一般在 300m 内
2	施工升降机（施工电梯）	单笼、双笼笼带斗	附着	吊笼升降	一般 2t 以内，高者达 2. 8t	一般 100m 内，最高已达 645m
3	井字提升架	定型钢管搭设	缆风固定	吊笼（盘、斗）升降	3t 以内	60m 内
		定型	附着			可达 200m 以上
		钢管搭设				100m 以内
4	龙门提升架（门式提升机）		缆风固定	吊笼（盘、斗）升降	2t 以内	50m 内
			附着			100m 内
5	塔架	自升	附着	吊盘(斗)升降	2t 以内	100m 以内
6	独杆提升机	定型产品	缆风固定	吊盘(斗)升降	1t 以内	一般在 25m 内
7	墙头起重机	定型产品	固定在结构上	回转起吊	0. 5t 以内	高度视配绳和吊物稳定而定
8	屋顶起重机	定型产品	固定式移动式	葫芦沿轨道移动	0. 5t 以内	
9	自立式起重架	定型产品	移动式	同独杆提升机	1t 以内	40m 内
10	混凝土输送泵	固定式拖式	固定并设置输送管道	压力输送	输送能力为 30～50m³/h	垂直输送高度一般为 100m，可达 300m 以上
11	可倾斜塔式起重机	履带式	移动式	为履带式起重机和塔式起重机结合的产品，塔身可倾斜		50m 内
		汽车式				
12	小型起重设备			配合垂直提升架使用	0. 5～1. 5t	高度视配绳和吊物稳定而定

（2）直运输设施的选择和设置要求

1）覆盖面和供应面：塔式起重机的覆盖面是指以塔式起重机的起重幅度为半径的圆形吊运覆盖面积；垂直运输设施的供应面是指借助于水平运输手段（手推车等）所能达到的供应范围。其水平运输距离一般不宜超过80m。建筑工程的全部的作业面应处于垂直运输设施的覆盖面和供应面的范围之内。

2）供应能力：塔式起重机的供应能力等于吊次乘以吊量（每次吊运材料的体积、重量或件数）；其他垂直运输设施的供应能力等于运次乘以运量，运次应取垂直运输设施和与其配合的水平运输机具中的低值。另外，还需乘以一个数值为0.5~0.75的折减因数，以考虑由于难以避免的因素对供应能力的影响（如机械设备故障和人为的耽搁等）。垂直运输设备的供应能力应能满足高峰工作量的需要。

3）提升高度：设备的提升高度能力应比实际需要的升运高度高出不少于3m，以确保安全。

4）水平运输手段：在考虑垂直运输设施时，必须同时考虑与其配合的水平运输手段。

当使用塔式起重机作垂直和水平运输时，要解决好料笼和料斗等材料容器的问题。由于外脚手架（包括桥式脚手架和吊篮）承受集中荷载的能力有限，因此一般不使用塔式起重机直接向外脚手架供料；当必须用其供料时，则需视具体条件分别采取以下措施：

① 在脚手架外增设受料台，受料台则悬挂在结构上（准备2~3层用量，用塔式起重机安装）。

② 使用组联小容器，整体起吊，分别卸至各作业地点。

③ 在脚手架上设置小受料斗（需加设适当的拉撑），将砂浆分别卸注于小料斗中。

④ 当使用其他垂直运输设施时，一般使用手推车（单轮车、双轮车和各种专用手推车）作水平运输。其运载量取决于可同时装入几部车子以及单位时间内的提升次数。

5）装设条件：垂直运输设施装设的位置应具有与之相适应的装设条件，如具有可靠的基础、与结构拉结和水平运输通道条件等。

6）设备效能的发挥：必须同时考虑满足施工需要和充分发挥设备效能的问题。当各施工阶段的垂直运输量相差悬殊时，应分阶段设置和调整垂直运输设备，及时拆除已不需要的设备。

7）设备的充分利用问题：充分利用现有设备，必要时添置或加工新的设备。在添置或加工新的设备时应考虑今后利用的前景。一次使用的设备应考虑在用毕以后可拆改他用。

8）安全保障：安全保障是使用垂直运输设施中的首要问题，必须按以下要求严格施行。

① 首次试制加工的垂直运输设备，需经过严格的荷载和安全装置性能试验，确保达到设计要求（包括安全要求）后才能投入使用。

② 设备应装设在可靠的基础和轨道上。基础应具有足够的承载力和稳定性，并有良好的排水措施。

③ 设备在使用以前必须进行全面的检查和维修保养，确保设备完好。未经检修保养的设备不能使用。

④ 严格遵照设备的安装程序和规定进行设备的安装（搭设）和接高工作。初次使用的设备，工程条件不能完全符合安装要求的，以及在较为复杂和困难的条件下，应制定详细的

安装措施，并按措施的规定进行安装。

⑤ 确保架设过程中的安全，注意事项为：高空作业人员必须佩戴安全带；按规定及时设置临时支撑、缆绳或附墙拉结装置；在统一指挥下作业；在安装区域内停止进行有碍确保架设安全的其他作业。

⑥ 设备安装完毕后，应全面检查安装（搭设）的质量是否符合要求，并及时解决存在的问题。随后进行空载和负载试运行，判断试运行情况是否正常，吊索、吊具、吊盘、安全保险以及刹车装置等是否可靠。都无问题时才能交付使用。

⑦ 进出料口之间的安全设施：垂直运输设施的出料口与建筑结构的进料口之间，根据其距离的大小设置铺板或栈桥通道，通道两侧设护栏。建筑物入料口设栏杆门。小车通过之后应及时关上。

⑧ 设备应由专门的人员操纵和管理。严禁违章作业和超载使用。设备出现故障或运转不正常时应立即停止使用，并及时予以解决。

⑨ 位于机外的卷扬机应设置安全作业棚。操作人员的视线不得受到遮挡。当作业层较高，观测和对话困难时，应采取可靠的解决方法，如增加卷扬定位装置、对讲设备或多级联络办法等。

⑩ 作业区域内的高压线一般应予拆除或改线，不能拆除时，应与其保持安全作业距离。

⑪ 使用完毕，按规定程序和要求进行拆除工作。

（3）高层建筑垂直运输设施的合理配套

1）一般情况下，建筑高度超高 15 层或 40m 时，应设施工电梯以解决施工人员的上下问题，同时，施工电梯又可承担相当数量的施工材料的垂直运输任务。而大宗的、集中使用性强的材料，如钢筋、模板、混凝土等，特别是混凝土的用量最大和使用最集中，能否保证及时地输送上去，直接影响到工程的进度和质量要求。因此，必须解决好垂直运输设施的合理配套设置问题。

2）高层建筑垂直运输设施常用配套方案及其优缺点和应用范围如表 4-9 所示。

表 4-9　高层建筑垂直运输设施配套方案、优缺点和应用范围

序次	配套方案	功能配合	优缺点	适用情况
1	施工电梯 + 塔式起重机、料斗	塔式起重机承担吊装和运送模板、钢筋、混凝土、电梯运送人员和零散材料	优点：直供范围大，综合服务能力强，易调节安排 缺点：集中运送混凝土的效率不高，受大风影响限制	吊装量较大、现浇混凝土量适应塔式起重机能力
2	施工电梯 + 塔式起重机 + 混凝土泵、布料杆	泵和布料杆输送混凝土，塔式起重机承担吊装和大件材料运输，电梯运送人员和零散材料	优点：直供范围大、综合服务能力强、供应能力大，易调节安排 缺点：投资大、费用高	工期紧，工程量大的超高层工程的结构施工阶段
3	施工电梯 + 带臂杆高层井架	电梯运送人员零散材料，井架可带吊笼和吊斗，臂杆吊运钢筋模板	优点：垂直输送能力较强，费用低 缺点：直供范围小，无吊装能力，增加水平运输设施	无大件吊装的、以现浇为主，工程量不太大和集中的工程

（续）

序次	配套方案	功能配合	优缺点	适用情况
4	施工电梯＋高层井架＋塔式起重机、料斗	电梯运送人员、零散材料、井架运送大宗材料、塔式起重机吊装和运送大件材料	优点：直供范围大、综合服务能力强、供应能力大，易调节安排，结构完成后可拆除塔式起重机 缺点：可能出现设备能力利用不足情况	吊装和现浇量较大的工程
5	施工电梯＋塔式起重机、料斗＋塔式起重架	以塔架取代井架，功能配合同4	同4，但塔架为可带混凝土斗的物料专用电梯，性能优于高层井架，费用也较高	吊装和现浇量较大的工程
6	塔式起重机、料斗＋普通井架	人员上下使用室内楼梯，其他同4	优点：吊装和垂直运输要求均可适应、费用低 缺点：供应能力不够强，人员上下不方便	适用于50m以下建筑工程

4.2 砖砌体砌筑施工工艺

4.2.1 组砌形式

1. 砖砌体的组砌要求

上下错缝，内外搭接，以保证砌体的整体性，同时组砌要有规律，少砍砖，以提高组砌效率，节约材料。

（1）砖墙的组砌形式：砖墙的组砌形式及砖墙交接处组砌示意图见图4-11、图4-12。

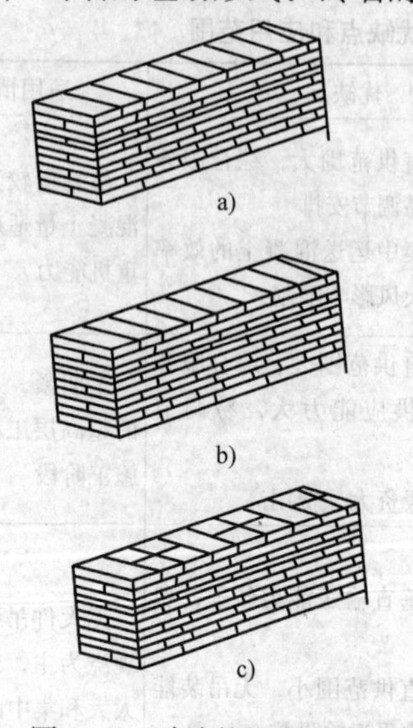

图4-11 砖墙的组砌形式

a）一丁一顺 b）三顺一丁 c）梅花丁

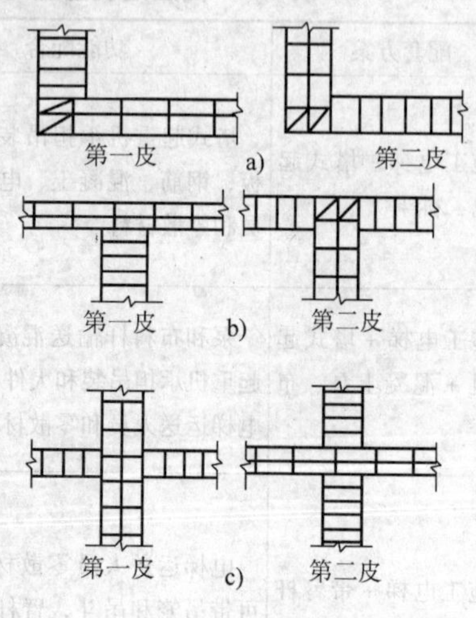

图4-12 砖墙交接处组砌

a）一砖墙转角 b）一砖墙丁字交接处 c）一砖墙十字交接处

1）“一丁一顺”（满丁满条）砌法：由一皮顺砖与一皮丁砖相互间隔砌筑而成，上下皮间的竖缝相互错开 1/4 砖长，这种砌法效率高，但当砖规格不一致时，竖缝就难以整齐。

2）三顺一丁：由三皮全部顺砖与一皮全部丁砖间隔砌成。上下皮顺砖间竖缝错开 1/2 砖长；上下皮顺砖与丁砖间竖缝错开 1/4 砖长。这种砌筑方法由于顺砖较多，砌筑效率较高，适用于砌一砖和一砖以上的墙厚。

3）梅花丁（又称沙包式或十字式）：是每皮中丁砖与顺砖相间隔，上下皮竖缝相互错开 1/4 砖长。这种砌法内外竖缝每皮都能错开，故整体性较好，灰缝整齐，比较美观，但砌筑效率较低。砌筑清水墙或当砖规格不一致时，采用这种砌法较好。

4）二平一侧砌法（又称 18 墙）：是采用二皮砖平砌与一皮砖侧砌的顺砖和相隔砌成。这种方法比较费工，效率低，但节省砖块，可以作为层数较少的建筑物的承重墙。

5）全顺砌法：全部采用顺砖砌筑，上下皮间竖缝错开 1/2 砖长，此法仅用于砌半砖厚墙。

6）全丁砌法：全部采用丁砖砌筑，上下皮间竖缝错开 1/4 砖长。这种砌法仅用于砌筑圆弧形砌体，如烟囱、窨井等。

上述砌法中，每层墙的最下一皮和最上一皮，在梁和梁垫的下面，墙的阶台水平面上，窗台最上一皮，钢筋砖过梁最下一皮均应丁砌筑。

（2）砖柱的组砌形式：砖柱组砌，应使柱面上下皮的竖缝相互错开 1/2 砖长或 1/4 砖长，在柱心无通缝，少砍砖，并尽量利用二分头砖体（即 1/4 砖长），严禁包心砌法（即先砌四周后填心的组砌法）。砖柱的组砌形式见图 4-13。

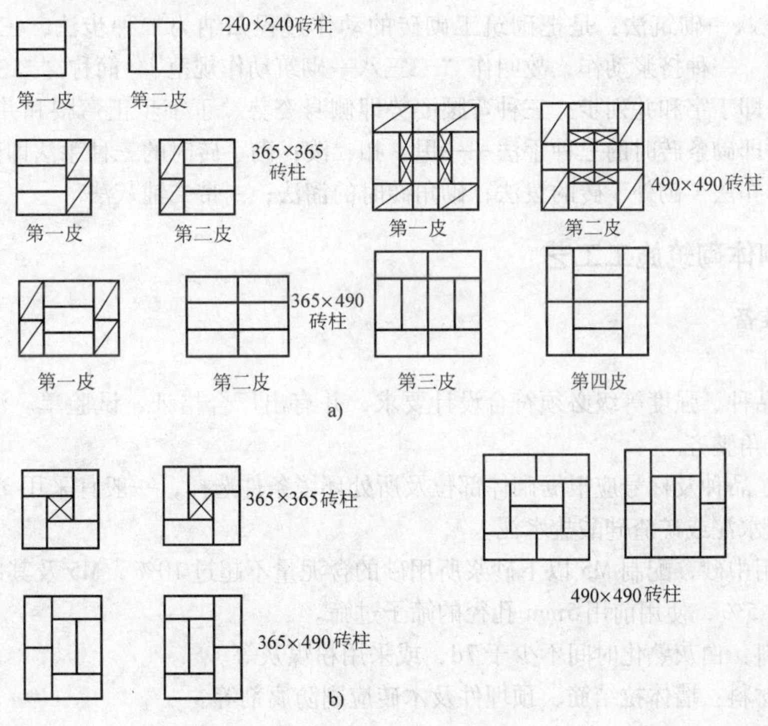

图 4-13　砖柱组砌

a）矩形柱正确砌法　b）矩形柱的错误砌法（包心组砌）

（3）多孔砖和空心砖墙组砌方式：规格 190mm×190mm×90mm 的承重多孔砖一般是整砖顺砌，上下皮竖缝相互错开 1/2 砖长（100mm），如有半砖规格的，也可采用每皮中整砖与半砖相隔的梅花丁砌筑形式。

规格 240mm×115mm×90mm 的承重多孔砖一般采用一顺一丁或梅花丁砌筑形式。

规格为 240mm×180mm×115mm 的承重多孔砖一般采用全顺或全丁砌筑形式。

非承重空心砖一般是侧砌的，上下皮竖缝相互错开 1/2 砖长。

多孔砖墙的转角及丁字交接处应加砌半砖，使灰缝错开。转角处半砖砌在外角上，丁字交接处半砖砌在横墙端头。

2. 砖墙砌筑方法

目前工地上常用的砌筑方法有"三一"砌法、挤浆法、满口灰法。

（1）"三一"砌筑法：即一块砖、一铲灰、一挤揉并随手将挤出的砂浆刮去的砌筑方法。这种方法的优点是灰缝容易饱满，粘结力好，保证质量，墙面整洁。

（2）挤浆法：用灰勺、大铲或铺灰器在墙顶面上铺一段砂浆，然后双手拿砖或单手拿砖，用砖挤入砂浆中一定厚度之后把砖放平，达到下齐边、上齐线，挤砌一段后，用稀浆灌缝。这种砌法的优点是：可以连续挤砌几块砖，减少繁琐的动作，平堆平挤可使灰缝饱满，效率高，保证砌筑质量。

（3）满口灰法：又称瓦刀披灰法或带刀法，用瓦刀将砂浆刮满在砖面或砖棱上，随即砌上。这是一种常见的砌筑方法，特别是在砌空斗墙时都采用此种方法。这种方法砌筑的质量好，但是效率较低，故仅适用于砌筑砖墙的特殊部位（如暖墙、烟囱等）。

（4）二三八一砌筑法：是把砌筑工砌砖的动作过程归纳为二种步法，三种弯腰姿势，八种铺灰手法、一种挤浆动作，故叫作"二三八一砌筑动作规范"，简称"二三八一"砌筑法。二种步法即丁字和并列步；三种弯腰姿势即侧身姿势、丁字步正弯腰和并列步正弯腰；八种铺灰手法即砌条砖时的三种手法——甩、扣、泼；砌丁砖时的三种手法即砌里丁砖的溜法、砌丁砖的扣法、砌外丁砖的泼法；砌角砖时的溜法；一带二铺灰法。

4.2.2 砖砌体砌筑施工工艺

1. 施工准备

（1）材料

1）砖：品种、强度等级必须符合设计要求，并有出厂合格证、试验单。清水墙的砖应色泽均匀，边角整齐。

2）水泥：品种及标号应根据砌体部位及所处环境条件选择，一般宜采用 32.5 级或以上的普通硅酸盐水泥或矿渣硅酸盐水泥。

3）砂：用中砂，配制 M5 以下砂浆所用砂的含泥量不超过 10%，M5 及其以上砂浆的砂含泥量不超过 5%，使用前用 5mm 孔径的筛子过筛。

4）掺合料：白灰熟化时间不少于 7d，或采用粉煤灰等。

5）其他材料：墙体拉结筋、预埋件及木砖应刷防腐剂等。

（2）主要机具：大铲、刨锛、瓦刀、铁抹子、木抹子、托线板、线坠、小白线、卷尺、铁水平尺、皮数杆、小水桶、灰槽、砖夹子、扫帚等。

（3）作业条件

1）完成室外及房心土回填，安装好沟盖板。

2）办完地基、基础工程隐检手续。

3）按标高抹好水泥砂浆防潮层。

4）弹好轴线、墙身线，根据进场砖的实际规格尺寸弹出门窗洞口位置线，经验线符合设计要求，办完预检手续。

5）按设计标高要求立好对应皮数杆，皮数杆的间距以15~20m为宜。

6）砂浆由试验室做好试配，准备好砂浆试模（6块为一组）。

2. 施工工艺流程

砖砌体砌筑施工工艺流程见图4-14。

图4-14　砖砌体砌筑施工工艺

砖砌体的施工过程有：抄平、放线、摆砖、立皮数杆、盘角、挂线、砌筑、勾缝、清理等工序。

3. 施工操作要点

（1）砖浇水：粘土砖必须在砌筑前一天浇水湿润，一般以水浸入砖四边1.5cm为宜，含水率为10%~15%，常温施工不得用干砖上墙；雨季不得使用含水率达饱和状态的砖砌墙；冬期浇水有困难，必须适当增大砂浆稠度。

（2）砂浆搅拌

砂浆配合比应采用质量比，计量精度水泥为±2%，砂、灰膏控制在±5%以内。宜用机械搅拌，搅拌时间不少于1.5min。

（3）砌砖墙

1）组砌方法：砌体一般采用一顺一丁（满丁、满条）、梅花丁或三顺一丁砌法。砖柱不得采用先砌四周后填心的包心砌法。

2）排砖撂底（干摆砖）

① 一般外墙第一层砖撂底时，两山墙排丁砖，前后檐纵墙排条砖。

② 根据弹好的门窗洞口位置线认真核对窗间墙、垛尺寸，其长度是否符合排砖模数，如不符合模数时，可将门窗口的位置左右移动。若有破活，七分头或丁砖应排在窗口中间，附墙垛或其他不明显的部位。

③ 移动门窗口位置时，应注意暖卫立管安装及门窗开启时不受影响。另外，在排砖时还要考虑在门窗口上边的砖墙合拢时也不出现破活。所以排砖时必须做全盘考虑，前后檐墙排第一皮砖时，要考虑甩窗口后砌条砖，窗角上必须是七分头才是好活。

3）选砖：砌清水墙应选择棱角整齐，无弯曲、裂纹，颜色均匀，规格基本一致的砖。敲击时声音响亮，焙烧过火变色，变形的砖可用在基础及不影响外观的内墙上。

4）盘角

① 砌砖前应先盘角，每次盘角不要超过五层，新盘的大角，及时进行吊、靠，如有偏差要及时修整。

② 盘角时要仔细对照皮数杆的砖层和标高，控制好灰缝大小，使水平灰缝均匀一致。大角盘好后再复查一次，平整和垂直完全符合要求后，再挂线砌墙。皮数杆示意图见图

4-15。

5）挂线

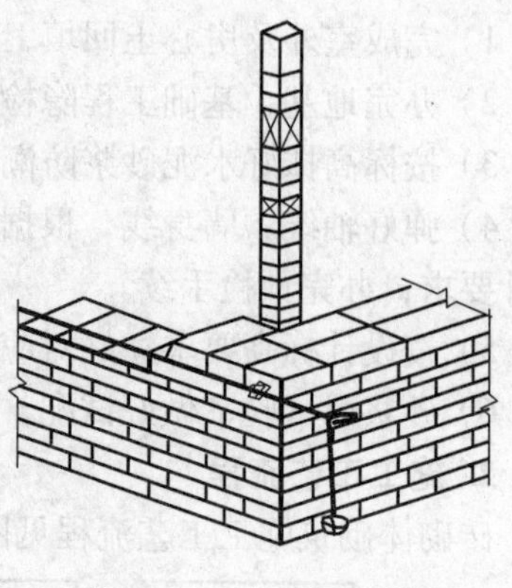

图 4-15　皮数杆示意图

① 砌筑一砖半墙必须双面挂线，如果长墙几个人均使用一根通线，中间应设几个支线点，小线要拉紧，每层砖都要穿线看平，使水平缝均匀一致，平直通顺。

② 砌一砖厚混水墙时宜采用外手挂线，可照顾砖墙两面平整，为下道工序控制抹灰厚度奠定基础。

6）砌砖

① 砌砖宜采用一铲灰、一块砖、一挤揉的“三一”砌砖法，即满铺、满挤操作法。砌砖时砖要放平。里手高，墙面就要张；里手低，墙面就要背。

② 砌砖一定要跟线，“上跟线，下跟棱，左右相邻要对平”。水平灰缝厚度和竖向灰缝宽度一般为 10mm，但不应小于 8mm，也不应大于 12mm。

③ 为保证清水墙面主缝垂直，不游丁走缝，当砌完一步架高时，宜每隔 2m 水平间距，在丁砖立楞位置弹两道垂直立线，可以分段控制游丁走缝。在操作过程中，要认真进行自检，如出现有偏差，应随时纠正。严禁事后砸墙。清水墙不允许有三分头，不得在上部任意变活、乱缝。隔墙顶应用立砖斜砌挤紧。

④ 砌筑砂浆应随搅拌随使用，一般水泥砂浆必须在 3h 内用完，水泥混合砂浆必须在 4h 内用完，不得使用过夜砂浆。

⑤ 砌清水墙应随砌、随划缝，划缝深度为 8 ~ 10mm，深浅一致，墙面清扫干净。混水墙应随砌随将舌头灰刮尽。

7）留槎

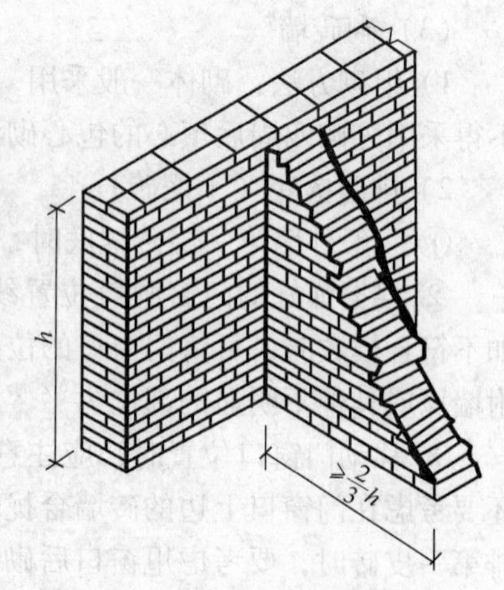

图 4-16　斜槎

① 外墙转角处应同时砌筑。内外墙交接处必须留斜槎（见图 4-16），槎子长度不应小于墙体高度的 2/3，槎子必须平直、通顺。分段位置应在变形缝或门窗口角处。

② 隔墙与墙或柱不同时砌筑时，可留阳槎加预埋拉结筋。沿墙高按设计要求每 50cm 预埋Φ6 钢筋 2 根，其埋入长度从墙的留槎处算起，一般每边均不小于 50cm，末端应加 90° 弯钩。施工洞口也应按以上要求留水平拉结筋。

8）木砖预留孔洞和墙体拉结筋

① 木砖预埋时应小头在外，大头在内，数量按洞口高度决定。洞口高在 1.2m 以内，每边放 2 块；高 1.2 ~ 2m，每边放 3 块；高 2 ~ 3m，每边放 4 块。预埋木砖的部位一般在洞口上边或下边四皮砖，中间均匀分布。木砖要提前做好防腐处理。

② 钢门窗安装的预留孔、硬架支模、暖卫管道，均应按设计要求预留，不得事后剔凿。

③ 墙体拉结筋的位置、规格、数量、间距均应按设计要求留置，不应错放、漏放。

9）安装过梁、梁垫：安装过梁、梁垫时，其标高、位置及型号必须准确，坐灰饱满。如坐灰厚度超过 2cm 时，要用豆石混凝土铺垫，过梁安装时，两端支承点的长度应一致。

10）构造柱做法

① 凡设有构造柱的工程，在砌砖前，先根据设计图纸将构造柱位置进行弹线，并把构造柱插筋处理顺直。

② 砌砖墙时，与构造柱连接处砌成马牙槎。每一个马牙槎沿高度方向的尺寸不宜超过30cm（即五皮砖）。马牙槎应先退后进。

③ 拉结筋按设计要求放置，设计无要求时，一般沿墙高50cm设置2根Φ6水平拉结筋，每边深入墙内不应小于1m。

构造柱拉结钢筋布置及马牙槎示意图见图4-17。

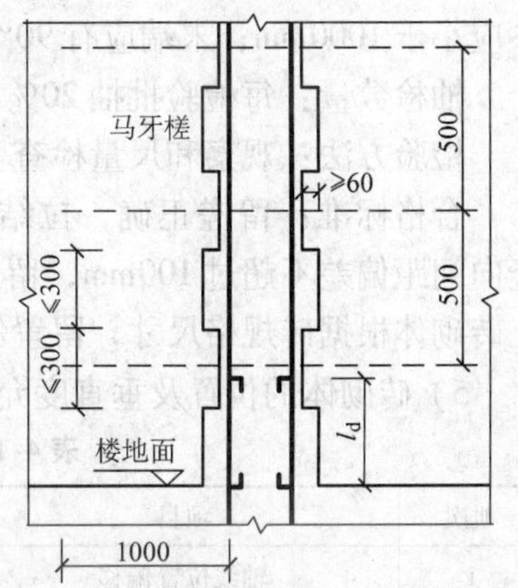

图4-17 构造柱拉结钢筋布置及马牙槎示意图

（4）冬期施工

1）冬期使用的砖，要求在砌筑前清除冰霜。砖正温时适当浇水，负温即应停止。水泥宜用普通硅酸盐水泥，灰膏要防冻，如已受冻，要融化后方能使用。砂中不得含有大于1cm的冻块，材料加热时，水加热不超过80℃，砂加热不超过40℃。

2）可适当增大砂浆稠度。冬期不应使用无水泥的砂浆。砂浆中掺盐时，应用波美比重计检查盐溶液浓度。砂浆使用温度不应低于+5℃，掺盐量应符合冬施方案的规定。采用掺盐砂浆砌筑时，砌体中的钢筋应预先做防腐处理，一般涂防锈漆两道。但对绝缘、保温或装饰有特殊要求的工程不得掺盐。

4. 质量标准

（1）主控项目

1）砖和砂浆的强度等级必须符合设计要求。

抽检数量：每一生产厂家的砖到现场后，按烧结砖15万块、多孔砖5万块、灰砂砖及粉煤灰砖10万块各为一验收批，抽检数量为1组。砂浆试块的抽检数量执行《建筑工程施工质量验收统一标准》（GB 50300—2011）第4.0.12条的有关规定。

检验方法：查砖和砂浆试块试验报告。

说明：砖和砂浆的强度符合设计要求是保证砌体受力性能的基础，因此必须合格。

烧结普通砖检验批数量的确定，应参考砌体检验批划分的基本数量（250m^3砌体）；多孔砖、灰砂砖、粉煤灰砖检查批数量的确均按产品标准决定。

2）砌体水平灰缝的砂浆饱满度不得小于80%。

抽检数量：每检验批抽查不应少于5处。

检验方法：用百格网检查砖底面与砂浆的粘结痕迹面积。每处检测3块砖，取其平均值。

3）砖砌体的转角处和交接处应同时砌筑，严禁无可靠措施的内外墙分砌施工。对不能同时砌筑而又必须留置的临时间断处应砌成斜槎，斜槎水平投影长度不小高度的2/3。

抽检数量：每检验批抽20%接槎，且不应少于5处。

检验方法：观察检查。

4）非抗震设防及抗震设防烈度为6度、7度地区的临时间断处，当不能留斜槎时，除转角处外，可留直槎（见图4-18），但直槎必须做成凸槎。留直槎处应加设拉结钢筋，拉结钢筋的数量为每120mm墙厚放置1Φ6拉结钢筋（120mm厚墙放置2Φ6拉结钢筋），间距沿墙高不应超过500mm；埋入长度从留槎处算起每边均不应小于500mm，对抗震设防烈度6度、7度的地区，不应小于1000mm；末端应有90°弯钩。

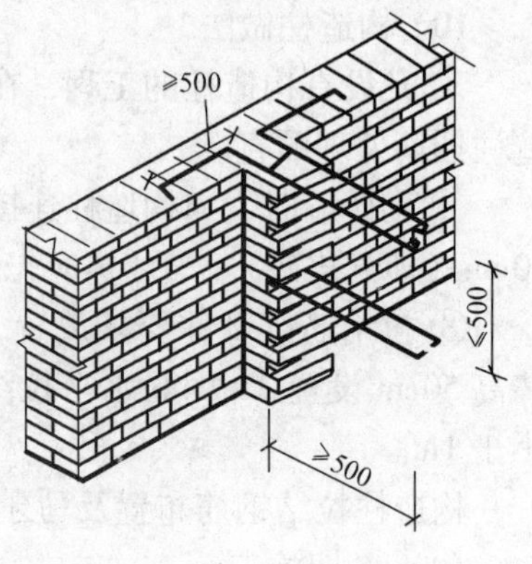

图4-18　直槎

抽检数量：每检验批抽20%接槎，且不应少于5处。

检验方法：观察和尺量检查。

合格标准：留槎正确，拉结钢设置数量、直径正确，竖向间距偏差不超过100mm，留置长度基本符合规定。多孔砖砌体根据砖规格尺寸，留置斜槎的长高比一般为1:2。

5）砖砌体的位置及垂直度允许偏差应符合表4-10的规定。

表4-10　砖砌体的位置及垂直度允许偏差

项次	项目			允许偏差/mm	检验方法
1	轴线位置偏移			10	用经纬仪和尺检查或用其他测量仪器检查
2	垂直度	每层		5	用2m托线板检查
		全高	≤10m	10	用经纬仪、吊线和尺检查，或用其他测量仪器检查
			>10m	20	

抽检数量：轴线查全部承重墙柱；外墙垂直度全高查阳角，不应少于4处，每层20m查一处；内墙按有代表性的自然间抽查10%，但不应少于3间，每间不应少于2处，柱不少于5根。

（2）一般项目

1）砖砌体组砌方法应正确，上、下错缝，内外搭砌，砖柱不得采用包心砌法。

抽检数量：外墙每20m抽查一处，每处3~5m，且不应少于3处；内墙按有代表性的自然间抽查10%，且不应少于3间。

检验方法：观察检查。

合格标准：除符合本条要求外，清水墙、窗间墙无通缝；混水墙中长度大于或等于300mm的通缝每间不超过3处，且不得位于同一面墙体上。

说明："通缝"指上下二皮砖搭接长度小于25mm的部位。

2）砖砌的灰缝应横平竖直，厚薄均匀。水平灰缝厚度宜为10mm，但不应小于8mm，也不应大于12mm。

抽检数量：每步脚手架施工的砌体，每20m抽查1处。

检验方法：用尺量10皮砖砌高度折算。

3）砖砌体的一般尺寸允许偏差应符合表4-11的规定。

5. 应注意的质量问题

（1）基础墙与上部墙错台：基础砖撂底要正确，收退大放角两边要相等，退到墙身之前要检查轴线和边线是否正确，如偏差较小可在基础部位纠正，不得在防潮层以上退台或出沿。

表 4-11　砖砌体一般尺寸允许偏差

项次	项目		允许偏差/mm	检验方法	抽检数量
1	基础顶面和楼面标高		±15	用水平仪和尺检查	不应少于5处
2	表面平整度	清水墙、柱	5	用2m靠尺和楔形塞尺检查	有代表性自然间10%，但不应少于3间，每间不应少于2处
		混水墙、柱	8		
3	门窗洞口高、宽（后塞口）		±5	用尺检查	检验批洞口的10%，且不应少于5处
4	外墙上下窗口偏移		20	以底层窗口为准，用经纬仪或吊线检查	检验批的10%，且不应少于5处
5	水平灰缝平直度	清水墙	7	拉10m线和尺检查	有代表性自然间10%，但不应少于3间，每间不应少于2处
		混水墙	10		
6	清水墙游丁走缝		20	吊线和尺检查，以每层第一皮砖为准	有代表性自然间10%，但不应少于3间，每间不应少于2处

（2）清水墙游丁走缝：排砖时必须把立缝排匀，砌完一步架高度，每隔2m间距在丁砖立楞处用托线板吊直弹线，二步架往上继续吊直弹粉线，由底柱上所有七分头的长度应保持一致，上层分窗口位置时必同下窗口保持垂直。

（3）灰缝大小不匀：立皮数杆要保证标高一致，盘角时灰缝要掌握均匀，砌砖时小线要拉紧，防止一层线松，一层线紧。

（4）窗口上部立缝变活：清水墙排砖时，为了使窗间墙、垛排成好活，把破活排在中间或不明显位置，在砌过梁上第一行砖时，不得随意变活。

（5）砖墙鼓胀：外砖内模墙体砌筑时，在窗间墙上、抗震柱两边分上、中、下留出6cm×12cm通孔，在抗震柱外墙面上垫木模板，用花篮螺栓与大模板连接牢固。混凝土要分层浇筑，振捣棒不可直接触及外墙。楼层圈梁外三皮12cm砖墙也应认真加固。如在振捣时发现砖墙已鼓胀，则应及时拆掉重砌。

（6）混水墙粗糙：舌头灰未刮尽，半头砖集中使用，造成通缝；一砖厚墙背面偏差较大；砖墙错层造成螺纹墙。半头砖应分散使用在墙体较大的面上。首层或楼层的第一皮砖要查对皮数杆的标高及层高，防止到顶砌成螺纹墙。一砖厚墙应外手挂线。

（7）构造柱处砌筑不符合要求：构造柱砖墙应砌成大马牙槎，设置好拉结筋，从柱脚开始两侧都应先退后进，当凿深12cm时，宜上口一皮进6cm，再上一皮进12cm，以保证混凝土浇筑时上角密实。构造柱内的落地灰、砖渣杂物必须清理干净，防止混凝土内夹渣。

4.2.3　中小型砌块砌筑施工

1. 施工准备

（1）材料

1）中、小型砌块：中型砌块尺寸一般为880mm×380（430）mm×200（240）mm；小型混凝土空心砌块主规格一般为390mm×190mm×190mm。中、小型砌块规格、质量、强度等级应符合有关设计和规范的要求。

2）水泥：采用32.5级及以上普通硅酸盐水泥或矿渣硅酸盐水泥，进场时必须有质量证明书及复试试验报告。

3）砂：中砂，含泥量小于5%。

4）其他材料：石灰膏、粉煤灰和磨细生石灰等，石灰膏的熟化时间不少于7d。

（2）主要机具

1）机械设备：砂浆搅拌机、淋灰机、塔式起重机、门式提升机、切割机等。

2）主要工具：砌刀、夹具、木锤、线坠、灰桶、吊篮、平头铲、小撬棍、手推车。

（3）作业条件

1）对进场的砌块型号、规格、数量和堆放位置、次序等已进行检查、验收，能满足施工要求。砌块应按不同规格和强度等级整齐堆放。堆垛上应设标志。堆放场地应平整，并做好排水。

2）所需机具设备已准备就绪，并已安装就位。

3）根据施工图要求制定施工方案，绘好砌块排列图，选定砌块吊装路线、吊装次序和组砌方法，并已向班组进行安全技术交底。

4）砌块基层已经清扫干净，并在基层上弹出纵横轴线、边线、门窗洞口位置线及其他尺寸线。如使用中型砌块时，在基层上画好第一层砌块分块线。

5）立好皮数杆，复核基层标高。根据砌块尺寸和灰缝厚度计算皮数和排数，以保证砌体尺寸符合设计要求。

6）砌块表面的污物、泥土及孔洞底部的毛边均清除干净。

2. 施工工艺流程

（1）中型砌块施工工艺流程见图4-19。

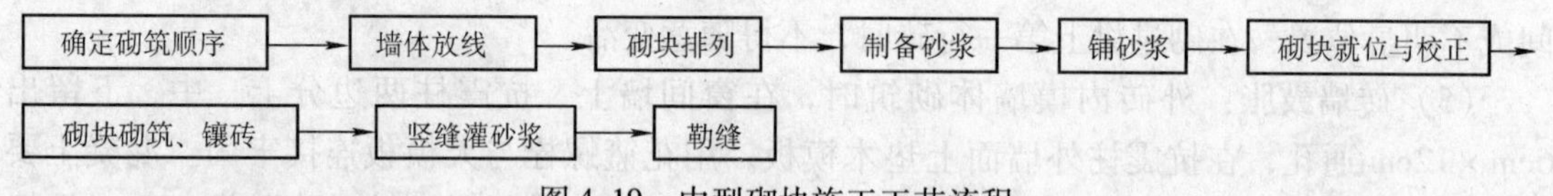

图4-19　中型砌块施工工艺流程

（2）小型砌块施工工艺流程见图4-20。

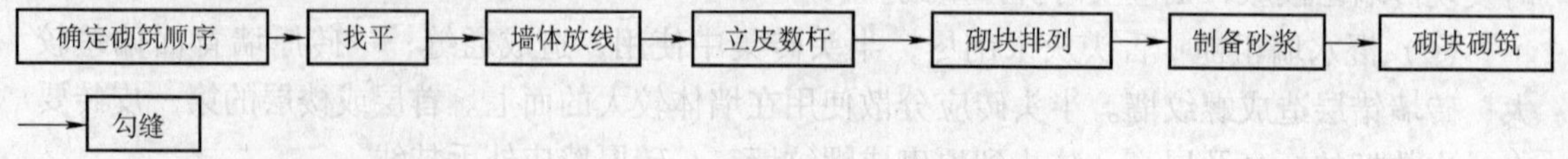

图4-20　小型砌块施工工艺流程

3. 施工操作要点

（1）中型砌块操作要点

1）确定砌筑顺序：先按平、立面图划分施工段，以一个或两个单元为一个施工段，进行分层流水施工。砌筑顺序一般按立面图采取先头角后墙身，先远后近，先外后里，先下后上。

2）墙体放线：砌体施工前，应将基础面或楼层结构面按标高找平，依据砌筑图放出第一皮砌块的轴线、砌体边线和洞口线。

3）砌块排列：按砌块排列图在墙体线范围内分块定尺、划线。排列砌块的方法和要求如下：

① 在砌筑前，应根据工程设计施工图，结合砌块的品种、规格，绘制砌块的排列图，经审核无误，按图排列砌块（见图4-21）。

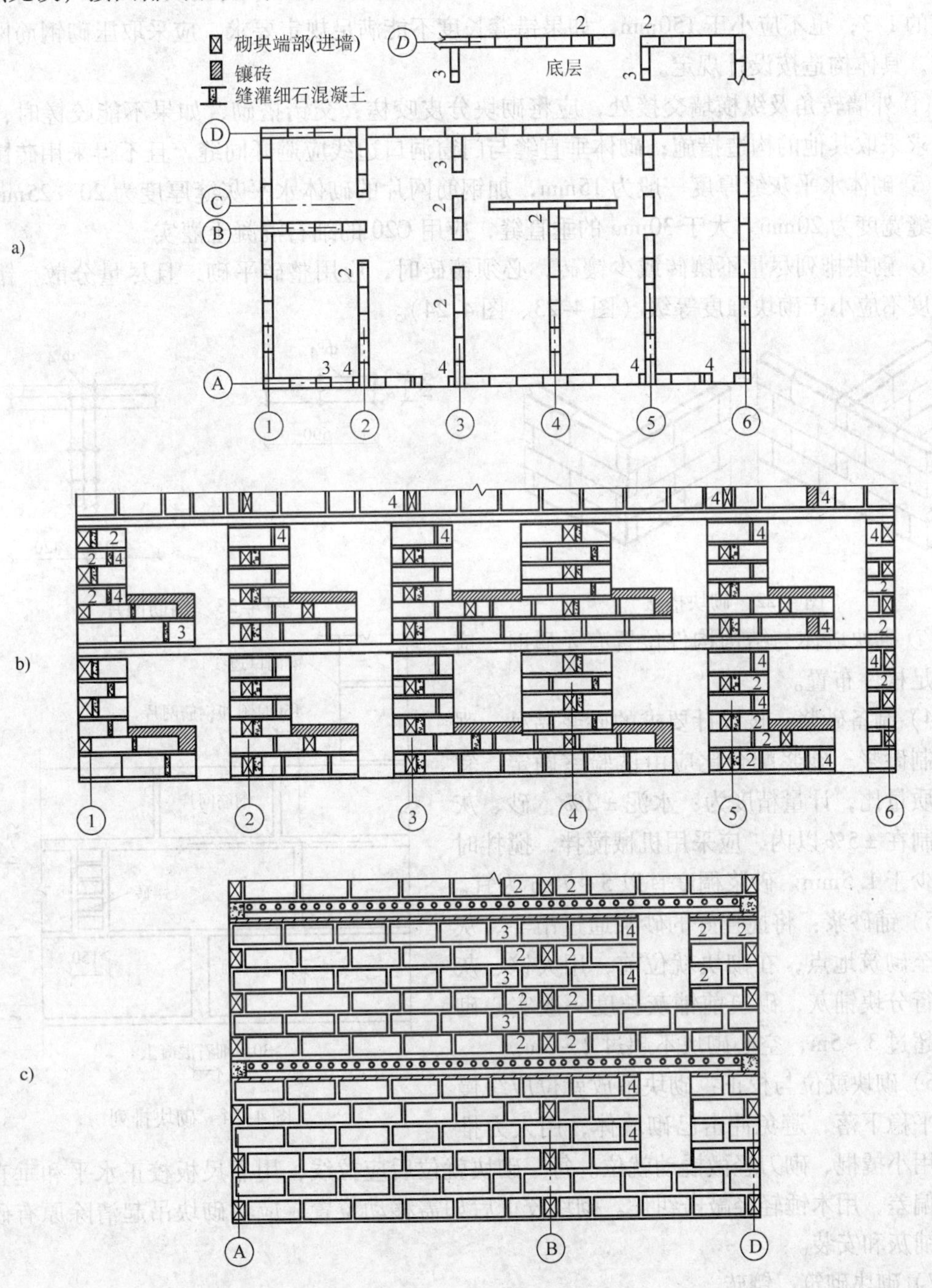

图4-21　砌块排列图

a）二层（底层）第一皮砌块排列平面图　b）外墙A轴砌块排列立面图　c）外墙①轴砌块排列立面图

注：空号砌块规格为880mm×380mm×240mm；2号砌块规格为580mm×380mm×240mm；3号砌块规格为430mm×380mm×240mm；4号砌块规格为280mm×380mm×240mm

② 砌块排列应从地基、基础面或 ±0.000 面排列，排列时尽可能采用主规格的砌块，砌体中主规格砌块应占总量的75%～80%。

③ 砌块排列上、下皮应错缝搭砌（图4-22），搭砌长度一般为砌块的1/2，不得小于砌块高的1/3，也不应小于150mm，如果错缝长度不能满足规定要求，应采取压砌钢筋网片的措施，具体构造按设计规定。

④ 外墙转角及纵横墙交接处，应将砌块分皮咬槎，交错搭砌，如果不能咬槎时，按设计要求采取其他的构造措施；砌体垂直缝与门窗洞口边线应避开同缝，且不得采用砖镶砌。

⑤ 砌体水平灰缝厚度一般为15mm，加钢筋网片的砌体水平灰缝厚度为20～25mm，垂直灰缝宽度为20mm。大于30mm的垂直缝，应用C20的细石混凝土灌实。

⑥ 砌块排列尽量不镶砖或少镶砖，必须镶砖时，应用整砖平砌，且尽量分散，镶砌砖的强度不应小于砌块强度等级（图4-23、图4-24）。

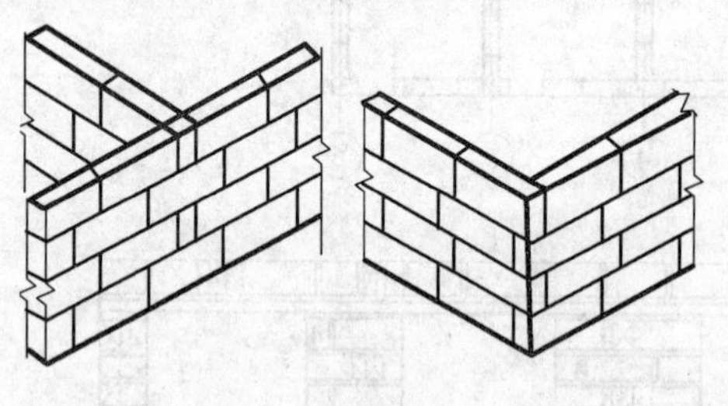

图4-22 砌块搭接

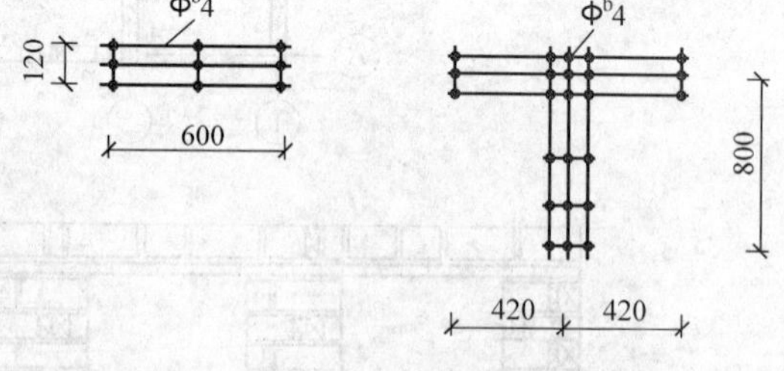

图4-23 钢筋网片

⑦ 砌块墙体与结构构件位置有矛盾时，应先满足构件布置。

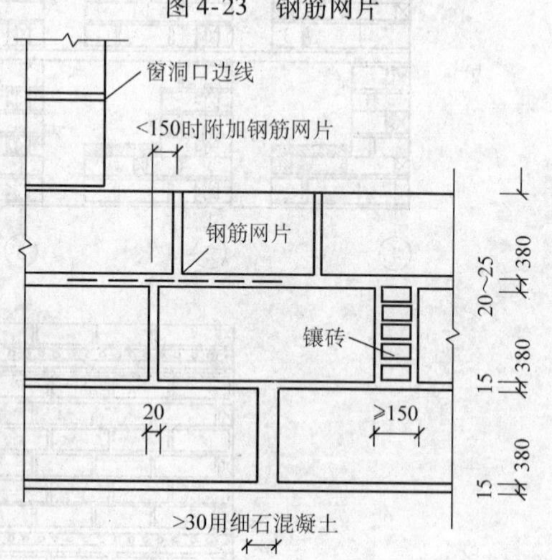

图4-24 砌块排列

4）制备砂浆：按设计要求的砂浆品种、强度配制砂浆。砂浆配合比应由试验室确定，宜采用质量比，计量精度为：水泥 ±2%，砂、灰膏控制在 ±5% 以内，应采用机械搅拌，搅拌时间不少于1.5min。砂浆稠度宜以5～7cm为宜。

5）铺砂浆：将搅拌好的砂浆通过吊斗、灰车运至砌筑地点，在砌块就位前，用大铲、灰勺进行分块铺灰，砌筑前铺灰长度一般实心砌块不超过3～5m，空心砌块不超过2～3m。

6）砌块就位与校正：砌块吊放就位应缓慢垂直平稳下落，避免冲击已砌墙体，用人力推动或用小撬棍、砌刀轻微撬动就位。每一砌块就位后应拉线，用靠尺板校正水平和垂直度，如有偏差，用木锤轻轻敲击纠正。砌块校正后如需移动位置，应将砌块吊起清除原有砂浆，重新铺灰和安装。

7）砌块砌筑、镶砖

① 砌筑应从转角处或定位处开始顺序推进，内外墙应同时砌筑，纵横墙应交叉搭接。砌块应底面朝上砌筑（反砌）。

② 砌筑时，相邻施工段及临时间断处的高差不应超过一个楼层，并应留阶梯形斜槎。

③ 空心砌块孔内插筋应自基础伸出，插筋连接应保证搭接长度，并应随砌随在孔内灌

混凝土，灌孔高度比砌块顶面低10cm左右。

④ 墙上预留孔洞、管道、沟槽和预埋件，应在砌筑时预留或预埋，空心砌块砌体不得打凿通长沟槽。

⑤ 预制板、梁、圈梁安装时，应坐浆垫平。每天砌筑高度不应超过1.5m或一步脚手架高度。每砌完一层楼后，应校核墙体的轴线尺寸和标高，使误差控制在允许范围以内。

⑥ 缝宽过大须用用普通粘土砖镶砌时，必须选用无横裂的整砖，顶砖镶砌，不得使用半砖。

8）竖缝灌砂浆、勒缝：每砌一皮砌块，就位校正后，用砂浆灌垂直缝，随后进行灰缝的勒缝（原浆勾缝），深度一般为3～5mm。

（2）小型砌块砌筑施工操作要点

1）找平：砌筑前应在基础面或楼面上定出各层的轴线位置和标高，并用1∶2水泥砂浆或C15级混凝土找平。

2）立皮数杆：砌筑前应按砌块尺寸和灰缝厚度计算皮数和排数。

3）砌块排列

① 小型砌块排列时要求对孔、错缝搭砌，个别不能对孔时，允许错孔砌筑，但搭接长度不应小于90mm。如无法保证搭接长度，应在灰缝中设置构造筋或加网片拉结。

② 小型砌块水平灰缝的厚度和竖直灰缝的宽度应为8～12mm。

③ 其余部分同中型砌块相应内容。

4）砌块砌筑

① 砌筑一般采用“披灰挤浆”，先用砌刀在砌块底面的周肋上满披灰浆，铺灰长度为2～3m，再在待砌的砌块端头满披头灰，然后双手搬运砌块，进行挤浆砌筑。

② 砌筑应尽量采用主规格砌块，用反砌法砌筑，从转角或定位处开始向一侧进行。内外墙同时砌筑，纵横梁交错搭接。

③ 砌体灰缝应横平竖直，砂浆严实。水平灰缝砂浆饱满度不得低于90%，竖直灰缝不低于80%，不得用水冲浆灌缝。

④ 墙体临时间断处应砌成斜槎，斜槎长度不应小于高度的2/3（一般按一步脚手架高度控制）。如必须留槎应设Φ4钢筋网片拉结。

⑤ 预制梁、板安装应坐浆垫平。墙上预留孔洞、管道、沟槽和预埋件，应在砌筑时预留或预埋，不得在砌好的墙体上凿洞。

⑥ 如需移动已砌好的砌块，应清除原有砂浆，重铺新砂浆砌筑。

⑦ 在墙体下列部位，空心砌块应用混凝土填实：底层室内地面以下砌体；楼板支承处如无圈梁时，板下一皮砌块；次梁支承处（宽不小于400mm，高不小于190mm）等。

⑧ 对五、六层房屋，常在四大角及外墙转角处用混凝土填实三个孔洞以构成芯柱。在砌完一个楼层高度后连续分层浇灌，混凝土坍落度不应小于5cm，每浇灌40～50mm高度应捣实一次。

⑨ 砌块每日砌筑高度应控制在1.5m或一步脚手架高度；每砌完一楼层后，应校核墙体的轴线尺寸和标高。在允许范围内的轴线及标高的偏差，应在楼板面上予以纠正。

⑩ 圈梁浇筑应先在底一皮混凝土小型砌块上用C10混凝土封底，然后再砌墙工作底模，并在砌块竖缝中预留孔洞，穿入螺栓及夹具，固定圈梁模板，绑扎钢筋，浇筑混凝土，拆模

后立即用混凝土嵌填孔洞。

⑪金属门、窗安装前，先将弯成Y形或U形的钢筋埋入混凝土小型砌块墙体的灰缝中，每个门、窗洞的一侧设置二只，安装门窗时用电焊固定。木门窗安装时，事先在小型砌块内预埋浸沥青的木砖，四周用C15细石混凝土填实，砌筑时将砌块侧砌在门窗洞的两侧，一般门洞用六块木砖，每个窗洞用四块木砖。

5）勾缝：在砌筑过程中，应采用"原浆随砌随勾缝法"，先勾水平缝，后勾竖向缝。灰缝与砌块面要平整密实，不得出现丢缝、瞎缝、开裂和粘结不牢等现象，以避免墙面渗水和开裂，以利于墙面粉刷和装饰。

4. 质量标准

（1）主控项目

1）中、小型砌块和砂浆的强度等级必须符合设计要求。

抽检数量：每一生产厂家，每1万块小砌块至少应抽检一组。用于多层以上建筑基础和底层的中、小型砌块抽检数量不应少于2组。砌筑砂浆的验收批，同一类型、强度等级的砂浆试块应不少于3组，每一检验批且不超过250m³砌体的各种类型及强度等级的砌筑砂浆，每台搅拌机应至少抽检一次。

检验方法：查中、小型砌块和砂浆试块试验报告。

2）砌体水平灰缝的砂浆饱满度应按净面积计算，不得低于90%；竖向灰缝饱满度不得小于80%，竖缝凹槽部位应用砌筑砂浆或细石混凝土填实；不得出现瞎缝、透明缝。

抽检数量：每检验批不应少于3处。

检验方法：用专用百格网检测砌块与砂浆粘结痕迹，每处检测3块砌块，取其平均值。

3）墙体转角处和纵横墙交接处应同时砌筑。临时间断处应砌成斜槎，斜槎水平投影长度不应小于高度的2/3。

抽检数量：每检验批抽20%接槎，且不应少于5处。

检查方法：观察检查。

4）砌体的轴线偏移和垂直度偏差应符合表4-12的规定。

表4-12　中、小型砌块墙体的轴线偏移及垂直度允许偏差

项次	项目			允许偏差/mm	检验方法
1	轴线位置偏移			9	用经纬仪和尺检查或用其他测量仪器检查
2	垂直度	每层		4.5	用2m托线板检查
		全高	≤10m	9	用经纬仪、吊线和尺检查，或用其他测量仪器检查

（2）一般项目

1）小型砌块墙体的水平灰缝厚度和竖向灰缝宽度宜为10mm，但不应大于12mm，亦不应小于8mm；中型砌块墙体的水平灰缝厚度宜为15mm，但不应大于25mm，亦不应小于10mm，竖向灰缝宽度宜为20mm，但不应大于30mm，亦不应小于15mm。

抽检数量：每层楼的检测点不应少于3处。

抽检方法：用尺量5皮小型砌块或3皮中型砌块的高度和2m砌体长度折算。

2）中、小型砌块墙体一般尺寸允许偏差应符合表4-13 的规定。

表4-13　中、小型砌块墙体一般尺寸允许偏差

<table>
<tr><th rowspan="2">项次</th><th rowspan="2" colspan="2">项目</th><th colspan="2">允许偏差/mm</th><th rowspan="2">检验方法</th><th rowspan="2">抽检数量</th></tr>
<tr><th>小型砌块墙</th><th>中型砌块墙</th></tr>
<tr><td>1</td><td colspan="2">基础顶面和楼面标高</td><td>±13.5</td><td>±13.5</td><td>用水平仪和尺检查</td><td>不应少于5 处</td></tr>
<tr><td rowspan="2">2</td><td rowspan="2">表面平整度</td><td>清水墙</td><td>4.5</td><td>6.3</td><td rowspan="2">用2m 靠尺和楔形塞尺检查</td><td rowspan="2">有代表性自然间10%，但不应少于3 间，每间不应少于2 处</td></tr>
<tr><td>混水墙</td><td>7.2</td><td>9</td></tr>
<tr><td>3</td><td colspan="2">门窗洞口高、宽（后塞口）</td><td>±4.5</td><td>+9
−4.5</td><td>用尺检查</td><td>检验批洞口的10%，且不应少于5 处</td></tr>
<tr><td>4</td><td colspan="2">外墙上下窗口偏移</td><td>18</td><td>18</td><td>以底层窗口为准，用经纬仪或吊线检查</td><td>检验批的10%，且不应少于5 处</td></tr>
<tr><td rowspan="2">5</td><td rowspan="2">水平灰缝平直度</td><td>清水墙</td><td>6.3</td><td>6.3</td><td rowspan="2">拉10m 线和尺检查</td><td rowspan="2">有代表性自然间10%，但不应少于3 间，每间不应少于2 处</td></tr>
<tr><td>混水墙</td><td>9</td><td>9</td></tr>
</table>

5. 应注意的质量问题

（1）砌体粘结不牢：原因是砌块浇水、清理不好，砌块砌筑时一次铺砂浆的面积过大，校正不及时。砌块在砌筑使用的前一天，应充分浇水湿润，随吊运随将砌块表面清理干净；砌块就位后应及时校正，紧跟着用砂浆（或细石混凝土）灌竖缝。

（2）第一皮砌块底铺砂浆厚度不均匀：原因是基底未事先用细石混凝土找平标高，必然造成砌筑时灰缝厚度不一，应注意砌筑基底找平。

（3）拉结钢筋或压砌钢筋网片不符合设计要求：应按设计和规范的规定，设置拉结带和拉结钢筋及压砌钢筋网片。

（4）砌体错缝不符合设计和规范的规定：未按砌块排列组砌图施工。应注意砌块的规格并正确组砌。

（5）砌体偏差超规定：控制每皮砌块高度不准确。应严格按皮数杆高度控制，掌握铺灰厚度。

4.2.4　料石砌筑施工

料石砌筑施工适用于一般工业与民用建筑的室外勒脚、台阶、坡道、水池、花池等砌料石工程。

1. 施工准备

（1）材料

1）石料：其品种、规格、颜色必须符合设计要求和有关施工规范的规定，应有出厂合格证。

2）砂：宜用粗、中砂。用5mm 孔径筛过筛，配制低于 M5 的砂浆，砂的含泥量不得超过10%；等于或高于 M5 的砂浆，砂的含泥量不得超过5%，不得含有草根等杂物。

3）水泥：宜采用32.5 级矿渣硅酸盐水泥和普通硅酸盐水泥。有出厂证明及复试单。如出厂日期超过三个月，应按复验结果使用。

4）水：应用自来水或不含有害物质的洁净水。

5）其他材料：拉结筋、预埋件应做好防腐处理。

（2）主要机具：应备有搅拌机、筛子、铁锨、小手锤、大铲、托线板、线坠、水平尺、钢卷尺、小白线、扫帚、工具袋、手推车、皮数杆等。

（3）作业条件

1）基础、垫层已施工完毕，并已办完隐检手续。

2）基础、垫层表面已弹好轴线及墙身线，立好皮数杆，其间距约15m为宜。转角处应设皮数杆，皮数杆上应注明砌筑皮数及砌筑高度等。

3）砌筑前拉线检查基础、垫层表面，标高尺寸是否符合设计要求，如第一皮水平灰缝厚度超过20mm时，应用细石混凝土找平，不得用砂浆掺石子代替。

4）砂浆配合比由试验室确定，计量设备经检验，砂浆试模已经备好。

2. 施工工艺流程

料石砌筑施工工艺流程见图4-25。

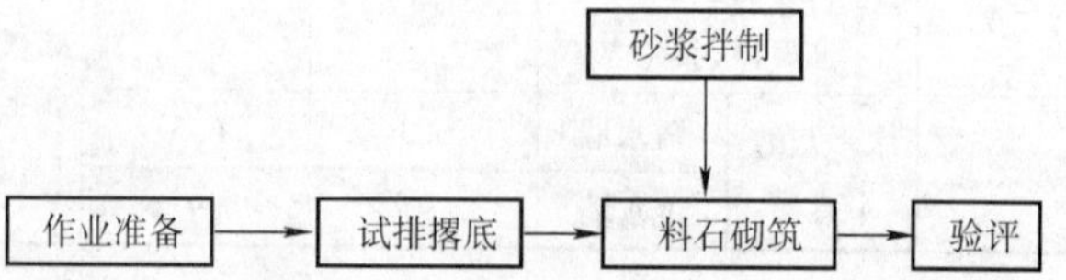

图4-25　料石砌筑施工工艺流程

砂浆拌制

作业准备 → 试排撂底 → 料石砌筑 → 验评

3. 施工操作要点

（1）作业准备，试排撂底：砌筑前，应对弹好的线进行复查，位置、尺寸应符合设计要求，根据进场石料的规格、尺寸、颜色进行试排、撂底，确定组砌方法。

（2）砂浆拌制

1）砂浆配合比应用质量比，水泥计量精度在±2%以内。

2）应采用机械搅拌，投料顺序为砂子→水泥→掺合料→水。搅拌时间不少于120s。

3）应随拌随用，拌制后应在3h内使用完毕，如气温超过30℃，应在2h内用完，严禁用过夜砂浆。

4）砂浆试块：基础按一个楼层或250m^{3}砌体每台搅拌机做一组试块（每组6块），如材料配合比有变更时，还应做试块。

（3）料石砌筑

1）组砌方法应正确，料石砌体应上、下错缝，内外搭砌，料石基础第一皮应用丁砌坐浆砌筑。踏步形基础，上级料石应压下级料石至少1/3。

2）料石砌体水平和垂直灰缝厚度应按料石种类确定，细料石砌体不宜大于5mm；半细料石砌体不宜大于10mm；粗料石砌体不宜大于20mm。料石砌筑时应双面挂线。组砌前应按石料及灰缝平均厚度计算层数，立皮数杆，使其符合砌体竖向尺寸。

3）料石宜用铺浆法砌筑，铺浆厚度20～30mm。如竖缝砂浆不满时，应用砂浆填灌插捣至溢出为止。如在墙转角或交接处石块搭砌有困难时，则应每隔1.0～1.5m高度设置钢筋网或钢筋拉结条。

4）如设计要求墙面嵌缝时，应在砌体砂浆初凝开始，将原灰缝勾刮20～30mm深，并将松散的砂浆刮去。用清水湿润，然后用1∶1.5～1∶2水泥砂浆嵌压入缝内，根据设计要求做成平缝、凹缝、凸缝。如设计无特殊要求，墙面应采用凸缝或平缝，基础部分可用平缝。缝条应均匀一致，深浅相同，十字、丁字形搭接处应平整通顺。

5）料石墙长度超过设计规定时，应按设计要求设置变形缝。料石墙分段砌筑时，其砌筑高低差不得超过1.2m。砌体的临时间断面应留踏步槎，不得留直槎。砌体每天砌筑高度不宜超过1.2m，正常气温下（20℃以上）停歇4h后可继续砌筑。暂停砌筑时，必须将该皮块石间的缝隙用砂浆灌满、灌平，而不铺皮面上的砂浆；当复工时应将不牢靠的块石拆除。皮面上加以清扫，用水湿润后，才铺浆砌筑上皮石块或接槎。

6）砌体内如有流水孔、预埋筋、预埋铁件和预留孔洞、沉降缝等，必须及时准确设置，不得砌后凿洞补镶。宽度超过300mm的洞口应砌平拱或设置过梁。沉降缝处应断开不搭接，缝中必须清除干净，不得夹有砂浆、碎石等物。

（4）冬雨期施工：

1）当预计连续10d内日平均气温低于5℃或当日最低气温低于－3℃时，即进入冬期施工。

2）冬期施工应编制冬季施工方案，宜采用普通硅酸盐水泥，并对水、砂进行加热，砂浆使用时的温度应在＋5℃以上。

3）雨季施工应防止雨水冲刷墙体，下班收工时应覆盖砌体上表面。每天砌筑高度不宜超过1.2m。

4. 质量标准

（1）主控项目：

1）石材及砂浆强度等级必须符合设计要求。

2）砂浆饱满度不应小于80%。

3）料石砌体的轴线位置及垂直度允许偏差应符合表4-14的规定。

（2）一般项目：

1）料石砌体的一般尺寸允许偏差应符合表4-15的规定。

2）料石砌体的组砌形式应符合下列规定：内外搭砌，上下错缝，拉结石、丁砌石交错设置。

表4-14 料石砌体的轴线位置及垂直度允许偏差

项次	项目		允许偏差/mm					检验方法
			料石砌体					
			毛料石		粗料石		细料石	
			基础	墙	基础	墙	墙、柱	
1	轴线位置		18	13.5	13.5	9	9	用经纬仪和尺检查，或用其他测量仪器检查
2	墙面垂直度	每层		18		9	6	用经纬仪、吊线和尺检查或用其他测量仪器检查
		全高		27		22.5	18	

表4-15 料石砌体的一般尺寸允许偏差

项次	项目	允许偏差/mm					检验方法
		料石砌体					
		基础	墙	基础	墙	墙、柱	
1	基础和墙砌体顶面标高	±22.5	±13.5	±13.5	±13.5	±9	用水准仪和尺检查

（续）

项次	项目		允许偏差/mm					检验方法
			料石砌体					
			基础	墙	基础	墙	墙、柱	
2	砌体厚度		+27	+18 −9	+13.5	+9 −4.5	+9 −4.5	用尺检查
3	表面平整度	清水墙、柱	—	18	—	9	4.5	细料石用2m靠尺和楔形塞尺检查，其他用两直尺垂直灰缝拉2m线和尺检查
		混水墙、柱	—	18	—	13.5	—	
4	清水墙水平灰缝平直度		—	—	—	9	4.5	拉10m线和尺检查

5. 应注意的质量问题

（1）砂浆强度不稳定：材料计量要准确，搅拌时间要达到规定的要求。试块的制作、养护、试压要符合规定。

（2）水平灰缝不平：皮数杆应立牢固，标高一致，砌筑时小线要拉紧，穿平墙面，砌筑跟线。

（3）料石质量不符合要求：对进场的料石品种、规格、颜色验收时要严格把关。不符合要求时拒收，不用。

（4）勾缝粗糙：灰缝应深度一致，横竖缝交接平整，表面洁净。

第5章 钢筋混凝土结构工程施工工艺

5.1 模板工程的施工工艺

模板工程的施工工艺包括模板的选材、选型、设计、制作、安装、拆除和周转等过程。模板工程是钢筋混凝土结构工程的重要组成部分，特别是在现浇钢筋混凝土结构工程施工中占有主导地位，决定施工方法和施工机械的选择，直接影响工期和造价。

5.1.1 模板的作用、种类和基本要求

模板系统包括模板、支架和紧固件三个部分。其作用是保证混凝土在浇筑过程中保持正确的形状和尺寸，是混凝土在硬化过程中进行防护和养护的工具。

模板的种类很多，按材料分类，可分为木模板、钢木模板、胶合板模板、钢竹模板、钢模板、塑料模板、玻璃钢模板、铝合金模板等；按结构的类型可分为基础模板、柱模板、楼板模板、楼梯模板、墙模板、壳模板和烟囱模板等多种；按施工方法分类，有现场装拆式模板、固定式模板和移动式模板。随着新结构、新技术、新工艺的采用，模板工程也在不断发展，其发展方向是：构造由不定型向定型发展；材料由单一木模板向多种材料模板发展；功能由单一功能向多功能发展。

模板的基本要求：保证工程结构和构件各部位形状尺寸和相互位置的正确；具有足够的承载能力、刚度和稳定性，能可靠地承受新浇混凝土的自重和侧压力以及施工荷载；构造简单、装拆方便，便于钢筋的绑扎、安装和混凝土的浇筑、养护；模板的接缝严密，不得漏浆；能多次周转使用。

5.1.2 模板的构造与安装施工工艺

1. 木模板

木模板及其支架系统一般在加工厂或现场木工棚制成基本元件（拼板），然后再在现场拼装。拼板（图5-1a）的长短、宽窄可以根据混凝土构件的尺寸设计出几种标准规格，以便组合使用。拼板的板条厚度一般为25~50mm，宽度不宜超过200mm，以保证干缩时缝隙均匀，浇水后易于密封，受潮后不易翘曲。但梁底板的板条宽度则不受限制，以减少拼缝、防止漏浆为原则。拼条截面尺寸为（25~50mm）×（40~70mm）。梁侧板的拼条一般立放，如图5-1b所示，其他则可平放。拼条间距取决于所浇筑混凝土侧压力的大小及板条的厚度，多为400~500mm。

（1）柱模板：柱子的断面尺寸不大但比较高。因此，柱子模板的构造和安装主要考虑保证垂直度及抵抗新浇混凝土的侧压力，与此同时，也要便于浇筑混凝土、清理垃圾与钢筋绑扎等。

柱模板由两块相对的内拼板夹在两块外拼板之间组成，如图5-2a所示。亦可用短横板

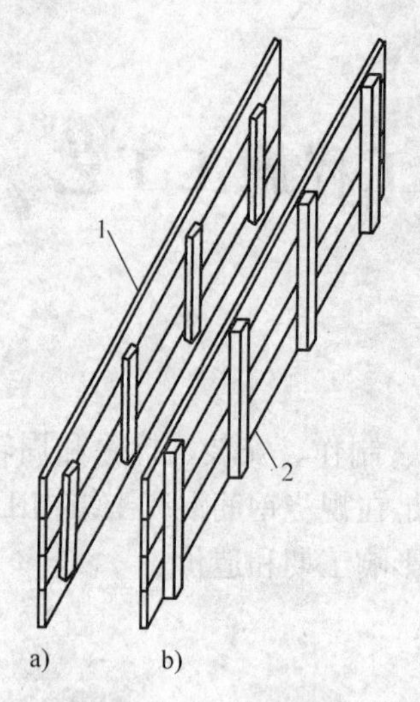

图 5-1 拼板的构造

a）一般拼板 b）梁侧板的拼板

1—板条 2—拼条

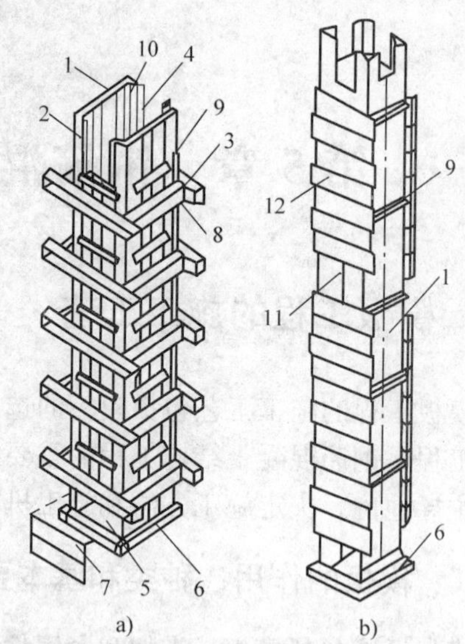

图 5-2 柱模板

a）拼板柱模板 b）短横板柱横板

1—内拼板 2—外拼板 3—柱箍 4—梁缺口 5—清理孔 6—木框 7—盖板 8—拉紧螺栓 9—拼条 10—三角木条 11—浇筑孔 12—短横板

（门子板）代替外拼板钉在内拼板上，如图 5-2b 所示。有些短横板可先不钉上，作为混凝土的浇筑孔，待混凝土浇至其下口时再钉上。

柱模板底部开有清理孔。沿高度每隔 2m 开有浇筑孔。柱底部一般有一钉在底部混凝土上的木框，用来固定柱模板的位置。为承受混凝土侧压力，拼板外要设柱箍，柱箍可为木制、钢制或钢木制。柱箍间距与混凝土侧压力大小、拼板厚度有关，由于侧压力是下大上小，因而柱模板下部柱箍较密。柱模板顶部根据需要开有与梁模板连接的缺口。

安装柱模前，应先绑扎好钢筋，测出标高并标在钢筋上，同时在已浇筑的基础顶面或楼面上固定好柱模板底部的木框，在内外拼板上弹出中心线，根据柱边线及木框位置竖立内外拼板，并用斜撑临时固定，然后由顶部用锤球校正，使其垂直。检查无误后，即用斜撑钉牢固定。同在一条轴线上的柱，应先校正两端的柱模板，再从柱模板上口中心线拉一铁丝来校正中间的柱模。柱模之间还要用水平撑及剪刀撑相互拉结。

（2）梁模板：梁的跨度较大而宽度不大。梁底一般是架空的，混凝土对梁侧模板有水平侧压力，对梁底模板有垂直压力，因此，梁模板及其支架必须能承受这些荷载而不致发生超过规范允许的过大变形。

梁模板（图 5-3）主要由底模、侧模、夹木及其支架系统组成，底模板承受垂直荷载，一般较厚，下面每隔一定间距（800～1200mm）有顶撑支撑。顶撑可以用圆木、方木或钢管制成。顶撑底应加垫一对木楔块以调整标高。为使顶撑传下来的集中荷载均匀地传给地面，在顶撑底加铺垫板。多层建筑施工中，应使上、下层的顶撑在同一条竖向直线上。侧模板承受混凝土侧压力，应包在底模板的外侧，底部用夹木固定，上部由斜撑和水平拉条固定。

如梁跨度等于或大于 4m，应使梁底模起拱，防止新浇筑混凝土的荷载使跨中模板下挠。

如设计无规定时，起拱高度宜为全跨长度的1/1000～3/1000。

（3）楼板模板：楼板的面积大而厚度比较薄，侧压力小。楼板模板及其支架系统主要承受钢筋混凝土的自重及其施工荷载，保证模板不变形。如图5-4所示，楼板模板的底模用木板条或用定型模板或用胶合板拼成，铺设在楞木上。楞木搁置在梁模板外侧托木上，若楞木面不平，可以加木楔调平。当楞木的跨度较大时，中间应加设立柱。立柱上钉通长的杠木。底模板应垂直于楞木方向铺钉，并适当调整楞木间距来适应定型模板的规格。

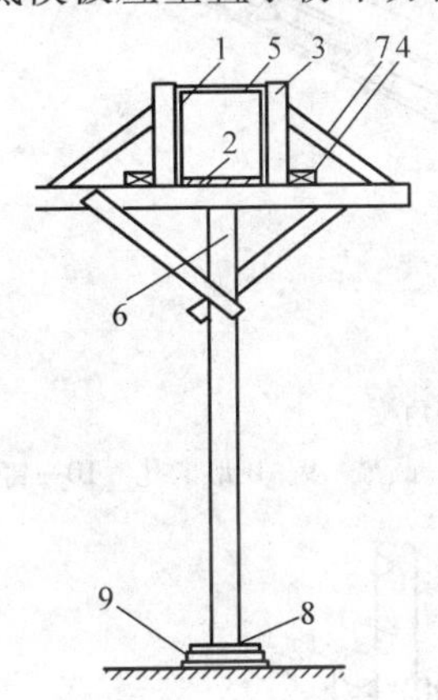

图5-3　单梁模板

1—侧模板　2—底模板　3—侧模拼条　4—夹木　5—水平拉条　6—顶撑（支架）　7—斜撑　8—木楔　9—木垫板

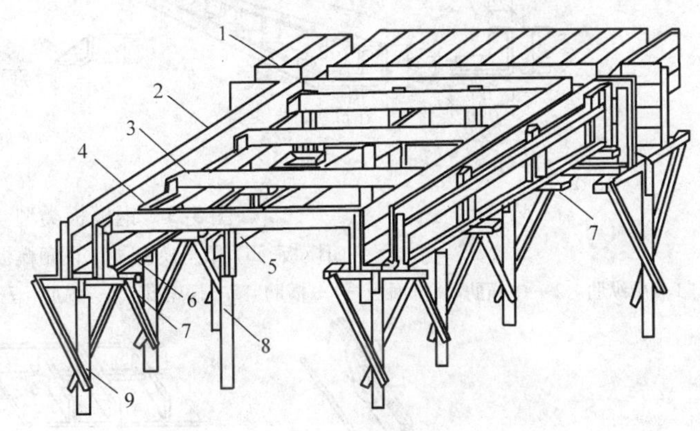

图5-4　有梁楼板模板

1—楼板模板　2—梁侧模板　3—楞木　4—托木　5—杠木　6—夹木　7—短撑木　8—立柱　9—顶撑

2. 组合钢模板

组合钢模板通过各种连接件和支承件可组合成多种尺寸和几何形状，以适应各种类型建筑物捣制钢筋混凝土梁、柱、板、墙、基础等施工所需要的模板，也可用其拼成大模板、滑模、筒模和台模等。施工时可在现场直接组装，亦可预拼装成大块模板或构件模板用起重机吊运安装。

（1）组合钢模板的组成：组合钢模板是由模板、连接件和支承件组成。模板包括平面模板（P）、阴角模板（E）、阳角模板（Y）、连接角模（J），此外还有一些异形模板，如图5-5所示。钢模板的厚度为2～3mm，钢模板的宽度有100mm、150mm、200mm、250mm、300mm 5种规格，其长度有450mm、600mm、750mm、900mm、1200mm、1500mm 6种规格，可适应横竖拼装。

组合钢模板的连接件包括：U形卡、L形插销、钩头螺栓、对拉螺栓、紧固螺栓和扣件等，如图5-6所示。U形卡用于相邻模板的拼接，其安装距离不大于300mm，即每隔一孔卡插一个，安装方向一顺一倒相互错开，以抵消因打紧U形卡可能产生的位移。L形插销用于插入钢模板端部横肋的插销孔内，以加强两相邻模板接头处的刚度和保证接头处板面平整。钩头螺栓用于钢模板与内外钢楞的加固，安装间距一般不大于600mm，长度应与采用的钢楞尺寸相适应。紧固螺栓用于紧固内外钢楞，长度应与采用的钢楞尺寸相适应。对拉螺栓用于连接墙壁两侧模板，保持模板与模板之间的设计厚度，并承受混凝土侧压力及水平荷载，使模板不变形。扣件用于钢楞与钢楞或钢楞与钢模板之间的扣紧，按钢楞的不同形状，分别采用蝶扣件和“3”形扣件。

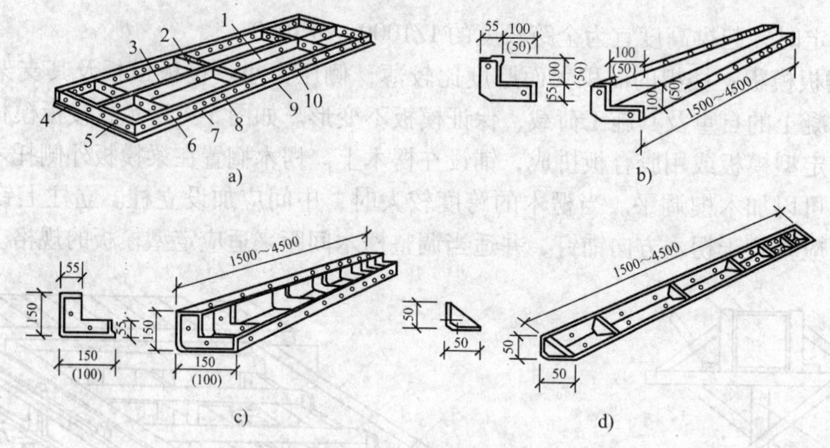

图5-5 钢模板类型

a）平面模板 b）阳角模板 c）阴角模板 d）连接角模

1—中纵肋 2—中横肋 3—面板 4—横肋 5—插销孔 6—纵肋 7—凸棱 8—凸鼓 9—U形卡孔 10—钉子孔

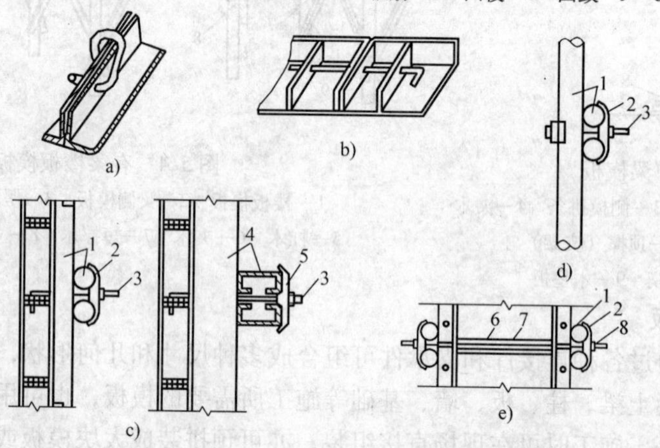

图5-6 钢模板连接件

a）U形卡连接 b）L形插销连接 c）钩头螺栓连接 d）紧固螺栓连接 e）对拉螺栓连接

1—圆钢管楞 2—“3”形扣件 3—钩头螺栓 4—内卷边槽钢钢楞 5—蝶形扣件

6—对拉螺栓 7—塑料套管 8—螺母

组合钢模板的支承件包括：柱箍、钢楞、支架、斜撑、钢桁架等。

钢桁架（图5-7）两端可支承在钢筋托具、墙、梁侧模板的横档以及柱顶梁底横档上，用以支承梁或板的底模板。图5-7a所示为整榀式，一榀桁架的承载能力约为30kN；图5-7b所示为组合式桁架，可调范围为25～35m，一榀桁架的承载能力约为20kN。钢支架（图5-8a）用于支承由桁架、模板传来的垂直荷载。它由内外两节钢管制成，其高低调节距模数为100mm，支架底部除垫板外，均用木楔调整，以利于拆卸。另一种钢管支架本身装有调节螺杆，能调节一个孔距的高度，使用方便，但成本略高，如图5-8b所示。当荷载较大，单根支架承载力不足时，可用组合钢支架或钢管井架，如图5-8c所示。还可用扣件式钢管脚手架、门形脚手架作支架，如图5-8d所示。

钢楞即模板的横档和竖档分内钢楞和外钢楞。内钢楞配置方向一般应与钢模板垂直，直接承受钢模板传来的荷载，间距一般为700～900mm。外钢楞承受内钢楞传来的荷载，或用来加强模板结构的整体刚度和调整平直度。钢楞一般用圆钢管、矩形钢管、槽钢或内卷边槽

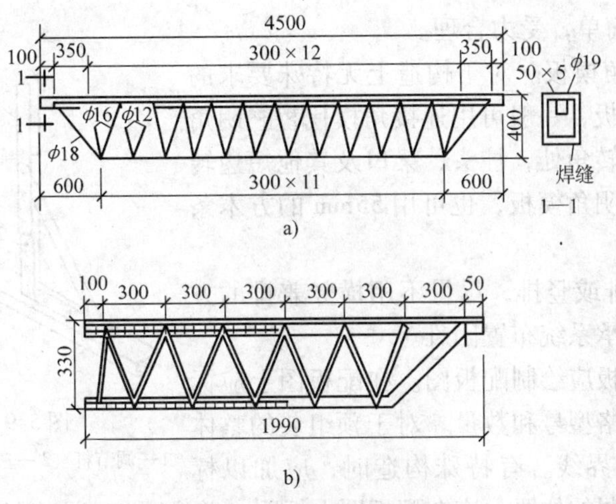

图 5-7　钢桁架示意图

a）整榀式　b）组合式

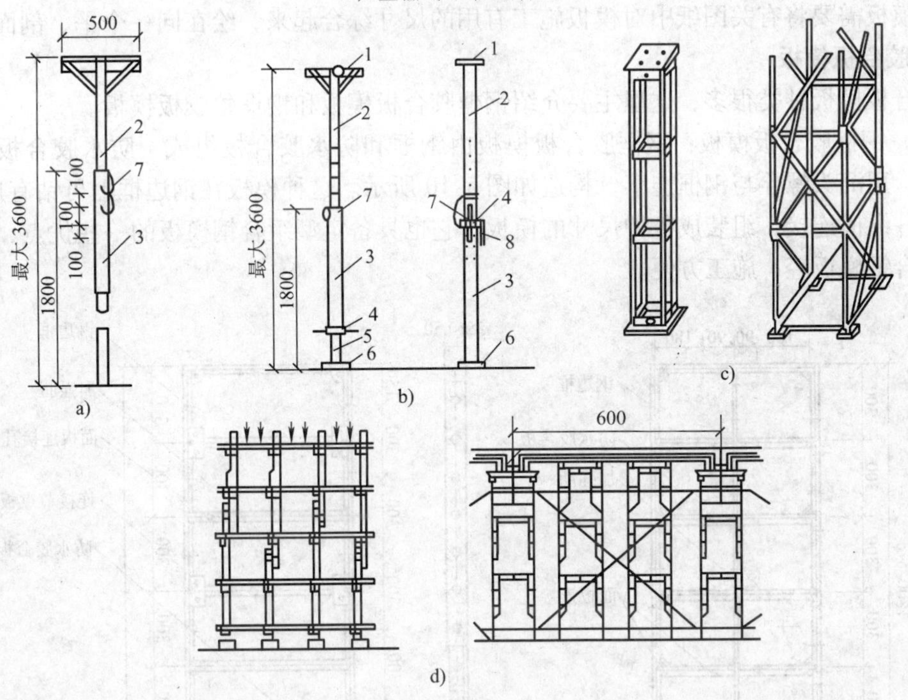

图 5-8　钢支架

a）钢管支架　b）调节螺杆钢管支架　c）组合钢支架、钢管井架　d）扣件式钢管、门形脚手架支架

1—顶板　2—插管　3—套管　4—转盘　5—螺杆　6—底板　7—插销　8—转动手柄

钢，而以钢管用得较多。

梁卡具又称梁托具，用于固定矩形梁、圈梁等构件的侧模板，可节约斜撑等材料。也可用于侧模板上口的卡固定位，其构造如图 5-9 所示。

（2）钢模配板：采用组合钢模板时，同一构件的模板展开可用不同规格的钢模作多种方式的组合排列，因而形成不同的配板方案。合理的配板方案应满足以下原则：

1）木材拼镶补量最少。

2）支承件布置简单，受力合理。

3）合理使用转角模板。对于构造上无特殊要求的转角，可不用阳角模板，一般可用连接角模代替。阴角模板宜用于长度大的转角处，柱头、梁口及其他短边转角部位，如无合适的阴角模板，也可用55mm的方木条代替。

4）尽量采用横排或竖排，尽量不用横竖兼排的方式，因为这样会使支承系统布置困难。

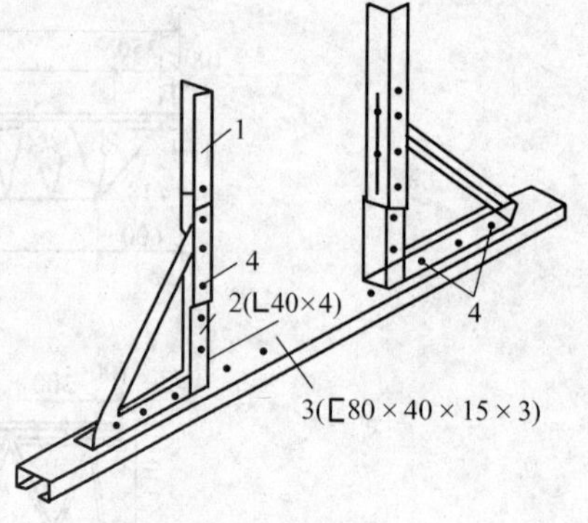

图5-9　组合梁卡具

1—调节杆　2—三角架　3—底座　4—螺栓

组合钢模板的配板应绘制配板图。在配板图上应标出钢模板的位置、规格型号和数量。对于预组装的整体模板，应标绘出其分界线。有特殊构造时，应加以标明。预埋件和预留孔洞的位置，应在配板图上标明，并注明其固定方法。为减少差错，在绘制配板图前，可先绘出模板放线图。模板放线图是模板安装完毕后的平面图和剖面图，是根据施工模板需要将有关图纸中对模板施工有用的尺寸综合起来，绘在同一个平、剖面图中。

3. 胶合板模板

胶合板模板种类很多，这里主要介绍钢框胶合板模板和钢框竹胶板模板。

（1）钢框胶合板模板：钢框胶合板模板由钢框和防水胶合板组成，防水胶合板平铺在钢框上，用沉头螺栓与钢框连牢，构造如图5-10所示。这种模板在钢边框上可钻有连接孔，用连接件纵横连接，组装成各种尺寸的模板，它也具备定型组合钢模板的一些优点，而且质量比组合钢模板轻，施工方便。

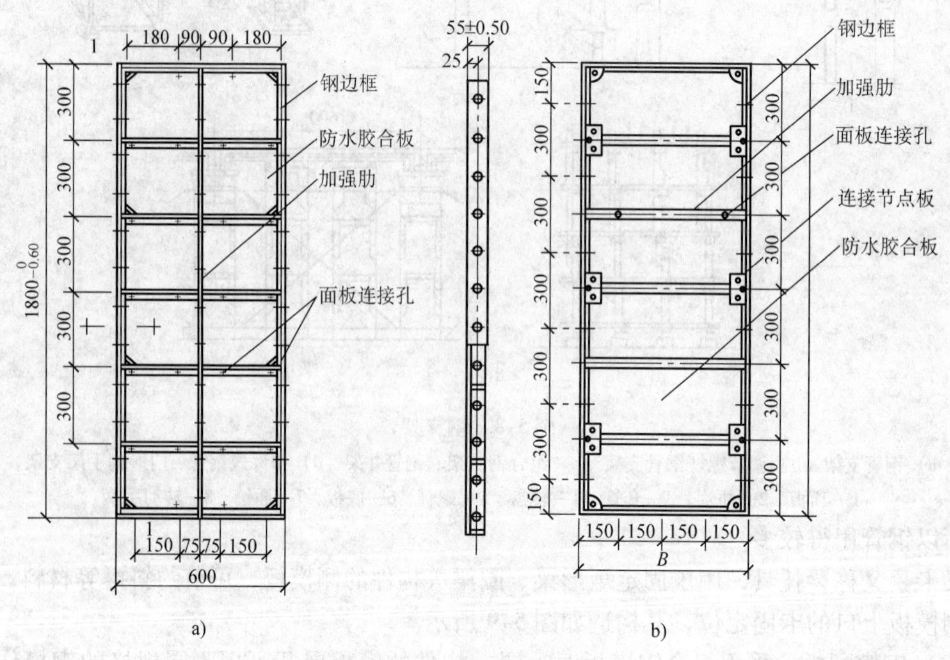

图5-10　钢框胶合板模板

a）轻型钢框胶合板模板　b）重型钢框胶合板模板

（2）钢框竹胶板模板：钢框竹胶板模板由钢框和竹胶板组成，其构造与钢框胶合板模板相同，用于面板的竹胶板是用竹片（或竹帘）涂胶粘剂，纵横向铺放，组坯后热压成型。为使竹胶板板面光滑平整，便于脱模和增加周转次数，一般板面采用涂料复面处理或浸胶纸复面处理。钢框竹胶板模板的宽度有 300mm、600mm 两种，长度有 900mm、1200mm、1500mm、1800mm、2400mm 等。可作为混凝土结构柱、梁、墙、楼板的模板。

钢框竹胶板模板特点是：不仅富有弹性，而且耐磨耐冲击，能多次周转使用，寿命长，降低工程费用，强度、刚度和硬度都比较高；在水泥浆中浸泡，受潮后不会变形，模板接缝严密，不易漏浆；质量轻，可设计成大面模板，减少模板拼缝，提高装拆工效，加快施工进度；竹胶板模板加工方便，可锯刨、打钉，可加工成各种规格尺寸，适用性强；竹胶板模板不会生锈，能防潮，能露天存放。

4. 全钢大模板

全钢大模板是一种大尺寸的工具式定型模板，如图 5-11 所示。一般一块墙面用 1 ~ 2 块大模板，因其质量大，安装时需要起重机配合装拆施工。

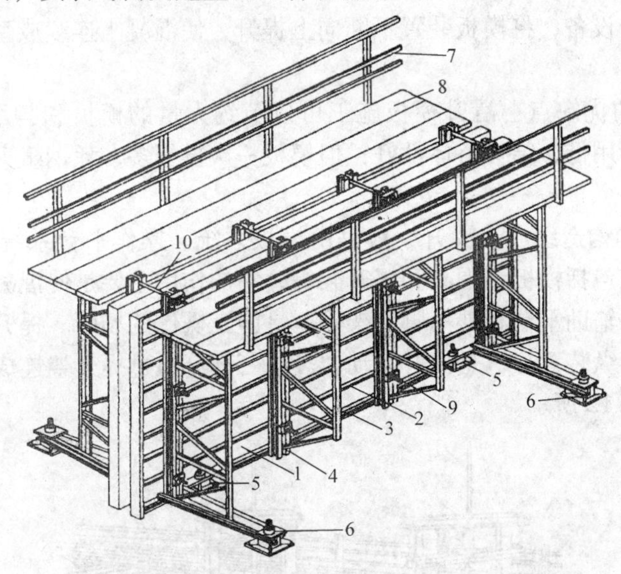

图 5-11　大模板构造图

1—面板　2—水平加劲肋　3—支撑㤡架　4—竖楞　5—调整水平度的螺旋千斤顶
6—调整垂直度的螺旋千斤顶　7—栏杆　8—脚手板　9—穿墙螺栓　10—固定卡具

大模板由面板、加劲肋竖楞、支撑桁架、稳定机构及附件组成。

面板要求表面平整、刚度好，平整度按中级抹灰质量要求确定。面板一般用钢板和多层板制成，其中以钢板最多。用 4 ~ 6mm 厚钢板做面板（厚度根据加劲肋的布置确定），其优点是刚度大和强度高，表面平滑，所浇筑的混凝土墙面外观好，不需再抹灰，可以直接粉面，模板可重复使用 200 次以上。缺点是耗钢量大、自重大、易生锈、不保温、损坏后不易修复。用 12 ~ 18mm 厚多层板做的面板，用树脂处理后可重复使用 50 次，质量轻，制作安装更换容易、规格灵活，对于非标准尺寸的大模板工程更为适用。

加劲肋是大模板的重要构件。其作用是固定面板，阻止其变形并把混凝土传来的侧压力传递到竖楞上。加劲肋可用 6 号或 8 号槽钢，间距一般为 300 ~ 500mm。

竖楞是与加劲肋相连接的竖直部件。它的作用是加强模板刚度，保证模板的几何形状，并作为穿墙螺栓的固定支点，承受由模板传来的水平力和垂直力。竖楞多采用 6 号或 8 号槽钢制成，间距一般约为 1 ~1.2m。

支撑结构主要承受风荷载和偶然的水平力，防止模板倾覆。用螺栓或竖楞连接在一起，以加强模板的刚度。每块大模板采用 2 ~4 榀桁架作为支撑机构，兼做搭设操作平台的支座，承受施工活荷载，也可用大型型钢代替桁架结构。

大模板的附件有穿墙螺栓、固定卡具、操作平台及其他附属连接件。

大模板面板亦可用组合钢模板拼装而成，其他构件及安装方法同前。

5. 滑升模板

滑升模板是一种工具式模板，最适于现场浇筑高耸的圆形、矩形、筒壁结构。如筒仓、贮煤塔、竖井等。随着滑升模板施工技术的进一步的发展，不但适用浇筑高耸的变截面结构，如烟囱、双曲线冷却塔，而且应用于剪力墙、筒体结构等高层建筑的施工。

（1）滑升模板施工工艺：滑升模板施工是在建筑物或构筑物底部，沿其墙、柱、梁等构件的周边组装高 1.2m 左右的模板，随着在模板内不断浇筑混凝土和不断向上绑扎钢筋的同时，利用一套提升设备，将模板装置不断向上提升，使混凝土连续成型，直到需要浇筑的高度为止。

（2）滑升模板的优缺点：滑升模板施工可以节约大量的模板和脚手架，节省劳动力，施工速度快，工程费用低，结构整体性好；但模板一次投资多，耗钢量大，对建筑的立面和造型有一定的限制。

（3）滑升模板的构造组成：滑升模板是由模板系统、操作平台系统和提升机具系统三部分组成。模板系统包括模板、围圈和提升架等，它的作用主要是使混凝土成型。操作平台系统包括操作平台、辅助平台和外吊脚手架等，是施工操作的场所。提升机具系统包括支承杆、千斤顶和提升操纵装置等，是滑升的动力。这三部分通过提升架连成整体，构成整套滑升模板装置，如图 5-12 所示。

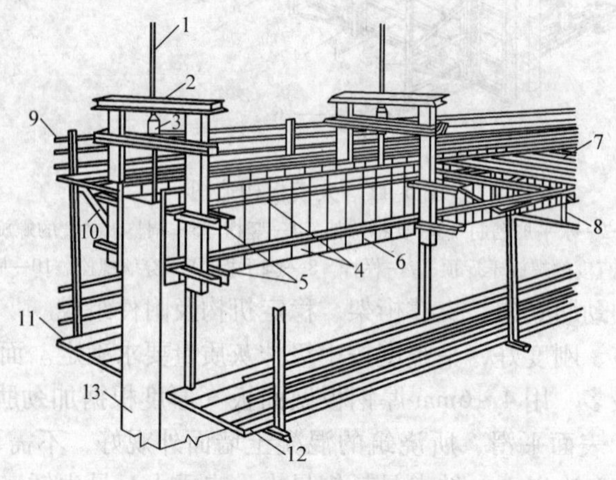

图 5-12　滑升模板组成示意图

1—支承杆　2—提升架　3—液压千斤顶　4—围圈　5—围圈支托　6—模板　7—操作平台　8—平台桁架　9—栏杆　10—外排二角架　11—外吊脚手　12—内吊脚手　13—混凝土墙体

（4）滑升模板的滑升设备：滑升模板装置的全部荷载是通过提升架传递给千斤顶，再由千斤顶传递给支承杆承受。

千斤顶是使滑升模板装置沿支承杆向上滑升的主要设备，形式很多，目前常用的是 HQ－30 型液压千斤顶，主要由活塞、缸筒、底座、上卡头、下卡头和排油弹簧等部件组成

（图 5-13）。它是一种穿心式单作用液压千斤顶，支承杆从千斤顶的中心通过，千斤顶只能沿支承杆向上爬升，不能下降。起重量为 30kN，工作行程为 30mm。

6. 爬升模板

爬升模板是依附在建筑结构上，随着结构施工而逐层上升的一种模板，当结构工程混凝土达到拆模强度而脱模后，模板不落地，依靠机械设备和支承物将模板和爬模装置向上爬升一层，定位紧固，反复循环施工，爬模是适用于高层建筑或高耸构造物现浇钢筋混凝土竖直或倾斜结构施工的先进模板工艺。爬升模板有手动爬模、电动爬模、液压爬模、吊爬模等。

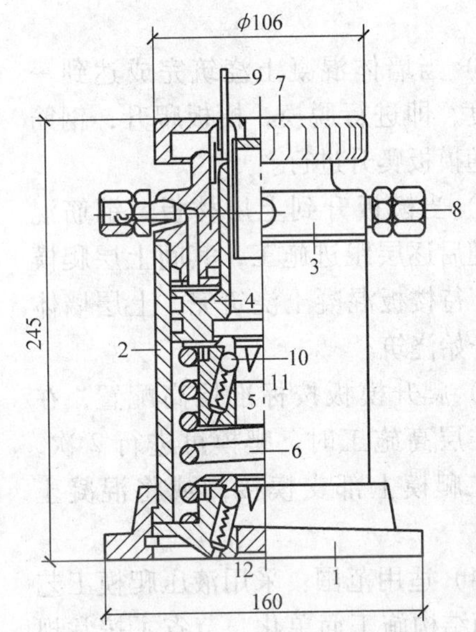

图 5-13　HQ－30 型液压千斤顶

1—底座　2—缸筒　3—缸盖　4—活塞　5—上卡头　6—排油弹簧　7—行程调整帽　8—油嘴　9—行程指示杆　10—钢球　11—卡头小弹簧　12—下卡头

（1）液压爬模的主要构造

1）模板系统：由定型组合大钢模板、全钢大模板或钢框胶合板模板、调节缝板、角模、钢背楞及穿墙螺栓、铸钢垫片等组成。

2）液压提升系统：由提升架立柱、横梁、活动支腿、滑道夹板、围圈、千斤顶、支承杆、液压控制台、各种孔径的油管及阀门、接头等组成。当支承杆设在结构顶部时，增加导轨、防坠装置、钢牛腿、挂钩等。

3）操作平台系统：由操作平台、吊平台、中间平台、上操作平台、外挑梁、外架立柱、斜撑、栏杆、安全网等组成，如图 5-14 所示。

（2）液压爬升模板的施工特点

1）液压爬升模板的施工特点：液压爬升模板是滑模和支模相结合的一种新工艺，它吸收了支模工艺按常规方法浇筑混凝土劳动组织和施工管理简便，受外输送条件的制约少，混凝土表面质量易于保证等优点，又避免了滑模施工常见的缺陷，施工偏差可逐层消除，在爬升方法上它同滑模工艺一样，提升架、模板、操作平台及吊架等以液压千斤顶为动力自行向上爬升，无须塔式起重机反复装拆，也不要层层放线和搭设脚手架，钢筋绑扎随升随绑，操作方法安全，一项工程完成后，模板、爬模装置及液压设备可继续在其他工程通用，周转使用次数多。

2）爬模与滑模的主要区别：滑模是在模板与混凝土保持接触、互相摩擦的情况下逐步整体上升的，滑模上升时，模板高度范围内上部的混凝土刚浇灌，下部的混凝土接近初凝状态，而刚脱模的混凝土强度仅为 0.2～0.4MPa。爬模上升时，模板已脱开混凝土，此时混凝土强度已大于 1.2MPa，模板不与混凝土摩擦。滑模的模板高度一般为 900～1200mm。两面模板之间形成上口小下口大的锥度。高层建筑爬模的高度一般为标准层层高，墙的两面模板平行安装，相互之间以穿墙螺栓紧固。

（3）爬模施工的基本程序

1）根据工程具体情况，爬模可以从地下室开始，也可以从标准层开始，当地下室底板完成或标准层起始楼面结构完成，并绑扎完第一层钢筋，即可进行爬升模板安装。

2）当墙体混凝土浇筑完成达到一定强度，即进行脱模，模板爬升，钢筋绑扎随模板爬升进行。

3）当模板升到上层楼板，钢筋混凝土随后逐层跟进施工，其间上层爬模紧固，待楼板混凝土浇筑完，上层墙体既又开始浇筑。

4）爬升模板按标准层高配置，在非标准层高施工时，爬模可进行2次，也可在爬模上部支模接高或将混凝土打低。

（4）适用范围：采用液压爬模工艺将立面结构施工简单化，节省了按常规施工所需的大量反复安装、拆卸所用的塔式起重机运输，使塔式起重机有更多的时间保证钢筋和其他材料的运输，液压爬模工艺在哪层安装，即可在该层实现爬模，不必像爬架式或导轨式爬模必须在第三层以上才能组装和使用，压爬模可实现整体爬升，爬模可节约模板堆放场地，对于在城市中心施工，场地狭窄的项目有明显的优越性，液压爬模的施工文明，在工程质量、安全生产、施工进度和经济效益等方面均有良好的保证。

液压爬模适用于高层建筑全剪力墙结构、框架结构核心筒、钢结构核心筒、高耸构筑物、桥墩、巨形柱等。

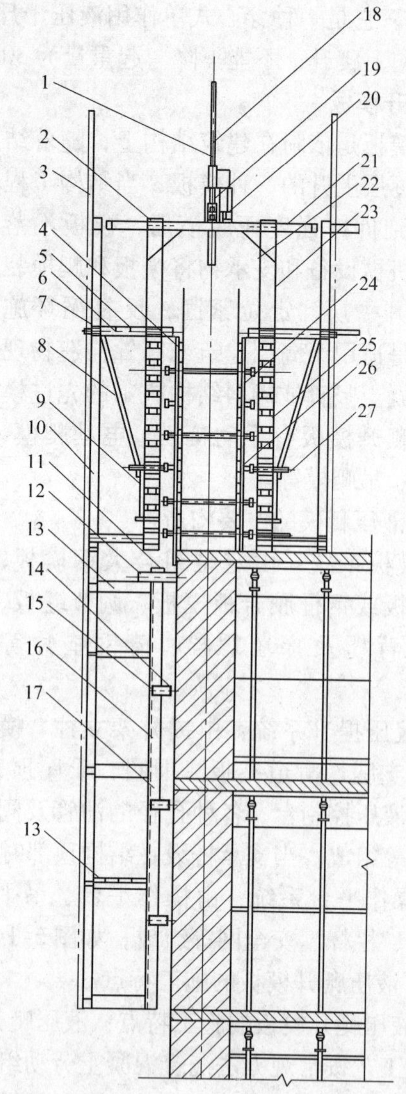

图5-14　液压爬模图

1—ϕ83×8支承杆　2—滑轮　3—栏杆，安全网　4—预埋孔模　5—操作平台　6—外挑梁　7—滑道夹板　8—外架斜撑　9—围圈　10—外架立柱　11—挂钩　12—支座　13—外架梁　14—防坠装置　15—导轨滑轮　16—导轨　17—钢牛腿　18—限位卡　19—千斤顶　20—主油管　21—横梁　22—斜撑　23—提升架立杆　24—全钢大模板　25—穿墙螺栓　26—背楞　27—活动支腿

7. 台模与筒模

（1）台模：台模是一种大型工具模板，用于浇筑楼板。台模是由面板、纵梁、横梁和台架等组成的一个空间组合体。台架下装有轮子，以便移动。有的台模没有轮子，用专用运模车移动。台模尺寸应与房间单元相适应，一般是一个房间一个台模。施工时，先施工内墙墙体，然后吊入台模，浇筑楼板混凝土。脱模时，只要将台架下降，将台模推出墙面放在临时挑台上，用起重机吊至下一单元使用。楼板施工后再安装预制外墙板。

国内常用多层板做面板，用铝合金型钢加工制成桁架式台模。用组合钢模板、扣件式钢管脚手架、滚轮组装成的台模，在大型冷库和百货商店的无梁楼盖施工中取得了成功。

利用台模浇筑楼板可省去模板的装拆时间，能节约模板材料和降低劳动消耗，但一次性投资较大，且须大型起重机械配合施工。

（2）隧道模：隧道模采用由墙面模板和楼板模板组合形可以同时浇筑墙体和楼板混凝土的大型工具式模板，能沿水平方向逐间整体浇筑各开间，故施工的建筑物整体性好、抗震性能好、节约模板材料，施工方便。但由于模板用钢量大、笨重、一次投资大等原因较少采用。

（3）永久性模板：永久性模板在钢筋混凝土结构施工时起模板作用，而当浇筑的混凝土结硬后模板不再取出而成为结构本身的组成部分。各种形式的压型钢板（波形、密肋形等）、预应力钢筋混凝土薄板作为永久性模板，已在一些高层建筑楼板施工中推广应用。薄板铺设后稍加支撑，然后在其上铺放钢筋，浇筑混凝土形成楼板，施工简便，效果较好。

5.1.3　模板设计

常用模板不需进行设计或验算。重要结构的模板、特殊形式的模板、超出适用范围的模板应该进行设计或验算，以确保质量和施工安全。现仅就有关模板设计荷载和计算规定作一简单介绍。

1. 荷载在计算值

在计算模板及支架时，可采用下列荷载数值：

（1）模板及支架自重可根据模板设计图纸确定。肋形楼板及无梁楼板模板自重，可参考下列数据：

1）平板的模板及小楞：定型组合钢模板：0.5kN/m²；木模板：0.3kN/m²。

2）楼板模板（包括梁模板）：定型组合钢模板：0.75kN/m²；木模板：0.5kN/m²。

3）楼板模板及支架（楼层高小于等于4m）：定型组合钢模板：1.1kN/m²；木模板：0.75kN/m²。

（2）浇筑混凝土的重量：普通混凝土用25kN/m²，其他混凝土根据实际重量确定。

（3）钢筋重量根据工程图纸确定。一般梁板结构每立方米钢筋混凝土的钢筋重量：楼板：1.1kN；梁：1.5kN。

（4）施工人员及施工设备重在水平投影面上的荷载为：

1）计算模板及直接支承小楞结构构件时，均布活荷载为2.5kN/m²，以集中荷载2.5kN进行验算，取两者中较大的弯矩值。

2）计算直接支承小楞结构构件时，均布活荷载为1.5kN/m²。

3）计算支架支柱及其他支承结构构件时，均布活荷载为1.0kN/m²。对大型浇筑设备如上料平台，混凝土输送泵等按实际情况计算。混凝土堆集高度超过100mm以上者按实际高度计算。如模板单块宽度小于150mm时，集中荷载可分布在相邻两块板上。

（5）浇筑混凝土时产生的荷载（作用范围在有效压头高度之内）：水平面为2.0kN/m²，垂直面模板为4.0kN/m²。

（6）浇筑混凝土对模板的侧压力：采用内部振捣器时，新浇筑的混凝土作用于模板的最大侧压力，可按式（5-1）、式（5-2）计算，并取二式中的较小值。

$$F = 0.22 r_c t_0 \beta_1 \beta_2 V^{1/2} \tag{5-1}$$

$$F = r_c H \quad (5\text{-}2)$$

式中 F——板的最大侧压力（kN/m^2）；

r_c——混凝土的重力密度（kN/m^2）；

t_0——新浇混凝土的初凝时间（h），可按实测确定；当缺乏试验资料时，可采用 $t_o = 200/(T+15)$ 计算（T 为混凝土的温度℃）；

V——混凝土的浇筑速度（m/h）；

H——混凝主侧压力计算位置至新浇筑混凝土顶面的总高度（m）；

β_1——外加剂影响修正因数，不掺外加剂时取 1.0，掺具有缓凝作用的外加剂时取 1.2；

β_2——混凝土塌落度影响修正因数，当塌落度小于 30mm 时，取 0.85；50～90mm 时，取 1.0；110～150mm 时，取 1.15。

（7）倾倒混凝土时对垂直面模板产生的水平荷载：用溜槽、串筒或导管向内灌混凝土时为 $2kN/m^2$；用容量小于等于 $0.2m^3$ 的运输器具向模内倾倒混凝土时为 $2kN/m^2$；用容量为 0.2～$0.8m^3$ 的运输器具向模内倾倒混凝土时为 $4kN/m^2$；用容量大于 $0.8m^3$ 的运输器具向模内倾倒混凝土时为 $6kN/m^2$。

（8）风荷载：按现行《工业与民用建筑结构荷载规范》的有关规定计算。

2. 荷载分项因数

计算模板及其支架时的荷载设计值，应采用荷载标准值乘以相应荷载分项因数求得。荷载分项因数为：

（1）荷载类别为模板及支架自重或新浇筑混凝土自重或钢筋自重时，为 1.35。

（2）当荷载类别为施工人员及施工设备荷载或振捣混凝土时产生的荷载时，为 1.4。

（3）当荷载类别为新浇筑混凝土对模板的侧压力时，为 1.35。

（4）当荷载类别为倾倒混凝土时产生的荷载时，为 1.4。

3. 计算规定

（1）模板荷载组合：计算模板和支架时，应根据表 5-1 的规定进行荷载组合。

表 5-1 计算模板及其支架的荷载类别

项次	项　目	荷载类别	
		计算强度用	验算刚度用
1	平板和薄壳模板及其支架	(1)+(2)+(3)+(4)	(1)+(2)+(3)
2	梁和拱模板的底板	(1)+(2)+(3)+(4)	(1)+(2)+(3)
3	梁、拱、柱（边长小于等于 30mm） 墙(厚小于等于 100mm)的侧面模板	(5)+(6)	(6)
4	厚大结构，柱(边长大于 30mm) 墙(厚大于 100mm)的侧面模板	(6)+(7)	(6)

（2）验算模板及支架的刚度时，允许的变形值：结构表面外露的模板，为模板构件跨度的 1/400；结构表面隐蔽的模板，为模板构件跨度的 1/250，支架压缩变形值或弹性挠度，

为相应结构自由跨度的 1/1000。

当验算模板及支架在自重和风荷载作用下的抗倾覆稳定性时，应符合有关的专门规定，滑升模板、爬模等特种模板也应按专门的规定计算，对于利用模板张拉和锚固预应力筋等产生的荷载亦应另行计算。

模板系统的设计计算，原则上与永久结构相似，计算时要参照相应的设计规范。

计算模板和支架的强度时，由于是一种临时性结构，钢材的允许应力可适当提高；当木材的含水率小于 25% 时，容许应力值可提高 15%。

【例】 某框架结构现浇钢筋混凝土模板，板厚 100m，其支模尺寸为 3.3m × 4.95m，楼层高度为 4.5m，采用组合钢模及钢管支架支模，要求作配板方案设计。

【解】

若模板以其长边沿 4.95m 方向排列，可列出四种方案：

方案（1）33P3015 + 11P3004，两种规格，错缝排列，共 44 块。

方案（2）34P3015 + 2P3009 + 1P1515 + 2P1509，四种规格，共 39 块。

楼板模板的配板及支撑图见图 5-15。

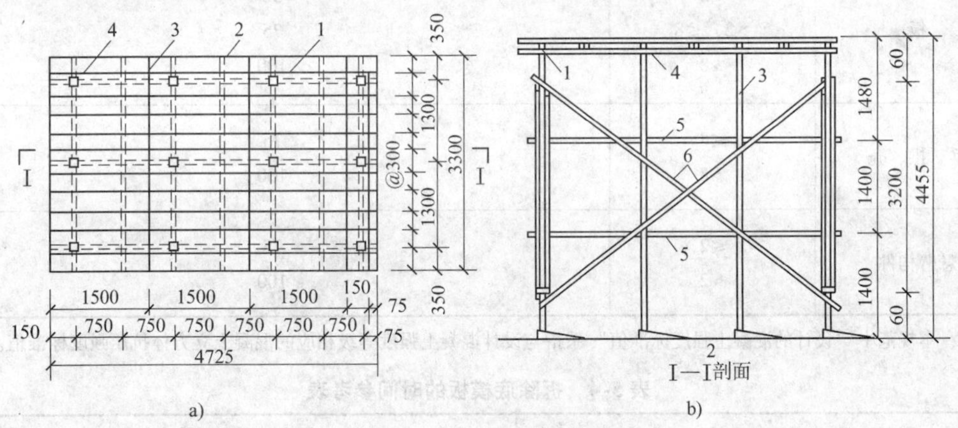

图 5-15 楼板模板的配板及支撑

a）配板图 b）I—I 剖面

1—ϕ48 × 3.5 钢管支柱 2—钢模板 3—内钢楞 4—外钢楞 2□60 × 40 × 2.5

5—水平撑 48 × 3.5 6—剪刀撑 48 × 3.5

5.1.4 模板的拆除

1. 现浇结构模板的拆除

模板的拆除日期取决于现浇结构的性质、混凝土的强度、模板的用途、混凝土硬化时的气温。及时拆模可提高模板的周转率，为后续工作创造条件。但过早拆模，混凝土会因强度不足难以承担本身自重，或受到外力作用而变形甚至断裂，造成重大的质量事故。

（1）模板的拆除规定

1）侧模板的拆除：侧模板的拆除，应在混凝土强度达到能保证其表面及棱角不因拆除模板而受损坏时方可进行。具体时间可参考表 5-2。

2）底模板的拆除：底模板应在与混凝土结构同条件养护的试件达到表 5-3 规定强度标准值时方可拆除，达到规定强度标准值所需时间可参考表 5-4。

表 5-2 侧模板的拆除时间

水泥品种	混凝土强度等级	混凝土凝固的平均温度/℃					
		5	10	15	20	25	30
		混凝土强度达到 2.5MPa 所需天数					
普通水泥	C10	5	4	3	2	1.5	1
	C15	4.5	3	2.5	2	1.5	1
	≥C20	3	2.5	2	1.5	1.0	1
矿渣及火山灰质水泥	C10	8	6	4.5	3.5	2.5	2
	C15	6	4.5	3.5	2.5	2	1.5

表 5-3 现浇结构拆模时所需混凝土强度

结构类型	结构跨度/m	按设计的混凝土强度标准值的百分率计（%）
板	≤2	50
	>2，≤8	75
	>8	100
梁、拱、壳	≤8	75
	>8	100
悬臂构件	≤2	75
	>2	100

注：本规范中“设计的混凝土强度标准值”系指与设计混凝土强度等级相应的混凝土立方体抗压强度标准值。

表 5-4 拆除底模板的时间参考表

水泥的强度等级及品种	混凝土达到设计强度标准值的百分率（%）	硬化时昼夜平均温度					
		5℃	10℃	15℃	20℃	25℃	30℃
32.5MPa 普通水泥	50	12	8	6	4	3	2
	75	26	18	14	9	7	6
	100	55	45	35	28	21	18
42.5MPa 普通水泥	50	10	7	6	5	4	3
	75	20	14	11	8	7	6
	100	50	40	30	28	20	18
32.5MPa 矿渣或火山灰质水泥	50	18	12	10	8	7	6
	75	32	25	17	14	12	10
	100	60	50	40	28	24	20
42.5MPa 矿渣或火山灰质水泥	50	16	11	9	8	7	6
	75	30	20	15	13	12	10
	100	60	50	40	28	24	20

（2）拆除模板顺序及注意事项

1）拆模时不要用力过猛，拆下来的模板要及时运走、整理、堆放以便再用。

2）拆模程序一般应是后支的先拆，先拆除非承重部分，后拆除承重部分。重大复杂模板的拆除事先应制定拆模方案。

3）拆除框架结构模板的顺序，首先是柱模板，然后是楼板底板，梁侧模板，最后梁底模板。拆除跨度较大的梁下支柱时，应先从跨中开始，分别拆向两端。

4）楼层楼板支柱的拆除，应按下列要求进行：上层楼板正在浇筑混凝土时，下一层楼板的模板支柱不得拆除，再下一层楼板模板的支柱，仅可拆除一部分；跨度4m及4m以上的梁下均应保留支柱，其间距不大于3m。

5）已拆除模板及其支架的结构，应在混凝土强度达到设计的混凝土强度标准值后，才允许承受全部使用荷载。当承受施工荷载产生的效应比使用荷载更为不利时，必须经过核算，加设临时支撑。

6）拆模时，应尽量避免混凝土表面或模板受到损坏，注意整块板落下伤人。

2. 早拆模板体系

早拆模板是利用柱头、立柱和可调支座组成竖向支撑，支撑于上下层楼板之间，使原设计的楼板跨度处于短跨（立柱间距小于2m）受力状态，混凝土楼板的强度达到规定标准强度的50%（常温下3～4d）即可拆除梁、板模板及部分支撑。柱头、立柱及可调支座仍保持支撑状态。当混凝土强度增大到足以在全跨条件下承受自重和施工荷载时，再拆全部竖向支撑。

（1）早拆模板体系构件

1）柱头：早拆模板体系柱头为铸钢件（图5-16a），柱头顶板（50mm×150mm）可直接与混凝土接触，两侧梁托可挂住梁头，梁托附着在方形管上，方形管可上下移动115mm，方形管在上方时可通过支承板锁住，用锤敲击支承板则梁托随方形管下落。

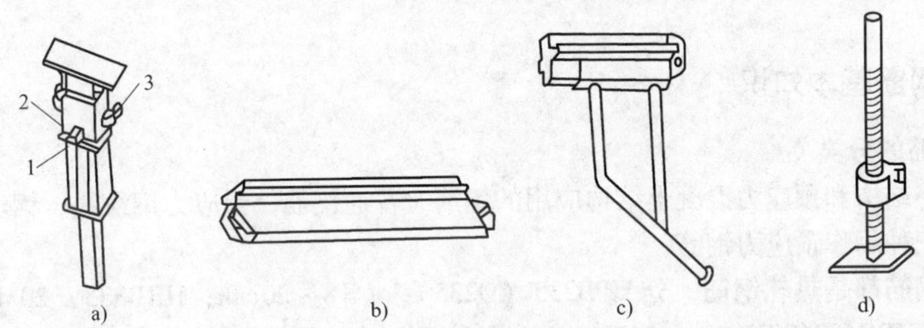

图5-16　早拆模板体系构件

a）早拆柱头　b）模板主梁　c）模板悬臂梁　d）可调支座

1—支承板　2—方形管　3—梁托

2）主梁：模板主梁是薄壁空腹结构，上端带有70mm的凸起，与混凝土直接接触（图5-16b）。当梁的两端梁头挂在柱头的梁托上时，将梁支起，即可自锁而不脱落。模板梁的悬臂部分（图5-16c）挂在柱头的梁托上支起后，能自锁而不脱落。

3）可调支座：可调支座插入立柱的下端，与地面（楼面）接触，用于调节立柱的高度，可调范围为0～50mm（图5-16d）。

4）其他：支撑可采用碗扣型支撑或钢管扣件式支撑。模板可用钢框胶合板模板或其他模板，模板高度为70mm。

（2）早拆模板体系的安装与拆除：先立两根立柱，套上早拆柱头和可调支座，加上一根主梁架起一拱，然后再架起另一拱，用横撑临时固定，依次把周围的梁和立柱架起来，再调整立柱高度和垂直度，并锁紧碗扣接头，最后在模板主梁间铺放模板即可。图5-17所示为安装好的早拆模板体系示意图。

模板拆除时，只需用锤子敲击早拆柱头上的支承板，则模板和模板梁将随同方形管下落115mm，模板和模板梁便可卸下来，保留立柱支撑梁板结构（图5-18）。当混凝土强度达到后，调低可调支座，解开碗扣接头，即可拆除立柱和柱头。

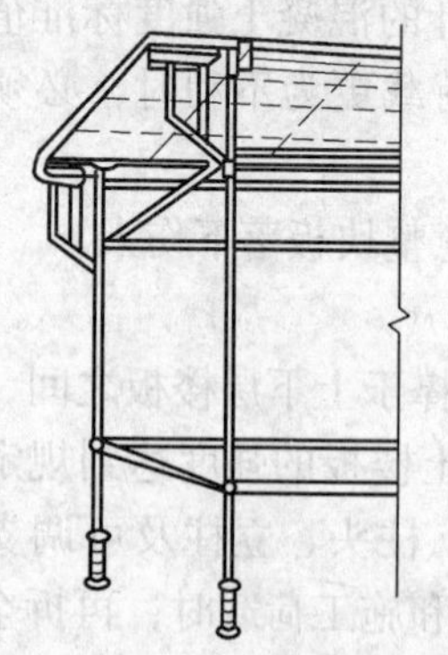

图5-17　早拆模板体系示意图

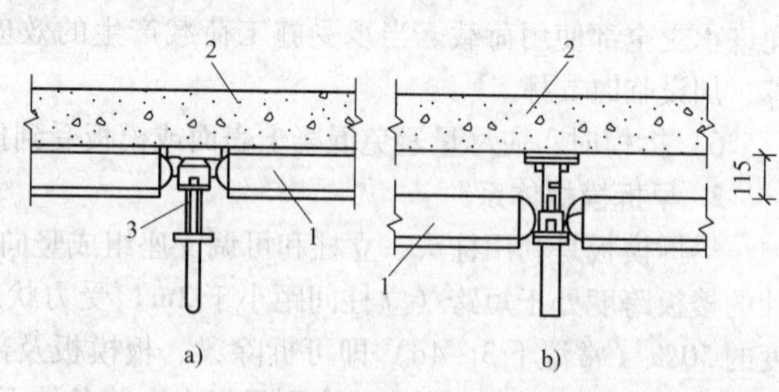

图5-18　早期拆模方法
a）支模状态　b）拆模状态
1—模板主梁　2—现浇楼板　3—早拆柱头

5.2　钢筋工程施工工艺

5.2.1　钢筋基本知识

1. 钢筋的分类

混凝土结构和预应力混凝土结构应用的钢筋有普通钢筋、预应力钢绞线、钢丝和热处理钢筋。后三种用作预应力钢筋。

普通钢筋都是热轧钢筋，分HPB235（Q235），$d=8\sim20$mm；HRB335（20MnSi），$d=6\sim50$mm；HRB400(20MnSiV，20MnSiNb，20MnTi)，$d=6\sim50$mm和RRB400（K20MnSi），$d=8\sim40$mm四种。使用时宜首先选用HRB400级和HRB335级钢筋。HPB235为光圆钢筋，其他为带肋钢筋。

2. 钢筋的验收和存放

（1）钢筋的验收：钢筋混凝土结构中所用的钢筋，都应有出厂质量证明书或试验报告单，每捆（盘）钢筋均应有标牌。钢筋进场时应按批号及直径分批验收。验收的内容包括查对标牌、外观检查，并按有关标准的规定抽取试样作力学性能试验，合格后方可使用。

1）热轧钢筋验收

① 外观检查：要求钢筋表面不得有裂缝、结疤和折叠，钢筋表面允许有凸块，但不得

超过横肋的最大高度。钢筋的外形尺寸应符合规定。

② 力学性能检验：以同规格、同炉罐（批）号的不超过 60t 钢筋为一批，每批钢筋中任选两根，每根取两个试样分别进行拉力试验（测定屈服点、抗拉强度和断后伸长率三项指标）和冷弯试验（以规定弯心直径和弯曲角度检查冷弯性能）。如有一项试验结果不符合规定，则从同一批中另取双倍数量的试样重做各项试验。如仍有一个试样不合格，则该批钢筋为不合格品，应降级使用。

③ 其他说明：在使用过程中，对热轧钢筋的质量有疑问或类别不明时，使用前应做拉力和冷弯试验（抽样数量应根据实际情况确定），根据试验结果确定钢筋的类别后，才允许使用。热轧钢筋在加工过程中发现脆断、焊接性能不良或力学性能显著不正常等现象时，应进行化学成分分析或其他专项检验。热轧钢筋不宜用于主要承重结构的重要部位。

2）冷拉钢筋与冷拔钢丝验收：冷拉钢筋以不超过 20t 的同级别、同直径的冷拉钢筋为一批，从每批中抽取两根钢筋，每根截取两个试样分别进行拉力和冷弯试验。冷拉钢筋的外观不得有裂纹和局部缩颈。

冷拔钢丝分甲级钢丝和乙级钢丝两种。甲级钢丝逐盘检验，从每盘钢丝上任一端截去不少于 500mm 后再取两个试样，分别做拉力和冷弯试验。乙级钢丝可分批抽样检验，以同一直径的钢丝为一批，从中任取三盘，每盘各截取两个试样，分别做拉力和冷弯试验。钢丝外观不得有裂纹和机械损伤。

3）冷轧带肋钢筋验收：冷轧带肋钢筋以不大于 50t 的同级别、同一钢号、同一规格为一批。每批抽取 5%（但不少于 5 盘）进行外形尺寸、表面质量和质量偏差的检查，如其中有一盘不合格，则应对该批钢筋逐盘检查。力学性能应逐盘检验，从每盘任一端截去 500mm 后取两个试样分别做拉力和冷弯试验，如有一项指标不合格，则该盘钢筋判为不合格。

对有抗震要求的框架结构纵向受力钢筋进行检验，所得的实测值应符合下列要求：

① 钢筋的抗拉强度实测值与屈服强度实测值的比值不应小于 1.25。

② 钢筋的屈服强度实测值与钢筋强度标准值的比值，一级、二级小于等于 1.3。

（2）钢筋的存放：钢筋运进施工现场后，必须严格按批分等级、牌号、直径、长度挂牌存放，并注明数量，不得混淆。钢筋应尽量堆入仓库或料棚内。条件不具备时，应选择地势较高、土质坚实、较为平坦的露天场地存放。在仓库或场地周围挖排水沟，以利泄水。堆放时钢筋下面要加垫木，离地不宜少于 200mm，以防钢筋锈蚀和污染。钢筋成品要分工程名称和构件名称，按号码顺序存放。同一项工程与同一构件的钢筋要存放在一起，按号挂牌排列，牌上注明构件名称、部位、钢筋类型、尺寸、钢号、直径、根数，不能将几项工程的钢筋混放在一起。同时不要和产生有害气体的车间靠近，以免污染和腐蚀钢筋。

5.2.2 钢筋的冷加工

钢筋一般在钢筋车间或现场钢筋棚加工，然后运至施工现场安装或绑扎。钢筋加工过程取决于成品种类，一般包括：冷拉、调直、除锈、切断、弯曲成型、焊接、绑扎等。钢筋加工过程如图 5-19 所示。

施工现场钢筋的冷加工方式一般为冷拉、冷拔和冷轧，用以提高钢筋强度设计值，能节约钢材，满足预应力钢筋的需要。

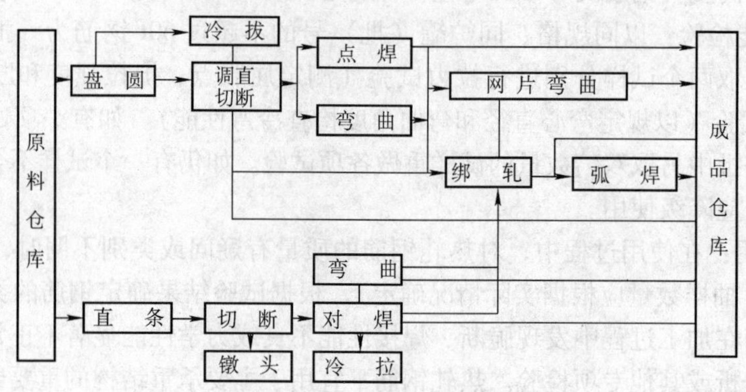

图 5-19 钢筋加工过程图

钢筋的冷拉

钢筋的冷拉是在常温下对钢筋进行强力拉伸，拉应力超过钢筋的屈服强度，使钢筋产生塑性变形，以达到调直钢筋、提高强度的目的。冷拉 HPB235 钢筋适用于混凝土结构中的受拉钢筋；冷拉 HRB335、HRB400、RRB400 级钢筋适用于预应力混凝土结构中的预应力筋。

（1）冷拉控制方法：冷拉钢筋的控制方法有控制应力和控制冷拉率两种方法。

冷拉率是指钢筋冷拉伸长值与钢筋冷拉前长度的比值。采用冷拉率方法冷拉钢筋时，其最大冷拉率及冷拉控制应力，应符合表 5-5 的规定。

表 5-5 冷拉控制应力及最大冷拉率

项 目	钢筋级别	符号	冷拉控制应力/(N/mm^2)	最大冷拉率(%)
1	HPB235	Φ	280	10
2	HRB335	Φ	450	5.5
3	HRB400	Φ	500	5

采用控制应力冷拉钢筋时，以表 5-6 规定的控制应力对钢筋进行冷拉，冷拉后检查钢筋的冷拉率，如不超过表 5-6 中规定的冷拉率，认为合格，如超过表 5-6 中规定的数值时，则应进行力学性能检验。

例如；一根直径为 18mm，截面积 254.5mm^2，长 30m 的 HPB235 级钢筋冷拉时，由表 5-6 查出钢筋冷拉控制应力为 280N/mm^2，最大冷拉率不超过 10%，则该根钢筋冷拉控制拉力为

$254.5\text{mm}^2 \times 280\text{N/mm}^2 = 178150\text{N} = 71.26\text{kN}$，

最大伸长量为 $30\text{m} \times 10\% = 3\text{m} = 3000\text{mm}$

冷拉时，当控制力达到 71.26kN，而伸长量没有超过 3000mm，则这根冷拉钢筋为合格品，否则当控制拉力达到 71.26kN，而伸长量超过 3000mm，或者伸长量达到 3000mm 而控制力没达到时，均为不合格，须进行机械性能试验或降级使用。

冷拉率控制值必须由试验确定。对同炉批钢筋测定的试件不宜少于 4 个，每个试件都按表 5-6 规定的冷拉应力值在万能试验机上测定相应的冷拉率，取其平均值作为该炉批钢筋的实际冷拉率。如钢筋强度偏高，平均冷拉率低于 1% 时，仍按 1% 进行冷拉。

表 5-6　测定冷拉率时钢筋的冷拉应力

钢筋级别		冷拉控制应力/（N/mm^2）
Ⅰ级 $d<12$		320
Ⅱ级	$d<25$	480
	$d=28\sim40$	460
Ⅲ级 $d=8\sim40$		530
Ⅳ级 $d=10\sim28$		730

不同炉批的钢筋不宜用控制冷拉率的方法进行冷拉。多根连接的钢筋，用控制应力的方法进行冷拉时，其控制应力和每根的冷拉率均应符合表 5-6 的规定；当用控制冷拉率方法进行冷拉时，实际冷拉率按总长计，但多根钢筋中每根钢筋冷拉率不得超过表 5-6 规定。

钢筋冷拉速度不宜过快，一般以每秒拉长 5mm 或每秒增加 $5N/mm^2$ 拉应力为宜。当拉至控制值时，停车 2～3min 后再行放松，使钢筋晶体组织变形较为完全，以减少钢筋的弹性回缩。

预应力钢筋由几段对焊而成时，应在焊接后再进行冷拉，以免因焊接而降低冷拉所获得的强度。

钢筋调直宜用机械方法，也可用冷拉调直。当用冷拉方法调直钢筋时，HPB235 级钢筋的冷拉率不宜大于 4%，HRB335 级，HRB400 级和 RRB400 级钢筋的冷拉率不宜大于 1%。

（2）冷拉设备：冷拉设备由拉力设备、承力结构、测量设备和钢筋夹具等部分组成，如图 5-21 所示，拉力设备可采用卷扬机或长行程液压千斤顶；承力结构可采用地锚；测力装置可采用弹簧测力计、电子秤或附带油表的液压千斤顶。

5.2.3　钢筋连接

钢筋接头连接方法有：焊接连接、机械连接和绑扎连接。焊接连接的方法较多，成本较低，质量可靠，宜优先选用。机械连接无明火作业，设备简单，节约能源，不受气候条件影响，可全天候施工，连接可靠，技术易于掌握，适用范围广，尤其适用于现场焊接有困难的场合。绑扎连接由于需要较长的搭接长度，浪费钢筋，且连接不可靠，故宜限制使用。

1. 钢筋焊接

钢筋焊接方法有：闪光对焊、电弧焊、电渣压力焊和电阻点焊。此外还有预埋件钢筋和钢板的埋弧压力焊及最近推广的钢筋气压焊。

受力钢筋采用焊接接头时，设置在同一构件内的焊接接头应相互错开。在任一焊接接头中心至长度为钢筋直径 d 的 35 倍，且不小于 500mm 的区段内，同一根钢筋不得有两个接头；在该区段内有接头的受力钢筋截面面积占受力钢筋总截面面积的百分率，应符合下列规定：

① 非预应力筋、受拉区不宜超过 50%；受压区和装配式构件连接处不限制。

② 预应力筋受拉区不宜超过 25%，当有可靠保证措施时，可放宽至 50%；受压区和后张法的螺纹端杆不限制。

（1）闪光对焊：闪光对焊广泛用于钢筋纵向连接及预应力钢筋与螺纹端杆的焊接。热轧钢筋的焊接宜优先用闪光对焊，其次才用电弧焊。

钢筋闪光对焊的原理（图 5-20）是利用对焊机使两段钢筋接触，通过低电压的强电流，待钢筋被加热到一定温度变软后，进行轴向加压顶锻，形成对焊接头。

钢筋闪光对焊工艺常用的有连续闪光焊、预热闪光焊和闪光－顶热－闪光焊（图 5-21）。对Ⅳ级钢筋有时在焊接后还进行通电热处理。

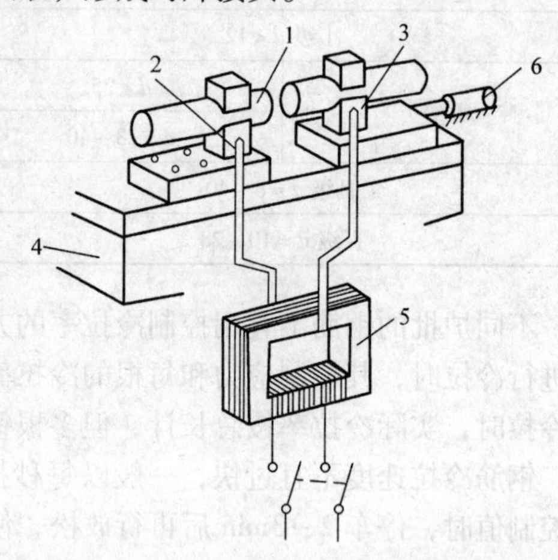

图 5-20　钢筋闪光对焊的原理
1—焊接的钢筋　2—固定电极　3—可动电极
4—机座　5—变压器　6—手动顶压机构

1）连续闪光焊：这种焊接的工艺过程是待钢筋夹紧在电极钳口上后，闭合电源，使两钢筋端面轻微接触。由于钢筋端部不平，开始只有一点或数点接触，接触面小而电流密度和接触电阻很大，接触点很快熔化并产生金属蒸气飞溅，出现闪光现象。闪光一开始就徐徐移动钢筋，形成连续闪光过程，同时接头也被加热。待接头烧平、闪去杂质和氧化膜、白热熔化时，随即施加轴向压力迅速进行顶锻，使两根钢筋焊牢。

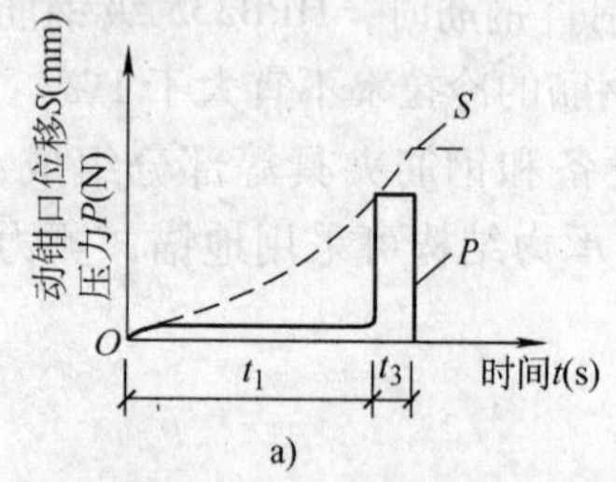

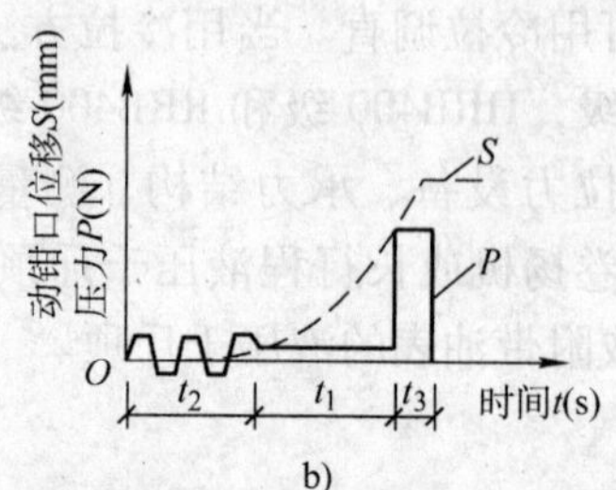

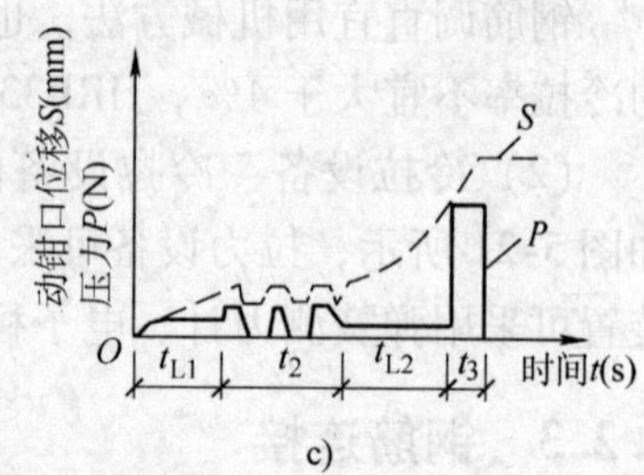

图 5-21　钢筋闪光对焊工艺过程图

a）连续闪光焊　b）预热闪光焊　c）闪光－预热－闪光焊

t_1—烧化时间　t_{L1}——一次烧化时间　t_{L2}—二次烧化时间　t_2—预热时间　t_3—顶锻时间

连续闪光焊适宜焊接直径 25mm 以内的Ⅰ～Ⅲ级钢筋。焊接直径较小的钢筋最适宜。

连续闪光焊的工艺参数为调伸长度、烧化留量、顶锻留量及变压器级数等。

2）预热闪光焊：预热闪光焊与连续闪光焊不同之处，在于前面增加一个预热时间，先使大直径钢筋预热后再连续闪光烧化进行加压顶锻。钢筋直径较大，端面比较平整时宜用预热闪光焊。

3）闪光－预热－闪光焊：端面不平整的大直径钢筋连接采用半自动或自动的 150 型对焊机，这种焊接的工艺过程是进行连续闪光，使钢筋端部烧化平整；再使接头处作周期性闭合和断开，形成断续闪光，使钢筋加热；接着是连续闪光，最后进行加压顶锻。焊接大直径钢筋宜采用闪光－预热一闪光焊。

闪光－预热－闪光焊的工艺参数为调伸长度、一次烧化留量、预热留量和预热时间、二次烧化留量、顶锻留量及变压器级数等。

钢筋闪光对焊后，应对接头进行外观检查，必须满足：无裂纹和烧伤；接头弯折不大于

3°；接头轴线偏移不大于1/10的钢筋直径，也不大于2mm。另外，还应按同规格接头300个的比例，做三根拉伸试验和三根冷弯试验，其抗拉强度实测值不应小于母材的抗拉强度，且断于接头的外处。

（2）电弧焊：电弧焊是利用弧焊机使焊条与焊件之间产生高温电弧，使焊条和电弧燃烧范围内的焊件熔化，待其凝固便形成焊缝或接头，电弧焊广泛用于钢筋接头、钢筋骨架焊接、装配式结构接头的焊接、钢筋与钢板的焊接及各种钢结构焊接。

钢筋电弧焊的接头形式（图5-22）有：搭接焊接头（单面焊缝或双面焊缝）、帮条焊接头（单面焊缝或双面焊缝）、剖口焊接头（平焊或立焊）、熔槽帮条焊接头（用于安装焊接$d\geqslant25$mm的钢筋）和窄间隙焊（置于U形铜模内）。

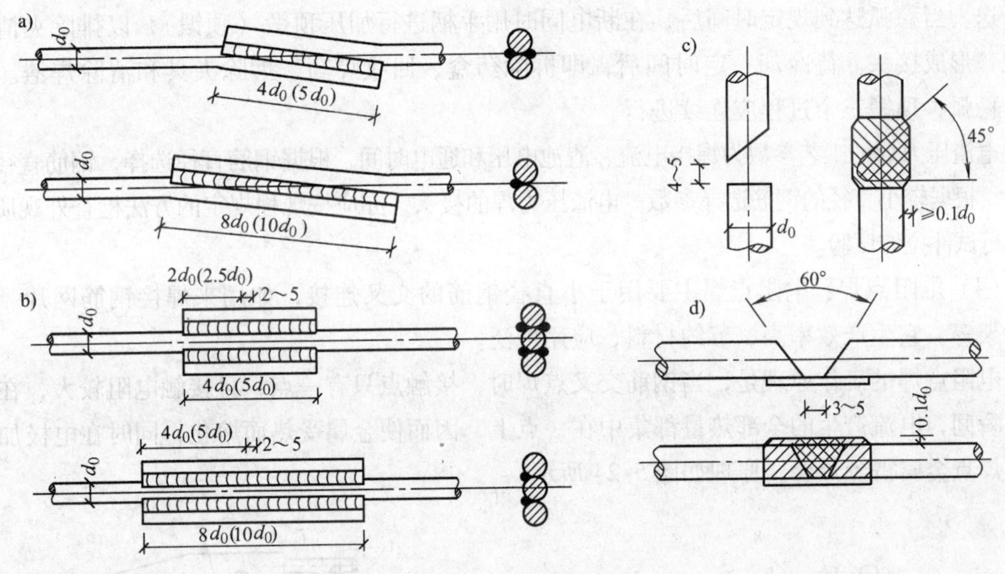

图5-22　钢筋电弧焊的接头形式

a）搭接焊接头　b）帮条焊接头　c）立焊的坡口焊接头　d）平焊的坡口焊接头

弧焊机有直流与交流之分，常用的为交流弧焊机。

焊条的种类很多，如E4303、E5503等，钢筋焊接根据钢材等级和焊接接头形式选择焊条。焊条表面涂有药皮，它可保证电弧稳定，避免焊缝氧化、并产生溶渣覆盖焊缝以减缓冷却速度，对熔池脱氧和加入合金元素，以保证焊缝金属的化学成分和力学性能。

焊接电流和焊条直径根据钢筋类别、直径、接头形式和焊接位置进行选择。

搭接接头的长度、帮条的长度、焊缝的长度和高度等，规程都有明确规定。采用帮条或搭接焊时，焊缝长度不应小于帮条或搭接长度，焊缝高度$h\geqslant0.3d$，并不得并不得小于4mm；焊缝宽度$b\geqslant0.7d$，并不得小于10mm。电弧焊一般要求焊缝表面平整，无裂纹，无较大凹陷、焊瘤，无明显咬边、气孔、夹渣等缺陷。在现场安装条件下，每一层楼以300个同类型接头为一批，每一批选取三个接头进行拉伸试验。如有一个不合格，取双倍试件复验，再有一个不合格，则该批接头不合格。如对焊接质量有怀疑或发现异常情况，还可进行非破损方式（X 射线、γ 射线、超声波探伤等）检验。

（3）电渣压力焊：电渣压力焊在建筑施工中多用于现浇钢筋混凝土结构构件内竖向或斜向（倾斜度在 4∶1 的范围内）钢筋的焊接接长。有自动与手工电渣压力焊。与电弧焊比较，它工效高、成本低、可进行竖向连接，在工程中应用较普遍。

进行电渣压力焊宜选用合适的变压器。夹具（图 5-23）需灵巧、上下钳口同心，保证上下钢筋的轴线应尽量一致，其最大偏移不得超过 $0.1d$，同时也不得大于 2mm。

焊接时，先将钢筋端部约 120mm 范围内的铁锈除尽，将夹具夹牢在下部钢筋上，并将上部钢筋扶直夹牢于活动电极中，自动电渣压力焊还在上下钢筋间放引弧用的钢丝圈等。再装上药盒（直径 90～100mm）和装满焊药，接通电路，用手柄使电弧引燃（引弧）。然后稳定一定时间，使之形成渣池并使钢筋溶化（引弧）。随着钢筋的熔化，用手柄使上部钢筋缓缓下送。当稳弧达到规定时间后，在断电同时用手柄进行加压顶锻（顶锻），以排除夹渣和气泡，形成接头。待冷却一定时间后，即拆除药盒、回收焊药、拆除夹具和清除焊渣。引弧、稳弧、顶锻三个过程应连续进行。

电渣压力焊的工艺参数为焊接电流、渣池电压和通电时间，根据钢筋直径选择，钢筋直径不同时，根据较小直径的钢筋选择参数。电渣压力焊的接头，亦应按规程规定的方法检查外观质量和进行试件拉伸试验。

（4）电阻点焊：电阻点焊主要用于小直径钢筋的交叉连接，如用来焊接钢筋网片、钢筋骨架等。它生产效率高、节约材料，应用广泛。

电阻点焊的工作原理是，当钢筋交叉点焊时，接触点只有一点，且接触电阻较大，在接触的瞬间，电流产生的全部热量都集中在一点上，因而使金属受热而熔化，同时在电极加压下使焊点金属得到焊合，原理如图 5-24 所示。

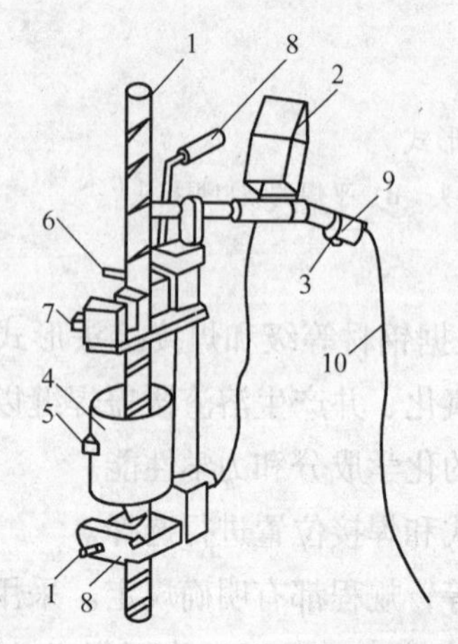

图 5-23　电渣压力焊构造原理图

1—钢筋　2—监控仪表　3—电源开关
4—焊剂盒　5—焊剂盒扣环　6—电缆插座
7—活动夹具　8—固定夹具
9—操作手柄　10—控制电缆

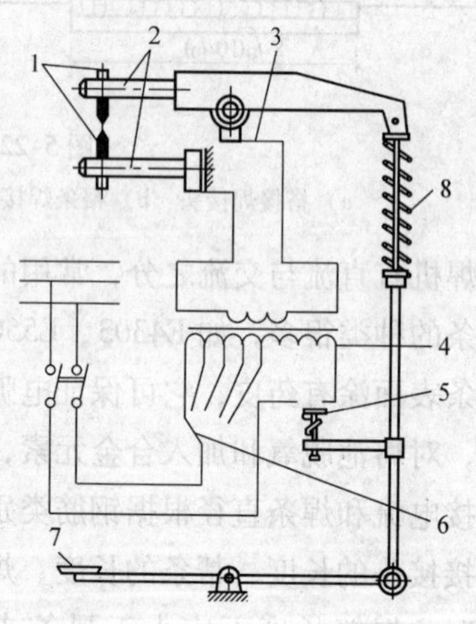

图 5-24　点焊机工作原理图

1—电极　2—电极臂　3—变压器的次级线圈
4—变压器的初级线圈　5—断路器
6—变压器的调节开关
7—踏板　8—压紧机构

常用的点焊机有单点点焊机、多头点焊机（一次可焊数点，用于焊接宽大的钢筋网）、悬挂式点焊机（可焊钢筋骨架或钢筋网）、手提式点焊机（用于施工现场）。

电阻点焊的主要工艺参数为：变压器级数、通电时间和电极压力。在焊接过程中应保持一定的预压和锻压时间。

通电时间根据钢筋直径和变压器级数而定。电极压力则根据钢筋级别和直径选择。

焊点应有一定的压入深度。点焊热轧钢筋时，压入深度为较小钢筋直径的30%～45%；点焊冷拔低碳钢丝时，压入深度为较小钢丝直径的30%～35%。

电阻点焊不同直径钢筋时，如较小钢筋的直径小于10mm，大小钢筋直径之比不宜大于3；如较小钢筋的直径为12mm或14mm时，大小钢筋直径之比则不宜大于2。应根据较小直径的钢筋选择焊接工艺参数。

焊点应进行外观检查和强度试验。热轧钢筋的焊点应进行抗剪试验。

（5）气压焊：气压焊连接钢筋是利用乙炔－氧混合气体燃烧的高温火焰对已有初始压力的两根钢筋端面接合处加热，使钢筋端部产生塑性变形，并促使钢筋端面的金属原子互相扩散，当钢筋加热到约1250～1350℃（相当于钢材熔点的0.8～0.9倍，此时钢筋加热部位呈橘黄色，有白亮闪光出现）时进行加压顶锻，使钢筋内的原子得以再结晶而焊接在一起。

钢筋气压焊接属于热压焊。在焊接加热过程中，加热温度只为钢材熔点的0.8～0.9倍，钢材未呈熔化液态，且加热时间较短，钢筋的热输入量较少，所以不会出现钢筋材质劣化倾向。另外，它设备轻巧、使用灵活、效率高、节省电能、焊接成本低，可进行全方位（竖向、水平和斜向）焊接，所以在我国逐步得到推广。

气压焊接设备主要包括加热系统与加压系统两部分（图5-25）。

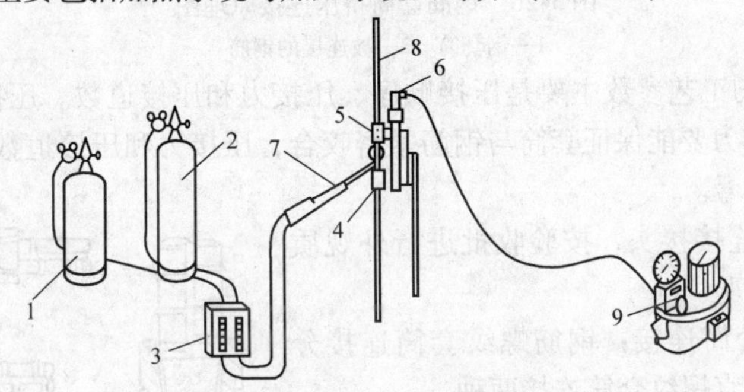

图5-25　气压焊接设备示意图

1—乙炔　2—氧气　3—流量计　4—固定卡具　5—活动卡具
6—压接器　7—加热器与焊炬　8—被焊接的钢筋　9—电动液压泵

加热系统中的热源是氧和乙炔。氧的纯度宜为99.5%，工作压力为0.6～0.7MPa；乙炔的纯度宜为98.0%，工作压力为0.06MPa。流量计用来控制氧和乙炔的输入量，焊接不同直径的钢筋要求不同的流量。加热器将氧和乙炔混合后，从喷火嘴喷出火焰加热钢筋，要求火焰能均匀加热钢筋，有足够的温度和功率并安全可靠。

加压系统中的压力源为电动液压泵（亦有手揿液压泵），使加压顶锻时压力平稳。压接器是气压焊的主要设备之一，要求它能准确、方便地将两根钢筋固定在同一轴线上，并将液压泵产生的压力均匀地传递给钢筋达到焊接的目的。施工时压接器需反复装拆，要求它质量轻、构造简单和装拆方便。

气压焊接的钢筋要用砂轮切割机断料，不能用钢筋切断机切断，要求端面与钢筋轴线垂直。焊接前应打磨钢筋端面，清除氧化层和污物，使之现出金属光泽，并立即喷涂一薄层焊接活化剂，保护端面不再被氧化。

钢筋加热前先对钢筋施加 30 ~ 40MPa 的初始压力，使钢筋端面贴合。当加热到缝隙密合后，上下摆动加热器，适当增大钢筋加热范围，促使钢筋端面金属原子互相渗透，也便于加压顶锻。加压顶锻时的压应力约 34 ~ 40MPa，使焊接部位产生塑性变形。直径小于 22mm 的钢筋可以一次顶锻成型，大直径钢筋可以进行二次顶锻。

2. 钢筋机械连接

钢筋机械连接包括套筒挤压连接和螺纹套管连接。钢筋机械连接是近年来大直径钢筋现场连接的主要方法，它不受钢筋化学成分、可焊性及气候等影响，质量稳定、操作简便、施工速度快、无明火等特点。

（1）钢筋套筒挤压连接：钢筋套筒挤压连接是将需连接的变形钢筋插入特制钢套筒内，利用液压驱动的挤压机进行径向或轴向挤压，使钢套筒产生塑性变形，使套筒内壁紧紧咬住变形钢筋实现连接（图 5-26）。它适用于竖向、横向及其他方向的较大直径变形钢筋的连接。

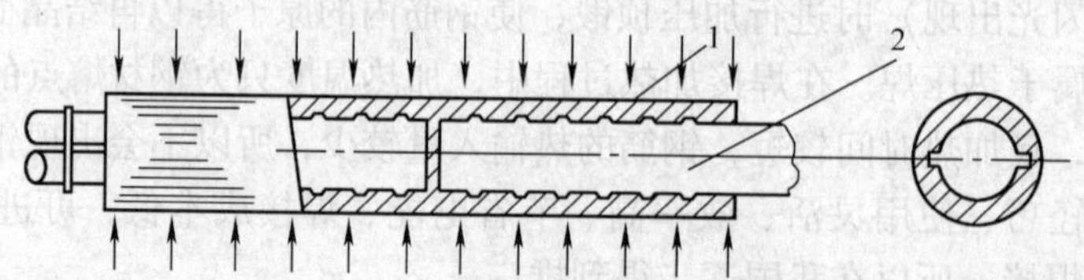

图 5-26　钢筋套筒挤压连接原理图

1—钢套筒　2—被连接的钢筋

钢筋挤压连接的工艺参数主要是压接顺序、压接力和压接道数。压接顺序应从中间逐渐向两端压接。压接力要能保证套筒与钢筋紧密咬合，压接力和压接道数取决于钢筋直径、套筒型号和挤压机型号。

钢筋套筒挤压连接接头，按验收批进行外观质量和单向拉伸试验检验。

（2）钢筋螺纹套筒连接：钢筋螺纹套筒连接分为锥螺纹套筒连接和直螺纹套筒连接两种。

用于这种连接的钢套管内壁，用专用机床加工有锥螺纹，钢筋的对接端头亦在套螺纹机上加工有与套管匹配的锥螺纹。连接时，经对螺纹检查无油污和损伤后，先用手旋入钢筋，然后用扭矩扳手紧固至规定的扭矩即完成连接（图 5-27）。它施工速度快、不受气候影响、质量稳定、对中性好。

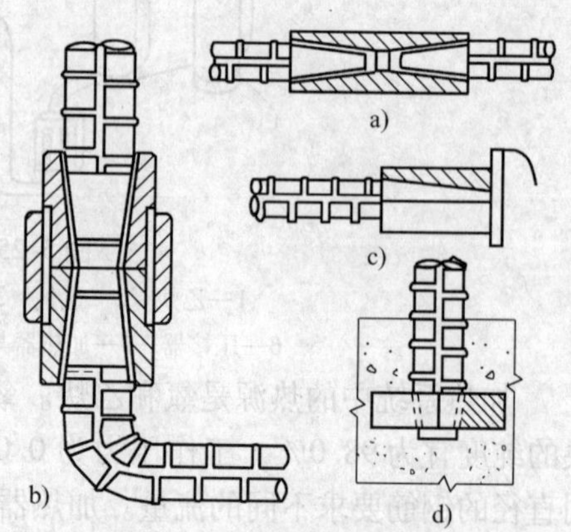

图 5-27　钢筋螺纹套筒连接示意图

a）两根直钢筋连接

b）一根直钢筋与一根弯钢筋连接

c）在金属结构上接装钢筋

d）在混凝土构件中插接钢筋

锥螺纹套筒连接由于钢筋的端头在套螺纹机上加工有螺纹，截面有所削弱，有时达不到与母材等强度要求。为确保达到与母材等强度，可先把钢筋端部镦粗，然后切削直螺纹，用套筒连接就形成直螺纹套筒连接。或者用冷轧方法在钢筋端部轧制出螺纹，由于冷强作用亦可达到与母材等强。

钢筋在现场安装时，宜特别关注受力钢筋，受力钢筋的品种、级别、规格和数量都必须符合设计要求。钢筋安装位置的允许偏差应参照《混凝土结构工程施工质量验收规范》。

3. 绑扎连接

钢筋搭接处，应在中心及两端用20～22号铁丝扎牢。受拉钢筋绑扎连接的搭接长度应符合表5-7的规定。

表5-7 受拉钢筋绑扎连接的搭接长度

项次	钢筋类型	混凝土强度等级		
		C20	C25	≥C30
1	Ⅰ级钢筋	$35d$	$30d$	$25d$
2	Ⅱ级钢筋	$45d$	$40d$	$35d$
3	Ⅲ级钢筋	$55d$	$50d$	$45d$
4	低碳冷拔钢丝	300mm		

注：1. 当Ⅰ、Ⅱ级钢筋直径 $d>25$mm 时，其受拉钢筋的搭接长度应按表中数值增加 $5d$ 采用。

2. 当螺纹钢筋直径 $d\leqslant25$mm 时，其受拉钢筋的搭接长度应按表中数值减少 $5d$ 采用。

3. 当混凝土在凝固过程中易受扰动时（如滑模施工），受力钢筋的搭接长度宜适当增加。

4. 在任何情况下，纵向受拉钢筋的搭接长度不应小于300mm，受拉钢筋的搭接长度不应小于200mm。

5. 轻骨料混凝土的钢筋绑扎接头搭接长度应按普通混凝土搭接长度增加 $5d$（低碳冷拔钢丝增加50mm）。

6. 当混凝土强度等级低于C20时，对Ⅰ、Ⅱ级钢筋最小搭接长度应按表中C20的相应数值增加 $10d$。

（1）两根直径不同钢筋的搭接长度，以较细钢筋的直径计算。

（2）当纵向受拉钢筋搭接接头面积百分率大于25%，且小于50%时，其最小搭接长度应按表5-7中的数值乘以1.2取用；当接头面积百分率大于50%时，应按表5-7中的数值乘以1.35取用。

（3）当带肋钢筋的直径大于25mm时，其最小搭接长度按表5-7中的相应数值乘以因数1.1取用。

（4）对环氧树脂涂层的带肋钢筋，其最小搭接长度按表5-7中的相应数值乘以因数1.25取用。

（5）当在混凝土凝固过程中受力钢筋易受扰动时（如滑模施工），其最小搭接长度应按相应数值乘以因数1.1取用。

（6）当带肋钢筋的混凝土保护层厚度大于搭接钢筋直径的3倍且配有箍筋时，其最小搭接长度可按相应数值乘以因数0.8取用。

（7）对末端采用机械锚固措施的带肋钢筋，其最小搭接长度按相应的数值乘以因数0.7取用。

（8）对有抗震设防要求的结构构件，其受力钢筋的最小搭接长度：对一、二级抗震等级的，应按相应数值乘以因数1.15取用；对于三级抗震等级的，应按相应数值乘以因数1.05取用。

（9）在任何情况下，受拉钢筋的搭接长度不应小于300mm；受压钢筋的搭接长度不应小于200mm

5.2.4 钢筋配料

钢筋配料就是根据结构施工图，分别计算构件各钢筋的直线下料长度、根数及质量，编制钢筋配料单，作为备料、加工和结算的依据。钢筋配料是钢筋工程施工的重要一环，应由识图能力强，同时熟悉钢筋加工工艺的人员进行。钢筋加工前应根据设计图纸和会审记录按不同构件先编制配料单，见表5-8，然后进行备料加工。

表 5-8 钢筋配料表

项次	构件名称	钢筋编号	简图	直径/mm	钢号	下料长度/mm	单位根数	合计根数	总质量/kg
1	L_1 梁 计5根	(1)	4190	10	Φ	4315	2	10	26.62
2		(2)	150 265 494 2960 494 265 150	20	Φ	4658	1	5	57.43
3		(3)	100 4190 100	18	Φ	4543	2	10	90.77
4		(4)	162 362	6	Φ	1108	22	110	27.05
	合计Φ6：27.05kg；Φ10：26.62kg；Φ18：90.77kg；Φ20：57.43kg								

结构施工图中所指钢筋长度是钢筋外边缘至外边缘之间的长度，即外包尺寸，这是施工中度量钢筋长度的基本依据。钢筋加工前按直线下料，经弯曲后，外边缘伸长，内边缘缩短，而中心线不变。这样，钢筋弯曲后的外包尺寸和中心线长度之间存在一个差值，称为“量度差值”。在计算下料长度时必须加以扣除。否则势必形成下料太长，造成浪费；或弯曲成形后钢筋尺寸大于要求，造成保护层不够；甚至钢筋尺寸大于模板尺寸而造成返工。因此，钢筋下料长度应为各段外包尺寸之和减去各弯曲处的量度差值，再加上端部弯钩的增加值。

1. 钢筋弯曲处量度差值

钢筋弯曲处的量度差值与钢筋弯心直径及弯曲角度有关。

若钢筋直径为 d，90°弯曲时按施工规范有两种情况，即 HPB235 钢筋弯心直径 $D=2.5d$，HRB335 钢筋弯心直径 $D=4d$，如图 5-28 所示，其每个90°弯曲的量度差为：

$$A'C'+C'B'-\overset{\frown}{ACB}=2\left(\frac{D}{2}+d\right)-\frac{1}{4}\pi(D+d)=0.215D+1.215d$$

当弯心直径 $D=2.5d$ 代入上式，得量度差值为 $1.75d$；

当弯心直径 $D=4d$ 代入上式，得量度差值为 $2.07d$；

为了计算方便，两者都近似取 $2d$。

同理可得，45°弯曲时的量度差值为 $0.5d$；60°弯曲时的量度差值为 $0.85d$；135°弯曲时的量度差值为 $2.5d$。

2. 钢筋弯钩（曲）增加长度

根据规范规定，HPB235 钢筋两端应做180°弯钩，其弯心直径 $D=2.5d$，平直部分长度为 $3d$，如图 5-29 所示。量度方法以外包尺寸度量，其每个弯钩增加长度为：

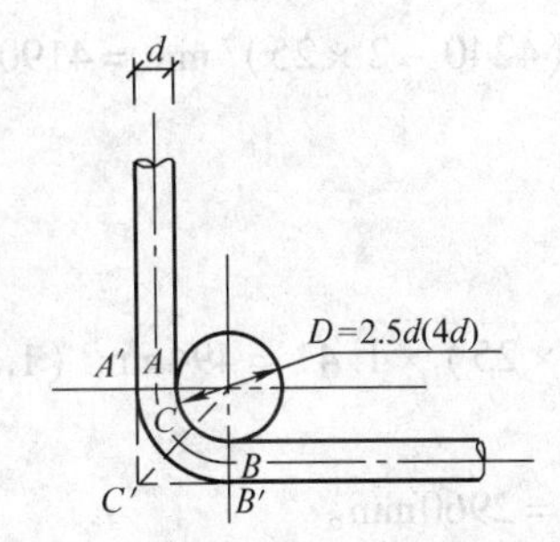

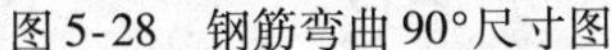

图 5-28　钢筋弯曲 90°尺寸图

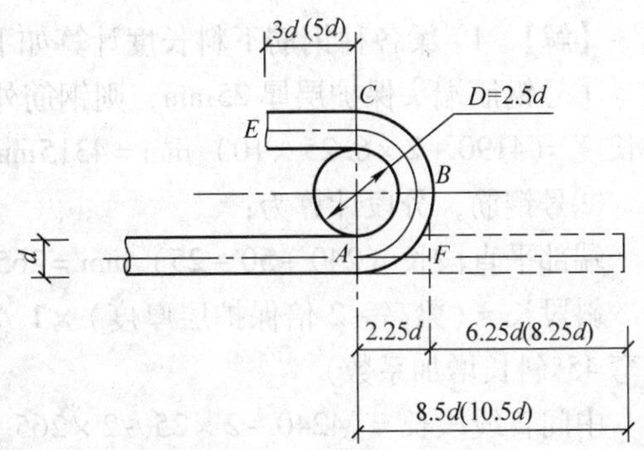

图 5-29　钢筋弯曲 180°尺寸图

$$E'F = \overset{\frown}{ACE} + EC - AF = 1/2\pi(D+d) + 3d - (D/2+d)$$
$$= 1/2\pi(2.5d+d) + 3d - (2.5d/2+d) = 6.25d\text{（已考虑量度差值）}$$

即：弯钩增加长度 $=0.5\pi(D+d)-(0.5D+d)+$ 平直长度　　(5-3)

同理可以得知：钢筋末端弯曲为 135°及 90°时，其末端弯曲增长值可按下式分别计算：

当弯 135°时，弯曲增加长度 $=0.37\pi(D+d-(0.5D+d)+$ 平直长度　　(5-4)

当弯 90°时，弯曲增加长度 $=0.25\pi(D+d)-(0.5D+d)+$ 平直长度　　(5-5)

（1）HPB235 钢筋末端需做 180°弯钩，普通混凝土中取 $D=2.5d$，平直段长度为 $3d$，故每弯钩增长值为 $6.25d$。

（2）HRB335、HRB400 钢筋末端做 90°或 135°弯曲，其弯曲直径 D，HRB335 钢筋为 $4d$；HRB400 钢筋为 $5d$。其末端弯钩增长值，当弯 90°时，HRB335、HRB400 钢筋均取 $d+$ 平直段长；当弯 135°时，HRB335 钢筋取 $3d+$ 平直段长；HRB400 钢筋取 $3.5d+$ 平直段长。

（3）箍筋用 HPB235 钢筋或冷拔低碳钢丝制作时，其末端需做弯钩，有抗震要求的结构应做 135°弯钩，无抗震要求的结构可做 90°或 180°弯钩，弯钩的弯曲直径 D 应大于受力钢筋的直径，且不小于箍筋直径的 2.5 倍。弯钩末端平直长度，在一般结构中不宜小于箍筋直径的 5 倍；在有抗震要求的结构中不小于箍筋直径的 10 倍。其末端弯曲增长仍可按式（5-5）~式（5-7）进行计算。

【例】 某建筑物第一层楼共有 5 根 L_1 梁，梁的钢筋如图 5-30 所示，要求编制钢筋配料单。

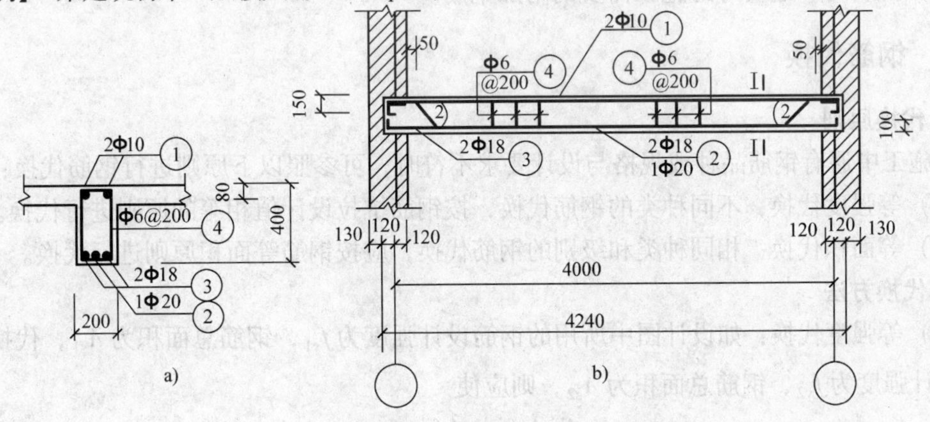

图 5-30　L_1 梁（共 5 根）

a）Ⅰ—Ⅰ剖面图　b）配筋图

【解】 L_1 梁各种钢筋下料长度计算如下：

①号钢筋端头保护层厚 25mm，则钢筋外包尺寸为：（4240 - 2 × 25） mm = 4190mm，下料长度 =(4190 + 2 × 6. 25 × 10） mm = 4315mm。

②号钢筋，分段计算为：

端部平直段长 =(240 + 50 - 25） mm = 265mm。

斜段长 =（梁高 - 2 倍保护层厚度）× 1. 41 =（400 - 2 × 25）× 1. 41 = 494mm（1. 41 是钢筋弯 45°斜长增加系数）

中间直线段长 =(4240 - 2 × 25 - 2 × 265 - 2 × 350) mm = 2960mm。

HRB335 钢筋末端无弯钩，钢筋下料长度为：

$2\times(150+265+494)+2960-4\times0.5d-2\times2d=4658\text{mm}$。

③号钢筋下料长度为：

$4240-2\times25+2\times100+2\times6.25d-2\times2\times d=4543\text{mm}$。

④号箍筋外包尺寸为：

宽度 =(200 - 2 × 25 + 2 × 6) mm = 162mm

高度 =(400 - 2 × 25 + 2 × 6) mm = 362mm。

⑤号箍筋的下料长度为：

$2(162+362)+100-3\times2d=1112\text{mm}$。

箍筋数量 =(构件长 - 两端保护层） /箍筋间距 + 1

= (4240 - 2 × 25)/200 + 1

= 21. 95，取 22 根。

为了加工方便，根据钢筋配料单，每一编号钢筋做一个钢筋加工牌，钢筋加工完毕将加工牌绑在钢筋上以便识别。钢筋加工牌中注明工程名称、构件编号、钢筋规格、总加工根数、下料长度及钢筋简图、外包尺寸等。

3. 配料计算注意事项

（1）在设计图纸中，钢筋配置的细节问题没有注明时，一般可按构造要求处理。

（2）配料计算时，要考虑钢筋的形状和尺寸在满足设计要求的前提下有利于加工安装。

（3）配料时，还要考虑施工需要的附加钢筋。

5. 2. 5　钢筋代换

1. 代换原则

当施工中遇有钢筋品种或规格与设计要求不符时，可参照以下原则进行钢筋代换：

（1）等强度代换：不同种类的钢筋代换，按钢筋抗拉设计值相等的原则进行代换。

（2）等面积代换：相同种类和级别的钢筋代换，应按钢筋等面积原则进行代换。

2. 代换方法

（1）等强度代换：如设计图中所用的钢筋设计强度为 f_{y1}，钢筋总面积为 A_{s1}，代换后的钢筋设计强度为 f_{y2}，钢筋总面积为 A_{s2}，则应使

$$A_{s1}\cdot f_{y1}\leqslant A_{s2}\cdot f_{y2} \tag{5-6}$$

$$n_1\cdot \pi d_1^2/4\cdot f_{y1}\leqslant n_2\cdot \pi d_2^2/4\cdot f_{y2} \tag{5-7}$$

$$n_2 \geqslant n_1 d_1^2 \cdot f_{y_1} / d_2^2 \cdot f_{y2} \tag{5-8}$$

式中 n_2——代换钢筋根数；

n_1——原设计钢筋根数；

d_2——代换钢筋直径；

d_1——原设计钢筋直径。

（2）等面积代换

$$A_{s1} \leqslant A_{s2} \tag{5-9}$$

则

$$n_2 \geqslant n_1 d_1^2 / d_2^2 \tag{5-10}$$

式中符号同上。

钢筋代换后，有时由于受力钢筋直径加大或根数增多而需要增加排数，则构件截面的有效高度 h_0 减少，截面强度降低。通常对这种影响可凭经验适当增加钢筋面积，然后再做截面强度复核。

3. 钢筋代换注意事项

钢筋代换时，应征得设计单位同意，并应符合下列规定：

（1）对重要受力构件，不宜用 HPB235 光面钢筋代换变形钢筋，以免裂缝开展过大。如吊车梁、薄腹梁、桁架下弦等。

（2）钢筋代换后，应满足混凝土结构设计规范中所规定的钢筋间距、锚固长度、最小钢筋直径、根数等要求。

（3）梁的纵向受力钢筋与弯曲钢筋应分别代换，以保证正截面与斜截面强度。偏心受压构件或偏心受拉构件作钢筋代换时，不取整个截面配筋量计算，应按受力面（受拉或受压）分别代换。

（4）当构件受裂缝宽度或挠度控制时，钢筋代换后应进行刚度、裂缝验算。

（5）有抗震要求的梁、柱和框架，不宜以强度等级较高的钢筋代换原设计中的钢筋。如必须代换时，其代换的钢筋检验所得的实际强度，尚应符合抗震钢筋的要求。

（6）预制构件的吊环，必须采用未经冷拉的 HPB235 钢筋制作，严禁以其他钢筋代换。

5.2.6 钢筋加工与安装

1. 钢筋加工

钢筋的加工包括调直、除锈、切断、接长、弯曲等工作。

（1）钢筋调直：钢筋调直可利用冷拉进行。采用冷拉方法调直钢筋时，HPB235 钢筋的冷拉率不宜大于 4%；HRB335、HRB400 钢筋的冷拉率不宜大于 1%。除利用冷拉调直钢筋外，粗钢筋还可采用锤直和拔直的方法；直径 4 ~ 14mm 的钢筋可采用调直机进行。调直机具有使钢筋调直、除锈和切断三项功能。

（2）钢筋的除锈：钢筋的表面应洁净，油渍、漆污和用锤敲击时能剥落的浮皮、铁锈等应在使用前清除干净。在焊接前，焊点处的水锈应清除干净。钢筋的除锈，宜在钢筋冷拉或钢丝调直过程中进行。

（3）钢筋的切断：钢筋切断可采用钢筋切断机或手动切断器。手动切断器一般只用于小于Φ12 的钢筋；钢筋切断机可切断小于Φ40 的钢筋。切断时根据下料长度统一排料；先断长料，后断短料；减少短头，减少损耗。

（4）钢筋的接长与弯曲：钢筋下料之后，应按钢筋配料单进行划线，以便将钢筋准确地加工成所规定的尺寸。当弯曲形状比较复杂的钢筋时，可先放出实样，再进行弯曲。钢筋弯曲宜采用弯曲机，弯曲机可弯Φ6 ~ Φ40 的钢筋，小于Φ25 的钢筋当无弯曲机时，也可采用板钩弯曲。

加工钢筋的允许偏差：受力钢筋顺长度方向全长的净尺寸偏差不应超过 ±10mm；弯起筋的弯折位置偏差不应超过 ±20mm。

2. 钢筋的安装

钢筋安装或现场绑扎应与模板安装相配合。柱钢筋现场绑扎时，一般在模板安装前进行，柱钢筋采用预制安装时，可先安装钢筋骨架，然后安装柱模板，或先安装三面模板，待钢筋骨架安装后，再钉第四面模板。梁的钢筋一般在梁模板安装后，再安装或绑扎；断面高度较大（大于 600mm），或跨度较大、钢筋较密的大梁，可留一面侧模，待钢筋安装或绑孔完后再钉。楼板钢筋绑扎应在楼板模板安装后进行，并应按设计先划线，然后摆料、绑扎。

钢筋保护层应按设计或规范的要求正确确定。工地常用预制水泥垫块垫在钢筋与模板之间，以控制保护层厚度。垫块应布置成梅花形，其相互间距不大于 1m。上下双层钢筋之间的尺寸，可通过绑扎短钢筋或设置撑脚来控制。

钢筋工程属于隐蔽工程，在浇筑混凝土前应对钢筋及预埋件进行验收，并按规定记好隐蔽工程记录，以便查验。验收检查下列几方面：根据设计图纸检查钢筋的钢号、直径、根数、间距是否正确，特别是要注意检查负筋的位置；检查钢筋接头的位置及搭接长度是否符合规定；检查混凝土保护层是否符合要求；检查钢筋绑扎是否牢固，有无变形、松脱和开焊；钢筋表面不允许有油渍、漆污和颗粒状（片状）铁锈；钢筋位置允许偏差，应符合表 5-9 的规定。

表 5-9　钢筋安装及预埋件位置的允许偏差和检验方法

项次	项　目		允许偏差/mm	检验方法
1	网的长度、宽度		±10	尺量检查
2	网眼尺寸	焊接	±10	尺量连续三档取其最大值
		绑扎	±20	
3	骨架的宽度、高度		±5	尺量检查
4	骨架的长度		±10	
5	受力钢筋	间距	±10	尺量两端中间各一点取其最大值
		排距	±5	
6	箍筋、构造筋间距	焊接	±10	尺量连续三档取其最大值
		绑扎	±20	
7	钢筋弯起点位移		20	尺量检查
8	焊接预埋件	中心位移	5	
		水平高差	±3 −0	
9	受力钢筋保护层	基础	±10	
		梁柱	±5	
		墙板	±3	

5.3 现浇混凝土工程施工工艺

5.3.1 混凝土的施工配料

1. 工程施工过程

混凝土施工过程包括混凝土制备、运输、浇筑、养护等。如图5-31所示。

各施工过程既紧密联系又相互影响，任何一个施工过程处理不当都会影响混凝土的最终质量。因此，要求混凝土构件不但要有正确的外形，而且要获得良好的强度、密实性和整体性。

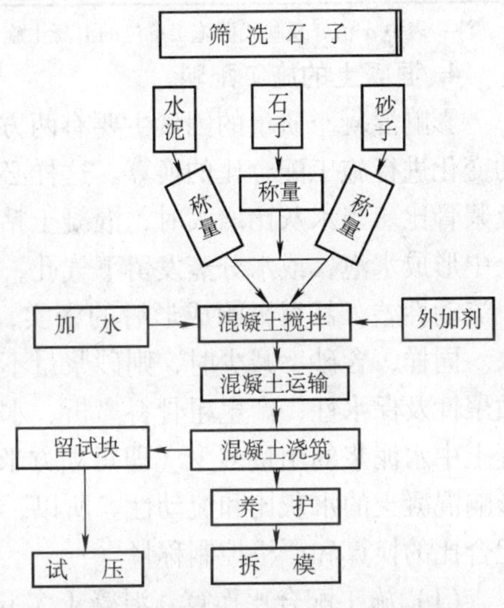

图5-31 混凝土工程施工过程示意图

2. 材料

混凝土一般由水泥、粗骨料、细骨料和水组成，有时掺加外加剂、矿物掺合料。保证原材料的质量是保证混凝土质量的前提。尤其对于水泥，当水泥进场时应对其品种、级别、或散装仓号、出厂日期等进行检查，并对其强度、安定性及其他必要的性能指标进行复验，其质量必须符合现行国家标准。

3. 混凝土施工配制强度确定

混凝土配合比应根据混凝土强度等级、耐久性和工作性能等按国家现行标准《普通混凝土配合比设计规程》确定，有需要时，还需满足抗渗性、抗冻性、水化热低等要求。

混凝土的强度等级按规范规定为14个：C15、C20、C25、C30、C35、C40、C45、C50、C55、C60、C65、C70、C75、C80。C50及其以下为普通混凝土；C60～C80为高强混凝土。混凝土制备之前按式（5－11）、式（5－12）确定混凝土的施工配制强度，以达到95%的保证率。

$$f_{max}=f_{cu,k}+1.645\sigma \tag{5-11}$$

式中 f_{max}——混凝土的施工配制强度（N/mm^2）；

$f_{cu,k}$——设计的混凝土强度标准值（N/mm^2）；

σ——施工单位的混凝土强度标准差（N/mm^2）；

当施工单位具有近期的同一品种混凝土强度的统计资料时，σ可按下式计算：

$$\sigma=\sqrt{\frac{\sum_{i=1}^{n}f_{cu,i}^{2}-n\mu_{ku}}{n-1}} \tag{5-12}$$

式中 $f_{cu,i}$——第i组混凝土试件强度（N/mm^2）；

μ_{ku}——n组混凝土试件强度的平均值（N/mm^2）；

n——统计周期内相同混凝土强度等级的试件组数，$n\geqslant25$。

当混凝土强度等级为C20或C25时，如计算得到的$\sigma<2.5N/mm^2$，取$\sigma=2.5N/mm^2$；

当混凝土强度等级高于 C25 时，如计算得到的 $\sigma < 3.0\text{N/mm}^2$ 时，取 $\sigma = 3.0\text{N/mm}^2$。

对预拌混凝土厂和预制混凝土的构件厂，其统计周期可取为一个月；对现场拌制混凝土的施工单位，其统计周期可根据实际情况确定，但不宜超过三个月。

施工单位如无近期同一品种混凝土强度统计资料时，σ 可按表 5-10 取值。

表 5-10 混凝土强度标准差 σ

混凝土强度等级	低于 C20	C25 ~ 35	高于 C35
σ/（N/mm^2）	4.0	5.0	6.0

注：表中 σ 值，反映我国施工单位的混凝土施工技术和管理的平均水平，采用时可根据本单位情况做适当调整。

4. 混凝土的施工配料

影响混凝土质量的因素主要有两方面：一是称量不准；二是未按砂、石骨料实际含水率的变化进行施工配合比的换算。这样必然会改变原理论配合比的水灰比、砂石比（含砂率）及浆骨比。当水灰比增大时，混凝土粘聚性、保水性差，而且硬化后多余的水分残留在混凝土中形成水泡，或水分蒸发留下气孔，使混凝土密实性差，强度低。若水灰比减少，则混凝土流动性差，甚至影响成形后的密实，造成混凝土结构内部松散，表面产生蜂窝、麻面现象。同样，含砂率减少时，则砂浆量不足，不仅会降低混凝土流动性，更严重的是将影响其粘聚性及保水性，产生粗骨料离析、水泥浆流失，甚至溃散等不良现象。而浆骨比是反映混凝土中水泥浆的用量多少（即每立方米混凝土的用水量和水泥用量），如控制不准，亦直接影响混凝土的水灰比和流动性。所以，为了确保混凝土的质量，在施工中必须及时进行施工配合比的换算和严格控制称量。

（1）施工配合比换算：混凝土实验室配合比是根据完全干燥的砂、石骨料制定的，但实际使用的砂、石骨料一般都含有一些水分，而且含水量又会随气候条件发生变化。所以施工时应及时测定现场砂、石骨料的含水量，并将混凝土的实验室配合比换算成在实际含水量情况下的施工配合比。

设实验室配合比为：水泥: 砂子: 石子 = 1: x: y，水灰比为 w/C，并测得砂子的含水量为 w_x，石子的含水量为 w_y，则施工配合比应为：1: x（$1+w_x$）: y（$1+w_y$）。

按实验室配合比 1m^3 混凝土水泥用量为 C（kg），计算时确保混凝土水灰比不变（w 为用水量），则换算后材料用量为：

水泥：$C' = C$

砂子：$G'_{砂} = Cx(1+w_x)$

石子：$G'_{石} = Cy(1+w_y)$

水：$w' = w - Cxw_x - Cyw_y$

【例】 设混凝土实验室配合比为：1:2.56:5.55，水灰比为 0.65，每 1m^3 混凝土的水泥用量为 275kg，测得砂子含水量为 3%，石子含水量为 1%，则施工配合比为：

1:2.56（1+3%）:5.55（1+1%）=1:2.64:5.60

每 m^3 混凝土材料用量为：

水泥：275kg

砂子：275 × 2.64kg = 726kg

石子：275 × 5.60kg = 1540kg

水：（275 × 0.65 − 275 × 2.56 × 3% − 275 × 5.55 × 1%）kg = 142.4kg

（2）施工配料：求出每立方米混凝土材料用量后，还必须根据工地现有搅拌机出料容量确定每次需用几整袋水泥，然后按水泥用量来计算砂石的每次拌用量。如采用 JZ250 型搅拌机，出料容量为 0.25m^3，则上例每搅拌一次的装料数量为：

水泥：275×0.25kg=68.75kg（取用一袋半水泥，即 75kg）

砂子：726×75/275kg=198kg

石子：1540×75/275kg=420kg

水：142.4×75/275kg=38.8kg

为严格控制混凝土的配合比，原材料的数量应采用质量计量，必须准确。其质量偏差不得超过以下规定：水泥、混合材料为±2%；细骨料为±3%；水、外加剂溶液为±2%。各种衡量器应定期校验，经常保持准确。骨料含水量应经常测定，雨天施工时，应增加测定次数。

5.3.2 混凝土的搅拌

1. 混凝土搅拌机选择

混凝土搅拌机按其搅拌原理分为自落式搅拌机和强制式搅拌机两类。根据其构造的不同，又可分为若干种，见表 5-11。

表 5-11 混凝土搅拌机类型

自落式			强制式			
鼓筒式	双锥式		立轴式			卧轴式（单轴、双轴）
	反转出料	倾翻出料	涡浆式	行星式		
				定盘式	盘转式	

混凝土搅拌机以其出料容量（m^3）×1000 标定规格，常用为 150L、250L、350L 等数种。选择搅拌机型号，要根据工程量大小、混凝土的坍落度和骨料尺寸等确定。既要满足技术上的要求，亦要考虑经济效果和节约能源。

（1）自落式搅拌机：自落式搅拌机（图 5-32）搅拌筒内壁装有叶片，搅拌筒旋转，叶片将物料提升一定高度后自由下落，各物料颗粒分散拌和均匀，是重力拌和原理，宜用于搅拌塑性混凝土。锥形反转出料和双锥形倾翻出料搅拌机还可用于搅拌低流动性混凝土。

（2）强制式搅拌机：强制式搅拌机（图 5-33）分立轴式和卧轴式两类。强制式搅拌机是在轴上装有叶片，通过叶片强制搅拌装在搅拌筒中的物料，使物料沿环向、径向和竖向运动，拌和成均匀的混合物，是剪切拌和原理。强制式搅拌机拌和强烈，多用于搅拌干硬性混凝土、低流动性混凝土和轻骨料混凝土。立轴式强制搅拌机是通过底部的卸料口卸料，卸料迅速，但如卸料口密封不好，水泥浆易漏掉，所以不宜用于搅拌流动性大的混凝土。

2. 搅拌制度

为了获得质量优良的混凝土拌和物，除正确选择搅拌机外，还必须正确确定搅拌制度，即搅拌时间、投料顺序和进料容量等。

（1）混凝土搅拌时间：搅拌时间是指从全部材料投入搅拌筒起，到开始卸料为止所经

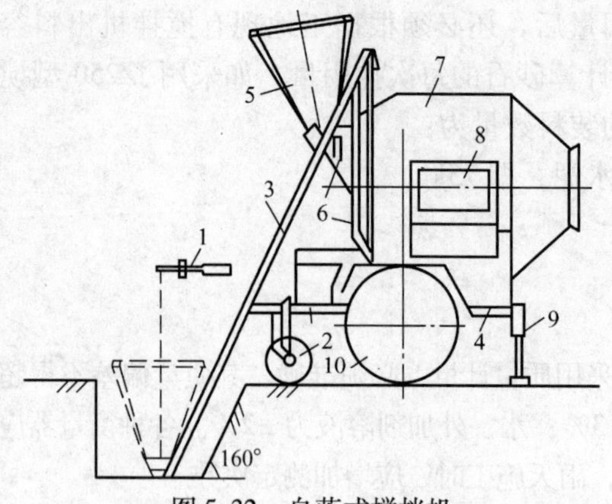

图 5-32 自落式搅拌机

1—牵引架 2—前支轮 3—上料架 4—底盘 5—料斗 6—中间料斗 7—锥形搅拌筒 8—电器箱 9—支腿 10—行走轮

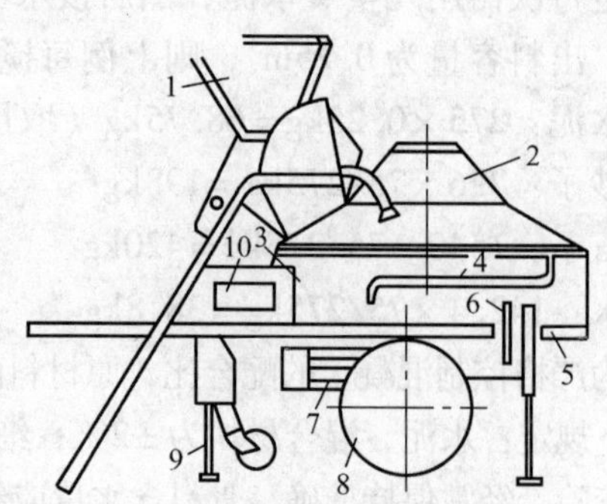

图 5-33 强制式搅拌机

1—进料斗 2—拌筒罩 3—搅拌筒 4—水表 5—出料口 6—操纵手柄；7—传动机构 8—行走轮 9—支腿 10—电器工具箱

历的时间。它与搅拌质量密切相关。搅拌时间过短，混凝土不均匀，强度及和易性将下降；搅拌时间过长，不但降低搅拌的生产效率，同时会使不坚硬的粗骨料，在大容量搅拌机中因脱角、破碎等而影响混凝土的质量。对于加气混凝土也会因搅拌时间过长而使所含气泡减少。混凝土搅拌的最短时间可按表 5-12 采用。

表 5-12 混凝土搅拌的最短时间（s）

混凝土坍落度/mm	搅拌机机型	搅拌机出料量/L		
		<250	250 ~ 500	>500
≤30	强制式	60	90	120
	自落式	90	120	150
>30	强制式	60	60	90
	自落式	90	90	120

注：1. 当掺有外加剂时，搅拌时间应适当延长。

2. 全轻混凝土、砂轻混凝土搅拌时间应延长 60 ~ 90s。

在现有搅拌机中，叶片的线速度多为临界线速度的 2/3。涡浆式搅拌机叶片的线速度即为叶片的绝对速度，行星式则为叶片相对于搅拌盘的相对速度。

（2）投料顺序：投料顺序应考虑的因素主要包括：提高搅拌质量，减少叶片、衬板的磨损，减少拌和物与搅拌筒的粘结，减少水泥飞扬，改善工作环境，提高混凝土强度，节约水泥等方面综合考虑。常用一次投料法、二次投料法和水泥裹砂法等。

1）一次投料法：这是目前最普遍采用的方法。它是将砂、石、水泥和水一起同时加入搅拌筒中进行搅拌。为了减少水泥的飞扬和水泥的粘罐现象，对自落式搅拌机常采用的投料顺序是将水泥夹在砂、石之间，最后加水搅拌。

2）二次投料法：二次投料法又分为预拌水泥砂浆法和预拌水泥净浆法。

预拌水泥砂浆法是先将水泥、砂和水加入搅拌筒内进行充分搅拌，成为均匀的水泥砂浆后，再加入石子搅拌成均匀的混凝土。

预拌水泥净浆法是先将水泥和水充分搅拌成均匀的水泥净浆后，再加入砂和石搅拌成混凝土。

二次投料法搅拌的混凝土与一次投料法相比较，混凝土强度可提高约15%。在强度等级相同的情况下，可节约水泥约15%～20%。

3）水泥裹砂法：又称为SEC法，用这种方法拌制的混凝土称为造壳混凝土（又称SEC混凝土）。这种混凝土就是在砂子表面造成一层水泥浆壳。主要采取两项工艺措施：一是对砂子的表面湿度进行处理，使其控制在一定范围内。二是进行两次加水搅拌，第一次加水搅拌称为造壳搅拌，即先将处理过的砂子、水泥和部分水搅拌，使砂子周围形成粘着性很高的水泥糊包裹层；第二次再加入水及石子，经搅拌，部分水泥浆便均匀地分散在已经被造壳的砂子及石子周围。这种方法的关键在于控制砂子的表面水率（一般为4%～6%）和第一次搅拌加水量（一般为总加水量的20%～26%），此外，与造壳搅拌时间也有密切关系。时间过短，不能形成均匀的低水灰比的水泥浆使之牢固地粘结在砂子表面，即形成水泥浆壳；时间过长，造壳效果并不十分明显，强度并无较大提高，而以45～75s为宜。

（3）进料容量：进料容量是将搅拌前各种材料的体积累积起来的容量，又称干料容量。进料容量约为出料容量的1.4～1.8倍（通常取1.5倍）。进料容量超过规定容量的10%以上，材料在搅拌筒内无充分的空间进行掺合，影响混凝土拌和物的均匀性；反之，如装料过少，则又不能充分发挥搅拌机的效能。

（4）搅拌要求：

1）严格控制混凝土施工配合比。砂、石必须严格过磅，不得随意加减用水量。

2）在搅拌混凝土前，搅拌机应加适量的水运转，使拌筒表面润湿，然后将多余水排干。搅拌第一盘混凝土时，考虑到筒壁上粘附砂浆的损失，石子用量应按配合比规定减半。

3）搅拌好的混凝土要卸净，在混凝土全部卸出之前，不得再投入拌和料，更不得采取边出料边进料的方法。

4）混凝土搅拌完毕或预计停歇1h以上时，应将混凝土全部卸出，倒入石子和清水，搅拌5～10min，把粘在料筒上的砂浆冲洗干净后全部卸出。料筒内不得有积水，以免料筒和叶片生锈，同时还应清理搅拌筒以外积灰，使机械保持清洁完好。

5.3.3 混凝土的运输

1. 对混凝土运输的要求

（1）对混凝土拌和物运输的基本要求

1）不产生离析现象。

2）保证混凝土浇筑时具有设计规定的坍落度。

3）在混凝土初凝之前能有充分时间进行浇筑和捣实。

4）保证混凝土浇筑能连续进行。

（2）混凝土运输的时间：混凝土运输时间有一定限制。混凝土应以最少的转运次数和最短的时间，从搅拌地点运至浇筑地点，并在初凝之前浇筑完毕。普通混凝土从搅拌机中卸出后到浇筑完毕的延续时间不宜超过表5-13的规定。如需进行长距离运输可选用混凝土搅拌运输车。

表 5-13　混凝土从搅拌机中卸出到浇筑完毕的延续时间　（单位：min）

混凝土强度等级	气温/℃	
	≤25	>25
≤C30	120	90
>C30	90	60

（3）混凝土运输工具：运输混凝土的工具要不吸水、不漏浆，方便快捷。混凝土运输分为地面运输、垂直运输和楼面运输三种情况。

混凝土地面运输工具有双轮手推车、机动翻斗车、混凝土搅拌运输车和自卸汽车。如采用预拌（商品）混凝土运输距离较远时，多用混凝土搅拌运输车和自卸汽车。混凝土如来自工地搅拌站，则多用载重约 1t 的小型机动翻斗车，近距离亦用双轮手推车，有时还用皮带运输机和窄轨翻斗车。

1）混凝土搅拌运输车：混凝土搅拌运输车（图 5-34）为长距离运输混凝土的有效工具，它有一搅拌筒斜放在汽车底盘上，在预拌混凝土搅拌站装入混凝土后，在运输过程中搅拌筒可进行慢速转动进行拌合，以防止混凝土离析，运至浇筑地点，搅拌筒反转即可迅速卸出混凝土。搅拌筒的容量可由 $2\sim10m^3$，搅拌筒的结构形状和其轴线与水平的夹角、螺旋叶片的形状和它与铅垂线的夹角，都直接影响混凝土搅拌运输质量和卸料速度。搅拌筒可用单独发动机驱动，亦可用汽车的发动机驱动，以液压传动者为佳。

混凝土垂直运输，多用塔式起重机加料斗、混凝土泵、快速提升斗和井架。

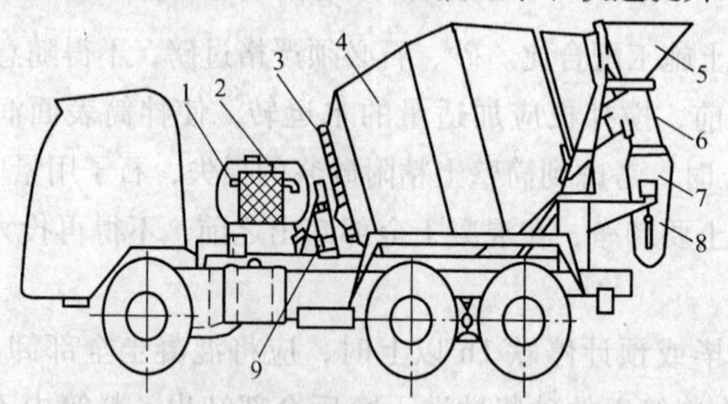

图 5-34　混凝土搅拌运输车

1—水箱　2—外加剂箱　3—大链条齿轮　4—搅拌筒　5—进料斗　6—固定卸料溜槽　7—活动卸料溜槽　8—活动卸料调节机构　9—传动系统

2）混凝土泵：混凝土泵是一种有效的混凝土运输和浇筑工具，可以一次完成水平及垂直运输，将混凝土直接输送到浇筑地点。

活塞泵（图 5-35）多用液压驱动，它主要由料斗、液压缸和活塞、混凝土缸、分配阀、Y 形输送管、冲洗设备、液压系统和动力系统等组成。不同型号的混凝土泵，其排量不同，水平运距和垂直运距亦不同，一般混凝土排量为 $30\sim90m^3/h$，水平运距为 $200\sim900m$，垂直运距为 $50\sim400m$。

常用的混凝土输送管为钢管，也有橡胶和塑料软管。直径为 $75\sim200mm$、每段长约 3m，还配有 45°、90°等弯管和锥形管，弯管、锥形管和软管的流动阻力大，计算输送距离时要换算成水平换算长度。垂直输送时，在立管的底部要增设逆流阀，以防止停泵时立管中的混凝土反压回流。

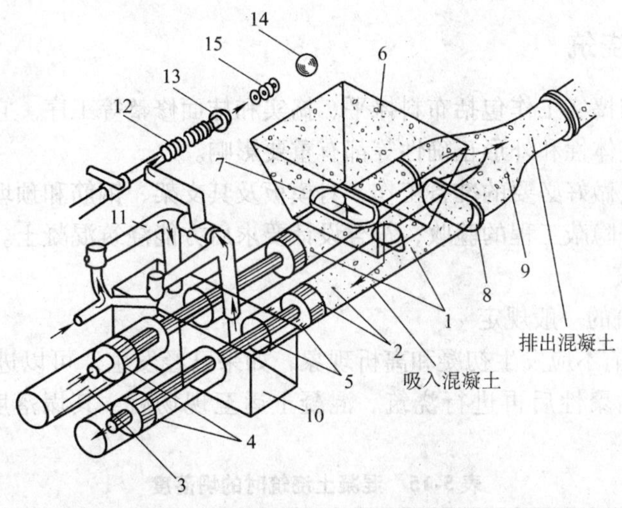

图 5-35 液压活塞式混凝土泵

1—混凝土缸 2—推压混凝土活塞 3—液压缸 4—液压活塞 5—活塞杆 6—料斗 7—控制吸入的水平分配阀 8—控制排出的竖向分配阀 9—Y 形输送管 10—水箱 11—水洗装置换向阀 12—水洗用高压软管 13—水洗用法兰 14—海绵球 15—清洗活塞

泵送混凝土工艺对泵送材料的要求是：碎石最大粒径与输送管内径之比宜为 1∶3，卵石可为 1∶2.5，泵送高度在 50～100m 时宜为 1∶3～1∶4，泵送高度在 100m 以上时宜为 1∶4～1∶5，以免堵塞，如用轻骨料则以吸水率小者为宜，并宜用水预湿，以免在压力作用下强烈吸水，使坍落度降低而在管道中形成阻塞。砂宜用中砂，通过 0.315mm 筛孔的砂应不少于 15%。砂率宜控制在 38%～45%，如粗骨料为轻骨料还可适当提高。水泥用量不宜过少，否则泵送阻力增大，最小水泥用量为 300kg/m。水灰比宜为 0.4～0.6。泵送混凝土的坍落度对不同泵送高度，入泵时混凝土的坍落度可参考表 5-14 选用。如泵送高强混凝土，其混凝土配合比宜适当调整。

表 5-14 不同泵送高度入泵时混凝土坍落度选用值

泵送高度/m	30 以下	30～60	60～100	100 以上
坍落度/mm	100～140	140～160	160～180	180～200

混凝土泵宜与混凝土搅拌运输车配套使用，且应使混凝土搅拌站的供应能力和混凝土搅拌运输车的运输能力大于混凝土泵的泵送能力，以保证混凝土泵能连续工作，保证不堵塞。进行输送管线布置时，应尽可能直，转弯要缓，管段接头要严，少用锥形管，以减少压力损失。如输送管向下倾斜，要防止因自重流动使管内混凝土中断、混入空气而引起混凝土离析，产生阻塞。为减小泵送阻力，用前先泵送适量的水泥浆或水泥砂浆以润滑输送管内壁，然后进行正常的泵送。在泵送过程中，泵的受料斗内应充满混凝土，防止吸入空气形成阻塞。混凝土泵排量大，在进行浇筑大面积建筑物时，最好用布料机进行布料。

泵送结束应及时清洗泵体和管道，用水清洗时将管道与“Y”形管拆开，放入海绵球 14 及清洗活塞 15，再通过法兰 13，使高压水软管 12 与管道连接，高压水推动活塞 15 和海绵球 14，将残存的混凝土压出并清洗管道。

用混凝土泵浇筑的结构物，要加强养护，防止因水泥用量较大而引起龟裂。如混凝土浇筑速度快，对模板的侧压力大，模板和支撑应保证稳定和有足够的强度。

5.3.4 混凝土的浇筑

混凝土的浇筑与捣实工作包括布料摊平、捣实和抹面修整等工序。它对混凝土的密实性和耐久性、结构的整体性和外形正确性等都有重要影响。

混凝土浇筑前应做好必要的准备工作，对模板及其支架、钢筋和预埋件、预埋管线等必须进行检查，并做好隐蔽工程的验收，符合设计要求后方能浇筑混凝土。

1. 混凝土的浇筑

（1）混凝土浇筑的一般规定

1）混凝土浇筑前不应发生初凝和离析现象，如果已经发生，可以进行重新搅拌，使混凝土恢复流动性和粘聚性后再进行浇筑。混凝土运至现场后，其塌落度应满足表5-15的要求。

表5-15 混凝土浇筑时的坍落度

项次	结构种类	坍落度/mm
1	基础或地面等的垫层、无配筋的厚大结构（挡土墙、基础或厚大的块体等）或配筋稀疏的结构	10~30
2	板、梁和大型及中型截面的柱子等	30~50
3	配筋密列的结构（薄壁、斗仓、筒仓、细柱等）	50~70
4	配筋特密的结构	70~90

注：1. 本表系指采用机械振捣的坍落度；采用人工捣实时可适当增大。
2. 需要配制大坍落度混凝土时，应掺用外加剂。
3. 曲面或斜面结构混凝土，其坍落度值应根据实际需要另行选定。
4. 轻骨料混凝土的坍落度，宜比表中数值减少10~20mm。
5. 自密实混凝土的坍落度另行规定。

2）为了保证混凝土浇筑时不产生离析现象，混凝土自高处倾落时的自由倾落高度不宜超过2m。若混凝土自由下落高度超过2m（竖向结构3m），要沿溜槽或串筒下落，如图5-36a、b所示。当混凝土浇筑深度超过8m时，则应采用带节管的振动串筒，即在串筒上每隔2~3节管安装一台振动器，如图5-36c所示。

3）为了使混凝土振捣密实，必须分层浇筑，每层浇筑厚度与捣实方法、结构的配筋情况有关，应符合表5-16的规定。

表5-16 混凝土浇筑层厚度表

捣实混凝土的方法		浇筑层的厚度
插入式振捣		振捣器作用部分长度的1.25倍
表面振动		200
人工捣固	在基础、无筋混凝土或配筋稀疏的结构中	250
	在梁、墙板、柱结构中	200
	在配筋密列的结构中	150
轻骨料混凝土	插入式振捣	300
	表面振动（振动时需加荷）	200

4）混凝土的浇筑工作应尽可能连续进行，如上下层或前后层混凝土浇筑必须间歇，其

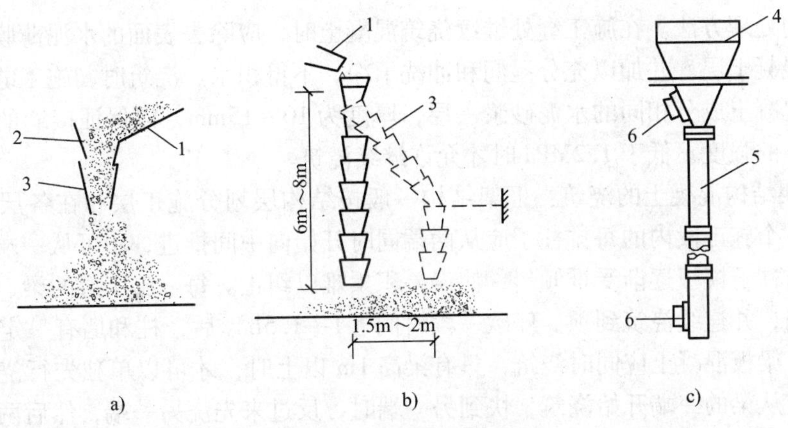

图 5-36　溜槽或串筒

a）溜槽　b）串筒　c）振动串筒

1—溜槽　2—挡板　3—串筒　4—漏斗　5—节管　6—振动器

间歇时间应尽量缩短，并要在前层（下层）混凝土凝结（终凝）前，将次层混凝土浇筑完毕。间歇的最长时间应按所用水泥品种及混凝土凝结条件确定。即混凝土从搅拌机中卸出，经运输、浇筑及间歇的全部延续时间不得超过表 5-17 的规定，当超过时，应按留置施工缝处理。

表 5-17　混凝土运输、浇筑和间歇的允许时间　（单位：min）

混凝土强度等级	气温	
	不高于 25℃	高于 25℃
不高于 C30	210	180
高于 C30	180	150

注：当混凝土中掺有促凝或缓凝型外加剂时，其允许时间应根据试验结果确定。

5）浇筑竖向结构混凝土前，应先在底部填筑一层 50～100mm 厚、与混凝土内砂浆成分相同的水泥砂浆，然后再浇筑混凝土。这样既使新旧混凝土结合良好，又可避免蜂窝麻面现象。混凝土的水灰比和坍落度宜随浇筑高度的上升酌予递减。

6）施工缝的留设与处理：如果因技术上的原因或设备、人力的限制，混凝土不能连续浇筑，中间的间歇时间超过混凝土的凝结时间，则应留置施工缝。由于该处新旧混凝土的结合力较差，故施工缝宜留在结构受剪力较小且便于施工的部位。柱应留水平缝，梁、板应留垂直缝。

根据施工缝设置的原则，柱子的施工缝宜留在基础与柱子的交接处的水平面上，或梁的下面，或吊车梁牛腿的下面，或吊车梁的上面，或无梁楼盖柱帽的下面。框架结构中，如果梁的负筋向下弯入柱内，施工缝也可设置在这些钢筋的下端，以便于绑扎。高度大于 1m 的混凝土梁的水平施工缝，应留在楼板底面以下 20～30mm 处，当板下有梁托时，留在梁托下部；单向平板的施工缝，可留在平行于短边的任何位置处；对于有主次梁的楼板结构，宜顺着次梁方向浇筑，施工缝应留在次梁跨度的中间 1/3 范围内，如图 5-37 所示。

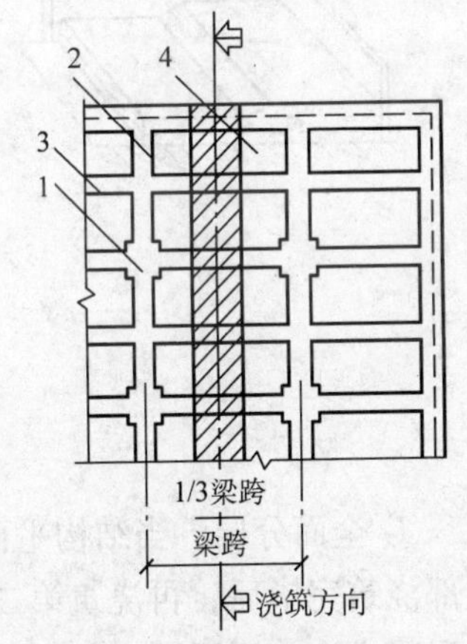

图 5-37　有梁板的施工缝位置

1—柱　2—主梁　3—次梁　4—板

施工缝的处理方法。在施工缝处继续浇筑混凝土时，应除去表面的水泥薄膜、松动的石子和软弱的混凝土层。并加以充分湿润和冲洗干净，不得积水。浇筑时，施工缝处宜先铺水泥浆或铺与混凝土成分相同的水泥砂浆一层，厚度为10～15mm，以保证接缝的质量。待已浇筑的混凝土的强度不低于1.2MPa时才允许继续浇筑。

（2）框架结构混凝土的浇筑：框架结构一般按结构层划分施工层和在各层划分施工段分别浇筑，一个施工段内的每排柱子应从两端同时开始向中间推进，不可从一端开始向另一端推进，预防柱子模板逐渐受推倾斜，使误差积累难以纠正。每一施工层的梁、板、柱结构先浇筑柱和墙，并连续浇筑到顶。停歇一段时间（1～1.5h）后，柱和墙有一定强度再浇筑梁板混凝土。梁板混凝土应同时浇筑，只有梁高1m以上时，才可以单独先行浇筑。梁与柱的整体连接应从梁的一端开始浇筑，快到另一端时，反过来先浇另一端，然后两段在凝结前合拢。

（3）大体积混凝土结构浇筑：大体积混凝土结构在工业建筑中多为设备基础，在高层建筑中多为厚大的桩基承台或基础底板等，其上有巨大的荷载，整体性要求较高，往往不允许留施工缝，要求一次连续浇筑完毕。另外，大体积混凝土结构浇筑后水泥的水化热量大，由于体积大，水化热聚积在内部不易散发，混凝土内部温度显著升高，而表面散热较快，这样形成较大的内外温差，内部产生压应力，而表面产生拉应力，如温差过大则易于在混凝土表面产生裂纹。在混凝土内部逐渐散热冷却产生收缩时，由于受到基底或已浇筑的混凝土的约束，接触处将产生很大的拉应力，当拉应力超过混凝土的极限抗拉强度时，与约束接触处会产生裂缝，甚至会贯穿整个混凝土块体，由此带来严重的危害。大体积混凝土结构的浇筑，上述两种裂缝（尤其是后一种裂缝）都应设法预防。

1）大体积混凝土结构浇筑方案：为保证结构的整体性，混凝土应连续浇筑，要求每一处的混凝土在初凝前就被后部分混凝土覆盖并捣实成整体，根据结构特点不同，可分为全面分层、分段分层、斜面分层等浇筑方案（图5-38）。

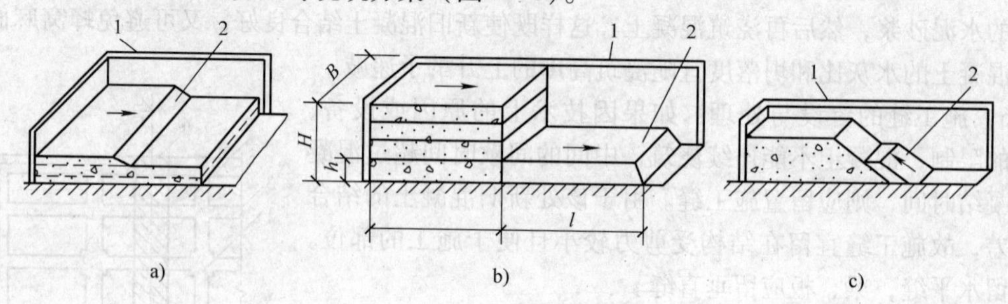

图5-38　大体积混凝土结构浇筑方案图

a）全面分层　b）分段分层　c）斜面分层

1—模板　2—新浇筑的混凝土

① 全面分层：当结构平面面积不大时，可将整个结构分为若干层进行浇筑，即第一层全部浇筑完毕后，再浇筑第二层，逐层连续浇筑，直到结束。为保证结构的整体性，要求次层混凝土在前层混凝土初凝前浇筑完毕。若结构平面面积为A(m^2)，浇筑分层厚为h(m)，每小时浇筑量为Q(m^3/时)，混凝土从开始浇筑至初凝的延续时间为T小时（一般等于混凝土初凝时间减去混凝土运输时间），为保证结构的整体性，则应满足式（5-13）的条件。

$$A\cdot h\leqslant Q\cdot T，故 A\leqslant Q\cdot T/h \tag{5-13}$$

② 分段分层：当结构平面面积较大时，全面分层已不适应，这时可采用分段分层浇筑方案。即将结构分为若干段落，每段又分为若干层，先浇筑第一段各层，然后浇筑第二段各层，逐段逐层连续浇筑，直至结束。为保证结构的整体性，要求次段混凝土应在前段混凝土初凝前浇筑并与之捣实成整体。若结构的厚度为 H(m)，宽度为 b(m)，分段长度为 l(m)，为保证结构的整体性，则应满足式（5-14）的条件。

$$1 \leqslant Q \cdot T / b(H-h) \tag{5-14}$$

③ 斜面分层：当结构的长度超过厚度的 3 倍时，可采用斜面分层的浇筑方案。这时，振捣工作应从浇筑层斜面下端开始，逐渐上移，且振动器应与斜面垂直。

2）温度裂缝的预防：早期温度裂缝的预防方法主要有：

① 优先采用水化热低的水泥（如矿渣硅酸盐水泥）。

② 减少水泥用量。

③ 掺入适量的粉煤灰或在浇筑时投入适量的毛石。

④ 放慢浇筑速度和减少浇筑厚度，采用人工降温措施（拌制时，用低温水，养护时用循环水冷却）；浇筑后应及时覆盖，以控制内外温差，减缓降温速度，尤应注意寒潮的不利影响。

⑤ 必要时，取得设计单位同意后，可分块浇筑，块和块间留 1m 宽后浇带，待各分块混凝土干缩后，再浇筑后浇带。分块长度可根据有关手册计算，当结构厚度在 1m 以内时，分块长度一般为 20～30m。

⑥ 泌水处理

大体积混凝土另一特点是上、下浇筑层施工间隔的时间较长，各分层之间易产生泌水层，它将使混凝土强度降低，酥软、脱皮、起砂等不良后果。采用自流方式和抽吸方法排除泌水会带走一部分水泥浆，影响混凝土的质量。

泌水处理措施主要有：

a. 同一结构中使用两种不同坍落度的混凝土。

b. 在混凝土拌和物中掺减水剂。

（4）水下浇筑混凝土：深基础、沉井、沉箱的封底、钻孔灌注桩和地下连续墙等，常在水下或泥浆中浇筑混凝土，目前多用导管法（图 5-39）。

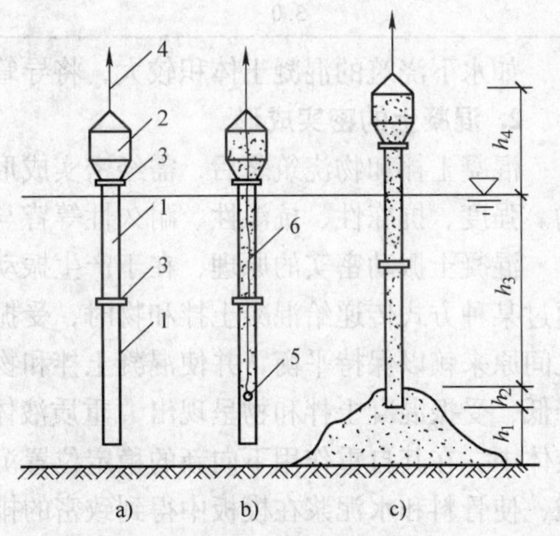

图 5-39 导管法水下浇筑混凝土

1—钢导管 2—漏斗 3—密封接头 4—吊索 5—球塞 6—铁丝绳子

导管直径约 250～300mm（至少为最大骨料粒径的 8 倍），每节长 3m，用法兰密封连接，顶部有漏斗。导管用起重设备吊住，可以升降。

浇筑前，导管下口先用隔水塞（木、橡皮等）堵塞，隔水塞用绳子或铁丝吊住。在导管内灌筑一定数量的混凝土，将导管插入水下使其下口距地基面的距离 h_1 约 300mm 进行浇筑。当导管内混凝土的体积及高度满足上述要求后，剪断吊住隔水塞的绳子进行开管，使混凝土在自重作用下迅速排出隔水塞进入水中。然后一面均衡地浇筑混凝土，一面慢慢提起导管，导管下口必须始终保持在混凝土表面之下一定数值。下口埋得越深，则混凝土顶面越平，但也越难浇筑。

在整个浇筑过程中，应避免在水平方向移动导管，直到混凝土顶面接近设计标高时，才可将导管提起、换插到另一浇筑点。一旦发生堵管，如半小时内不能排除，应立即换插备用导管。浇筑完毕，应清除顶面与水接触的厚约200mm的一层松软部分。

如水下结构物面积大，可用几根导管同时浇筑。导管的有效作用半径 R 取决于最大扩散半径 R_{max}，而最大扩散半径 R_{max}（m）可用下述经验公式计算：

$$R_{max}=\frac{kQ}{i} \tag{5-15}$$

式中 k——保持流动系数，即维持坍落度为150mm时的最小时间（h）；

Q——混凝土浇筑强度（$m^3/(m^2\cdot h)$）；

i——混凝土面的平均坡度，当导管插入深度为1~1.5m时，取1/7。

$R=0.85R_{max}$

导管的作用半径亦与导管的出水高度有关，出水高度 P（m）应满足下式：

$$P=0.05h_4+0.015h_3 \tag{5-16}$$

式中 P——导管下口处混凝土的超压力（MPa），不得小于表5-18中的数值；

h_4——导管出水高度（m）；

h_3——导管下口至水面高度（m）。

表5-18 超压力最小值

导管作用半径/m	超压力值/MPa
4.0	0.25
3.5	0.15
3.0	0.10

如水下浇筑的混凝土体积较大，将导管法与混凝土泵结合使用可以取得较好的效果。

2. 混凝土的密实成形

混凝土拌和物浇筑之后，需经密实成形才能赋予混凝土制品或结构一定的外形和内部结构。强度、抗冻性、抗渗性、耐久性等皆与密实成形的好坏有关。

混凝土振动密实的原理，在于产生振动的机械将一定的频率、振幅和激振力的振动能量通过某种方式传递给混凝土拌和物时，受振混凝土中所有的骨料颗粒都受到强迫振动，它们之间原来赖以保持平衡，并使混凝土拌和物保持一定塑性状态的粘聚力和内摩擦力随之大大降低，受振混凝土拌和物呈现出“重质液体状态”，因而混凝土拌和物中的骨料犹如悬浮在液体中，在其自重作用下向新的稳定位置沉落，排除存在于混凝土拌和物中的气体，消除空隙，使骨料和水泥浆在模板中得到致密的排列和迅速有效的填充。

混凝土密实成形的途径有以下三种：一是利用机械外力（如机械振动）来克服拌和物的粘聚力和内摩擦力而使之液化、沉实；二是在拌和物中适当增加用水量以提高其流动性，使之便于成形，然后用离心法、真空作业法等将多余的水分和空气排出；三是在拌和物中掺入高效能减水剂，使其坍落度大大增加，可自流成形。下面介绍前两种方法。

（1）机械振捣密实成形：振动机械按其工作方式分为：内部振动器、表面振动器、外部振动器和振动台（图5-40）。

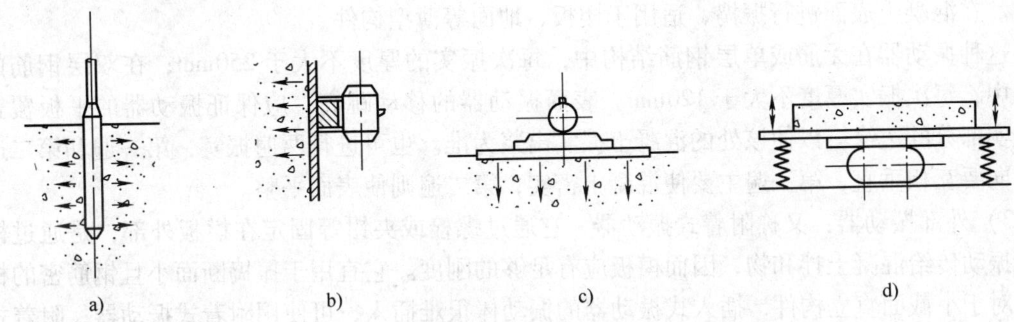

图5-40 振动机械示意图

a）内部振动器 b）外部振动器 c）表面振动器 d）振动台

1）内部振动器：又称插入式振动器，其工作部分是一棒状空心圆柱体，内部装有偏心振子，在电动机带动下高速转动而产生高频微幅的振动。多用于振实梁、柱、墙、厚板和大体积混凝土等厚大结构。

用插入式振动器振动混凝土时，应垂直插入，并插入下层混凝土50mm，以促使上下层混凝土结合成整体。每一振点的振捣延续时间，应使混凝土捣实（即表面呈现浮浆和不再沉落为限）。采用插入式振动器捣实普通混凝土的移动间距，不宜大于作用半径的1.5倍（图5-41）。

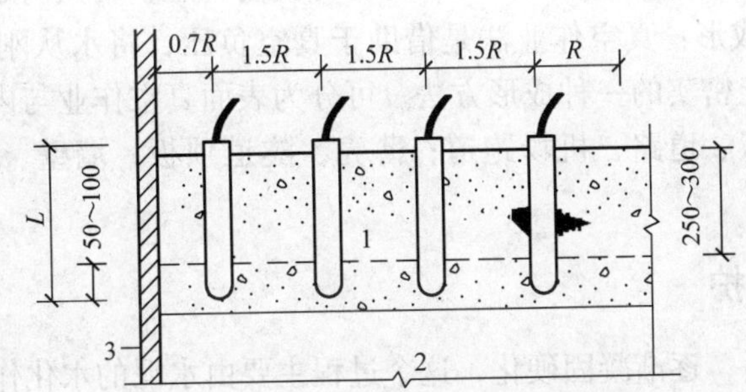

图5-41 插入式振动器的插入深度

1—新浇筑的混凝土 2—下层已振捣但尚未初凝的混凝土 3—模板

捣实轻骨料混凝土的间距，不宜大于作用半径的1倍；振动器与模板的距离不应大于振动器作用半径的1/2，并应尽量避免碰撞钢筋、模板、预埋件等。插点的分布有行列式和交错式两种，如图5-42所示。

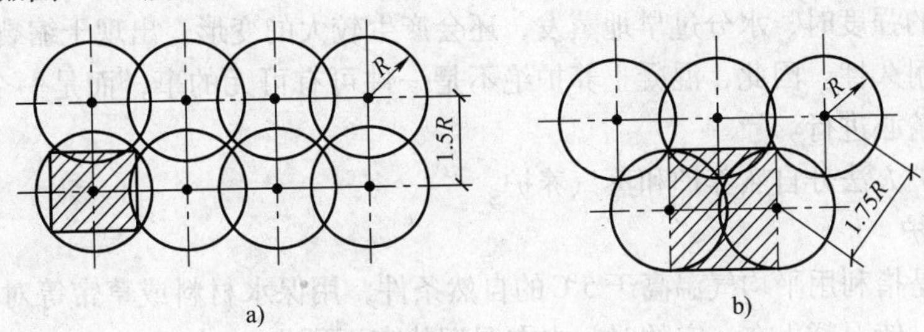

图5-42 振捣点的布置

a）行列式 b）交错式

R—振动棒的有效作用半径

2）表面式振动器：又称平板振动器，它由带偏心块的电动机和平板（木板或钢板）等组成。在混凝土表面进行振捣，适用于楼板、地面等薄型构件。

这种振动器在无筋或单层钢筋结构中，每次振实的厚度不大于250mm；在双层钢筋的结构中，每次振实厚度不大于120mm。表面振动器的移动跳高，应保证振动器的平板覆盖已振实部分的边缘，以使该处的混凝土振实出浆为准。也可进行两遍振实，第一遍和第二遍的方向要互相垂直，第一遍主要使混凝土密实，第二遍则使表面平整。

3）外部振动器：又称附着式振动器，它通过螺栓或夹钳等固定在模板外部，是通过模板将振动传给混凝土拌和物，因而模板应有足够的刚度。它宜用于振捣断面小且钢筋密的构件。对于小截面直立构件，插入式振动器的振动棒很难插入，可使用附着式振动器，附着式振动器的设置间距应通过试验确定，在一般情况下，可每隔1~1.5m设置一个。

4）振动台：是混凝土制品厂中的固定生产设备，用于振捣预制构件。

（2）离心法成形：离心法是将装有混凝土的模板放在离心机上，使模板以一定转速绕自身的纵轴线旋转，模板内的混凝土由于离心力作用而远离纵轴，均匀分布于模板内壁，并将混凝土中的部分水分挤出，使混凝土密实。此法一般用于管道、电杆、桩等具有圆形空腔构件的制作。

离心机有滚轮式和车床式两类，都具有多级变速装置。离心成形过程分为两个阶段：第一阶段是使混凝土沿模板内壁分布均匀，形成空腔，此时转速不宜太高，以免造成混凝土离析现象；第二阶段是使混凝土密实的阶段，此时可提高转速，增大离心力，压实混凝土。

（3）真空作业法成形：真空作业法是借助于真空负压，将水从刚成形的混凝土拌和物中排出，同时使混凝土密实的一种成形方法。可分为表面真空作业与内部真空作业两种。此法适用预制平板、楼板、道路、机场跑道；薄壳、隧道顶板；墙壁、水池、桥墩等混凝土成形。

5.3.5 混凝土的养护

混凝土浇筑捣实后，逐渐凝固硬化，这个过程主要由水泥的水化作用来实现，而水化作用必须在适当的温度和湿度条件下才能完成。因此，为了保证混凝土有适宜的硬化条件，使其强度不断增长，必须对混凝土进行养护。

混凝土浇筑后，如气候炎热、空气干燥，不及时进行养护，混凝土中的水分蒸发过快出现脱水现象，使已形成凝胶体的水泥颗粒不能充分水化，不能转化为稳定的结晶，缺乏足够的粘结力，从而会在混凝土表面出现片状或粉状剥落，影响混凝土的强度。此外，在混凝土尚未具备足够的强度时，水分过早地蒸发，还会产生较大的变形，出现干缩裂缝，影响混凝土的整体性和耐久性。因此，混凝土养护绝不是一件可有可无的事，而是一个重要的环节，应按照要求，精心进行。

混凝土养护方法分自然养护和蒸汽养护。

1. 自然养护

自然养护是指利用平均气温高于5℃的自然条件，用保水材料或草帘等对混凝土加以覆盖后适当浇水，使混凝土在一定的时间内在湿润状态下硬化。

（1）开始养护时间：当最高气温低于25℃时，混凝土浇筑完后应在12h以内加以覆盖和浇水；最高气温高于25℃时，应在6h以内开始养护。

（2）养护天数：浇水养护时间的长短视水泥品种而定，硅酸盐水泥、普通硅酸盐水泥和矿渣硅酸盐水泥拌制的混凝土，不得少于7d；火山灰质硅酸盐水泥和粉煤灰硅酸盐水泥拌制的混凝土或有抗渗性要求的混凝土，不得少于14d。混凝土必须养护至其强度达到1.2MPa以后，方准在其上踩踏和安装模板及支架。

（3）浇水次数：应使混凝土保持足够的湿润。养护初期，水泥的水化反应较快，需水也较多，所以要特别注意在浇筑以后头几天的养护工作，此外，在气温高、湿度低时，也应增加洒水的次数。

（4）喷洒塑料薄膜养护：将过氯乙烯树脂塑料溶液用喷枪洒在混凝土表面上，溶液挥发后在混凝土表面形成一层塑料薄膜，使混凝土与空气隔绝，阻止其水分的蒸发，以保证水化作用的正常进行。所选薄膜在养护完成后能自行老化脱落。在构件表面喷洒塑料薄膜来养护混凝土，适用于在不易洒水养护的高耸构筑物和大面积混凝土结构。

2. 蒸汽养护

蒸汽养护就是将构件放置在有饱和蒸汽或蒸汽空气混合物的养护室内，在较高的温度和相对湿度的环境中进行养护，以加速混凝土的硬化，使混凝土在较短的时间内达到规定的强度标准值。蒸汽养护过程分为：静停、升温、恒温、降温四个阶段。

（1）静停阶段：混凝土构件成形后在室温下停放养护。时间为2~6h，以防止构件表面产生裂缝和疏松现象。

（2）升温阶段：是构件的吸热阶段。升温速度不宜过快，以免构件表面和内部产生过大温差而出现裂纹。对薄壁构件（如多肋楼板、多孔楼板等）每小时不得超过25℃；其他构件不得超过20℃；用干硬性混凝土制作的构件，不得超过40℃。

（3）恒温阶段：是升温后温度保持不变的时间。此时强度增长最快，这个阶段应保持90%~100%的相对湿度；最高温度不得大于95℃，时间为3~8h。

（4）降温阶段：是构件散热过程。降温速度不宜过快，每小时不得超过10℃，出池后，构件表面与外界温差不得大于20℃。

5.3.6 混凝土质量控制

1. 混凝土质量检查

（1）混凝土质量的检查内容：混凝土质量的检查包括施工过程中的质量检查和养护后的质量检查。施工过程的质量检查，即在制备和浇筑过程中对原材料的质量、配合比、坍落度等的检查，每一工作班至少检查二次，遇有特殊情况还应及时进行检查。混凝土的搅拌时间应随时检查。

混凝土养护后的质量检查，主要包括混凝土的强度（主要指抗压强度）、表面外观质量和结构构件的轴线、标高、截面尺寸和垂直度的偏差。如设计上有特殊要求时，还需对其抗冻性、抗渗性等进行检查。

（2）混凝土质量的检查要求

1）混凝土的抗压强度：混凝土的抗压强度应以边长为150mm的立方体试件，在温度为20℃±3℃和相对湿度为90%以上的潮湿环境或水中的标准条件下，经28d养护试验后确定。

2）试件取样要求：评定结构或构件混凝土强度质量的试块，应在浇筑处随机抽样制成，不得挑选。试件留置规定为：

① 每拌制100盘且不超过100m^{3}的同配合比的混凝土，其取样不得少于一次。

② 每工作班拌制的同配合比的混凝土不足100盘时，其取样不得少于一次。

③ 每一现浇楼层同配合比的混凝土，其取样不得少于一次。

④ 同一单位工程每一验收项目中同配合比的混凝土其取样不得少于一次。每次取样应至少留置一组标准试件，同条件养护试件的留置组数根据实际需要确定。

预拌混凝土除应在预拌混凝土厂内按规定取样外，混凝土运到施工现场后，尚应按上述的规定留置试件。若有其他需要，如为了抽查结构或构件的拆模、出厂、吊装、预应力张拉和放张，以及施工期间临时负荷的需要，还应留置与结构或构件同条件养护的试块，试块组数可按实际需要确定。

3）确定试件的混凝土强度代表值：每组三个试件应在同盘混凝土中取样制作，并按下列规定确定该组试件的混凝土强度代表值：

① 取三个试件强度的平均值。

② 当三个试件强度中的最大值或最小值之一与中间值之差超过中间值的15%时，取中间值。

③ 当三个试件强度中的最大值和最小值与中间值之差均超过中间值的15%时，该组试件不应作为强度评定的依据。

2. 混凝土结构强度的评定

（1）混凝土结构强度的评定要求：混凝土强度应分批进行验收。同一验收批的混凝土应由强度等级相同、生产工艺和配合比基本相同的混凝土组成，对现浇混凝土结构构件，尚应按单位工程的验收项目划分验收批，每个验收项目应按现行国家标准《建筑安装工程质量检验评定统一标准》确定。对同一验收批的混凝土强度，应以同批内标准试件的全部强度代表值来评定。

（2）混凝土结构强度的评定方法

1）当混凝土的生产条件在较长时间内能保持一致，且同一品种混凝土的强度变异性能保持稳定时，应由连续的三组试件代表一个验收批，其强度应同时符合下列要求：

$$mf_{cu} \geqslant f_{cu,k} + 0.7\sigma_0 \tag{5-17}$$

$$f_{cu,min} \geqslant f_{cu,k} - 0.7\sigma_0 \tag{5-18}$$

当混凝土强度等级不高于C20时，强度的最小值尚应满足下式要求：

$$f_{cu,min} \geqslant 0.85 f_{cu,k} \tag{5-19}$$

当混凝土强度等级高于C20时，强度的最小值尚应满足下式要求：

$$f_{cu,min} \geqslant 0.9 f_{cu,k} \tag{5-20}$$

式中 mf_{cu}——同一验收批混凝土强度的平均值（N/mm^2）；

$f_{cu,k}$——设计的混凝土强度标准值（N/mm^2）；

σ_0——验收批混凝土强度的标准差（N/mm^2）；

$f_{cu,min}$——同一验收批混凝土强度的最小值（N/mm^2）。

验收批混凝土强度的标准差，应根据前一检验期内同一品种混凝土试件的强度数据，按下式确定：

$$\sigma_0 = 0.59/m \sum \Delta f_{cu,i} \tag{5-21}$$

式中　$\Delta f_{cu,i}$——前一检验期内第 i 验收批混凝土试件中的强度的最大值与最小值之差；

m——前一检验期内验收批总数。

每个检验期不应超过三个月，且在该期间内验收批总批数不得少于15组。

2）当混凝土的生产条件不能满足上述规定，或在前一检验期内的同一品种混凝土没有足够的强度数据用以确定验收批混凝土强度标准差时，应有不少于10组的试件代表一个验收批，其强度检验应同时符合下列要求：

$$m_{fcu} - \lambda_1 S_{fcu} \geqslant 0.9 f_{cu,k} \tag{5-22}$$

$$f_{cu,min} \geqslant \lambda_2 f_{cu,k} \tag{5-23}$$

式中　S_{fcu}——验收批混凝土强度标准差（N/mm^2），当 S_{fcu} 的计算值小于 $0.06f_{cu,k}$ 时，取 $S_{fcu}=0.06f_{cu,k}$；

λ_1，λ_2——合格判定因数，按表5-19取用。

验收批混凝土强度的标准差 S_{fcu} 应按下式计算：

$$S_{fcu} = \sqrt{\frac{\sum_{i=1}^{n} f_{cu,i}^2 - n \cdot m f_{cu}^2}{n-1}} \tag{5-24}$$

式中　$f_{cu,i}$——验收批内第 i 组混凝土试件的强度值（N/mm^2）；

n——验收批内混凝土试件的总组数。

表5-19　合格判定系数

合格判断系数	试块组数		
	10～14	15～24	≥25
λ_1	1.70	1.65	1.60
λ_2	0.90	0.85	0.90

注：混凝土强度按单位工程内强度等级，龄期相同及生产工艺条件、配合比基本相同的混凝土为同一批验收评定，但单位工程中仅有一组试块时，其强度不应低于 $1.15f_{cu,k}$。

3）对零星生产的预制构件的混凝土或现场搅拌批量不大的混凝土，可采用非统计法评定。此时，验收批混凝土的强度必须同时符合下列要求：

$$m_{fcu} \geqslant 1.15 f_{cu,k} \tag{5-25}$$

$$f_{cu,min} \geqslant 0.95 f_{cu,k} \tag{5-26}$$

当对混凝土试件强度的代表性有怀疑时，可采用非破损检验方法或从结构构件中钻取芯样的方法，按有关标准的规定，对结构构件中的混凝土强度进行推定，作为是否应进行处理的依据。

混凝土表面外观质量要求：不应有蜂窝、麻面、孔洞、露筋、缝隙及夹层、缺棱掉角和裂缝等。

现浇混凝土结构的允许偏差应符合规范的规定，当有专门规定时，尚应符合相应规定的要求。

3. 混凝土质量缺陷的修补

混凝土质量问题主要有蜂窝、麻面、露筋、孔洞等。蜂窝是指混凝土表面无水泥浆，露出石子深度大于5mm，但小于保护层厚度的缺陷。露筋是指主筋没有被混凝土包裹而外露的缺陷，但梁端主筋锚固区内不允许有露筋。孔洞是深度超过保护层厚度，但不超过截面面积的1/3的缺陷。混凝土质量缺陷的修补方法主要有：

（1）表面抹浆修补：对于数量不多的小蜂窝、麻面、露筋、露石的混凝土表面，主要是保护钢筋和混凝土不受侵蚀，可用1∶2～1∶2.5水泥砂浆抹面修整。在抹砂浆前，须用钢丝刷或加压力的水清洗润湿，抹浆初凝后要加强养护工作。

对结构构件承载能力无影响的细小裂缝，可将裂缝处加以冲洗，用水泥浆抹补。如果裂缝开裂较大较深时，应将裂缝附近的混凝土表面凿毛，或沿裂缝方向凿成深为15～20mm、宽为100～200mm的V形凹槽，扫净并洒水湿润，先刷水泥净浆一层，然后用1∶2～1∶2.5水泥砂浆分2～3层涂抹，总厚度控制在10～20mm，并压实抹光。

（2）细石混凝土填补：当蜂窝比较严重或露筋较深时，应除掉附近不密实的混凝土和凸出的骨料颗粒，用清水洗刷干净并充分润湿后，再用比原强度等级高一级的细石混凝土填补并仔细捣实。对孔洞事故的补强，可在旧混凝土表面采用处理施工缝的方法处理，将孔洞处疏松的混凝土和凸出的石子剔凿掉，孔洞顶部要凿成斜面，避免形成死角，然后用水刷洗干净，保持湿润72h后，用比原混凝土强度等级高一级的细石混凝土捣实。混凝土的水灰比宜控制在0.5以内，并掺水泥用量万分之一的铝粉，分层捣实，以免新旧混凝土接触面上出现裂缝。

（3）水泥灌浆与化学灌浆：对于影响结构承载力或者防水、防渗性能的裂缝，为恢复结构的整体性和抗渗性，应根据裂缝的宽度、性质和施工条件等，采用水泥灌浆或化学灌浆的方法予以修补。一般对宽度大于0.5mm的裂缝，可采用水泥灌浆；宽度小于0.5mm的裂缝，宜采用化学灌浆。化学灌浆所用的灌浆材料，应根据裂缝性质、缝宽和干燥情况选用。作为补强用的灌浆材料，常用的有环氧树脂浆液（能修补缝宽0.2mm以上的干燥裂缝）和甲凝（能修补0.05mm以上的干燥细微裂缝）等。作为防渗堵漏用的灌浆材料，常用的有丙凝（能灌入0.01mm以上的裂缝）和聚氨酯（能灌入0.015mm以上的裂缝）等。

5.4 预制混凝土构件及新型混凝土施工工艺

5.4.1 混凝土预制构件施工工艺

1. 概述

发展预制构件是建筑工业化的重要措施之一。预制构件包括尺寸和质量大的构件的施工现场就地制作、定型化的中小型构件预制厂（场）制作。

施工现场就地制作构件，可用土胎膜或砖胎膜，屋架、柱子、桩等大型构件可平卧叠浇，即利用已预制好的构件做底板，沿构件两侧安装模板再浇筑上层构件。上层构件的模板安装和混凝土浇筑，需待下层构件的混凝土强度达到$5N/mm^2$后方可进行。在构件之间应涂抹隔离剂以防混凝土粘结。

现场制作空心构件（空心柱等），为形成孔洞，除用木内模外，还可用胶囊充以压缩空气作内模，待混凝土初凝后，将胶囊放气抽出，便形成圆形、椭圆形等孔洞。胶囊是用纺织品（尼龙布、帆布）和橡胶加工成胶布、再用氯丁粘胶冷粘而成。胶囊内的气压根据气温、胶囊尺寸和施工外力而定，以保证几何尺寸准确。制作空心柱用的ϕ250mm胶囊，充气压力为0.05～0.07MPa。

2. 构件制作的工艺方案

（1）台座法：台座是表面光滑平整的混凝土地坪、胎膜或混凝土槽。构件的成形、养护、脱模等生产过程都在台座上同一地点进行。构件在整个生产过程中固定在一个地方，而操作工人和生产机具则顺序地从一个构件移至另一个构件，来完成各项生产过程。

用台座法生产构件设备简单、投资少。但占地面积大，机械化程度较低，生产受气候影响。设法缩短台座的生产周期是提高生产率的重要手段。

（2）机组流水法：首先将整个车间根据生产工艺的要求划分为几个工段，每个工段皆配备相应的工人和机具设备，构件的成形、养护、脱模等生产过程分别在有关的工段循序完成。生产时，构件随同模板沿着工艺流水线，借助于起重运输设备，从一个工段移至下一个工段。分别完成各有关的生产过程，而操作工人的工作地点是固定的。构件随同模板在各工段停留的时间长短可以不同。此法生产效率比台座法高，机械化程度较高，占地面积小，但建厂投资较大、生产过程中运输繁多，宜于生产定型的中小型构件。

（3）传送带流水法：用此法生产，模板在一条呈封闭环形的传送带上移动，生产工艺中的各个生产过程（如清理模板、涂刷隔离剂、排放钢筋、预应力筋张拉、浇筑混凝土等）都是在沿传送带循序分布的各个工作区中进行。生产时，模板沿着传送带有节奏地从一个工作区移至下一个工作区，而各工作区要求在相同的时间内完成各自的有关生产过程，以此保证有节奏连续生产。此法是目前最先进的工艺方案，生产效率高，机械化自动化程度高，但设备复杂、投资大，适宜大型预制厂大批量生产定型构件。

5.4.2 喷射混凝土施工工艺

喷射混凝土是利用压缩空气把混凝土由喷射机的喷嘴以较高的速度（50～70m/s）喷射到岩石、工程结构或模板的表面。在隧道、涵洞、竖井等地下建筑物的混凝土支护、薄壳结构和喷锚支护等都有广泛的应用。具有不用模板、施工简单、劳动强度低、施工进度快等优点。

喷射混凝土施工工艺分为干式和湿式两种。干式喷射混凝土是将水泥、砂、石按一定配合比拌和而成的混合料装入喷射机中，混凝土在“微潮”（水灰比0.1～0.2）状态下输送至喷嘴处加水、加压喷出。干式喷射混凝土施工时灰尘大，施工人员工作条件恶劣，喷射回弹量较大，宜采用高强度等级水泥。干式喷射混凝土施工所用的整套设备如图5-43所示。它包括空气压缩罐、混凝土喷射机、喷嘴、各种输送管等，有时还包括操纵喷嘴的机械手等。

湿式喷射混凝土是用泵式喷射机，将水灰比为0.45～0.50的混凝土拌和物输送至喷嘴处，然后在此加入速凝剂，在压缩空气助推下喷出。其工艺流程如图5-44所示。湿式喷射粉尘少、回弹量可减少到10%～5%，施工质量易保证；但施工设备复杂、输送管易堵塞、不宜远距离压送、不易加入速凝剂和有脉动现象。

喷射混凝土宜用细度模数（*MK*）大于2.5的坚硬的中、粗砂，或者用平均粒径为0.35～0.50mm的中砂。加入搅拌机时，砂的含水率宜控制在6%～8%，呈微湿状态。喷射混凝土的石子，一般多使用卵石和碎石，但以卵石为优。石子的最大粒径应小于喷射机具输送管道最小直径的1/3～2/5，一般以15mm作为喷射混凝土石子的最大粒径。石子含水率宜控制在3%～6%。

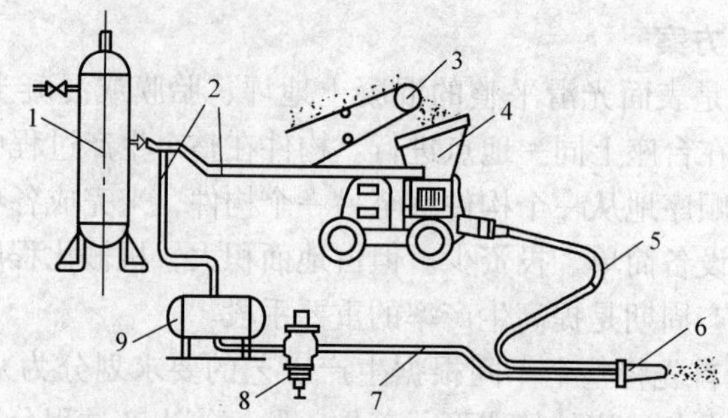

图 5-43　干式喷射混凝土的施工设备

1—压缩空气罐　2—压缩空气管　3—加料机械　4—混凝土喷射机

5—输送管　6—喷嘴　7—水管　8—水压调节阀　9—水源

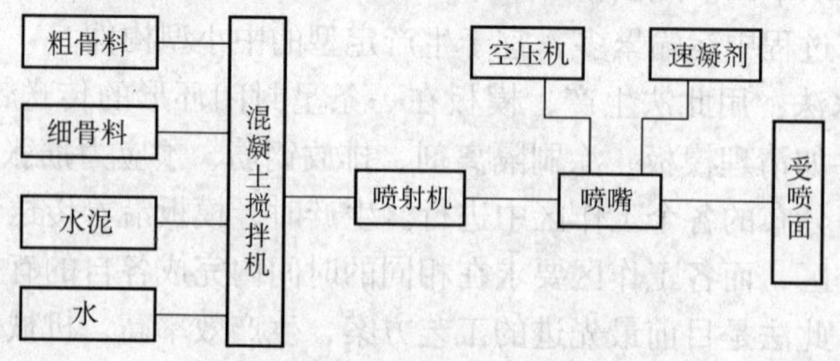

图 5-44　湿式喷射工艺流程

5.4.3　耐热混凝土施工工艺

耐热混凝土是指能长期承受 200～900℃高温作用，并在高温下保持所需的物理力学性能的特种混凝土。主要用于工业窑炉基础、高炉外壳及烟囱等工程。

1. 耐热混凝土分类

耐热混凝土是由适当的胶凝材料、耐热的粗细骨料及水配制而成。常用的耐热混凝土有：

（1）掺有磨细掺合料的硅酸盐水泥耐热混凝土：它是由普通水泥或矿渣水泥、磨细掺合料、耐热骨料和水配制而成。磨细掺合料主要有：粘土熟料、磨细石英砂、砖瓦粉末等，主要成分为氧化硅及氧化铝，它们在高温时能与氧化钙作用，生成稳定的无水硅酸钙及铝酸钙，从而提高混凝土的耐热性。耐热骨料则采用耐火砖块、安山岩、玄武岩、重矿渣、镁矿砂及铬铁矿等。耐热温度一般为 900～1200℃。

（2）铝酸盐水泥耐热混凝土：它由高铝水泥、磨细掺合料、耐热骨料和水配制而成。这种混凝土在 300～400℃时强度会剧烈降低，但在 1100～1200℃时，结构水全部脱出而烧成陶瓷材料，其强度重新提高。耐热温度可达 1400℃。

（3）水玻璃耐热混凝土：它是以水玻璃为胶凝材料，氟硅酸钠为促凝剂，并与磨细掺合料和耐热骨料配制而成。水玻璃硬化后形成硅酸凝胶，在高温下强烈干燥，强度不降低。耐热温度最高为 1200℃。

2. 水泥耐热混凝土施工要点

（1）按配合比加入水，然后搅拌 2～3min，到颜色均匀为止。耐热混凝土用水量（或水玻璃用量）在满足施工要求的条件下应尽量减少。混凝土坍落度在用机械振捣时不大于20mm，用人工捣固时不大于40mm。

（2）水泥耐热混凝土浇捣后，宜在15～25℃的潮湿环境中养护，其中普通水泥耐热混凝土养护不少于7d，矿渣水泥混凝土不少于14d，矾土水泥（即铝酸盐水泥）耐热混凝土不少于3d。

（3）水泥耐热混凝土在最低气温低于7℃时，应按冬期施工处理。耐热混凝土中不应掺用促凝剂。水玻璃耐热混凝土的施工与耐酸混凝土相同。

5.4.4 耐酸混凝土施工

在建筑工程中常用的耐酸混凝土有：水玻璃混凝土、硫磺混凝土和沥青混凝土等。下面主要介绍水玻璃混凝土的施工。

1. 水玻璃混凝土的组成及应用

水玻璃混凝土的主要组成材料有：水玻璃、耐酸粉、耐酸粗细骨料和氟硅酸钠。

水玻璃混凝土常用于浇筑地面整体面层、设备基础及化工、冶金等工业中的大型设备和建筑物的外壳及内衬等防腐蚀工程。

2. 水玻璃混凝土的制备

（1）用机械搅拌时，将细骨料、粉料、氟硅酸钠、粗骨料依次加入搅拌机内，干拌均匀，然后加入水玻璃湿拌1min以上，直至均匀为止。

（2）水玻璃混凝土要严格按确定的配合比计量。每次拌和量不宜太多。配制好的混凝土不允许再加入水玻璃或粉料。

（3）水玻璃混凝土的坍落度，采用机械振捣时不大于10mm；人工捣固时为10～20mm。

3. 水玻璃混凝土的施工要点

（1）水玻璃材料不耐碱，在呈碱性的水泥砂浆或混凝土基层上铺设水玻璃混凝土时，应设置油毡、沥青涂料等隔离层。施工时，应先在隔离层或金属基层上涂刷两道稀胶泥（水玻璃: 氟硅酸钠: 粉料 =1:0.15:1），两道之间的间隔时间为6～12h。

（2）混凝土应分层进行浇筑，采用插入式振动器振捣时，每层浇筑厚度不大于200mm；采用平板振动器或人工捣实时，每层浇筑厚度不大于100mm。并应在初凝前振捣密实。

（3）混凝土浇筑后，在10～15℃时养护5d；18～20°C时养护3d；21～30℃时养护2d；31～35℃时养护1d即可拆模。水玻璃混凝土宜在15～30℃的干燥环境中施工和养护，切忌浇水。温度低于10℃时应采取冬期施工措施。养护期间应防暴晒，以免脱水快而产生龟裂，并严禁与水接触或采用蒸汽养护，也要防止冲击和振动。水玻璃混凝土在不同养护温度下的养护期为：当10～20℃时不少于12d；21～30℃时不少于6d；31～35℃时不少于3d。

（4）水玻璃混凝土经养护硬化后，须进行酸化处理，使其表面形成硅胶层，以增强抗酸能力。一般用浓度为40%～60%的硫酸或浓度15%～25%的盐酸（或1:2～1:3的盐酸酒精溶液）或40%的硝酸均匀涂刷于表面，应不少于4次，每次间隔时间为8～10h，每次处理前应清除表面析出的白色结晶物。

5.4.5 高强高性能混凝土施工工艺

所谓高性能混凝土，是指具有高强度、高工作性、高耐久性的一种混凝土。这种混凝土的拌和物具有大流动性和可泵性，不分层，不离析，保塑时间可根据工程需要进行调整，便于浇筑密实。这种混凝土在硬化过程中水化热低，不易产生缺陷；硬化后，体积收缩变形小，构件密实，且抗渗、抗冻、抗碳化性能高。现已广泛应用于大跨度桥梁、海底隧道、地下建筑、机场飞机跑道、高速公路路面、高层建筑、港口堤坝、核电站等建筑物和构筑物。

这种高性能混凝土对所组成材料的要求有：

（1）水泥：标准稠度用水量少；水化热小；放热速度慢；粒子最好为球状；水泥粒子表面积宜大；级配密实；其强度不低于42.5MPa。

（2）超细矿物粉：改善混凝土的和易性。要求活性的SiO_2含量要大。主要有硅粉、磨细矿渣、优质粉煤灰、超细沸石粉等。

（3）粗骨料：选择硬质砂岩、石灰岩、玄武岩等立方体颗粒状碎石，其最大粒径$D_{max} \leqslant 20mm$。

（4）细骨料：选用石英含量高、颗粒滚圆、洁净的中砂或粗砂。

（5）新型高效减水剂：其减水率为20%～30%，常有萘系、三聚氰胺系、多羧类和氨基酸酯类。

第6章 预应力钢筋混凝土工程施工工艺

在混凝土结构中，普通混凝土能够承受较大的压力，但抵抗拉力的能力很低。一般的钢筋混凝土构件在正常使用条件下，受拉区都会出现开裂，刚度降低、挠度较大。为了保证构件的使用安全，限制钢筋混凝土构件的变形和裂缝，一种方法是采取增加构件的截面尺寸和用钢量的方法，但这不经济。另一种方法是采用高强度等级混凝土和高强度钢筋。可见，在普通钢筋混凝土结构中高强度钢筋是不能充分发挥作用的。

为了充分利用高强度材料，可以在混凝土构件的受拉区预先施加压力，产生预压应力，造成一种人为的应力状态。这样，当构件在使用荷载下产生拉应力时，首先要抵消混凝土的预压应力，然后随着荷载的增加，混凝土因受拉才出现裂缝，从而延迟了裂缝的出现，减小裂缝的宽度，满足使用要求。这种在构件受荷以前预先对混凝土受拉区施加压应力的结构称为“预应力钢筋混凝土结构”。

6.1 先张法施工工艺

6.1.1 先张法施工设备简介

1. 台座

台座由台面、横梁和承力结构等组成，是先张法生产中的主要设备之一。预应力筋张拉、锚固，混凝土浇筑、振捣和养护及预应力筋放张等全部施工过程都在台座上完成；预应力筋放松前，台座承受全部预应力筋的拉力。因此，台座应有足够的强度、刚度和稳定性，以免台座变形、滑移或倾斜而引起预应力损失。按构造形式不同，可分为墩式台座和槽式台座等。选用时根据构件种类、张拉力的大小和施工条件而定。

（1）墩式台座：墩式台座由台墩、台面与横梁等组成。台墩和台面共同承受拉力。墩式台座用来生产各种形式的中小型构件。

1）台墩：台墩是承力结构，一般由现浇混凝土制成。在设计时，应进行强度、刚度和稳定性的验算，稳定性验算一般包括抗倾覆验算与抗滑移验算。抗倾覆因数不得小于1.5，抗滑移因数不得小于1.3。

2）台面：台面是预应力构件成形的胎模，要求地基坚实平整，它是在厚150mm夯实碎石垫层上浇筑60~80mm厚C20混凝土面层，原浆压实抹光而成。台面要求坚硬、平整、光滑，沿其纵向有3%的排水坡度。

3）横梁：横梁以墩座牛腿为支承点安装其上，是锚固夹具临时固定预应力筋的支承点，也是张拉机械张拉预应力筋的支座。横梁常采用型钢或钢筋混凝土制作。

生产空心板、平板等平面布筋的混凝土构件时，由于张拉力不大，可利用简易墩式台座，如图6-1所示。

生产中小型构件或多层叠浇构件，可用图6-2的墩式台座，台座局部加厚，以承受较大的张拉力。墩式台座由承力台墩、台面和横梁组成。目前常用的是台墩与台面共同受力的墩式台座。

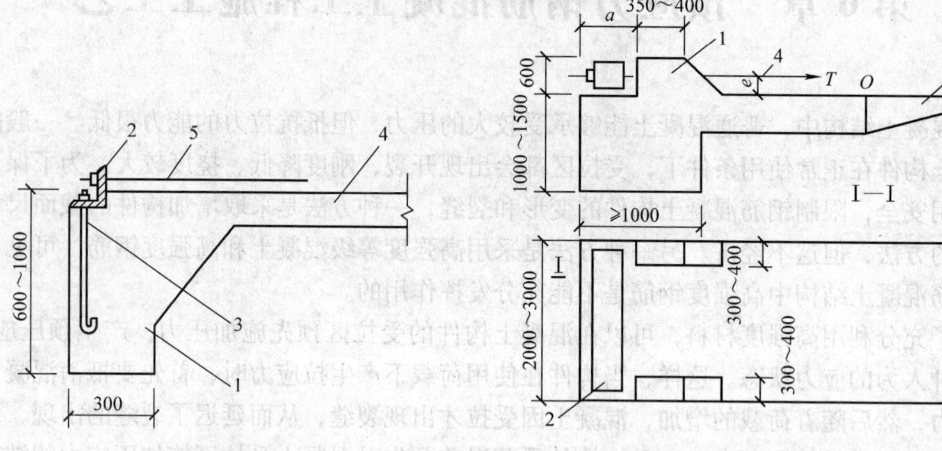

图 6-1　简易墩式台座

1—卧梁　2—角钢　3—预埋螺栓

4—混凝土台面　5—预应力钢丝

图 6-2　墩式台座

1—混凝土墩　2—钢横梁

3—局部加厚的台面　4—预应力筋

（2）槽式台座：槽式台座由钢筋混凝土端柱、传力柱、柱垫、上下横梁、台面和砖墙等组成，如图 6-3 所示。该台座既可承受张拉力，又可作为蒸汽养护槽，适用于张拉吨位较高的大型构件，如吊车梁、屋架等。

槽式台座亦需进行强度和稳定性计算。端柱和传力柱的强度按钢筋混凝土结构偏心受压构件计算。槽式台座端柱抗倾覆力矩由端柱、横梁自重力矩及部分张拉力矩组成。

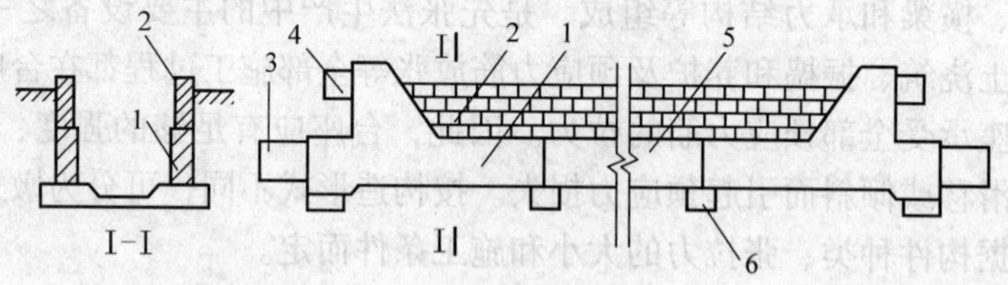

图 6-3　槽式台座

1—钢筋混凝土端柱　2—砖墙　3—下横梁　4—上横梁　5—传力柱　6—柱垫

2. 夹具

夹具是先张法构件施工时保持预应力筋拉力，并将其固定在张拉台座（或设备）上的临时性锚固装置。

按其工作用途不同分为锚固夹具和张拉夹具。

（1）钢丝锚固夹具

1）锥销夹具：可分为圆锥齿板式夹具和圆锥槽式夹具，如图 6-4 所示。

2）镦头夹具：如图 6-5 所示，采用镦头夹具时，将预应力筋端部热镦或冷镦，通过承力分孔板锚固。

（2）钢筋锚固夹具：钢筋锚固常用圆套筒三片式夹具，由套筒和夹片组成（图 6-6）。其型号有 YJ12、YJ14，适用于先张法；用 YC—18 型千斤顶张拉时，适用于锚固直径为

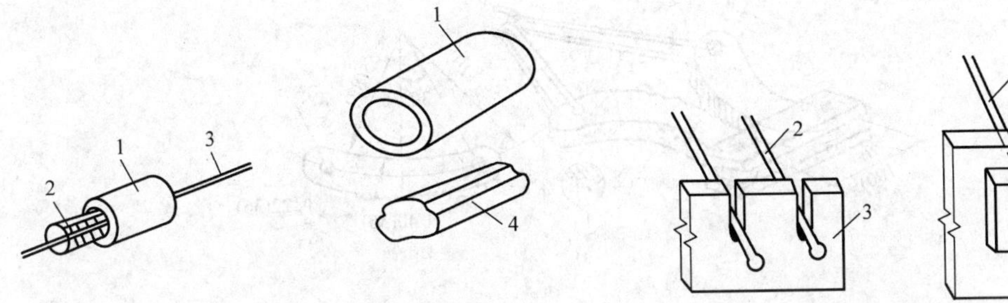

图 6-4　钢质圆锥齿板式夹具图

1—套筒　2—齿板　3—钢丝　4—锥塞

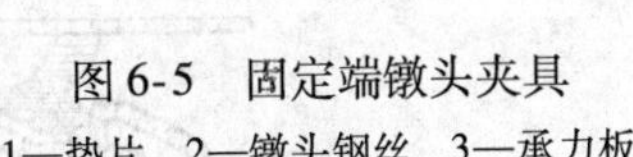

图 6-5　固定端镦头夹具

1—垫片　2—镦头钢丝　3—承力板

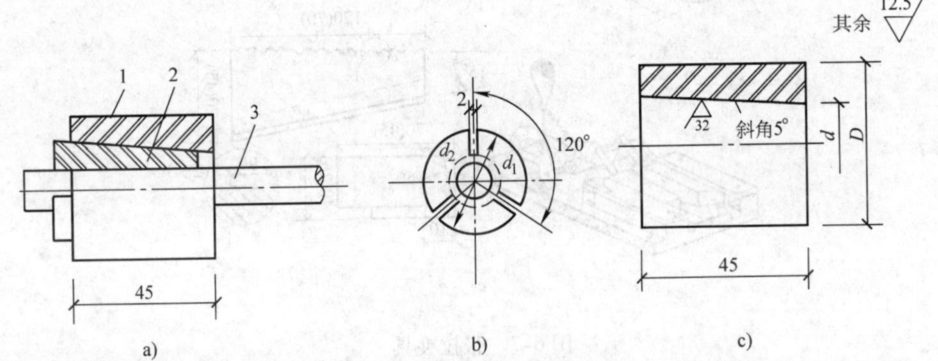

图 6-6　圆套筒三片式夹具

a）装配图　b）夹片　c）套筒

1—套筒　2—夹片　3—预应力钢筋

12mm、14mm 的单根冷拉 HRB335、HRB400、RRB400 级钢筋。

（3）张拉夹具：张拉夹具是夹持住预应力筋后，与张拉机械连接起来进行预应力筋张拉的机具。

常用的张拉夹具有月牙形夹具、偏心式夹具、楔形夹具等，如图 6-7 所示，适用于张拉钢丝和直径 16mm 以下的钢筋。

3. 张拉设备

张拉机具的张拉力应不小于预应力筋张拉力的 1.5 倍；张拉机具的张拉行程不小于预应力筋伸长值的 1.1～1.3 倍。

（1）钢丝张拉设备：钢丝张拉分单根张拉和成组张拉。

用钢模以机组流水法或传送带法生产构件时，常采用成组钢丝张拉。

在台座上生产构件一般采用单根钢丝张拉，可采用电动卷扬机、电动螺杆张拉机进行张拉。

1）电动卷扬机张拉、杠杆测力装置如图 6-8 所示。

2）电动螺杆张拉机：如图 6-9 所示，电动螺杆张拉机由螺杆、顶杆、张拉夹具、弹簧测力器及电动机组成。

（2）钢筋张拉设备：穿心式千斤顶用于直径 12～20mm 的单根钢筋、钢绞线或钢丝束的张拉。

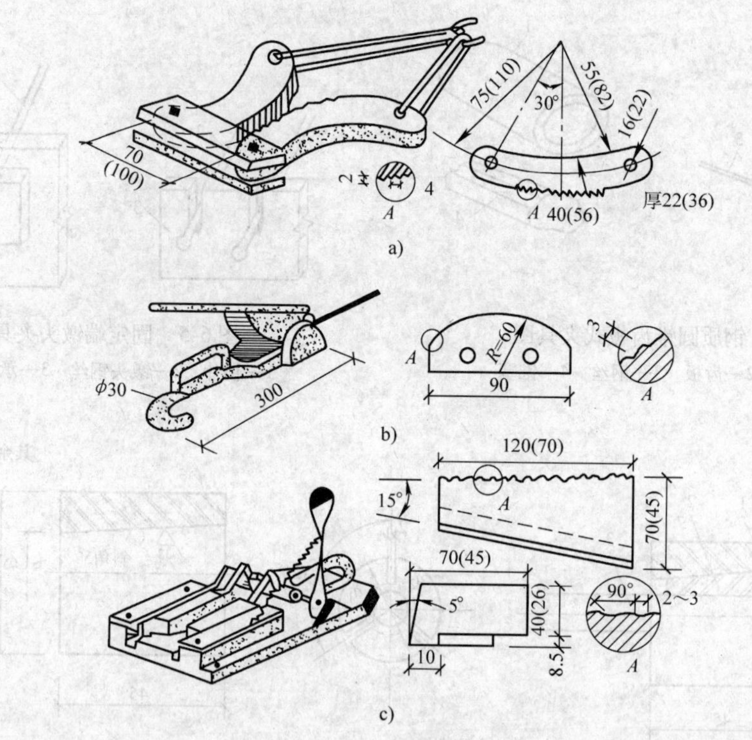

图6-7　张拉夹具

a）月牙形夹具　b）偏心式夹具　c）楔形夹具

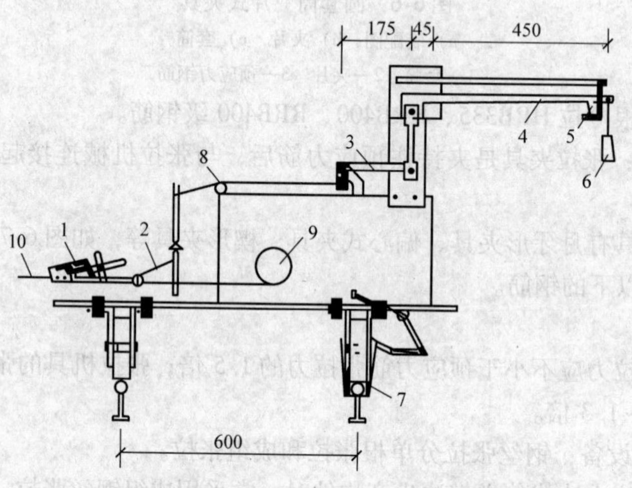

图6-8　卷扬机张拉、杠杆测力装置示意图

1—钳式张拉夹具　2—钢丝绳　3、4—杠杆　5—断电器

6—砝码　7—夹轨器　8—导向轮　9—卷扬机　10—钢丝

用YC—20型穿心式千斤顶（图6-10）张拉时，高压液压泵起动，从后油嘴进油，前油嘴回油，被偏心夹具夹紧的钢筋随液压缸的伸出而被拉伸。

YC—20型穿心式千斤顶的最大张拉力为20kN，最大行程为200mm。适用于用圆套筒三片式夹具张拉锚固12~20mm单根冷拉HRB335、HRB400和RRB400钢筋。

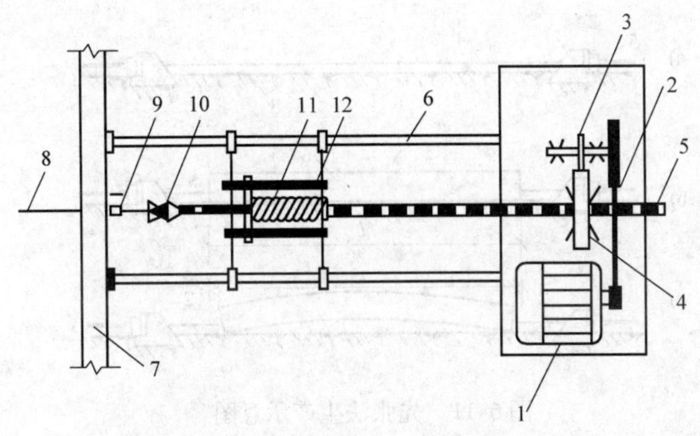

图 6-9　电动螺杆张拉机

1—电动机　2—皮带　3—齿轮　4—齿轮螺母　5—螺杆　6—顶杆　7—台座横梁　8—钢丝　9—锚固夹具　10—张拉夹具　11—弹簧测力计　12—滑动架

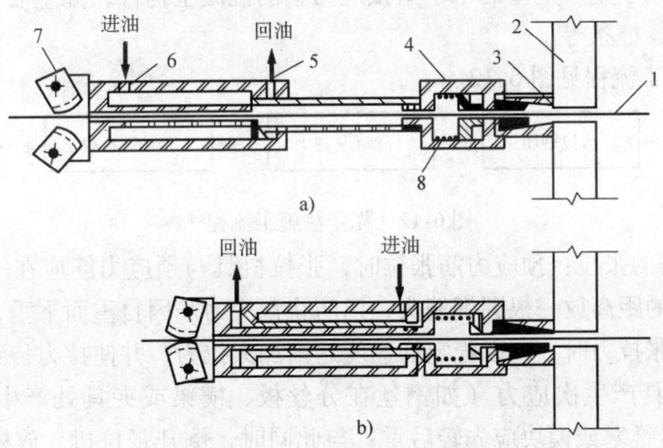

图 6-10　YC—20 型穿心式千斤顶

a）张拉　b）复位

1—钢筋　2—台座　3—穿心夹具　4—弹性顶压头　5、6—油嘴　7—偏心式夹具　8—弹簧

6.1.2　先张法施工工艺

先张法是先张拉钢筋，后浇筑混凝土的施工方法。是在浇筑混凝土前，预先将需张拉预应力钢筋，用夹具临时将其固定在台座或模板上，然后绑扎非预应力钢筋、支模，并根据设计要求张拉预应力钢筋，浇筑混凝土，待混凝土具有一定强度（一般不低于混凝土设计强度标准值的75%）后，在保证预应力筋与混凝土之间有足够的粘结力时，把张拉的钢筋放松（称作放张），这时预应力钢筋产生弹性回缩，而混凝土已与钢筋粘结在一起，阻止钢筋的回缩，于是钢筋对混凝土施加了预应力，如图 6-11 所示。

1. 先张法施工工艺流程

先张法根据生产方式的不同，分有台座法和机组流水法（模板法）。

当采用台座法施工时，预应力筋的张拉、锚固，混凝土构件的浇筑、养护和预应力筋放张等工序皆在台座上进行，预应力筋的张拉力由台座承受。

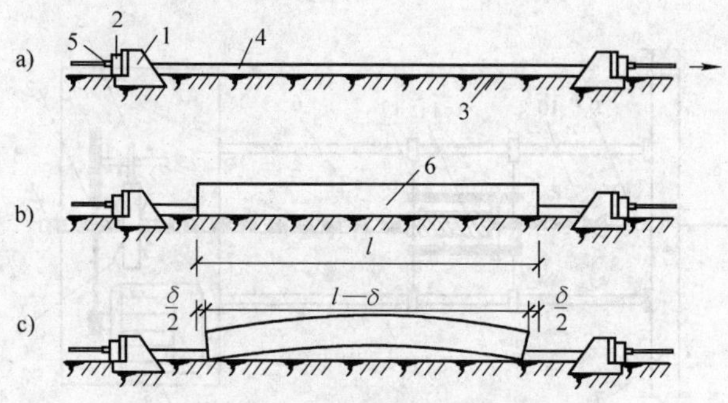

图 6-11　先张法生产示意图

a）预应力筋张拉　b）混凝土浇筑和养护　c）放张预应力筋

1—台座　2—横梁　3—台面　4—预应力筋　5—夹具　6—构件

当用机组流水法生产时，预应力筋的拉力由钢模承受。

先张法一般适用于生产定型的中小型预应力钢筋混凝土构件，如空心板、槽形板、T 形板、薄板、吊车梁、檩条等。

（1）先张法施工流程见图 6-12。

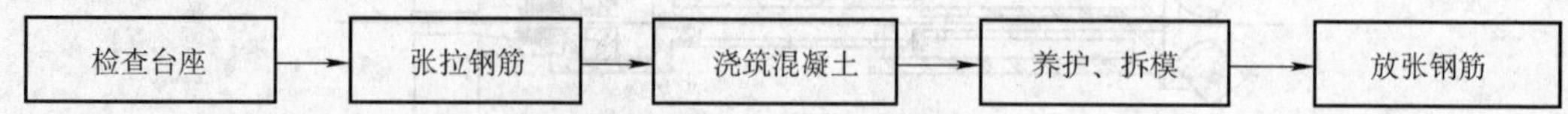

图 6-12　先张法施工流程

（2）预应力筋的张拉：预应力筋张拉时，张拉机具与预应力筋应在一条直线上；同时在台面上每隔一定的距离放一根圆钢筋头，以防止预应力筋因自重而下垂，破坏隔离剂，弄脏预应力筋。施加张拉力时，应以稳定的速度逐渐加大拉力，并使拉力传到台座横梁上，而不使预应力筋或夹具产生次应力（如钢丝在分丝板、横梁或夹具处产生尖锐的转角或弯曲）。锚固时，敲击锥塞或模块应先轻后重；与此同时，倒开张拉机，放松钢丝。操作时彼此间要密切配合，既要减少锚固时钢丝的回缩滑移，又要防止锤击力过大，导致钢丝在锚固夹具与张拉夹具处因受力过大而断裂。

张拉预应力筋时，应按设计要求的张拉力采用正确的张拉方法和张拉程序，并应调整各预应力的初应力，使长短、松紧一致，以保证张拉后各预应力筋的应力一致。张拉时的张拉控制应力 σ_{con} 应按设计规定取值；设计无规定时可参考表 6-1 的规定。

表 6-1　张拉控制应力限值表

钢筋种类	张拉方法	
	先张法	后张法
消除应力钢丝、钢绞线	$0.75f_{Ptk}$	$0.75f_{Ptk}$
热处理钢筋	$0.70f_{Ptk}$	$0.65f_{Ptk}$
冷拉钢筋	$0.90f_{Pyk}$	$0.85f_{Pyk}$

注：f_{Ptk} 为预应力筋极限抗拉强度标准值；f_{Pyk} 为预应力筋屈服强度标准值。

实际张拉时的应力尚应考虑各种预应力损失，采用超张拉补足。此时预应力筋的最大超张拉力，对冷拉Ⅱ～Ⅳ级钢筋不得大于屈服点的 95%；钢丝、钢绞线和热处理钢筋不得大于标准强度的 80%。张拉后的实际预应力值的偏差不得大于或小于规定值的 5%。

预应力筋的张拉程序可采用以下两种方法：

$$0 \rightarrow 1.05\sigma_{con} \xrightarrow{\text{持续2min}} \sigma_{con}$$

$$\text{或：} 0 \rightarrow 1.03\sigma_{con}$$

在第一种张拉程序中，超张拉5%并持荷2min是为了加速钢筋松弛早期发展，以减少应力松弛引起的预应力损失（约减少50%）；第二种张拉程序超张拉3%是为了弥补应力松弛所引起的应力损失。

预应力筋张拉后，一般应校核其伸长值，其理论伸长值与实际伸长值的误差不应超过+10%、-5%。若超过则应分析其原因，采取措施后再继续施工。

预应力筋的理论计算伸长值根据胡克定律计算。

预应力筋的实际伸长值，宜在初应力约为$0.1\sigma_{con}$才开始测量，并应加上初应力以下的推算伸长值。

（3）混凝土的浇筑与养护：混凝土构件的立模应在预应力筋张拉锚固和非预应力筋绑扎完毕后进行支设。所立模板应避开台面的伸缩缝及裂缝，如无法避免伸缩缝、裂缝时，可采取在裂缝处先铺设薄钢板或垫油毡或采取其他相应的措施后，再浇筑混凝土。

预应力钢筋混凝土可采用自然养护或湿热养护。应先按设计的温差加热（一般不超过20℃），待混凝土强度达到一定值（粗钢筋7.5MPa，钢丝、钢绞线为10MPa）之后，再按一般升温制度养护。

当采用湿热养护时，应先按设计的温差加热（一般不超过20℃），待混凝土强度达$10N/mm^2$后，再按“二次升温养护”进行养护。

（4）预应力筋放张：先张法预应力筋的放张工作应有序并缓慢进行，防止冲击。

1）放张要求

① 放张预应力筋时，混凝土强度必须符合设计要求。当设计无要求时，不得低于设计的混凝土强度标准值的75%。

② 预应力筋的放张顺序必须符合设计要求，当设计无要求时，应符合下列规定：

a. 对承受轴心预压力的构件（如压杆、桩等），所有预应力筋应同时放张。

b. 对承受偏心预压力的构件，应同时放张预压力较小区域的预应力筋，再同时放张预压力较大区域的预应力筋。

c. 当不能按上述规定放张时，应分阶段、对称、相互交错地放张。

③ 放张后预应力筋的切断顺序宜由放张端开始，逐次切向另一端。

2）放张的方法

① 放张的方法有：螺杆放松、千斤顶放松、砂箱放松、混凝土缓冲放松、预热熔割，此外还有用剪线钳剪断钢丝的方法等。

② 放张注意事项：放张前，注意应拆除侧模，使放张时构件能自由压缩，否则将损坏模板或造成构件开裂。对有横肋的构件（如大型屋面板），其横肋断面应有合宜的斜度，或采用活动模板，以免放张钢筋时，构件端肋开裂。

6.1.3 施工措施

1. 质量措施

为保证预应力工程的施工质量，应对施工全过程加强控制，并及时进行检查和验收，各施工过程具体的检查和验收的内容方法参见国家标准《混凝土结构工程施工质量验收规范》

GB 50204—2002。

(1) 对原材料（预应力筋、锚夹具、灌浆用水泥等）应根据国家标准、规范等进行检验和验收。

(2) 预应力筋张拉机具设备及仪表应定期维护和校验。

(3) 在浇筑混凝土之前，应进行预应力隐蔽工程验收，其内容包括：

1）预应力筋的品种、规格、数量、位置等。

2）预应力筋锚具和连接器的品种、规格、数量、位置等。

3）预留孔道的规格、数量、位置、形状及灌浆孔、排气兼泌水管等。

4）锚固区局部加强构造等。

2. 安全措施

张拉台座两端要设置防护墙，张拉时沿台座长度每隔 2 ~ 3m 放一个防护架，台座两端不得站人，防止钢丝或钢筋拉断打伤人。

液压泵要放在台座的侧面，操作人员要站在液压泵的外侧面进行操作，操作人员如有条件最好戴防护目镜。

预应力筋张拉到设计应力后，要停 2 ~ 3min，待稳定后再打紧夹具。

预应力筋放张不能采取在受拉状态下骤然切割的方法，这样做往往使构件端部受到冲击力，出现水平裂缝，常用的方法有：千斤顶放松、砂箱放松、滑模放松、螺杆张拉架放松、混凝土缓冲块放松等方法。

浇筑混凝土时，振动器不得挤碰预应力筋。

6.2 后张法施工工艺

6.2.1 后张法施工材料、配件及设备简介

1. 施工材料

在预应力混凝土结构中，混凝土强度等级不宜低于 C30；当用消除应力钢丝、钢绞线、热处理钢筋作预应力钢筋时，混凝土强度等级不宜低于 C40，所用水泥强度等级宜比配制的混凝土强度等级高 C10。目前，某些重要的预应力钢筋混凝土结构，混凝土强度等级已采用 C50 ~ C60，而且逐渐向更高的强度等级发展。

在预应力钢筋混凝土构件中（包括孔道灌浆），不能采用掺用对钢筋有侵蚀作用的氯盐，如氯化钙、氯化钠等，否则会发生严重的质量事故。预应力钢筋混凝土结构的钢筋有非预应力筋和预应力筋；非预应力筋可采用Ⅰ、Ⅱ、Ⅲ级钢筋和乙级冷拔低碳钢丝；预应力钢筋宜采用预应力钢绞线、钢丝，也可采用热处理钢筋。

(1) 预应力钢筋：预应力筋有冷拉Ⅱ ~ Ⅳ级，热处理钢筋、钢绞线、钢丝束、无粘结预应力筋等，应符合国家相应的标准规定。

预应力筋根据结构用途、材料供应和施工条件可分别选择。

预应力筋的强度标准值是根据极限抗拉强度确定，并应具有 95% 的保证率。抗拉强度标准值或设计值的符号分别采用 f_{Ptk} 和 f_{PyK} 来表示。

1）消除应力钢丝的规格与力学性能应符合国家标准《预应力混凝土用钢丝》(GB/T 5223—1995) 的规定，见表 6-2 和表 6-3。

表 6-2　钢丝尺寸及允许偏差

钢丝公称直径/mm	直径允许偏差/mm	横截面面积/mm²	理论质量/(kg/m)
5.00	±0.05	19.63	0.154
7.00	±0.05	38.48	0.302

表 6-3　消除应力钢丝（ΦS）的力学性能

公称直径/mm	抗拉强度 σ_b/MPa	屈服强度 $\sigma_{0.2}$/MPa	断后伸长率（%）L=100	弯曲次数		松弛		
				次数（180）	弯曲半径/mm	初始应力相当于公称抗拉强度的百分数（%）	1000h 应力损失（%）不大于	
							Ⅰ级松弛	Ⅱ级松弛
	不小于							
5.00	1470	1250	4	4	15	70	8.0	2.5
	1570	1330				80	12.0	4.5
	1670	1420						
	1770	1500						
7.00	1470	1250			20			
	1570	1330						

注：1. Ⅰ级松弛即普通松弛，Ⅱ级松弛即低松弛。

2. 屈服强度 $\sigma_{0.2}$ 值不小于公称抗拉强度的 85%。

3. 弹性模量为（2.05±0.1）×10⁵N/mm²。

2）钢绞线：钢绞线的规格和力学性能应符合国家标准《预应力混凝土用钢绞线》（GB/T 5224—1995）的规定，见表 6-4 和表 6-5。

表 6-4　1×7 结构钢绞线尺寸及允许偏差

钢绞线结构	公称直径/mm	直径允许偏差/mm	钢绞线公称截面积/mm	每 1000m 的理论质量/kg	中心钢丝直径加大不小于（%）
1×7 标准型	12.70	+0.40	98.7	774	2.0
	15.20	−0.20	139	1101	

表 6-5　预应力钢绞线（ΦS）的力学性能

钢绞线结构	钢绞线公称直径/mm	强度级别/MPa	整根钢绞线的最大负荷/kN	屈服负荷/kN	断后伸长率（%）	1000h 松弛率，不大于（%）			
						Ⅰ级松弛		E 级松弛	
						初始负荷			
						70%公称最大负荷	80%公称最大负荷	70%公称最大负荷	80%公称最大负荷
			不小于						
1×7	12.70	1860	184	156	3.5	8.0	12	2.5	4.5
	15.20	1720	239	203					
		1860	259	1220					

注：1. Ⅰ级松弛即普通松弛级，Ⅱ级松弛即低松弛级。

2. 屈服负荷不小于整根钢绞线公称最大负荷的 85%。

3. 弹性模量为（1.95±0.1）×10⁵N/mm²。

（2）预应力钢筋强度标准值、强度设计值见表 6-6 和表 6-7。

表 6-6　预应力钢筋强度标准值

种　类		符号	d/mm	f_{Ptk}
钢绞线	1×3	ϕ^S	8.6、10.8	1860、1720、1570
			12.9	1720、1570
	1×7		9.5、11.1、12.7	1860
			15.2	1860、1720
消除应力钢丝	光面	ϕ^P	4、5	1770、1670、1570
	螺旋肋	ϕ^H	6	1670、1570
			7、8、9	1570
	刻痕	ϕ^I	5、7	1570
热处理钢筋	40Si2Mn	ϕ^{HT}	6	1470
	8Si2Mn		8.2	1470
	45Si2Cr		10	1470

注：1. 钢绞线直径 d 系指钢绞线外接圆直径，钢丝和热处理钢筋的直径 d 均指公称直径。

2. 消除应力光面钢丝直径 d 为 4 ~ 9mm，消除应力螺旋肋钢丝直径 d 为 4 ~ 8mm。

表 6-7　预应力钢筋强度设计值　　（单位：N/mm²）

种　类		符号	f_{Ptk}	f_{Py}	f'_{Py}
钢绞线	1×3	ϕ^S	1860	1320	
			1720	1220	390
	1×7		1570	1110	
			1860	1320	390
消除应力钢丝	光面 螺旋肋	ϕ^P ϕ^H ϕ^I	1720	1220	
			1770	1250	
			1670	1180	410
			1570	1110	
	刻痕	ϕ^I	1570	1110	410
热处理钢筋	40Si2Mn 8Si2Mn 45Si2Cr	ϕ^{HT}	1470	1040	400

注：当预应力钢绞线、钢丝的强度标准值不符合规定时，其强度设计值应进行换算。

2. 配件与设备

（1）张拉设备：千斤顶有普通液压千斤顶、拉杆式千斤顶和穿心式千斤顶等。

拉杆式千斤顶用于螺母锚具、锥形螺杆锚具、钢丝镦头锚具等。它由主液压缸、主缸活塞、回油缸、回油活塞、连接器、传力架、活塞拉杆等组成。

目前，常用 YL－60 型拉杆式千斤顶张拉带有螺纹端杆锚具的预应力钢筋。它由主缸、副缸、主副缸活塞、联结器、传力架、拉杆等组成。另外，还生产 YL400 型和 YL500 型千斤顶，其张拉力分别为 4000kN 和 5000kN，主要用于张拉力较大的钢筋张拉。

穿心式千斤顶是利用双液压缸张拉预应力筋和顶压锚具的双作用千斤顶。穿心式千斤顶适用于张拉带 JM 型锚具、XM 型锚具的钢筋，配上撑脚与拉杆后，也可作为拉杆式千斤顶。

（2）锚具和张拉机具：预应力锚具种类很多，按外形可分为螺杆式、镦头式、夹片式、锥销式、挤压式等，按使用部位可分为张拉端锚具、锚固端锚具、工具锚具。

锚具还可按其作用机理分为磨阻型、握裹型和承压型。磨阻型有钢质锥形锚具、夹片锚具等；握裹型有挤压锚具、压花类锚具、桥梁施工中常用的冷铸锚等；承压型锚具则包括螺杆式、锻头式、帮条锚具等。先张法常采用钢质锥形锚具、波形夹具、墩头夹具等钢丝锚夹具和螺杆锚具、夹片锚具、锥销夹具、帮条锚具等粗钢筋锚夹具。

后张法张拉端常采用夹片式锚具、镦头式锚具、钢制锥形锚具等钢丝、钢绞线锚具和螺纹端杆粗钢筋锚具、锚固端常采用镦头式、挤压式、压花式等形式锚具。

其型号有：钢筋束和钢绞线束常使用JM型、QM型、XM型等锚具。

用单根粗钢筋做预应力筋时，张拉端通常采用螺纹端杆锚具，固定端采用帮条锚具。

螺纹端杆锚具：由螺纹端杆、螺母、垫板组成，适用于锚固直径为12~32mm的冷拉Ⅱ、Ⅲ级钢筋。

帮条锚具。帮条锚具是由衬板与3根帮条焊接而成。帮条与衬板相接触部分的截面应在同一垂直面上，以免受力时产生扭曲。

（3）波纹管：波纹管主要用于预应力预留孔道中。按其波纹的数量分为单波纹和双波纹；按照截面开头分为圆形和扁形；按照径向刚度分为标准型和增强型；按照钢带表面状况分为镀锌波纹管和不镀锌波纹管。

6.2.2 预应力筋的制作

预应力钢筋束和钢绞线束的制作

预应力钢筋束（钢绞线束）比较长，一般呈圆盘状运到现场。预应力筋的制作一般需经开盘冷拉（预拉）、下料编束等工序。

（1）预应力钢筋束制作：预应力钢筋束下料前要进行冷拉。预应力钢绞线束在下料前需经预拉。预拉应力值采用钢绞线抗拉强度的85%，预拉速度不宜过快，拉至规定应力后，应保持5~10min，然后放松。钢筋束和钢绞线的下料长度L应等于构件孔道长度加上两端为张拉、锚固所需的外露长度，如图6-13所示。

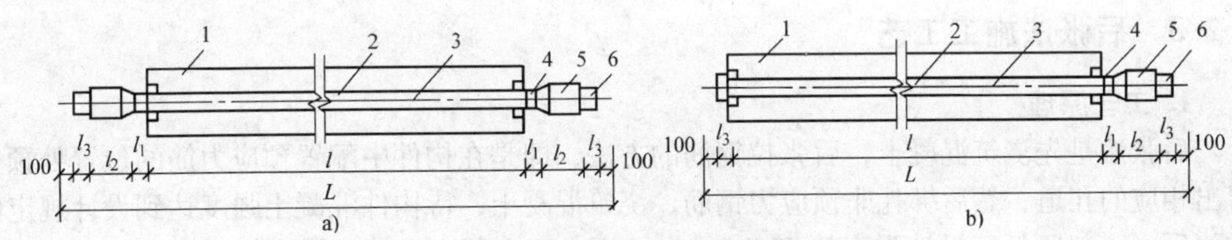

图6-13　钢筋束、钢绞线束下料长度计算简图

a）两端张拉　b）一端张拉

1—混凝土构件　2—孔道　3—钢绞线

4—夹片式工作锚　5—穿心式千斤顶

6—夹片式工具锚

下料长度可按下式计算：

两端张拉时：
$$L=l+2\,(l_1+l_2+l_3+100) \tag{6-1}$$

一端张拉时：
$$L=l+2\,(l_1+100)+l_2+l_3 \tag{6-2}$$

式中　l——构件的孔道长度（mm）；

l_1——工作锚厚度（mm）；

l_2——穿心式千斤顶长度（mm）；

l_3——夹片式工具锚厚度（mm）。

切断钢筋束和钢绞线束时，对热处理钢筋、冷拉Ⅳ级钢筋及钢绞线宜采用切断机或砂轮锯切断，不得采用电弧切割。为了保证穿入构件孔道中的钢绞线不发生扭结，在钢绞线切断前，需要编束。编束时应先将钢筋或钢绞线理顺，并尽量使各根钢绞线、钢筋松紧一致，用20号铁丝绑扎，绑扎点的间距为1~1.5m。

（2）钢丝束的制作：钢丝束的制作随着锚具形式的不同制作的方法也有差异，但一般都要经过调直、下料、编束和安装锚具等工序。

用钢质锥形锚具锚固的钢丝束，其制作和下料长度的计算基本与钢筋束相同。

如采用钢丝束镦头锚具一端张拉时，钢丝的下料长度 L 可按图 6-14、图 6-15，用下式计算：

$$L = L_0 + 2a + 2\delta - 0.5(H - H_1) - \Delta L - c \tag{6-3}$$

式中 L_0——孔道长度（mm）；

a——锚板厚度（mm）；

δ——钢丝镦头留量（取钢丝直径的 2 倍，mm）；

H——锚环高度（mm）；

H_1——螺母高度（mm）；

ΔL——张拉时钢丝伸长值（mm）；

c——混凝土弹性压缩（mm）。

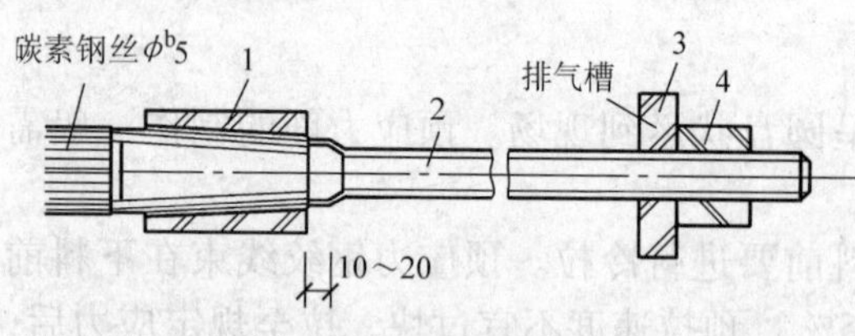

图 6-14 锥形螺杆锚具

1—套筒 2—锥形螺杆 3—垫板 4—螺母

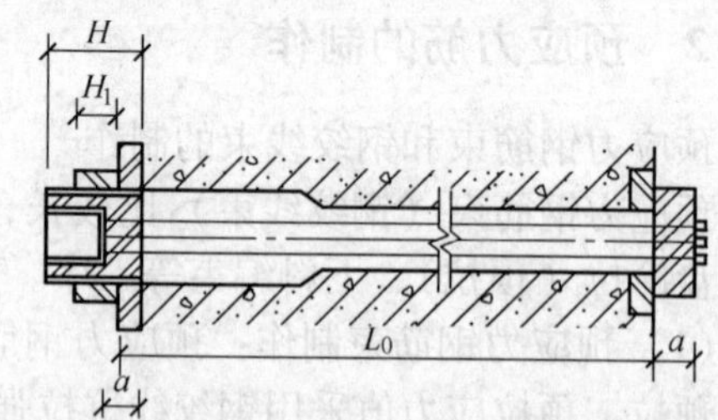

图 6-15 用镦头锚具时钢丝下料长度计算简图

6.2.3 后张法施工工艺

1. 工艺原理

后张法是先浇筑混凝土，后张拉钢筋的方法，即是在构件中配置预应力筋的位置处预先留出相应的孔道，然后绑扎非预应力钢筋、浇筑混凝土，待构件混凝土强度达到设计规定的数值后（一般不低于设计强度的 75%），在孔道内穿入预应力筋，用张拉机具进行张拉，并利用锚具把张拉后的预应力筋锚固在构件的端部。预应力筋的张拉力，主要靠构件端部的锚具传给混凝土，使其产生压应力。张拉锚固后，立即在预留孔道内压力灌浆，使预应力筋不受锈蚀，并与构件形成整体。

图 6-16 为预应力混凝土后张法生产示意图。

2. 施工工艺要点

后张法分预制生产和现场施工。后张法施工工艺中，其主要工序为孔道留设、预应力筋张拉和孔道灌浆三部分。

（1）预留孔道

1）预留孔道，是后张法施工的一道关键工序。孔道有直线和曲线之分；成孔方法有钢管抽芯法（无缝钢管抽芯法）、胶管加压抽芯法和预埋管法。

2）孔道成形的基本要求是：孔道的尺寸与位置应正确；孔道应平顺；接头不漏浆；端部预埋钢板应垂直于孔道中心线等。

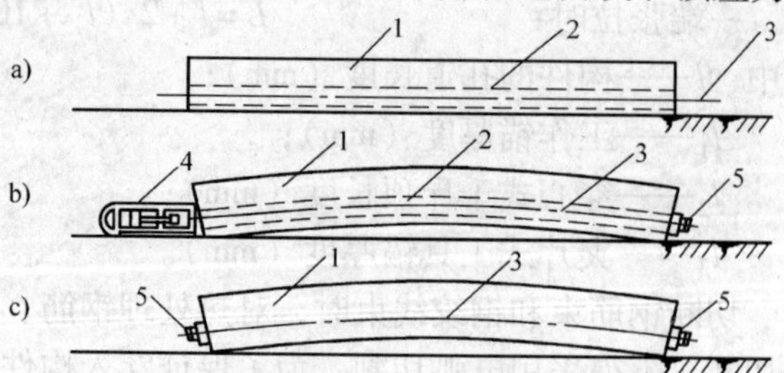

图 6-16 预应力混凝土后张法生产示意图

a）制作混凝土构件 b）张拉钢筋 c）锚固和孔道灌浆

1—混凝土构件 2—预留孔道 3—预应力筋

4—千斤顶 5—锚具

3）钢管抽芯法用于留设直线孔道，胶管抽芯法可用于留设直线、曲线及折线孔道。这两种方法主要用于预制构件，管道可重复使用，成本较低。

4）预埋管法可采用薄钢管、镀铸钢管与波纹管（金属波纹管或塑料波纹管）等。

（2）浇筑混凝土：浇筑混凝土时，应注意避免触及、损伤成孔管和造成支撑马凳移位，在钢筋密集区和构件两端，因钢筋密集，浇捣困难，应用小直径的振动棒仔细振捣密实，切勿漏振，以免造成孔洞和混凝土不密实，以至张拉时使端部承压板凹陷或破坏，造成质量安全事故，影响构件性能。浇筑完混凝土后要对混凝土及时覆盖浇水养护，以防混凝土收缩裂纹。

（3）穿筋（束）：即将预应力筋穿入孔道，分先穿筋（束）和后穿筋（束）。先穿筋（束）是在浇筑混凝土前与海绵垫；穿束，按穿束与预埋波纹管之间的配合又可分为先穿筋（束）后装管、先装管后穿筋（束）两种。但应注意在浇筑混凝土和在混凝土初凝之前要不断来回拉动预应力筋，预防预应力筋被渗漏的水泥浆粘住而增大张拉时的摩擦阻力。

后穿筋（束）法是在浇筑混凝土之后进行，可在混凝土养护期内操作，不占工期，可在张拉前进行。

钢丝束应整束穿、钢绞线优先采用整束穿，也可单根穿。

（4）预应力筋的张拉：施工时，要按照施工要求做好各项准备工作，并按一定的方法张拉预应力钢筋。

张拉前应对构件（或块体）的几何尺寸、混凝土浇筑质量、孔道位置及孔道是否畅通、灌浆孔和排气孔是否符合要求、构件端部预埋铁件位置等进行全面检查。构件的混凝土强度应符合设计要求。如设计无要求时，不应低于强度等级的75%。对预制拼装构件的立缝处混凝土或砂浆强度如设计无要求时，不应低于块体混凝土强度等级的40%，且不得低于15N/mm^2。

1）预应力筋的张拉方法：张拉时混凝土强度、张拉值、张拉理论伸长值都应由设计单位给出，如无特殊要求，张拉时混凝土强度不低于设计强度的75%；张拉值不应超过预应力筋抗拉强度标准值的75%，对于为减少预应力束松弛损失，采用超张法施工时，张拉应力不应大于预应力筋抗拉强度标准值的80%；预应力筋理论伸长值可根据胡克定律计算。如果曲线筋采用两端张拉而又对称布置，其张拉伸长值可算至跨中处加倍求得。对多曲线段或由直线段与曲线段组成的预应力筋，张拉伸长值应分段计算，然后叠加。

张拉时的实际伸长值与理论伸长值相比，应不超出±6%范围，否则应暂停张拉，并在采取措施纠正后，方可继续张拉。

张拉顺序应按设计要求进行，如无设计要求时，尚应遵守对称张拉的原则，也应考虑到尽量减少设备的移动次数。

2）预应力筋的张拉形式：张拉形式可采用两端张拉、一端张拉一端补足、分段张拉、分期张拉等，针对不同结构形式和设计要求而定。

预应力筋张拉后，会产生应力从构件制作到使用后的整个过程中不断降低的现象，即产生预应力损失。

在长度保持不变的条件下，钢材的应力随时间的增长而降低的现象；同时由于混凝土的收缩和徐变也会造成预应力值的减少。

配有多根预应力筋的构件原则上应同时张拉。如果不能同时张拉时，则应分批张拉。在分批张拉中，其张拉顺序应充分考虑到尽量避免混凝土产生超应力、构件的扭转与侧弯，以及结构的变位等因素。对在同一构件上的预应力筋的张拉一般应对称张拉。

在实施张拉过程中，它既考虑了张拉的对称性，又考虑了因分批张拉而引起的应力损失。对重要的结构可采用分两阶段建立预应力，即全部预应力筋先张拉到50%之后，再第二次拉至100%。

3）预应力筋的张拉程序：预应力筋的张拉程序，主要根据构件类型、张锚体系、松弛损失取值等因素确定。用超张拉方法减少预应力筋的松弛损失时，预应力筋的张拉程序宜为：$0 \rightarrow 1.05\sigma_{con} \xrightarrow{\text{持续 2min}} \sigma_{con}$。

如果预应力筋的张拉吨位不大，根数很多，而设计中又要求采取超张拉以减小应力松弛损失，则其张拉程序为：$0 \rightarrow 1.03\sigma_{con}$。

采用抽芯成型孔道时，曲线预应力筋和长度大于24m的直线预应力筋应在两端张拉；长度等于或小于24m的直线预应力筋，可在一端张拉。

采用预埋波纹管孔道时，曲线预应力筋和长度大于30m的直线预应力筋，宜在两端张拉；长度等于或小于30m的直线预应力筋，可在一端张拉。

在同一截面中有多根一端张拉的预应力筋时，张拉端宜分别设置在结构的两端。当两端同时张拉一根（束）预应力筋时，为了减小预应力损失，宜先在一端锚固，再在另一端补足张拉力后进行锚固。

用后张法生产预应力混凝土屋架等大型构件时，一般在施工现场平卧重叠制作，重叠层数为3~4层，其张拉顺序宜先上后下逐层进行。为了减少上下层之间因摩擦引起的预应力损失，可逐层加大张拉力。所增加的数值随构件形式、隔离层和张拉方式而不同，但最大超张拉力不宜比顶层张拉力大5%（钢丝、钢绞线和热处理钢筋）或9%（冷拉Ⅱ~Ⅳ级钢筋），并且要保证加大张拉控制应力后不要超过最大超张拉力的规定。若为4层重叠生产屋架，预应力筋为E级冷拉钢筋；用废机油、滑石粉作为隔离剂时，其自上而下的张拉值为$1.0\sigma_{con}$、$1.03\sigma_{con}$、$1.06\sigma_{con}$、$1.09\sigma_{con}$。克服叠层摩阻损失的超张拉值与减小松弛损失的张拉值可以结合起来，不必叠加。

4）张拉伸长量的校核与预应力检验：为了解预应力值建立的可靠性，需对所张拉的预应力筋的应力及损失进行检验和测定，以便在张拉时补足和调整预应力值。

在张拉过程中，必要时还应测定预应力筋的实际伸长值，用以对预应力值进行校核。若实测伸长值大于预应力筋控制应力所计算伸长值的10%，或小于计算伸长值的5%，应暂停张拉，待查明原因并采取措施调整后，方可重新张拉。

构件张拉完毕后，应检查端部和其他部位是否有裂缝。锚固后的预应力筋的外露长度不宜小于15mm。长期外露的锚具，可涂装防锈油漆或用混凝土封裹，以防腐蚀。

（5）孔道灌浆：预应力张拉锚固后，利用灰浆泵将水泥浆压灌到预应力孔道中去，这样既可以起到防止预应力筋锈蚀的作用，也可使预应力筋与混凝土构件的有效粘结增加，控制超载时的裂缝发展，减轻两端锚具的负荷状况。

灌浆用的灰浆，宜用标号不低于42.5级普通硅酸盐水泥调制的水泥浆，水泥浆的强度不应低于M20级。配制的水泥浆应有较大的流动性和较小的干缩性、泌水性。水灰比一般为0.4~0.45。

为使孔道灌浆饱满，可在灰浆中掺入占水泥质量为0.05%～0.1%的铝粉或0.25%的木质素磺酸钙。对空隙较大的孔道，水泥浆中可掺入造量的细砂。

用灰浆搅拌机搅拌好的水泥浆，必须通过过滤器后置于贮浆桶内备用，并不断搅拌，以防泌水沉淀。用灌浆泵灌浆时，按先下后上顺序缓慢均匀地进行，不得中断，并应通畅排气。待孔道两端冒出浓浆并封闭排气以后，宜再继续加压至0.5～0.6N/mm^2，稍后再封闭灌浆孔。灰浆硬化后即可将灌浆孔的木塞拔出，并用水泥砂浆抹平。当灰浆强度达到15MPa时，方能移动。

若气温低于5℃，灌浆后还应按冬期施工要求进行养护，以防由于灰浆冰冻而使构件胀裂。

预应力筋锚固后的外露长度不宜小于30mm，并且钢绞线端头混凝土保护层厚度不小于20mm。外露的锚具需涂刷防锈油漆，并用混凝土封裹，以防腐蚀。

在桥梁结构中，锚头外要加锚罩，用水泥浆将锚头封死，并认真地灌封混凝土，在封端混凝土以外再加防水膜防水，以防止侵蚀介质从锚头部分侵入预应力筋。

锚固端做法分为凸出式和凹入式。

6.2.4 施工措施

1. 质量措施

为保证预应力工程的施工质量，应对施工全过程加强控制，并及时进行检查和验收，各施工过程具体的检查和验收的内容方法参见国家标准《混凝土结构工程施工质量验收规范》（GB 50204—2002）。

（1）对原材料（预应力筋、锚夹具、灌浆用水泥等）应根据国家标准、规范等进行检验和验收。

（2）后张法预应力工程的施工应由具有相应资质等级的预应力专业施工单位承担。

（3）预应力筋张拉机具设备及仪表，应定期维护和校验。

（4）在浇筑混凝土之前，应进行预应力隐蔽工程验收，其内容包括：

1）预应力筋的品种、规格、数量、位置等。

2）预应力筋锚具和连接器的品种、规格、数量、位置等。

3）预留孔道的规格、数量、位置、形状及灌浆孔、排气兼泌水管等。

4）锚固区局部加强构造等。

2. 安全措施

钢绞线、钢丝束发盘下料时应采取措施，以防其弹开伤人。预应力筋穿束时搭设牢固的穿束平台，平台上满铺脚手板、平台挑出张拉端不小于2m，并设防护架子。

张拉时千斤顶两端严禁站人，闲杂人员不得围观，预应力施工人员在千斤顶两侧操作，不得在端部来回穿越。

穿束和张拉地点上下垂直方向无其他工程同时施工。

雨天张拉应搭防雨篷，冬天要有保暖措施，防止油管和液压泵受冻，影响操作。

孔道灌浆时，主要操作人员戴防护镜、穿雨靴、戴手套，胶皮管与灰浆泵要连接牢固，喷嘴要紧压在灌浆孔上，堵灌浆孔时应站在孔的侧面，以防灰浆喷出伤人。

高空作业要有防坠落措施。

操作人员要胆大心细，责任心强，严格按操作规程操作。严防电火花损伤波纹管和预应力筋，严禁在孔道附近进行电焊作业。

液压泵应设在预应力筋的外侧面，不宜直对预应力筋。严禁在负荷情况下拆换油管或压力表。

保持油管设备清洁，防止杂物进入，张拉设备每隔半年进行一次校验。

6.3 无粘结预应力混凝土施工工艺

无粘结预应力混凝土技术是预应力技术的一个重要分支与发展。无粘结预应力筋是带有专用防腐油脂涂料层和聚乙烯（聚丙烯）外包层和钢绞线或7Φ5 钢丝束，预应力筋与混凝土直接不接触，预应力靠锚具传递，施工时，不需要预留孔道、穿筋、灌浆等工序，而是把预先组装好的无粘结筋在浇筑混凝土前，与非预应力筋一起按设计要求铺放在模板内，然后浇筑混凝土，待混凝土达到设计强度的75%后，利用无粘结预应力筋在结构内与周围混凝土不粘结，在结构内可作纵向滑动的特性，进行张拉锚固，借助两端锚具，达到对结构产生预应力的效果。

6.3.1 施工工艺流程

1. 工艺流程

安装梁或楼板模板→放线→下部非预应力钢筋铺放、绑扎→铺放暗管、预埋件→安装无粘结筋张拉端模板（包括打眼、钉焊预埋承压板、螺旋筋、穴模及各部位马凳筋等）→铺放无粘结筋→检查修补破损的护套→上部非预应力钢筋铺放、绑扎→检查无粘结筋的矢高、位置及端部状况→隐蔽工程检查验收→浇灌混凝土→混凝土养护→松动穴模、拆除侧模→张拉准备→混凝土强度试验→张拉无粘结筋→切除超长的无粘结筋→封锚。

2. 技术特点

无粘结预应力混凝土施工工艺提供了使用灵活的空间，为发展大跨度、大柱网、大开间楼盖体系创造了条件。其优点是：

（1）降低了楼层的高度，提高了结构整体性能和刚度。

（2）无粘结筋可曲线配置，其形状与外荷弯矩图形相适应，可充分发挥预应力筋的强度。

（3）不需要预留孔洞、穿筋和灌浆等工序，设备管道及电气管线在楼板下可通行无阻，减少建筑、结构、设备的布局矛盾。施工简单方便，缩短工期，摩擦力小，易弯成多跨面曲线形状。

（4）无粘结筋成型采用挤出成型工艺，产品质量稳定，摩阻损失小，便于工厂化生产，达到国外同类产品先进水平。

缺点是：预应力筋强度不能充分发挥（一般要降低10%～20%），锚具质量要求较高。

3. 适用范围

多层及高层建筑大跨度、大柱网、大开间楼盖体系，如单向连续板、四边支承双向平板、柱支承无梁双向平板和密肋板；现浇大跨度连续梁、框架及预制梁式结构；桥梁、飞机跑道、大型基础、筒壁结构、挡土墙的加固等设计允许的工程结构。

6.3.2 无粘结预应力筋的制作

无粘结预应力筋由预应力钢丝（一般选用 7 根$\Phi^{S}5$ 高强度钢丝组成钢丝束，也可选用 7$\Phi^{S}5$ 钢绞线束）、涂料层、外包层（图 6-17）及锚具组成。其性能、防腐润滑涂料、护套材料均应符合规范要求。

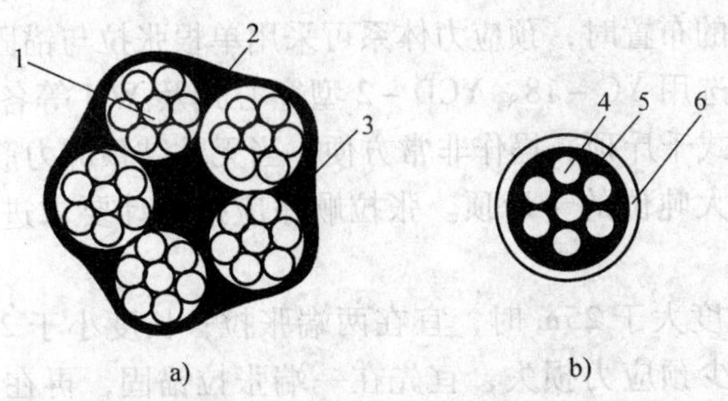

图 6-17 无粘结筋横截面示意图

a）无粘结钢绞线束 b）无粘结钢丝束或单根钢绞线

1—钢绞线 2—沥青涂料 3—塑料薄膜 4—钢丝 5—油脂 6—塑料管

6.3.3 无粘结预应力筋的敷设

无粘结预应力筋铺设前应仔细检查筋的规格尺寸和端部配件，对有局部轻微破坏的外包层可用塑料胶带补好，破坏严重的应予以报废。

无粘结筋的铺设按设计图样规定进行。

（1）铺设顺序：在单向连续梁板中，无粘结钢筋的铺设顺序与非预应力钢筋的铺设顺序相同。在双向连续平板中，无粘结预应力钢筋需要配制成两个方向的悬垂曲线。

（2）铺设方法：一般是事先编制铺设顺序，将各无粘结钢筋搭接处的标高（从板底至无粘结筋上表面的高度）标出，根据双向钢丝束交点的标高差绘制出钢丝束的铺设顺序图。波峰低的底层钢丝束先行铺设；然后依次铺设波峰高的上层钢丝束，以避免各钢丝束之间的相互碰撞穿插。

6.3.4 无粘结预应力筋的张拉

无粘结预应力筋的张锚体系应根据设计要求确定或根据结构端部的预埋承压板形式选定，当端部为单筋的布置时预应力体系可采用单根张拉与锚固体系，并用单根夹片式锚具锚固；张拉设备可选用 YC－18、YCD－2 型穿心式及 YCJ 等各类轻型千斤顶。

1. 张拉

当无粘结预应力筋在端部成束布置时，应采用相应张拉力的中、大吨位的千斤顶。张拉顺序应按设计要求进行，如设计无特殊要求时，可依次张拉。

在实际施工中，无粘结预应力筋的张拉设备与程序等的要求与有粘结预应力筋要求基本上相同，但应注意如下几点：

（1）成束无粘结筋在正式张拉前，宜先用千斤顶往复抽动一两次，以降低张拉摩擦损失。无粘结筋的张拉摩擦因数，当采用防腐油脂涂料层时一般不大于 0.12；当采用防腐沥青涂料层时，无粘结筋的张拉摩擦因数一般不大于0.25。

（2）在无粘结筋张拉过程中，当有个别钢丝发生滑脱或断裂时，可相应降低张拉力，以免发生钢丝连续断裂。但滑脱或断裂的数量，不应超过同一构件截面无粘结筋总量的2%。

（3）无粘结预应力筋的张锚体系应根据设计要求确定或根据结构端部的预埋承压板形式选定，当端部为单筋的布置时，预应力体系可采用单根张拉与锚固体系，并用单根夹片式锚具锚固；张拉设备可选用YC－18、YCD－2型穿心式及YCJ等各类轻型千斤顶，即采用小型高压液压泵和手提式千斤顶，操作非常方便。当无粘结预应力筋在端部成束布置时，应采用相应张拉力的中、大吨位的千斤顶。张拉顺序应按设计要求进行，如设计无特殊要求时，可依次张拉。

（4）当无粘结筋长度大于25m时，宜在两端张拉；长度小于25m时，可在一端张拉。当两端张拉时，为了减少预应力损失，宜先在一端张拉锚固，再在另一端补足张拉力进行锚固。

在张拉过程中，应测定其实际伸长值，并与理论伸长值进行比较，误差不应超过理论伸长值的±6%。

如发生偏差，则应暂停张拉，查明原因并采取措施予以调整后再继续张拉。

张拉时，无粘结筋的实际伸长值宜在初应力为油压表读数10N/mm^{2}时开始测量，分级记录，可按油压表读数每1N/mm^{2}为一级，量测得的伸长值，必须加上初应力以下的推算伸长值，并扣除混凝土构件在张拉过程中的弹性压缩值。

对初应力以下的推算伸长值，可按图解法确定，如图6-18所示。

2. 无粘结筋端部处理

（1）张拉端头处理：张拉端头处理应根据所采用的无粘结筋与锚具不同而异。

1）当采用镦头锚具时，张拉端处理如图6-19所示。

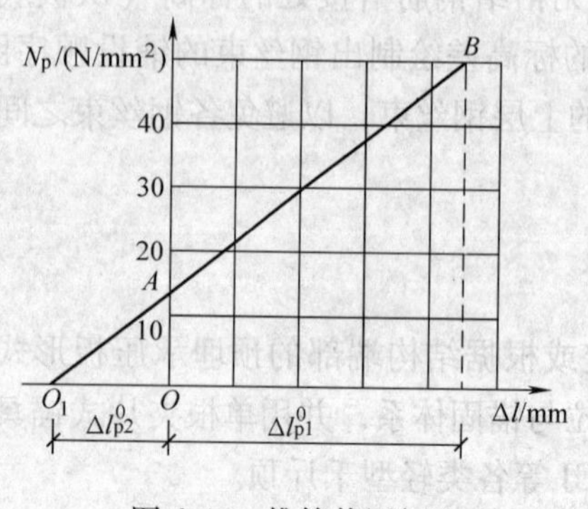

图6-18 推算值图解法

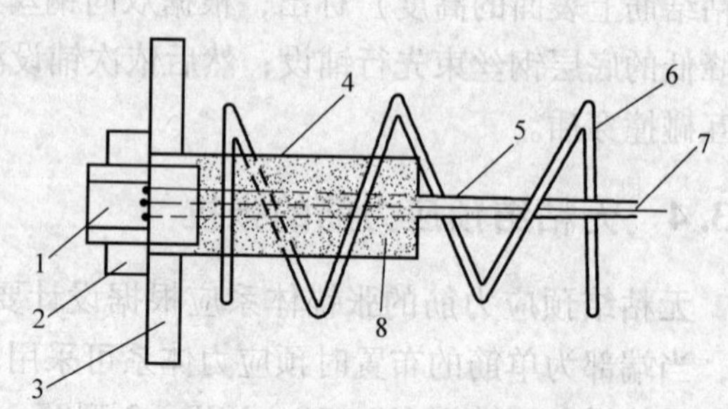

图6-19 镦头锚固系统张拉端

1—锚杯 2—螺母 3—承压板 4—塑料套筒 5—软塑料管 6—螺旋筋 7—无粘结钢丝束 8—防腐油脂

2）对无粘结钢丝束的镦头应进行防腐及防火处理。

3）当采用夹片式锚具时，张拉后可先切除外露预应力筋多余长度。一般保留200～800mm并分散弯折，埋在混凝土圈梁内，以加强锚固，如图6-20所示。

（2）非张拉端头处理：无粘结筋的非张拉端可设置在构件内，其端头做法主要根据所

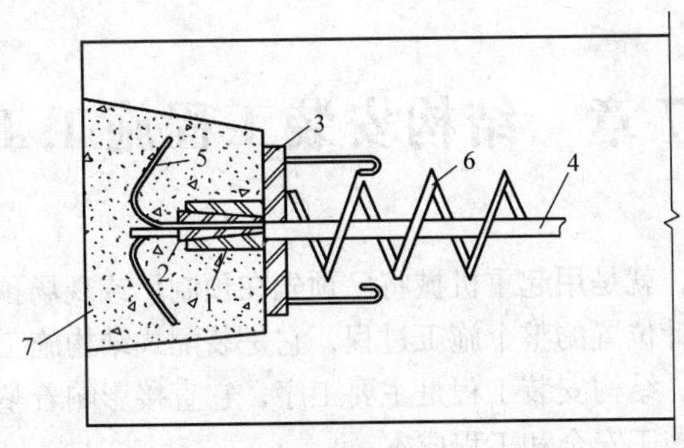

图 6-20　夹片式铺具张拉端处理

1—铺环　2—夹片　3—承压板　4—无粘结筋　5—散开打弯钢丝　6—螺旋筋　7—后浇混凝土

采用的预应力钢材而定。当采用无粘结钢丝束时，非张拉端可采用扩大的镦头锚板，并用螺旋筋加强，如图 6-21 所示。施工中如端头无结构配筋时，则应配置结构钢筋，使锚板与混凝土之间有可靠锚固性能。

当采用无粘结钢绞线时，钢绞线在非张拉端可“压花”成型，如图 6-22 所示。

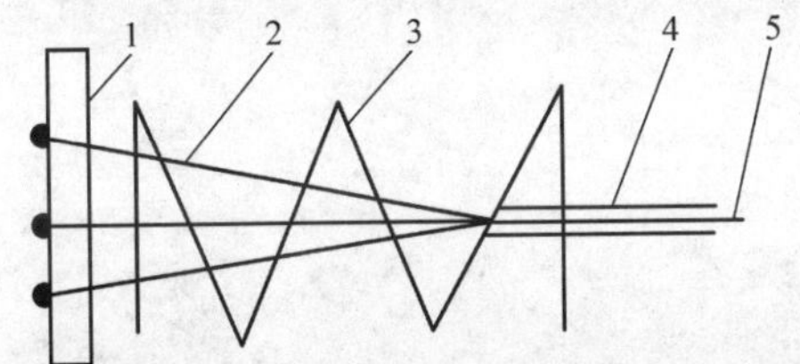

图 6-21　镦头锚非张拉端处理

1—锚板　2—钢丝　3—螺旋筋　4—外包层　5—无粘结筋

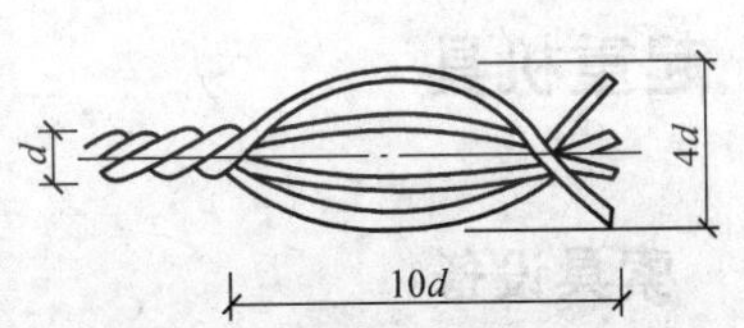

图 6-22　钢绞丝在固定端压花

第7章　结构安装工程施工工艺

所谓结构安装工程，就是用起重机械将已预先在预制厂或现场预制好的构件，按照设计图纸的要求，安装到设计位置的整个施工过程，它是装配式结构施工的主导工程。

装配式厂房施工中，结构安装工程是主要工序，它直接影响着整个工程的施工进度、劳动生产率、工程质量、施工安全和工程成本。

结构安装工程的施工特点是：

(1) 结构吊装系高空作业，且构件一般都存在着大、长、重，易发生安全事故，必须重视安全教育。

(2) 一些构件，如桁架、柱子等，在运输和吊装时，由于吊点和支承点的原因要加临时支撑，以免改变受力性质，导致构件被破坏。

(3) 构件的外形尺寸影响安装施工进度。所以要求设计时：构件类型尽量要少些；重量要轻些；体积要小些。

7.1　起重机具

7.1.1　索具设备

1. 钢丝绳

钢丝绳是吊装工作中常用的绳索，具有强度高、韧性好、耐磨性好等优点。钢丝绳磨损后表面产生毛刺，容易检查发现，便于预防事故的产生。

(1) 钢丝绳的构造及种类

1) 钢丝绳是由直径相同的光面钢丝捻成钢丝股，再由六股钢丝股和一股绳芯搓捻而成。钢丝绳按每股钢丝的根数可分为三种规格：

① 6×19+1：即6股钢丝股，每股19根钢丝，中间加一根绳芯，钢丝粗、硬而耐磨，不易弯曲，一般用作缆风绳。

② 6×37+1：即为6股钢丝股，每股37根钢丝，中间加一根绳芯，钢丝细、较柔软，用于穿滑车组和做吊索。

③ 6×61+1：即6股钢丝股，每股61根钢丝，中间加一根绳芯，质地软，用于重型起重机械。

2) 钢丝绳按钢丝和钢丝股搓捻方向不同可分为顺捻绳和反捻绳两种：

① 顺捻绳：每股钢丝的搓捻方向与钢丝股的搓捻方向相同。柔性好、表面平整、不易磨损、但易松散和扭结卷曲，吊重物时，易使重物旋转，一般用于拖拉或牵引装置。

② 反捻绳：每股钢丝的搓捻方向与钢丝股的搓捻方向相反。钢丝绳较硬，不易松散，吊重物不扭结旋转，多用于吊装工作。

③ 钢丝绳按抗拉强度分为1400N/mm^2、1550N/mm^2、1700N/mm^2、1850N/mm^2、

$2000N/mm^2$ 五种。

（2）钢丝绳的最大工作拉力：钢丝绳的最大工作拉力应满足下式要求

$$S \leqslant \frac{S_p}{n} \tag{7-1}$$

式中 S——钢丝绳的最大工作拉力（kN）；

S_p——钢丝绳的钢丝破断拉力总和（kN）；

n——钢丝绳安全因数，按表 7-1 取用。

表 7-1 钢丝绳安全因数 n

用　　途	安全因数 n	用　　途	安全因数
缆风绳	3.5	吊索（无弯曲时）	6～7
手动起重设备	4.5	捆绑吊索	8～10
电动起重设备	5～6	载人升降机	14

（3）钢丝绳容许拉力：钢丝绳的容许拉力应满足下式要求

$$S_g \leqslant aS \tag{7-2}$$

式中 a——钢丝绳破断拉力换算因数（或受力不均匀因数）。钢丝绳为 6×19+1 取 0.85；6×37+1 取 0.82；6×61+1 取 0.80。

S_g——钢丝绳的容许拉力。

2. 吊具

（1）吊索：吊索也称千斤绳，根据形式不同可分为环状吊索、万能和开口吊索，如图 7-1 所示。

图 7-1 吊索

a）环状吊索 b）开口吊索

做吊索用的钢丝绳要求质地软，易弯曲，直径大于 11mm，一般用 6×37+1、6×61+1 制成。

（2）吊钩：吊钩有单钩和双钩两种，如图 7-2 所示。吊装时一般用单钩，双钩多用于桥式或塔式起重机上。使用时，要认真进行检查，表面应光滑，不得有剥裂、刻痕、锐角、裂缝等缺陷。吊钩不得直接钩在构件的吊环中；不准对磨损或有裂缝的吊钩进行补焊。

图 7-2 吊钩

（3）卡环（卸甲）：卡环用于吊索之间或吊索与构件吊环之间的连接。由弯环与销子两部分组成：弯环形式有直形和马蹄形；销子的形式有螺栓式和活络式。图 7-3 活络卡环的销子端头和弯环孔眼无螺纹，可以直接抽出，多用于吊装柱子，可以避免高空作业。活络卡环绑扎柱子如图 7-4 所示。

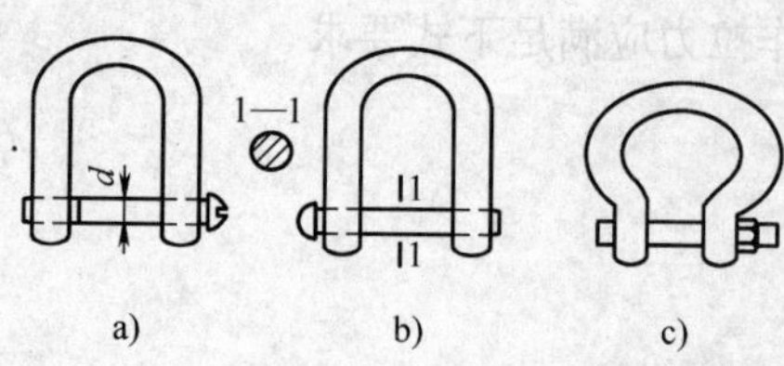

图 7-3　卡环
a）螺栓式　b）活络式　c）马蹄形

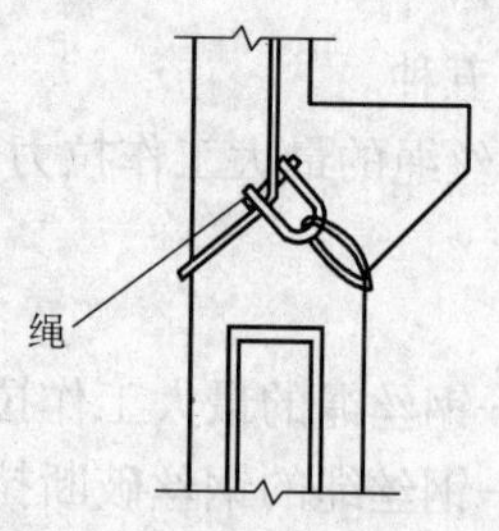

图 7-4　活络卡环绑扎柱子

（4）钢丝绳卡扣（钢丝夹头）：钢丝绳卡扣主要用来固定钢丝绳端。使用卡扣的数量和钢丝绳的粗细有关，粗绳用得较多。卡扣外形如图 7-5 所示。

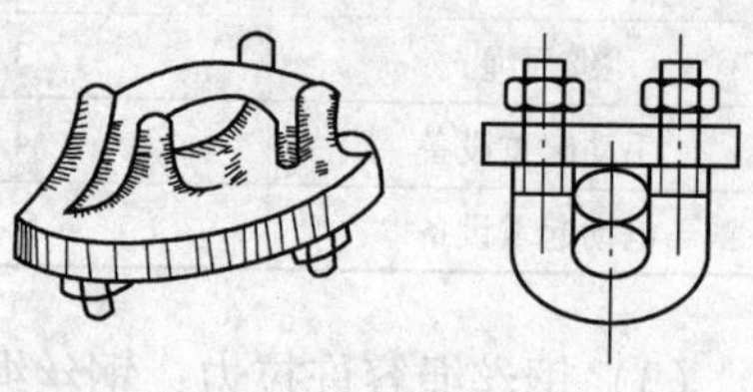

图 7-5　钢丝绳卡扣

（5）横吊梁（铁扁担）：横吊梁又称铁扁担，在吊装中可减小起吊高度，满足吊索水平夹角的要求，使构件保持垂直、平衡，便于安装。图 7-6 为吊柱子用的横吊梁，图 7-7 为吊屋架用的横吊梁。

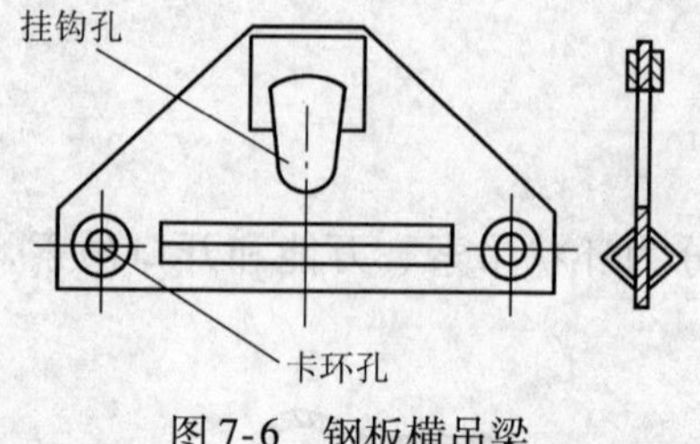

图 7-6　钢板横吊梁

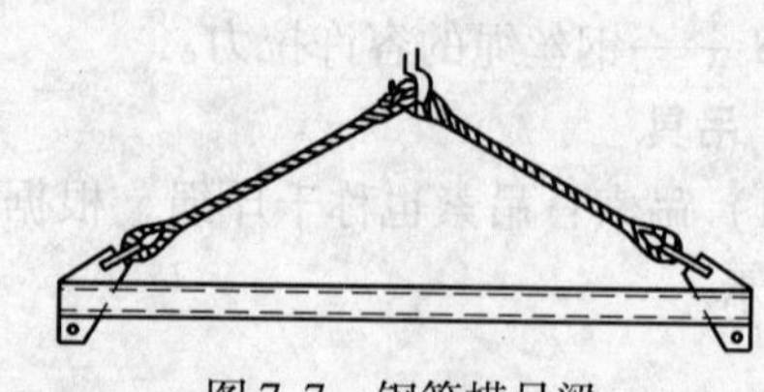

图 7-7　钢管横吊梁

3. 滑轮组

滑轮组是由一定数量的定滑轮和动滑轮及绕过它们的绳索所组成，具有省力和改变力的方向的功能，是起重机械的重要组成部分。

滑轮组中共同负担构件重量的绳索根数称为工作线数，也就是在动滑轮上穿绕的绳索根数。滑轮组起重省力的多少，主要取决于工作线数和滑动轴承的摩阻力大小。滑轮组可分为绳索跑头从定滑轮引出（图 7-8）和从动滑轮上引出（图 7-9）两种。

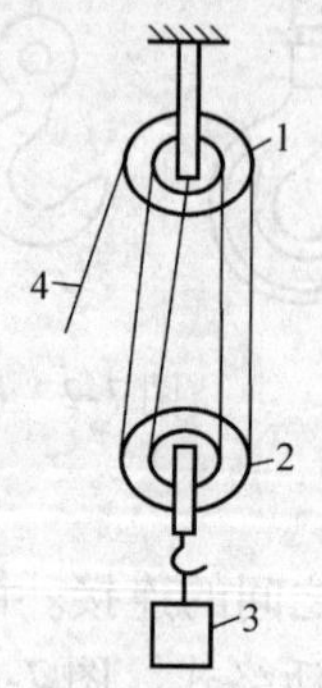

图 7-8　绳索跑头从定滑轮引出
1—定滑轮　2—动滑动　3—重物　4—绳索

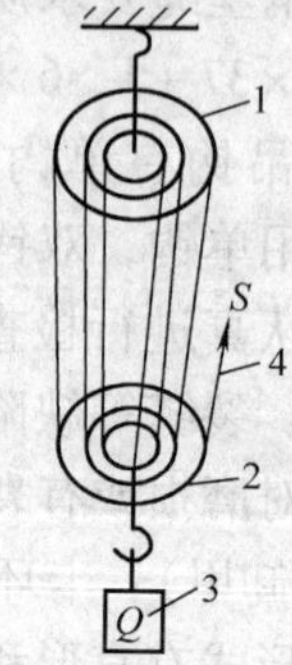

图 7-9　绳索跑头从动滑轮引出
1—定滑轮　2—动滑轮　3—重物　4—绳索跑头

滑轮组引出绳头（称跑头）的拉力，可用下式计算：

$$N = KQ \tag{7-3}$$

式中 N——跑头拉力（kN）；

Q——计算荷载（kN），等于吊装荷载与动力系数的乘积；

K——滑轮组省力因数。

起重机所用滑轮组通常都是青铜轴套，其滑轮组的省力因数 K 见表 7-2。

表 7-2 青铜轴套滑轮组省力因数

工作线数 n	1	2	3	4	5	6	7	8	9	10
省力因数 K	1.04	0.529	0.360	0.275	0.224	0.190	0.166	0.148	0.134	0.123
工作线数 n	11	12	13	14	15	16	17	18	19	20
省力因数 K	0.114	0.105	0.100	0.095	0.090	0.086	0.082	0.079	0.076	0.074

4. 卷扬机

在建筑施工中常用的电动卷扬机有快速和慢速两种。慢速卷扬机（JJM 型）多为单筒式，其设备能力为 30～200kN，主要用于吊装结构、冷拉钢筋和张拉预应力筋；快速卷扬机（JJK 型）分为单筒和双筒两种，其设备能力为 4.0～50kN，主要用于垂直运输和水平运输以及打桩作业。

卷扬机在使用时必须用地锚固定，以防作业时产生滑动或倾覆。固定卷扬机的方法有螺栓锚固法、水平锚固法、立桩锚固法和压重物锚固法等四种。如图 7-10 所示。

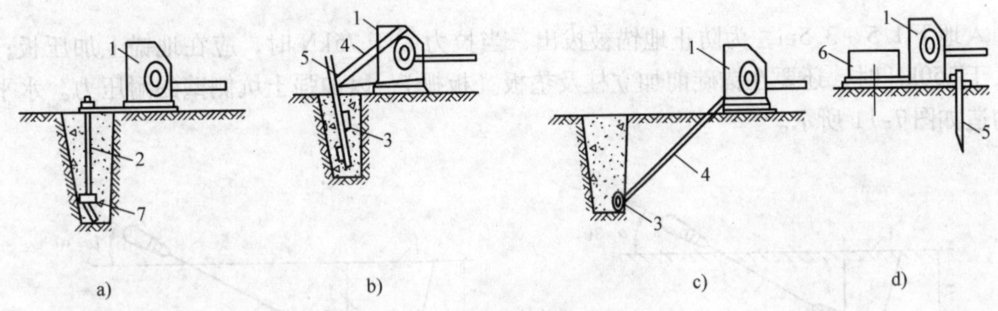

图 7-10 卷扬机的锚固方法

a）螺栓锚固法 b）水平锚固法 c）立桩锚固法 d）压重锚固法

1—卷扬机 2—地脚螺栓 3—横木 4—拉索 5—木桩 6—压重 7—压板

5. 地锚

地锚又称锚碇，用来固定缆风绳、卷扬机、导向滑车、拔杆的平衡绳索等。

常用的地锚有桩式地锚和水平地锚两种。

（1）桩式地锚：桩式地锚是将圆木打入土中承担拉力，多用于固定受力不大的缆风绳。圆木直径为 18～30cm，桩入土深度为 1.2～1.5m，根据受力大小，可打成单排、双排或三排。桩前一般埋有水平圆木，以加强锚固。这种地锚承载力 10～50kN。

桩式地锚的尺寸和承载力见表 7-3。

（2）水平地锚：水平地锚是用一根或几根圆木绑扎在一起，水平埋入土内而成。钢丝绳系在横木的一点或两点，呈 30°～50°斜度引出地面，然后用土石回填夯实。水平地锚一

表 7-3　木桩锚碇尺寸和承载力表

类　型	承载力/kN	10	15	20	30	40	50
	桩尖处施于上的压力（MPa）	0.15	0.2	0.23	0.31		
	a（cm）	30	30	30	30		
	b（cm）	150	120	120	120		
	c（cm）	40	40	40	40		
	d（cm）	18	20	22	26		
	桩尖处施于上的压力（MPa）				0.15	0.2	0.28
	a_1（cm）				30	30	30
	b（cm）				120	120	120
	c（cm）				90	90	90
	d_1（cm）				22	25	26
	a_2（cm）				30	30	30
	b_2（cm）				120	120	120
	c_2（cm）				40	40	40
	d_2（cm）				20	22	24

般埋入地下 1.5～3.5m，为防止地锚被拔出，当拉力大于 75kN 时，应在地锚上加压板；拉力大于 150kN 时，还要在锚碇前加立柱及垫板（板栅），以加强土坑侧壁的耐压力。水平锚碇构造如图 7-11 所示。

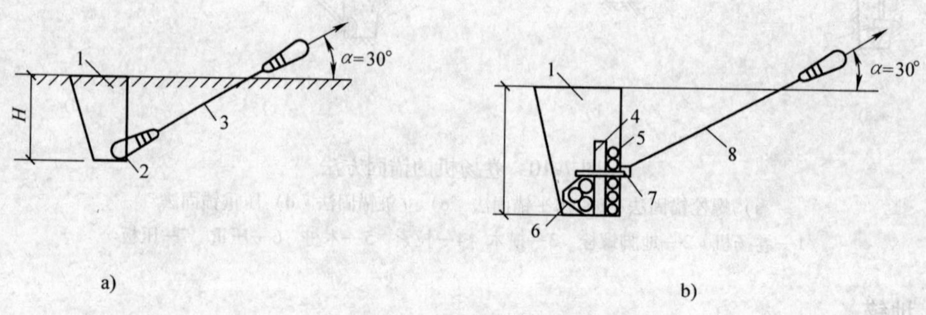

图 7-11　水平锚碇构造示意

a）拉力 30kN 以下　b）拉力 100～400kN

1—回填土逐层夯实　2—地龙木一根　3—钢丝绳或钢筋　4—柱木
5—挡木　6—地龙木 3 根　7—压板　8—钢丝绳圈或钢筋环

7.1.2　起重机械

在结构安装工程中，常用的起重机械主要有桅杆式起重机、自行起重机以及塔式起重机。

1. 桅杆式起重机

桅杆式起重机可分为独脚拔杆、人字拔杆、悬臂拔杆和牵缆式桅杆起重机等。这种机械的特点是能就地取材，可以现场制作，构造简单，装拆方便，起重量可达100t以上，但起重半径小，移动较困难，需要设置较多的缆风绳。它适用于安装工程量集中，结构重量大，安装高度大以及施工现场狭窄的情况。

（1）独脚拔杆：独脚拔杆由拔杆、起重滑轮组、卷扬机、缆风绳和地锚等组成，如图7-12所示。根据独脚拔杆的制作材料不同可分为木独脚拔杆、钢管独脚拔杆和金属格构式拔杆等。

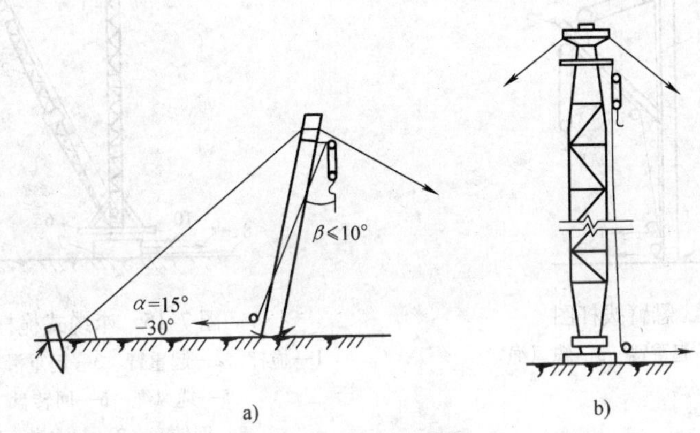

图7-12 独脚拔杆

a）木拔杆 b）格构式钢拔杆

（2）人字拔杆：人字拔杆由两根圆木或钢管或格构式截面的独脚拔杆在顶部相交成20°~30°夹角，用钢丝绳绑扎或铁件铰接而成，如图7-13所示。下悬起重滑轮组，底部设有拉杆或拉绳，以平衡拔杆本身的水平推力。拔杆下端两脚距离为高度的1/2~1/3。人字拔杆的优点是侧向稳定性好，缆风绳较少（一般不少于5根）；缺点是构件起吊后活动范围小，一般仅用于安装重型构件或作为辅助设备以吊装厂房屋盖体系上的轻型构件。

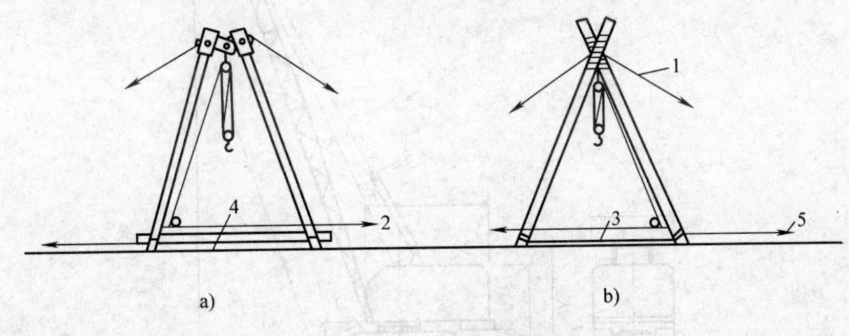

图7-13 人字拔杆

a）顶端用铁件铰接 b）顶端用绳索捆扎

1—缆风绳 2—卷扬机 3—拉绳 4—拉杆 5—锚锭

（3）悬臂拔杆：在独脚拔杆的2/3高度处装上一根起重杆，即成悬臂拔杆。悬臂起重杆可以顺转和起伏，因此有较大的起重高度和相应的起重半径，悬臂起重杆，能左右摆动

（120°~270°），但起重量较小，多用于轻型构件安装（图 7-14）。

（4）牵缆式桅杆起重机：牵缆式桅杆起重机是在独脚拔杆的根部装一可以回转和起伏的吊杆而成（图 7-15）。这种起重机的起重臂不仅可以起伏，而且整个机身可作全回转，因此工作范围大，机动灵活。

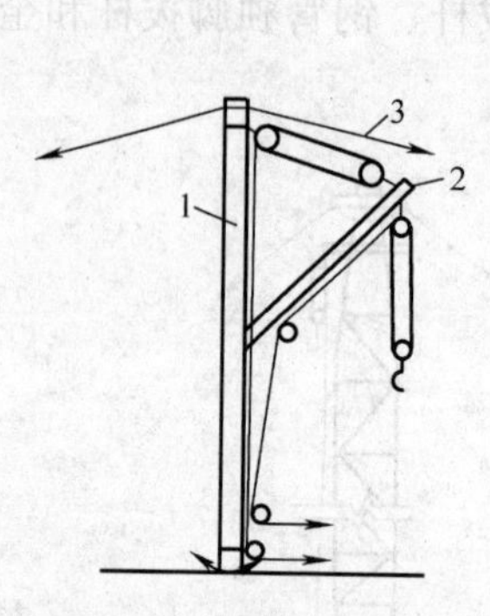

图 7-14　悬臂拔杆图

1—拔杆　2—起重臂　3—缆风绳

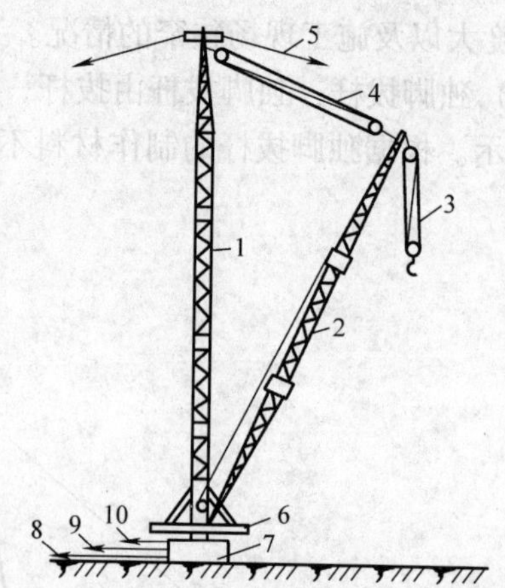

图 7-15　牵缆式桅杆起重机

1—桅杆　2—起重臂　3—起重滑轮组　4—变幅滑轮　5—缆风绳　6—回转盘　7—底座　8—回转索　9—起重索　10—变幅索

2. 自行式起重机

自行式起重机主要有履带式起重机、汽车式起重机和轮胎式起重机等。

（1）履带式起重机：履带式起重机主要由动力装置、传动机构、行走机构（履带）、工作机构（起重杆、滑轮组、卷扬机）以及平衡重等组成，如图 7-16 所示。是一种 360°全回

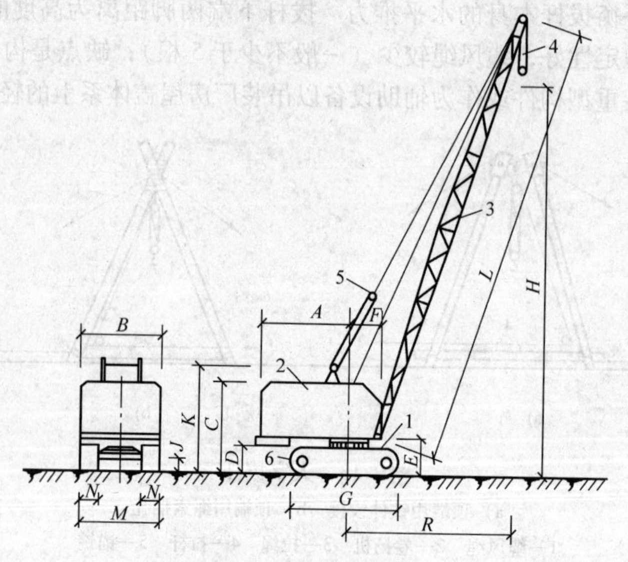

图 7-16　履带式起重机

1—底盘　2—机棚　3—起重臂　4—起重滑轮组　5—变幅滑轮组　6—履带

A、B……—外形尺寸符号　L—起重臂长度　H—起升高度　R—工作幅度

转的起重机，它操作灵活，行走方便，能负载行驶。缺点是稳定性较差。行走时对路面破坏较大，行走速度慢，在城市中和长距离转移时，需用拖车进行运输。目前它是结构吊装工程中常用的机械之一。

1）常用型号和性能：常用的履带式起重机主要有：国产 W_1—50 型、W_1—100 型、W_1—200 型和一些进口机械。

W_1—50 型起重机的最大起重量为 10t，适用于吊装跨度在 18m 以下、高度在 10m 以内的小型单层厂房结构和装卸工作。

W_1—100 型起重机最大的起重量为 15t，适用于吊装跨度 18～24m 的厂房。

W_1—200 型起重机的最大起重量为 50t，适用于大型厂房吊装。

履带式起重机的外形尺寸见表 7-4。

表 7-4　履带式起重机外形尺寸　（单位：mm）

符号	名　　称	型　　号		
		W_1—50	W_1—100	W_1—200
A	机棚尾部到回转中心距离	2900	3300	4500
B	机棚宽度	2700	3120	3200
C	机棚顶部距地面高度	3220	3675	4125
D	回转平台底面距地面高度	1000	1045	1190
E	起重臂枢轴中心距地面高度	1555	1700	2100
F	起重臂枢轴中心至回转中心的距离	1000	1300	1600
G	履带长度	3420	4005	4950
J	行走底架距地面高度	300	275	390
K	双足支架顶部距地面高度	3480	4170	4300
M	履带架宽度	2850	3200	4050
N	履带板宽度	550	675	800

履带式起重机的起重能力常用起重量、起重高度和起重半径三个工作参数表示。三者的相互关系见表 7-5。

表 7-5　履带式起重机性能表

参　　数		单位	型号							
			W_1—50			W_1—100		W_1—200		
起重臂长度		m	10	18	18 带鸟嘴	13	23	15	30	40
最大工作幅度		m	10.0	17.0	10.0	12.5	17.0	15.5	22.5	30.0
最小工作幅度		m	3.7	4.5	6.0	4.23	6.5	4.5	8.0	10.0
起重量	最小工作幅度时	t	10.0	7.5	2.0	15.0	8.0	50.0	20.0	8.0
	最大工作幅度时	t	2.6	1.0	1.0	3.5	1.7	8.2	4.3	1.5
起升高度	最小工作幅度时	m	9.2	17.2	17.2	11.0	19.0	12.0	26.8	36.0
	最大工作幅度时	m	3.7	7.6	14.0	5.8	16.0	3.0	19.0	25.0

从起重机性能表可以看出，起重量、起重半径、起重高度三个工作参数存在着相互制约的关系，其取值大小取决于起重臂长度及其仰角。当起重臂长度一定时，随着仰角增大，起重量和起重高度增加，而起重半径减小；当起重臂的仰角不变时，随着起重臂长度的增加，起重半径和起重高度增加，而起重量减小。

2）履带式起重机的稳定性验算：履带式起重机超载吊装或者接长吊杆时，需要进行稳定性验算，以保证起重机在吊装中不会发生倾倒事故。

履带式起重机稳定性应以起重机处于最不利工作状态即车身与行驶方向垂直的位置进行验算，如图7-17 所示的情况进行验算。此时，应以履带中心 A 为倾覆中心验算起重机的稳定性。当不考虑附加荷载（风荷、刹车惯性力和回转离心力等）时应满足下式要求

$$K=\frac{稳定力矩}{倾覆力矩}\geqslant 1.4 \tag{7-4}$$

考虑附加荷载时 $K\geqslant 1.15$

为了简化计算，验算起重机稳定性时，一般不考虑附加荷载，由图 7-17 求得

$$K=\frac{G_1l_1+G_2l_2+G_0l_0-G_3l_3}{Q(R-l_2)}\geqslant 1.4 \tag{7-5}$$

式中 G_0——原机身平衡重；

G_1——起重机身可转动部分的重量；

G_2——起重机身不转动部分的重量；

G_3——起重杆重量，约为起重机重量 4% ~7%；

l_0、l_1、l_2、l_3——以上各部分的重心至倾履中心 A 点的相应距离；

R——起重半径；

Q——起重量。

验算时，如不满足就采取增加配重等措施。

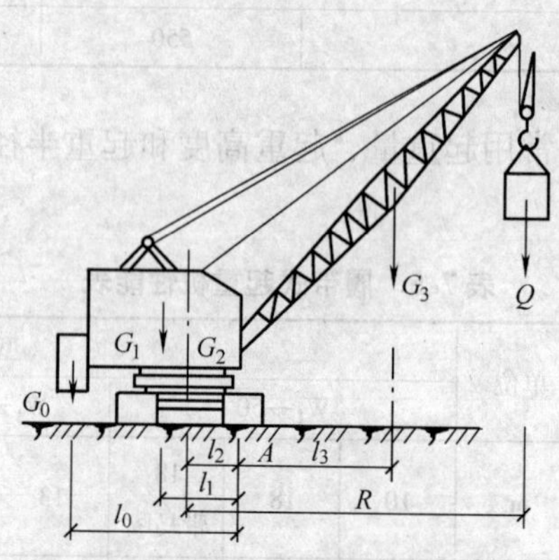

图 7-17 履带式起重机受力简图

【例】 某建筑工地，拟用一台 W_1—100 型履带式起重机（最大起重量 15t）吊装厂房钢筋混凝土柱子，每根柱重（包括吊具）为 17.5t，试验算起重机的稳定性。

【解】 在现场测得：

$G_1=20.2$t；$G_2=14.4$t；$G_0=3.0$t；$G_3=4.35$t（13m 杆长重量）。根据表 7-4 查得

$$l_2 = \frac{M}{2} - \frac{N}{2} = \left(\frac{3.2}{2} - \frac{0.675}{2}\right)\text{m} = 1.26\text{m}$$

$l_1 = 2.63\text{m}$（实测）；$l_0 = 4.95\text{m}$（实测）；

$R = 4.5\text{m}$（表 7-5）；

所以 $l_3 = R - \left(l_2 + \dfrac{13\cos 75°}{2}\right) = 1.56\text{m}$

$Q = 17.5\text{t}$，将以上数值代入（式 7-5）得

$$K = \frac{G_1 l_1 + G_2 l_2 + G_0 l_0 - G_3 l_3}{Q(R - l_2)} \geqslant 1.4$$

$$= \frac{20.2 \times 2.63 + 14.4 \times 1.26 + 3.0 \times 4.95 - 4.35 \times 1.56}{17.5(4.5 - 1.26)}$$

$$= \frac{79.33}{56.7} = 1.399 < 1.4$$，不满足要求。

说明机身的稳定性不够，必须采取在车的尾部增加配重（压铁）来解决，所需增加的重量 G_0' 可按下式计算

$$78.25 + G_0' l_0 \geqslant 1.4 \times 56.7$$

$$G_0' \geqslant (79.38 - 78.25)/4.59\text{t} = 0.25\text{t}$$

因此，增加配重（压铁）重量 ≥0.25t。

3）起重臂接长验算：当起重机的起重高度或起重半径不足时，在起重臂的强度和稳定性得到保证的前提下，可将起重臂接长，接长后的起重量 Q' 按图 7-18 计算。

根据力矩等量换算的原理得

$$Q'(R' - M/2) + G'\left(\frac{R' + R}{2} - \frac{M}{2}\right) = Q(R - M/2)$$

整理后得

$$Q' = \frac{1}{2R' - M}\left[Q(2R - M) - G'(R' + R - M)\right] \tag{7-6}$$

式中 R'——接长起重臂后的工作幅度；

G'——起重杆接长部分的重量。

其他符号同前。

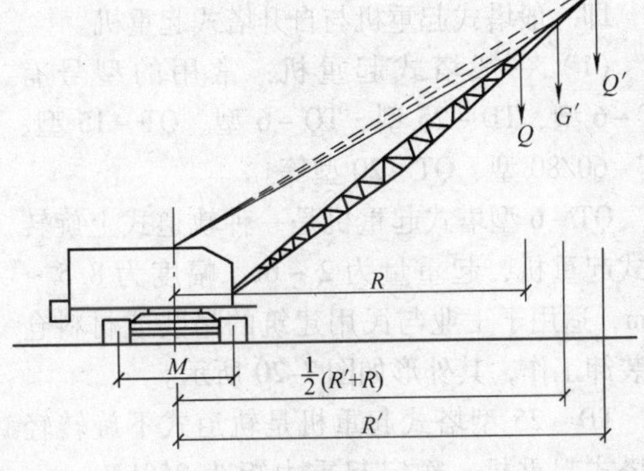

图 7-18 起重臂接长计算简图

当算得的 Q' 小于所吊构件重量时，必须用式（7-7）进行稳定性验算（参见本书 7.2.3），并采取相应措施解决。如在起重臂顶端拉设缆风绳，以加强起重机稳定性。

（2）汽车式起重机：汽车式起重机是将起重机构安装在普通载重汽车或专用汽车底盘上的一种自行式回转起重机，如图 7-19 所示。常用于构件运输、装卸和结构吊装，它具有行驶速度快，能迅速转移，对路面破坏性很小。缺点是吊重物时必须支腿，因而不能负荷行驶，也不适于在松软或泥泞的场地上工作。

我国生产的汽车式起重机型号有 Q_2—8、Q_2—12、Q_2—16、Q_2—32、QY40、QY65、QY100 等多种。表 7-6 为 Q_2—8、Q_2—12、Q_2—16 性能表。

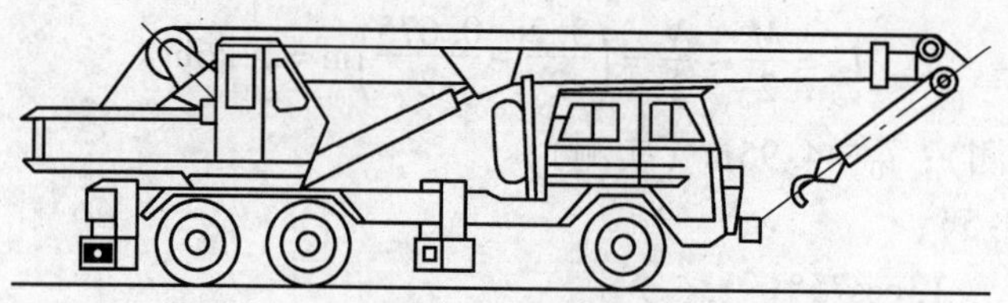

图 7-19　汽车起重机

表 7-6　汽车式起重机性能

参数	单位	型号									
		Q_2—8				Q_2—12			Q_2—16		
起重臂长度	m	6.95	8.50	10.15	11.70	8.5	10.8	13.2	8.80	14.40	20.0
最大起重半径时	m	3.2	3.4	4.2	4.9	3.6	4.6	5.5	3.8	5.0	7.4
最小起重半径时	m	5.5	7.5	9.0	10.5	6.4	7.8	10.4	7.4	12	14
起重量 最小起重半径时	t	6.7	6.7	4.2	3.2	12	7	5	16	8	4
起重量 最大起重半径时	t	1.5	1.5	1.0	0.8	4	3	2	4.0	1.0	0.5
起重高度 最小起重半径时	m	9.2	9.2	10.6	12.0	8.4	10.4	12.8	8.4	14.1	19
起重高度 最大起重半径时	m	4.2	4.2	4.8	5.2	5.8	8	8.0	4.0	7.4	14.2

3. 塔式起重机

塔式起重机按其结构与性能特点分两大类，即一般塔式起重机与自升塔式起重机。

（1）一般塔式起重机：常用的型号有 QT－6 型、TD－25 型、TQ－6 型、QT－15 型、QT－60/80 型、QT－20 型等。

QT－6 型塔式起重机是一种轨道式上旋转塔式起重机，起重量为 2～6t，幅度为 8.5～20m，适用于工业与民用建筑的吊装或材料仓库装卸工作，其外形如图 7-20 所示。

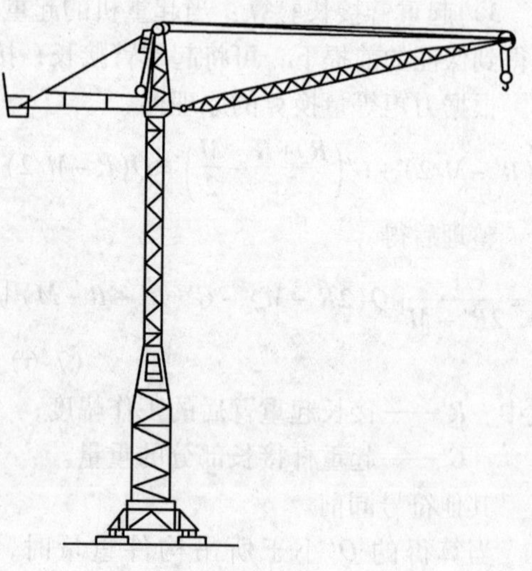

图 7-20　QT－6 型塔式起重机

TD－25 型塔式起重机是轨道式下旋转轻型塔式起重机，额定起重力矩为 250kN · m。适用于跨度 15m 以内的工业厂房及五层、六层民用建筑的吊装。

TQ－6 型塔式起重机是轨道式下旋转塔式起重机，额定起重力矩为 600kN · m，适用于各种工业与民用建筑吊装。

QT－15 型塔式起重机是轨道式上旋转塔式起重机，起重量为 5～15t，幅度为 8～25m，适用于工业与民用建筑结构吊装。

QT－60/80 型塔式起重机是轨道式上旋转塔式起重机，额定起重力矩为 600～800kN · m，适用于工业厂房与较高的民用建筑结构吊装。

QT－20 型塔式起重机是轨道式下旋转塔式起重机，幅度为 9～30m。当幅度为 9m 时，主钩最大起重量为20t，适用于多层工业与民用建筑的结构吊装。

（2）附着式自升塔式起重机

1）附着式起重机的构造及顶升过程：以我国较早出现的QT4－10型塔式起重机为例，它主要用做附着式塔式起重机，也可以用做内爬式、轨道式和固定式塔式起重机。

① 构造：附着式自升塔式起重机是由塔身、套架、转塔、起重杆、平衡臂、起重小车及起升、变幅、回转、配重、移位、液压顶升等机构组成的，如图7-21所示。

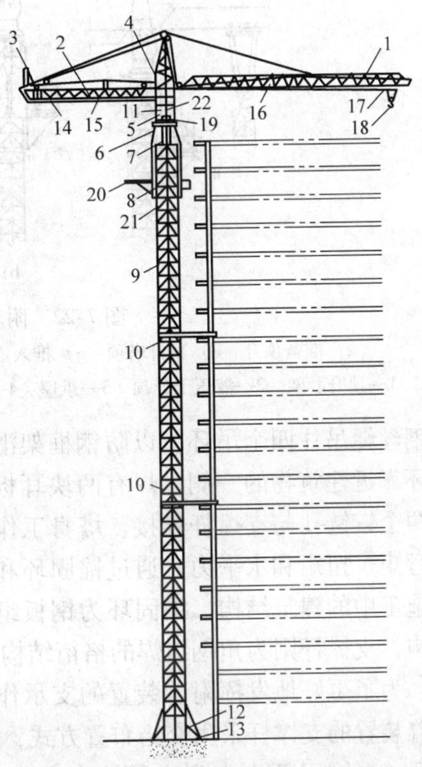

图7-21　附着式自升塔式起重机

1—起重臂　2—平衡臂　3—配重　4—操作室　5—转塔　6—旋转支承装置　7—液压缸　8—套塔　9—塔身　10—拉撑　11—电缆卷筒　12—塔身底座　13—地脚螺栓　14—起重卷扬机　15—起重位移绞车　16—小车运行绞车　17—起重小车　18—吊钩　19—旋转机构　20—悬臂和安装小车　21—液压顶升操纵机构　22—中央集电环

② 顶升过程：这种起重机在顶升前，首先要确定顶升高度，将所需数量的标准节吊到塔吊悬臂引进小车一侧起重臂的下方（每次接高一个标准节，即2.5m）使起重臂就位，并朝向与引进小车方向相同的位置，予以锁定；再将一个标准节吊到引进小车上。

为使液压顶升时上部旋转机构的重心接近塔吊中心，即液压中心，以保证在顶升时的不平衡弯矩最小，应将平衡重移到规定位置上然后进行顶升。其顶升过程如图7-22所示。

图7-22a 准备顶升。将标准节吊到摆渡小车上，并将过渡节与塔身标准节相连的螺栓松开。

图7-22b 顶升塔顶。开动液压千斤顶，将塔吊上部结构包括顶升套架向上顶升到超过一个标准节的高度，然后用定位销将套架固定，于是塔吊上部结构的质量就通过定位销传递到塔身。

图7-22c 推入塔身标准节。液压千斤顶回缩，形成引进空间，此时将装有标准节的摆渡小车开到引进空间内。

图7-22d 安装塔身标准节。利用液压千斤顶稍微提起标准节，退出摆渡小车，然后将标准节平稳地落在下面的塔身上，并用螺栓加以连接。

图7-22e 塔顶与塔身连成整体。拔出定位销，下降过渡节，使之与接高的塔身连成整体。如一次要接高若干节塔身标准节，则可重复以上工序。

2）附着式起重机的附着装置：附着装置又称锚固装置，其作用是减小塔身的弯曲长度，以保证塔身在继续向上接高时仍能安全地进行工作。附着式塔式起重机工作时，当吊钩高度超出45m时，就应当安装附着装置。第一道附着装置可安装在塔身设计30～40m处，以上各道附着装置的间距为16～20m，如图7-23所示。

每道附着装置均由一个锚固环和三根支撑杆组成。锚固环为两分式钢框架，用螺栓连成整体。锚固环套在塔身外面，正对着塔身弦杆的重心线处，以四对螺旋千斤顶挤紧定位，再

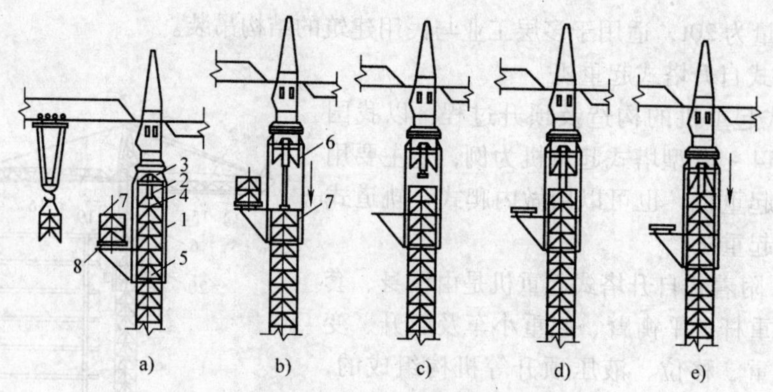

图 7-22　附着式自升塔式起重机顶升过程

a）准备顶升　b）顶升塔顶　c）推入塔身标准节　d）安装塔身标准节　e）塔顶与塔身连成整体

1—顶升套架　2—液压千斤顶　3—承座　4—顶升横梁　5—定位销　6—过度节　7—标准节　8—摆渡小车

用钢丝绳吊住四个吊环，以防钢框架滑落。在锚固环靠近建筑物的一侧，焊有两块耳板，其上各有两个铰链孔与支撑杆连接。塔身工作时所承受的弯矩、扭矩和水平力，通过锚固环和支撑杆传给施工中的建筑结构。锚固环为钢板组焊的箱形结构，支撑杆则为角钢组焊的格衍结构。

为了更好地发挥附着装置的支承作用，各道附着装置的支撑杆采用交错布置方式，如图 7-23 所示。自锚固环中心到支承铰点中心的距离 S，视具体情况而定，可用 6530mm 或 5050mm 。两支承铰点的水平距离 L，主要视建筑结构而定，可用 9300mm 或 10140mm。

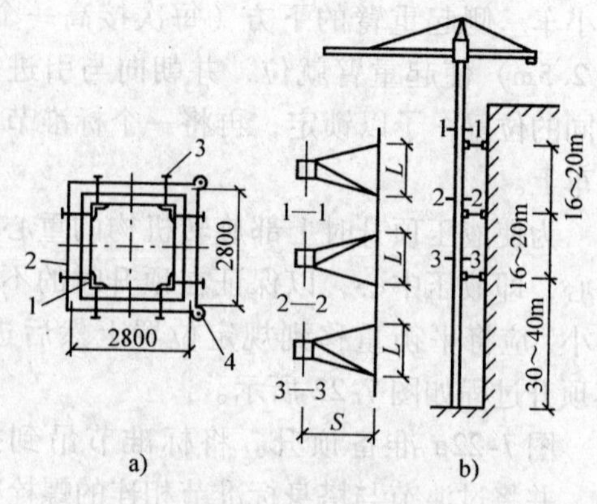

图 7-23　附着装置

a）锚固环　b）附着装置安装方式

1—塔身　2—锚固环　3—螺旋千斤顶　4—耳板

附着装置的设置是根据设计塔身时求得的塔身内力和支承反力，考虑塔式起重机满载工作及非工作两种状态进行计算的。

3）附着式起重机的性能

① QT4－10 型塔式起重机：该机能一机四用（附着式、内爬式、轨道式、固定式），为回转式塔式起重机。其主要技术数据见表 7-7。

表 7-7　QT4－10 型塔式起重机的主要技术数据

项目			单位	技术数据					
起重数据	起重臂长度		m	30			35		
	幅度		m	3～16	20	30	3～16	25	35
	最大起重量		kN	100	80	50	80	50	50
	滑轮倍率			4		2 或 4	4	2 或 4	
最大起升高度	附着式、内爬式	滑轮倍率 4	m	80					
		滑轮倍率 2	m	160					
	轨道式、固定式		m	50					

（续）

项　目		单位	技术数据
起重速度	滑轮倍率 4	m/min	22.5
	滑轮倍率 2	m/min	45
小车牵引速度		m/min	18
回转速度		r/min	0.47
平衡重牵引速度		m/min	18
平衡配重		t	8
液压最大顶升力		kN	600
顶升速度		m/min	0.52
轨距		m	6.5
轴距		m	6.5
轮数		个	12（8 只主动轮）
大车行走速度		m/min	10.36

② ZT－120 型附着式自升塔式起重机：这种起重机也是四用机，是在 QT4－10 型塔式起重机的基础上，改进制造而成的，其技术数据见表 7-8。

表 7-8　ZT－120 型附着式自升塔式起重机的主要技术数据

项　目		单位	技术数据		
起重数据	起重臂长度	m	30		
	幅度	m	15	20	30
	起重量	t	8	6	4
最大起升高度	附着式、内爬式	m	160		
	轨道式、固定式	m	40		
起重速度	滑轮组倍率 4	m/min	0～25		
	滑轮组倍率 2	m/min	0～50		
小车牵引速度		m/min	0～30		
回转速度		r/min	0～0.5		
平衡重移动速度		m/min	9.4		
平衡配重		t	8.8		
最大顶升力		kN	600		
顶升速度		m/min	0.4		
轨距		m	6		
轮数		个	8（4 只主动轮）		
大车行走速度		m/min	14		

（3）内爬式自升塔式起重机：内爬式自升塔式起重机是一种安装在建筑物内部（电梯井或特设空间）结构上，依靠爬升机构随建筑物向上建造而向上爬升的起重机，一般每隔两个楼层爬升一次。对于高度在 100m 以上的超高层建筑，可优先考虑用内爬式塔式起重机，这类起重机的外形如图 7-24 所示。

1）爬升过程。内爬式塔式起重机的爬升过程如图 7-25 所示。

图 7-25a 所示为准备状态。将起重机小车收回到最小幅度处，下降吊钩，吊住套架并松开固定套架的地脚螺栓，收回活动支腿，做好爬升准备。

图 7-25b 所示为提升套架。首先，开动起升机构将套架提升至两层楼高度时停止；然后，摇出套架四角活动支腿并用地脚螺栓固定；最后，松开吊钩升高至适当高度并开动起重小车到最大幅度处。

图 7-25c 所示为提升起重机。首先，松开底座地脚螺栓，收回底座活动支脚；然后，开动爬升机构将起重机提升至二层楼高度停止；最后，摇出底座四角的活动支腿，并用预埋在建筑结构上的地脚螺栓固定。至此，爬升过程即告结束。

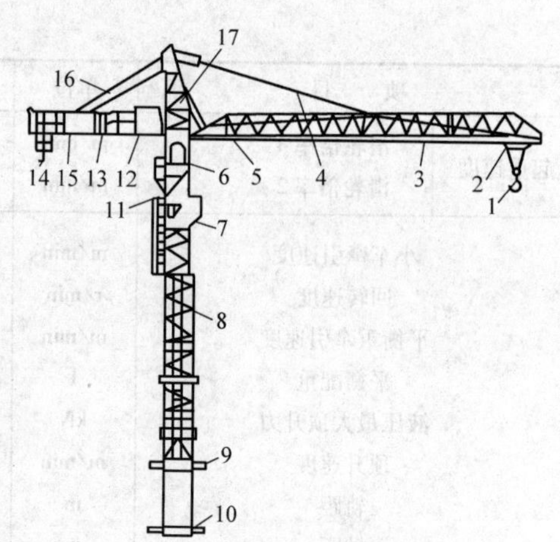

图 7-24 内爬式自升塔式起重机

1—吊钩 2—起重小车 3—起重臂 4—起重臂拉绳 5—小车牵引机构 6—司机室 7—回转支承 8—塔身 9—套架 10—底座 11—回转机构 12—电气系统 13—平衡臂 14—配重 15—起升机构 16—平衡臂拉绳 17—塔帽

2）爬升作业注意事项

① 风速超过六级时禁止进行爬升作业；夜间禁止爬升作业。

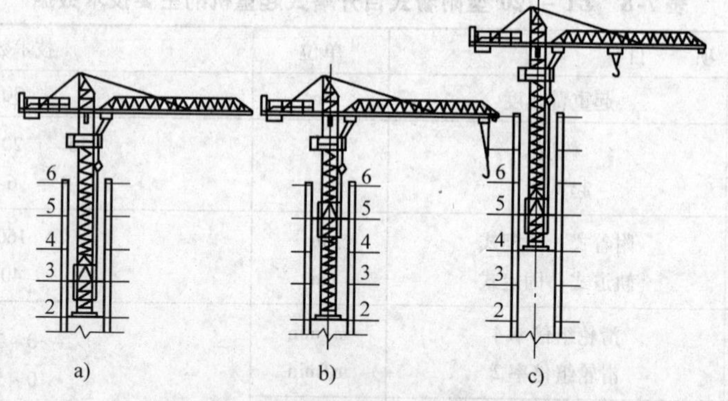

图 7-25 内爬式塔式起重机的爬升过程

a）准备状态 b）提升状态 c）提升起重机

② 在爬升过程中，禁止转动起重臂，禁止开动小车。

③ 整个爬升过程必须设专人负责指挥。遇有异常情况，应立即停机检查，只有在排除故障后方可继续爬升。

④ 爬升结束后，应立即锚固塔机底座，切断爬升系统电源，并对相应两层楼板进行支撑加固，对下部结构的爬升孔洞进行封闭处理。

(4) 塔式起重机的操作要点

1）塔式起重机应由专职司机操作，司机必须受过专业训练。

2）塔式起重机一般准许工作的气温为 - 20 ~

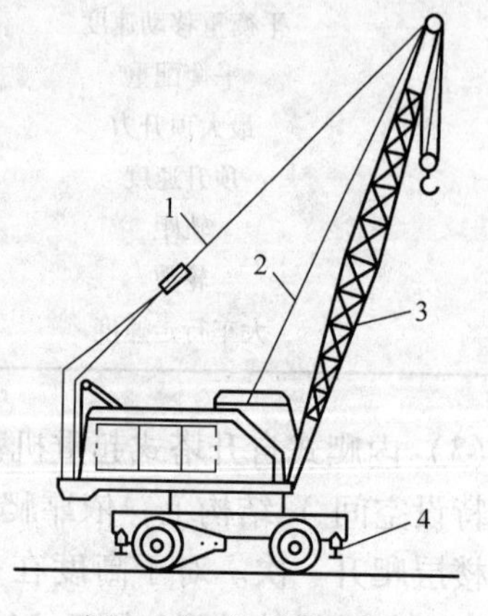

图 7-26 轮胎起重机

1—起重杆 2—起重索 3—变幅索 4—支腿

40℃，风速小于六级。风速大于六级及雷雨天，禁止操作。

3）塔式起重机在作业现场安装后，必须遵照《建筑机械技术试验规程》进行试验和试运转。

4）起重机必须有可靠接地，所有设备外壳都应与机体妥善连接。

5）起重机安装好后，应重新调节各种安全保护装置和限位开关。如夜间作业，必须有充足的照明。

6）起重机行驶轨道不得有障碍或下沉现象。轨道面应水平，轨距公差不得超过3mm。直轨要平直，弯轨应符合弯道要求，轨道末端1m处必须设有止挡装置和限位器撞杆。

7）工作前应检查各控制器的转动装置、制动器闸瓦、传动部分润滑油量、钢丝绳磨损情况及电源电压等，如不符合要求，应及时修整。

8）起重机工作时必须严格按照额定起重量起吊，不得超载，也不准吊拉人员、斜拉重物或拔除地下埋物。

9）司机必须得到指挥信号后，方可进行操作。操作前司机必须按电铃、发信号。

10）吊物上升时，吊钩距起重臂端不得小于1m。

11）工作休息或下班时，不得将重物悬挂在空中。

12）起重机的变幅指示器、力矩限制器以及各种行程限位开关等安全装置，均必须齐全完整、灵敏可靠。

13）作业后，尚须做到下列几点：

① 起重臂杆转到顺风方向，并放松回转制动器。小车及平衡重应移到非工作状态位置。吊钩提升到离臂杆顶端2~3m处。

② 将每个控制开关拨至零位，依次断开各路开关，切断电源总开关，打开高空指示灯。

③ 锁紧夹轨器，如有八级以上大风警报，应另拉缆风绳与地面或建筑物固定。

（5）轮胎式起重机：轮胎式起重机在构造上与履带式起重机基本相似，是将起重机构安装在加重型轮胎和轮轴组成的特制底盘上的全回转起重机，如图7-26所示。根据起重量的大小不同，底盘上装有若干根轮轴，配有4~10个或更多个轮胎，并有可伸缩的支腿。吊装时一般用四个支腿支撑以保证机身的稳定性。

轮胎式起重机的特点与汽车式起重机相同。国产轮胎式起重机有：QL_2—8型、QL_3—16型、QL_3—25型、QL_3—40型、QL_1—16型等，均可用于一般工业厂房结构安装。

QL_3—16型、QL_3—25型、QL_1—16型性能见表7-9。

表7-9　轮胎式起重机性能

参数			单位	型号									
				QL_3—16			QL_3—25					QL_1—16	
起重臂长度			m	10	15	20	12	17	22	27	32	10	15
最大起重半径时			m	4	4.7	8	4.5	6	7	8.5	10	4	4.7
最小起重半径时			m	11.0	15.5	20.0	11.5	14.5	19	21	21	11	15.5
起重量	最小起重半径时	用支腿	t	16	11	8	25	14.5	10.6	7.2	5	16	11
		不用支腿	t	7.5	6	—	6	3.5	3.4	—	—	7.5	6
	最大起重半径时	用支腿	t	2.8	1.5	0.8	4.6	2.8	1.4	0.8	0.6	2.8	1.5
		不用支腿	t	—	—	—	—	0.5	—	—	—	—	—
起重高度	最小起重半径时		m	8.3	13.2	17.95					8.3	8.3	13.2
	最大起重半径时		m	5.3	4.6	6.85						5.0	4.6

7.2 单层工业厂房结构安装施工工艺

单层工业厂房的结构安装，一般要安装柱、吊车梁、连系梁、屋架、天窗架、屋面板、地基梁及支撑系统等。

7.2.1 安装准备工作

准备工作的内容包括场地清理、道路修筑、基础准备、构件运输、堆放、拼装加固、检查清理、弹线编号以及吊装机具的准备等。

1. 基础的准备

（1）杯形基础的准备。主要是在柱吊装前对杯底抄平和在杯口顶面弹线。

（2）杯底的抄平。是对杯底标高的检查和调整，以保证吊装后牛腿面标高的准确。杯底标高在制作时一般比设计要求低50mm，以便柱子长度有误差时能抄平调整。测量杯底标高，先在杯口内弹出比杯口顶面设计标高低100mm的水平线，随后用尺对杯底标高进行测量，小柱测中间一点，大柱测四个角点，得出杯底实际标高。牛腿面设计标高与杆底实际标高的差，就是柱子牛腿面到柱底的应有长度，与实际量得的长度相比，得到制作误差，再结合柱底平面的平整度，用水泥砂浆或细石混凝土将杯底抹平，垫至所需标高。例如，实测杯底标高 -1.20m，柱牛腿面设计标高 +7.80m，量得柱底至牛腿面的实际长度为8.95m，则杯底标高的调整值（抄平厚度）为

$$\Delta h=[(7.80+1.20)-8.95]\mathrm{m}=+0.05\mathrm{m}。$$

基础顶面弹线要根据厂房的定位轴线测出，并与柱的安装中心线相对应。一般在基础顶面弹十字交叉的安装中心线，并画上红三角（图7-27）。

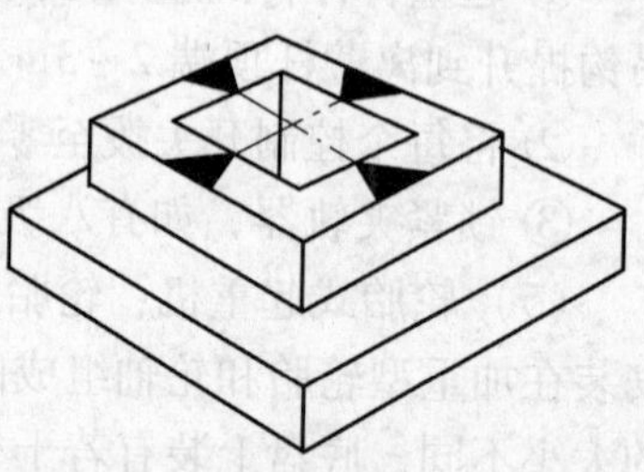

图7-27 基础准线

最后，将找平好的杯形基础的杯口部分加以覆盖，防止杂物落入其内。当检查发现杯口的定位轴线与中心线的偏差超过 ±10mm，或杯口上下部分的尺寸与杯基中心线相差超过规范允许值时，杯口应进行修整，以保证柱子的安装。

2. 构件的运输和堆放

（1）一些重量不大而数量很多的构件，可在预制厂制作，用载重汽车或平板拖车运至工地。

（2）构件的运输要保证构件不变形、不损坏。构件的混凝土强度达到设计强度的75%时方可运输。构件的支垫位置要正确，要符合受力情况，上下垫木要在同一垂直线上。

（3）运输道路应平整坚实，有足够的宽度和转弯半径，使车辆及构件能顺利通过。

（4）构件的运输顺序及卸车位置应按施工组织设计的规定进行，以免造成现场混乱，增加二次搬运，影响吊装工作。

（5）构件的堆放场地应平整压实，并采取有效的排水措施。构件就位时，应按设计的受力情况搁置在垫木或支架上。重叠堆放时一般梁可堆2~3层：大型屋面板不超过6块；空心板不宜超过8块。重叠的构件之间要垫上垫木，上层垫木与下层垫木之间应在同一垂直线上。构件吊环要向上，标志要向外。

3. 构件的检查与清理

预制构件在生产过程中，可能会出现外形尺寸方面的误差以及构件表面有一些缺陷等问题。因此对预制构件必须进行检查和清理，以保证构件吊装的质量。

(1) 构件强度检查。构件吊装时混凝土强度不低于设计混凝土标准值的75%，对一些大跨度构件，如屋架则应达到100%。

(2) 检查构件的外形尺寸、接头钢筋、预埋件的位置及大小。

(3) 检查构件的表面。有无损伤、缺陷、变形、裂缝等。预埋件如有污物，应加以清除，以免影响构件的拼装和焊接。

(4) 检查吊环的位置，吊环有无变形损伤，吊环孔洞能否穿过钢丝索和卡环。

4. 构件的弹线与编号

在每个构件上弹出安装的定位墨线和校正所用墨线，作为构件安装、对位、校正的依据，具体做法如下：

(1) 柱子：在柱身三面弹出安装中心线，所弹中心线的位置与柱基杯口面上的安装中心线相吻合。此外，在柱顶与牛腿面上还要弹出安装屋架及吊车梁的定位线（图7-28）。

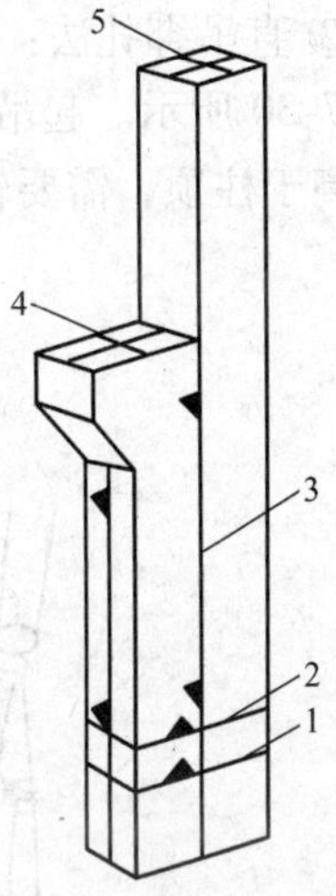

图7-28 柱的准线

1—基础顶面线 2—地坪标高线 3—柱子中心线 4—吊车梁对位线 5—柱顶中心线

(2) 屋架：屋架上弦顶面应弹出几何中心线，并从跨中向两端分别弹出天窗架、屋面板或檩条的安装定位线；在屋架两端弹出安装中心线。

(3) 梁：在两端及顶面弹出安装中心线。

(4) 编号：应按图纸将构件进行编号。

5. 其他机具的准备

结构吊装工程除所需的大型起重机械外，还要充分准备好与结构吊装有关的其他机具、材料。主要有：电焊机、焊条、校正用千斤顶、撑杆、缆风绳、垫铁等。

7.2.2 构件的吊升工艺

吊装过程主要有绑扎、吊升、就位、临时固定、校正、最后固定等工序。

1. 柱子的吊装

(1) 柱的绑扎

柱的绑扎方法、绑扎位置和绑扎点数应根据柱的形状、长度、截面、配筋、起吊方法和起重机性能等因素确定。由于柱起吊时吊离地面的瞬间由自重产生的弯矩最大，其最合理的绑扎点位置应按柱子产生的正负弯矩绝对值相等的原则来确定。一般中小型柱（自重13t以下）大多数绑扎一点；重型柱或配筋少而细长的柱（如抗风柱），为防止起吊过程总柱的断裂，常需绑扎两点甚至三点。对于有牛腿的柱，其绑扎点应选在牛腿以下200mm处；工字形断面和双肢柱，应选在矩形断面处，否则应在绑扎位置用方木加固翼缘，防止翼缘在起吊时损坏。

根据柱起吊后柱身是否垂直，分为斜吊法和直吊法。

① 斜吊绑扎法：如图7-29所示。当柱平卧起吊的抗弯强度满足要求时，可采用斜吊绑

扎法。此法的特点是柱不需要翻身，吊起后呈倾斜状态，由于吊索歪在柱的一边，起重钩低于柱顶，因此起重臂可以短些。当柱身较长，起重机臂长不够时，用此法较方便，但因柱身倾斜，就位对中比较困难。

② 直吊绑扎法：当柱子的宽度方向抗弯不足时，可在吊装前，先将柱子翻身后再起吊，如图 7-30 所示。起吊后，铁扁担跨在柱顶上，柱身呈直立状态，便于插入杯口。但由于铁扁担高于柱顶，需要较大的起吊高度。

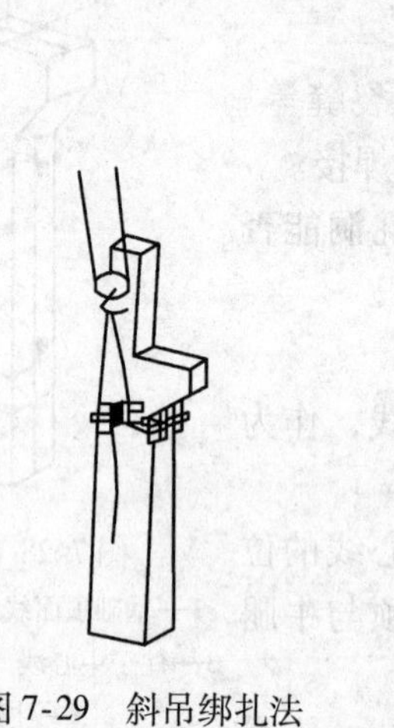

图 7-29 斜吊绑扎法

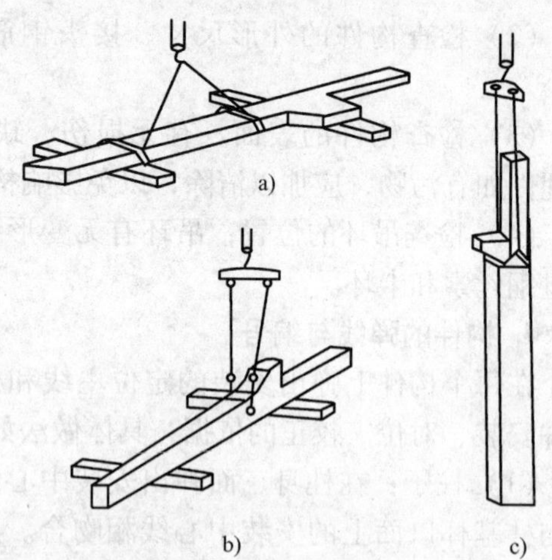

图 7-30 直吊绑扎法

a）柱翻身时绑扎法 b）柱直吊绑扎法 c）柱的吊升

③ 两点绑扎法：当柱身较长，一点绑扎时柱的抗弯能力不足时可采用两点绑扎起吊，如图 7-31 所示。

④ 柱子有三面牛腿时的绑扎法：采用直吊绑扎法，用两根吊索分别沿柱角吊起，如图 7-32 所示。

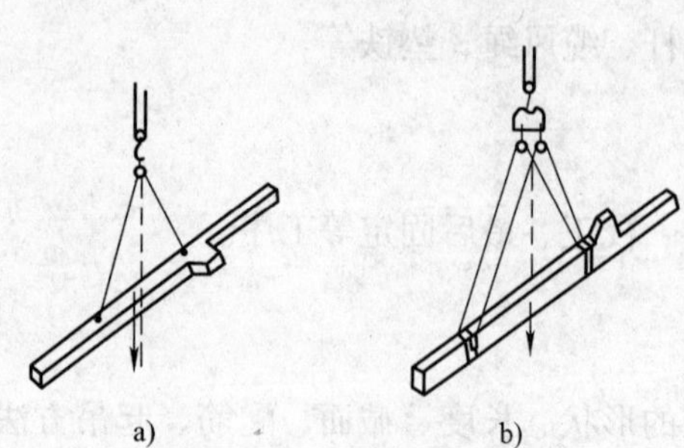

图 7-31 柱的两点绑扎法

a）斜吊 b）直吊

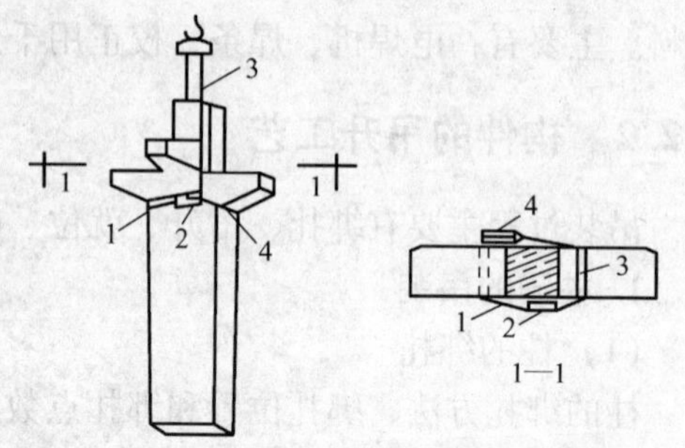

图 7-32 三面牛腿绑扎法

1—短吊绳 2—活络卡环 3—长吊绳 4—普通卡环

（2）柱的吊升：柱子的吊升方法，根据柱子质量、长度、起重机性能和现场施工条件而定。根据柱子吊升过程中的运动特点分为旋转法和滑行法。

1）旋转法吊升：如图 7-33 所示，柱的绑扎点、柱脚、杯基中心三者宜位于起重机的同一工作幅度的圆弧上，即三点共弧。起吊时，起重臂边升钩，边回转，柱顶随起重钩的运动，也边升起边回转，绕柱脚旋转起吊。当柱子呈直立状态后，起重机将柱吊离地面插入杯

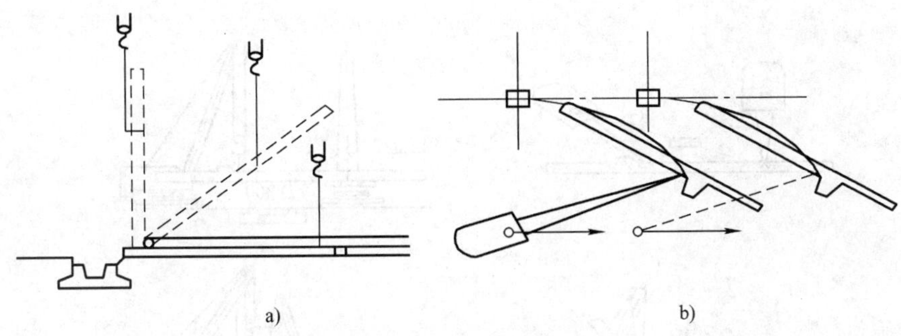

图 7-33　单机旋转法吊装柱

a）柱吊升过程　b）柱平面布置

口。旋转法吊升柱受振动小，生产效率高，但对起重机的机动性要求高。当采用履带式、汽车式、轮胎式等起重机时，宜采用此法。

2）滑行法吊升：柱的绑扎点宜靠近基础，绑扎点与杯口中心均位于起重机的同一起重半径的圆弧上，即两点共圆弧。柱子吊升时，起重机只升钩，起重臂不转动，使柱脚沿地面滑行逐渐直立，然后插入杯口，如图 7-34 所示。滑行法吊升时，柱在滑行过程中受振动，为了减少滑行时柱脚与地面的摩阻力，需要在柱脚下设置托木、滚筒并铺设滑行道。当采用独脚拔杆、人字拔杆吊升柱时常采用此法。另外对一些长而重的柱，为便于构件布置和吊升，也常采用此法。

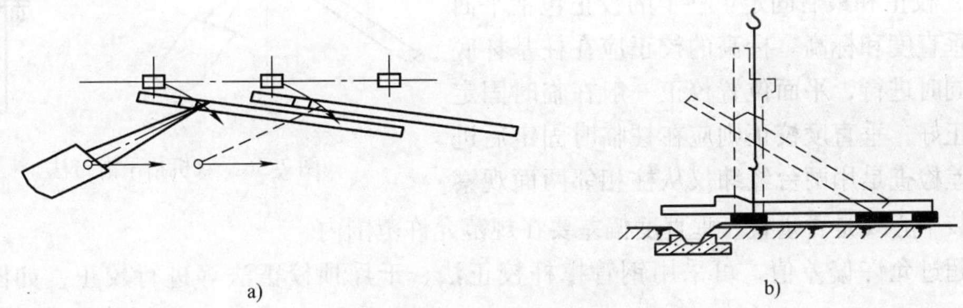

图 7-34　单机滑行法吊柱

a）平面布置　b）滑行过程

3）双机抬吊旋转法：对于重型柱子，一台起重机吊不起来，可采用两台起重机抬吊。采用旋转法双机抬吊时，应两点绑扎，一台起重机抬上吊点，另一台起重机抬下吊点。当双机将柱子抬至离地面一定距离（为下吊点到柱脚距离加上 300mm）时，上吊点的起重机将柱上部逐渐提升，下吊点不需再提升，使柱子呈直立状态后旋转起重臂使柱脚插入杯口，如图 7-35 所示。

4）双机抬吊滑行法。柱为一点绑扎，且绑扎点靠近基础。起重机在柱基础的两侧，两台起重机在柱的同一绑扎点吊升抬吊，使柱脚沿地面向基础滑行，呈直立状态后，将柱脚插入基础杯口内，如图 7-36 所示。

（3）就位和临时固定：柱子就位时，一般柱脚插入杯口后应悬离杯底 30 ~ 50mm 处。对位时用八只木楔或钢楔从柱的四边放入杯口，并用撬棍撬动柱脚，使柱的安装中心线对准杯口上的安装中心线，并使柱子基本保持垂直。

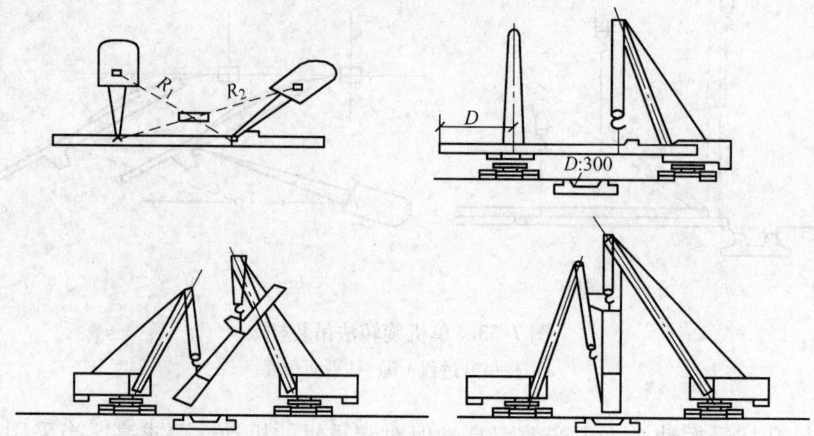

图 7-35　双机抬吊旋转法

柱对位后，应先把楔块略打紧，再放松吊钩，检查柱沉至杯底的对中情况，若符合要求，即将楔块打紧，将柱临时固定。

吊装重型柱或细长柱时，除按上述方法进行临时固定外，必要时应增设缆风绳拉锚。

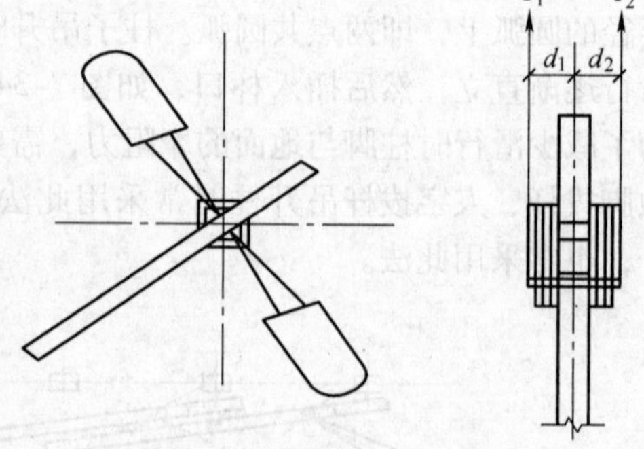

图 7-36　双机抬吊滑行法

（4）校正和最后固定：柱子的校正包括平面位置、垂直度和标高。标高的校正应在柱基杯底找平时同时进行，平面位置校正一般在临时固定时已校正好，垂直度校正则应在柱临时固定后进行。偏差检查是用两台经纬仪从柱相邻两面观察柱的安装中心线是否垂直。垂直度偏差要在规范允许范围内。

若超过允许偏差值，可采用钢管撑杆校正法、千斤顶校正法等进行校正，如图 7-37 所示。

柱子的最后固定，是在柱子与杯口的空隙用细石混凝土浇灌密实。所用的细石混凝土应比柱子混凝土强度提高一级，分两次浇筑。第一次浇至楔块底面，待混凝土强度达到 25% 时拔去楔块，再将混凝土浇满杯口，进行养护，待第二次浇筑混凝土强度达到 75% 后，方能安装上部构件。

2. 吊车梁的吊装

吊车梁的类型通常有 T 形、鱼腹式和组合式等。其长度一般有 6m、12m，质量一般为3 ~ 5t。吊车梁的吊装必须在柱子杯口第二次浇灌混凝土强度达到设计强度的 75% 时方可进行。

（1）绑扎、吊升、就位与临时固定：吊车梁的绑扎应采用两点绑扎，对称起吊，吊钩应对称梁的重心，以便使梁起吊后保持水平，梁的两端用溜绳控制，以免在吊升过程中碰撞柱子。

吊车梁对位后，不宜用撬棍在纵轴方向撬动，因为柱在此方向刚度较差，过分撬动会使柱身弯曲产生偏差。

吊车梁对位后，由于梁本身稳定性较好，仅用垫铁垫平即可，不需采取临时固定措施。但当梁的高宽比大于 4 时，宜用铁丝将吊车梁临时绑在柱上。

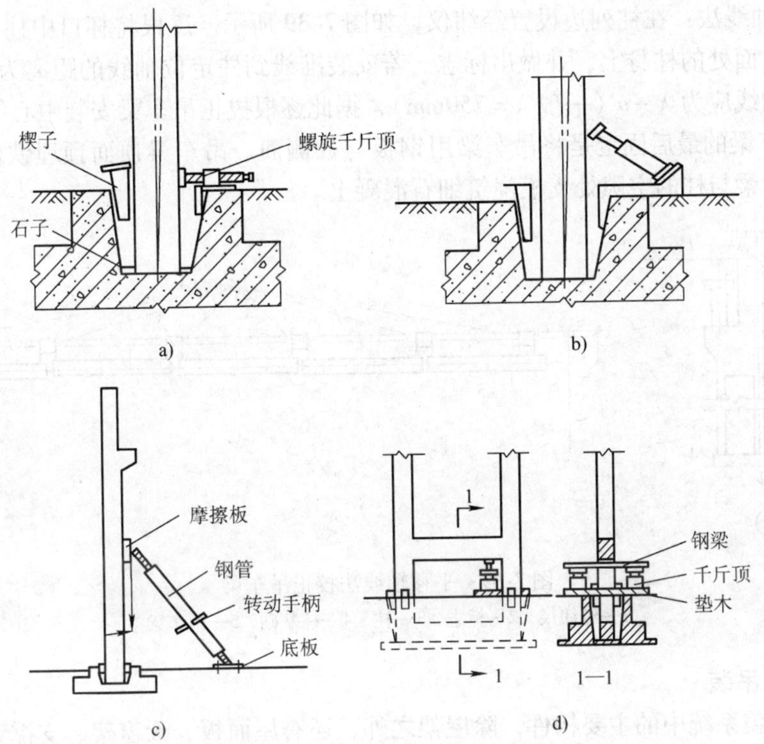

图 7-37　柱垂直度的校正方法

a）螺旋千斤顶平顶法　b）千斤顶斜顶法　c）钢管支撑斜顶法　d）千斤顶立顶法

（2）校正和最后固定：吊车梁校正主要是平面位置和垂直度校正。吊车梁的标高取决于柱牛腿标高，在柱吊装前已经调整。如仍存在偏差，可待安装吊车轨道时进行调整。

吊车梁的校正工作一般在屋面构件安装校正并最后固定后进行。因为在安装屋架、支撑等构件时，可能引起柱子偏差，影响吊车梁的准确位置。但对质量大的吊车梁，脱钩后撬动比较困难，应采取边吊边校正的方法。

1）吊车梁垂直度校正：一般采用吊线锤的方法检查，如存在偏差，在梁的支座处垫上薄钢板调整。

2）吊车梁的平面位置的校正：常用通线法和平移轴线法。

① 通线法：根据柱的定位轴线，在车间两端地面用木桩定出吊车梁定位轴线位置，并设置经纬仪。先用经纬仪将车间两端的四根吊车梁位置校正准确，用钢尺检查两列吊车梁之间的跨距是否符合要求，再根据校正好的端部吊车梁沿其轴线拉上钢丝通线，逐根拔正，如图 7-38 所示。

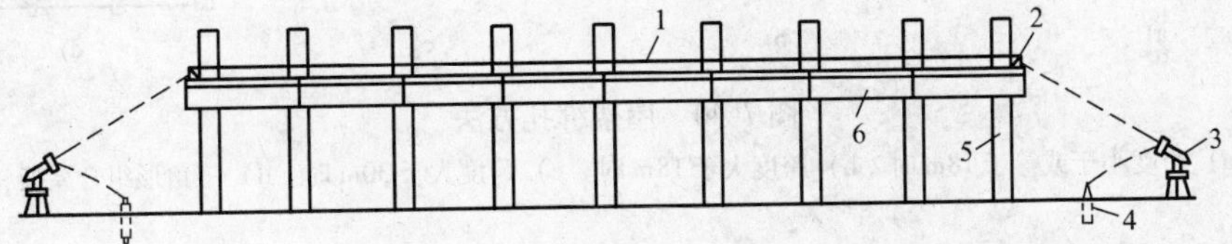

图 7-38　通线法校正吊车梁示意图

1—通线　2—支架　3—经纬仪　4—木桩　5—柱　6—吊车梁

② 平移轴线法：在柱列边设置经纬仪，如图 7-39 所示。逐根将杯口中柱的吊装准线投影到吊车梁顶面处的柱身上，并做出标志。若安装准线到柱定位轴线的距离为 a，则标志距吊车梁定位轴线应为 $\lambda - a$（一般 $\lambda = 750\text{mm}$），据此逐根拔正吊车梁安装中心线。

（3）吊车梁的最后固定是将吊车梁用钢板与柱侧面、吊车梁顶面预埋铁件焊牢，并在接头处、吊车梁与柱的空隙处支模浇筑细石混凝土。

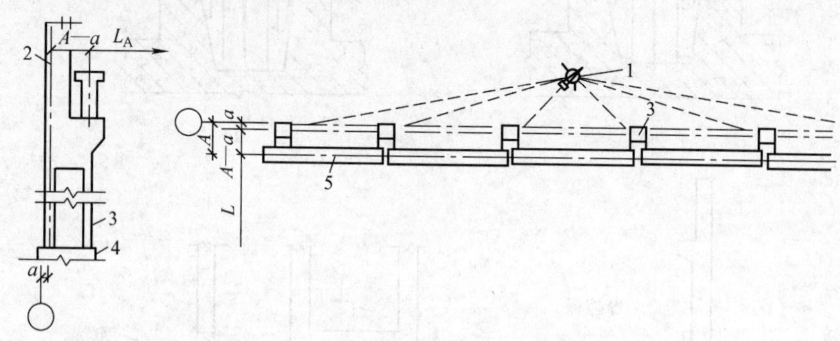

图 7-39　平移轴线法校正吊车梁

1—经纬仪　2—标志　3—柱　4—柱基础　5—吊车梁

3. 屋架的吊装

屋架是屋盖系统中的主要构件，除屋架之外，还有屋面板、天窗架、支撑天窗挡板及天窗端壁板等构件。钢筋混凝土预应力屋架一般在施工现场平卧叠浇生产，吊装前应将屋架扶直、就位。屋架吊装的主要工序有绑扎、扶直与就位、吊升、对位、校正、最后固定等。

（1）绑扎：屋架的绑扎点应根据屋架的跨度和不同的类型进行选择。通常屋架的绑扎点应选在屋架上弦节点处或其附近，左右对称于屋架的重心。一般屋架跨度小于 18m 时两点绑扎；大于 18m 时四点绑扎；大于 30m 时，应考虑使用铁扁担，以减少绑扎高度；对刚性较差的组合屋架，因下弦不能承受压力，也采用铁扁担四点绑扎。屋架绑扎时吊索与水平面夹角不宜小于 45°，否则应采用铁扁担，以减少屋架的起重高度或减少屋架所承受的压力。屋架的绑扎方法如图 7-40 所示。

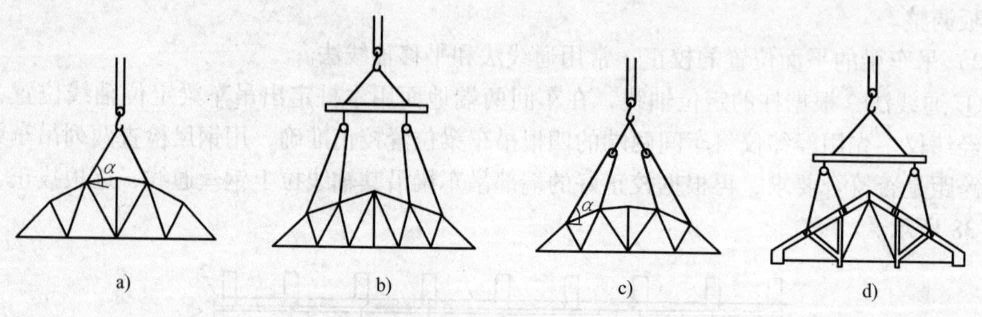

图 7-40　屋架绑扎方法

a）跨度小于或等于 18m 时　b）跨度大于 18m 时　c）跨度大于 30m 时　d）三角形组合屋架

（2）屋架的扶直与就位：按照起重机与屋架预制时相对位置不同，屋架扶直有正向扶直和反向扶直两种。

1）正向扶直：起重机位于屋架下弦杆一边，吊钩对准上弦中点，收紧吊钩后略起臂使屋架脱模，然后升钩并起臂使屋架绕下弦旋转呈直立状态，如图 7-41a 所示。在扶直过程中，为防止屋架突然下滑，在屋架两端应架设枕木垛，其高度与被扶直屋架的底面平齐，同时，在屋架两端绑扎拉绳，从相反方向拉紧，防止屋架下弦滑动。

2）反向扶直：起重机位于屋架上弦一边，扶直时，吊钩对准上弦中点，收紧吊钩，接着升钩并降臂，使屋架绕下弦旋转呈直立状态，如图 7-41b 所示。

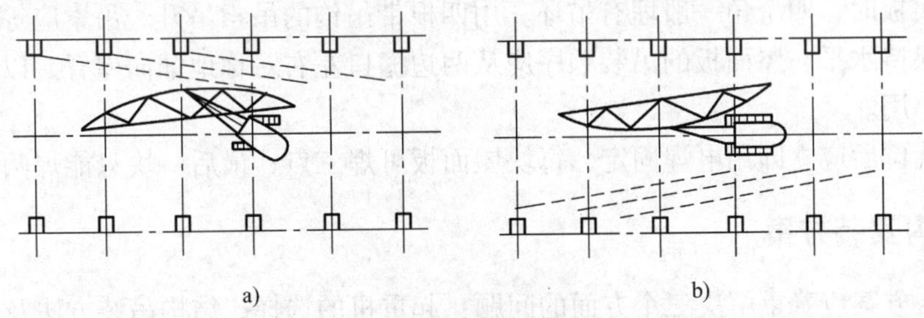

图 7-41　屋架的扶直

a）正向扶直　b）反向扶直

正向扶直与反向扶直不同之处在于前者升臂，后者降臂。升臂比降臂易于操作且比较安全，故应尽可能采用正向扶直。

屋架扶直后应按规定位置立即进行就位。屋架的就位位置与起重机性能和安装方法有关，应遵循少占地，便于吊装且应考虑吊装顺序、两头朝向等原则。当屋架就位位置与屋架的预制位置在起重机开行路线同一侧时，称同侧就位（图 7-41a）。当屋架就位位置与屋架预制位置分别在起重机开行路线不同侧时，叫异侧就位（图 7-41b）。

（3）屋架的吊升、对位与临时固定：屋架起吊后离地面约 300mm 处转至吊装位置下方，再将其吊升超过柱顶约 300mm，然后缓缓下落在柱顶上，力求对准安装准线。

屋架对位后，先进行临时固定，然后再使起重机脱钩。

第一榀屋架的临时固定，可用四根缆风绳从两边拉牢。因为它是单片结构，侧向稳定性差，又是第二榀屋架的支撑，如图 7-42 所示。

第二榀屋架以及以后各榀屋架可用工具式支撑临时固定到前一榀屋架上，如图 7-43 所示。

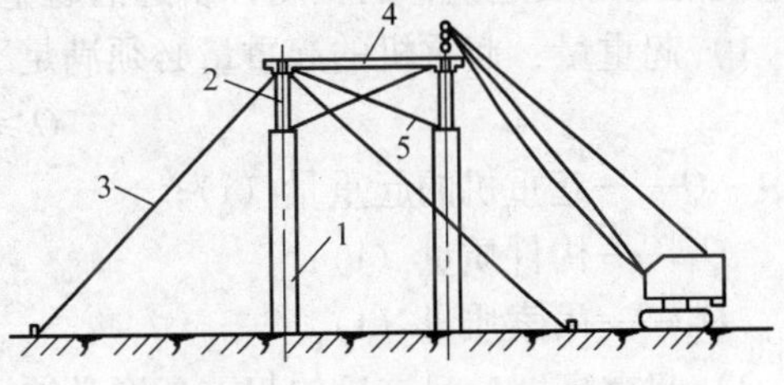

图 7-42　屋架的临时固定

1—柱子　2—屋架　3—缆风绳

4—工具式支撑　5—屋架垂直支撑

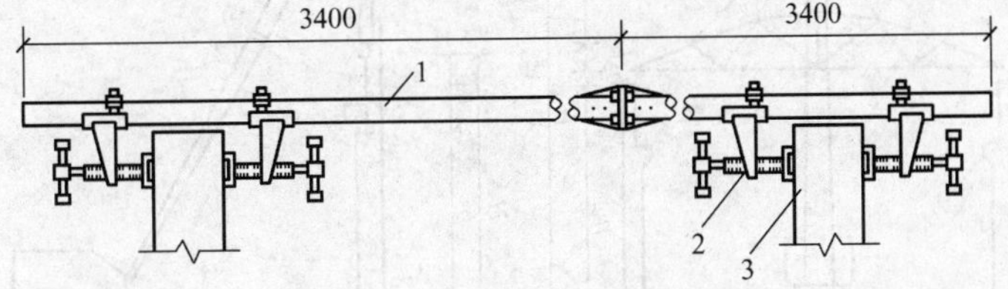

图 7-43　工具式支撑的构造

1—钢管　2—撑脚　3—屋架上弦

（4）校正、最后固定：屋架校正是用经纬仪或垂球检查屋架垂直度。施工规范规定屋架上弦中部对通过两支座中心的垂直面偏差不得大于 $h/250$（h 为屋架高度）。如超过偏差允许值，应用工具式支撑加以纠正，并在屋架端部支承面垫入薄钢片。校正无误后，立即用电焊焊牢作为最后固定。

4. 屋面板的吊装

预制屋面板时，四个角一般埋有吊环。用四根带吊钩的吊索吊升。吊索应等长且拉力相等，屋面板保持水平。屋面板的吊装顺序应从两边檐口左右对称地铺向屋脊，以免屋架承受半边荷载的作用。

屋面板就位后应立即用电焊固定，每块屋面板可焊三点，最后一块只能焊两点。

7.2.3 结构安装方案

结构吊装方案应着重解决三个方面的问题：起重机的选择、结构吊装方法及起重机开行路线。

1. 起重机的选择

（1）起重机类型选择：起重机的选择是吊装工程的重要环节，因为它直接影响到构件吊装方法、起重机开行路线与停机点位置、构件平面布置等问题。

1）对于中小型厂房结构采用自行式起重机安装比较合理。

2）当厂房结构高度和长度较大时，可选用塔式起重机安装屋盖结构。

3）在缺乏自行式起重机的地方，可采用桅杆式起重机安装。

4）大跨度的重型工业厂房应结合设备安装来选择起重机类型。

5）当一台起重机无法吊装时，可选用两台起重机抬吊。

（2）起重机型号和起重臂长度的选择：当起重机的类型确定之后，还需要进一步选择起重机的型号及起重臂的长度，所选的起重机三个主要参数必须满足结构吊装的要求。

1）起重量：起重机的起重量必须满足下式要求

$$Q \geqslant Q_1 + Q_2 \tag{7-7}$$

式中 Q——起重机的起重量（t）；

Q_1——构件质量（t）；

Q_2——吊索质量（t）。

2）起重高度：起重机的起重高度必须满足构件吊装的要求，如图 7-44 所示。

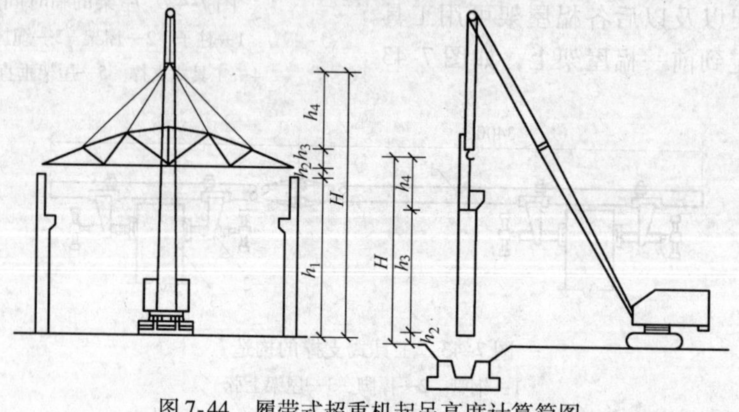

图 7-44　履带式起重机起吊高度计算简图

$$H \geqslant h_1 + h_2 + h_3 + h_4 \tag{7-8}$$

式中　H——起重机的起重高度（m）；

h_1——安装支座表面高度（m），从停机面算起；

h_2——安装空隙，不小于 0.3m；

h_3——绑扎点至构件吊起底面的距离（m）；

h_4——索具高度，自绑扎点至吊钩钩中心的距离（m）。

3）起重半径：当起重机可以不受限制地开到所吊构件附近去吊装构件时，可不验算起重半径。当起重机受限制不能靠近安装位置去吊装构件时，则应验算。当起重机的起重半径为一定值时，起重量和起重半径是否满足吊装构件的要求，一般根据所需的起重量、起重高度值、选择起重机型号，再按式（7-9）进行计算，如图 7-45 所示。

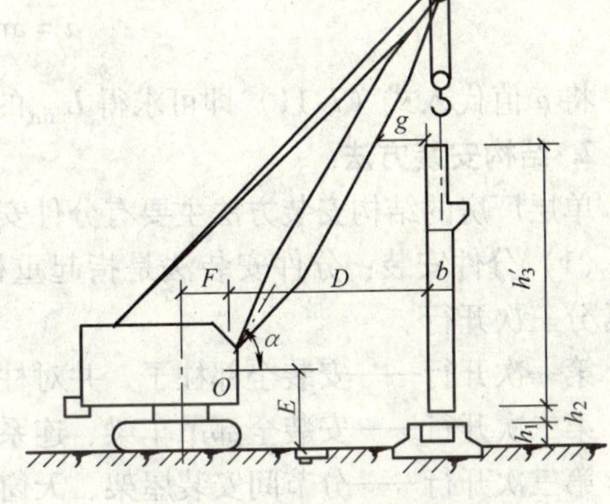

图 7-45　超重半径计算简图

$$R_{\min} = F + D + 0.5b \tag{7-9}$$

式中　F——起重机枢轴中心距回转中心距离（m）；

b——构件宽度（m）；

D——起重机枢轴中心距所吊构件边缘距离（m），可按式（7-10）计算：

$$D = g + (h_1 + h_2 + h_3' - E)\,\text{ctg}\alpha \tag{7-10}$$

式中　g——构件上口边缘与起重臂的水平间隙，不小于 0.5m；

E——吊杆枢轴心距地面高度（m）；

α——起重臂的倾角；

h_1、h_2——含义同前；

h_3'——所吊构件的高度（m）。

同一种型号的起重机有几种不同长度的起重臂，应选择能同时满足三个吊装工作参数的起重臂。当各种构件吊装工作参数相差较大时，可以选择几种起重臂。

4）最小起重臂长度的确定：当起重机的起重臂需跨过屋架去安装屋面板时，为了不碰动屋架，需求出起重臂的最小杆长度。

最小起重臂长度 $L_{\min}$ 可按式（7-11）计算，如图 7-46 所示。

$$L_{\min} \geqslant L_1 + L_2 = \frac{h}{\sin\alpha} + \frac{f+g}{\cos\alpha} \tag{7-11}$$

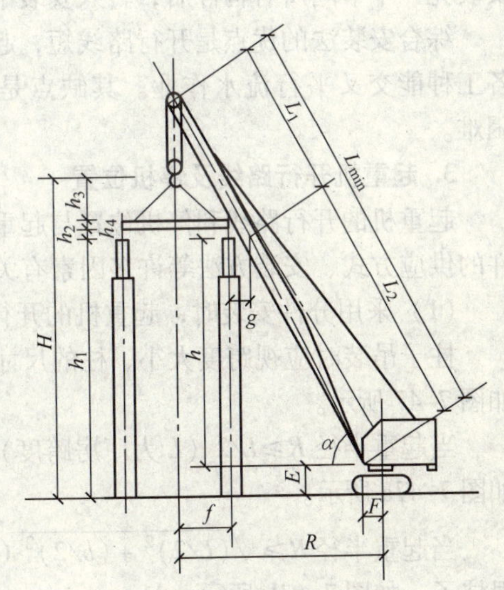

图 7-46　求最小起重臂长

式中　$L_{\min}$——起重臂最小长度（m）；

h——起重臂下铰至屋面板吊装支座的高度（m），按下式计算。

$$h = h_1 - E$$

式中　h_1——停机面至屋面板吊装支座的高度（m）；

f——吊钩需跨过已安装好结构的距离（m）；

g——起重臂轴线与已安装好结构间的水平距离，至少取 1m。

为了使起重臂长度最小，需对式（7-11）进行一次微分，并令$\frac{dL}{da}=0$，即可求出 a 的值

$$a = \text{arctg}\sqrt[3]{\frac{h}{f+g}} \tag{7-12}$$

将 a 值代入式（7-11）即可求得 L_{min}的理论值。

2. 结构安装方法

单层厂房的结构安装方法主要有分件安装法和综合安装法两种。

（1）分件安装：分件安装法是指起重机在车间内每开行一次仅安装一种或两种构件，通常分三次开行。

第一次开行——安装全部柱子，并对柱子校正和最后固定。

第二次开行——安装全部吊车梁、连系梁以及柱间支撑。

第三次开行——分节间安装屋架、天窗架、屋面板及屋面支撑等。

此外，在屋架吊装之前还要进行屋架的扶直排放、屋面板的运输堆放。

分件安装法的优点是每次吊装同类构件，不需经常更换索具，操作程序基本相同，所以安装速度快，并且有充分时间校正。构件可分批进场，供应单一，平面布置比较容易，现场不致拥挤。缺点是不能为后续工程及早提供工作面，起重机开行路线长，装配式钢筋混凝土单层工业厂房多采用分件安装法。

（2）综合安装法：综合安装法是指起重机在车间内的一次开行中，分节间安装所有各种类型的构件。具体做法是先安装 4～6 根柱子，立即加以校正和最后固定，接着安装吊车梁、连系梁、屋架、屋面板等构件。总之，起重机在每一个停机位置吊装尽可能多的构件。安装完一个节间所有构件后，转入安装下一个节间。

综合安装法的优点是开行路线短，起重机停机点少，可为后期工程及早提供工作面，使各工种能交叉平行流水作业。其缺点是一种机械同时吊装多类型构件，现场拥挤，校正困难。

3. 起重机开行路线及停机位置

起重机的开行路线和停机位置与起重机的性能、构件尺寸及质量、构件的平面布置、构件的供应方式、安装方法等许多因素有关。

（1）采用分件安装时，起重机的开行路线如下：

柱子吊装时应视跨度大小、柱的尺寸、质量及起重机性能，可沿跨中开行或跨边开行，如图 7-47 所示。

当起重半径 $R \geqslant L/2$（L 为厂房跨度）时，起重机在跨中开行，每个停机点吊两根柱子，如图 7-47a 所示。

当起重半径 $R \geqslant \sqrt{(L/2)^2 + (b/2)^2}$（为柱距）时，起重机跨中开行，每个停机点安装四根柱子，如图 7-47b 所示。

当 $R < L/2$ 时，起重机沿跨边开行，每个停机点安装一根柱子，如图 7-47c 所示。

当 $R \geqslant \sqrt{(a)^2 + (b/2)^2}$ 时，（a 为开行路线到跨边距离），起重机在跨内靠边开行，每个停机点可吊两根柱子，如图 7-47d 所示。

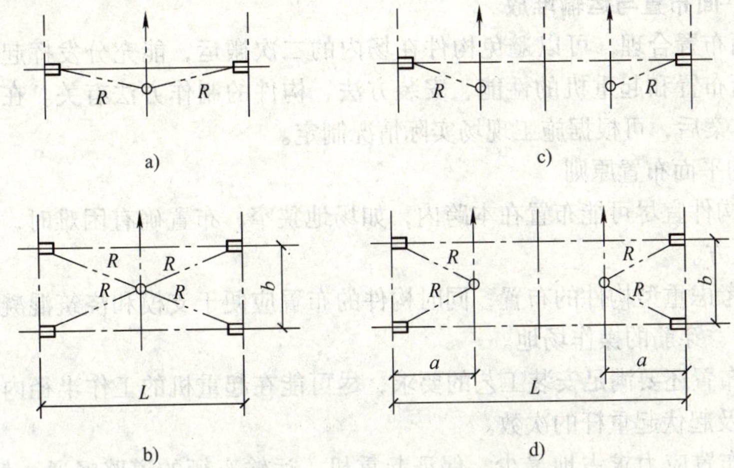

图 7-47　起重机吊装柱时的开行路线及停机位置

a)、b) 跨中开行　c)、d) 跨边开行

柱子布置在跨外时，起重机在跨外开行，停机位置与跨边开行相似，每个停机点可吊 1~2 根柱子。

（2）屋架扶直就位及屋盖系统吊装时，起重机大多在跨中开行。

图 7-48 所示是单跨厂房采用分件吊装法时起重机开行路线及停机位置图。起重机从 A 轴线进场，沿跨外开行吊装 A 列柱，再沿 B 轴线跨内开行吊装 B 轴列柱，然后转到 A 轴线扶直屋架并将其就位，再转到 B 轴线吊装 B 列吊车梁、连系梁，随后转到 A 轴线吊装 A 吊车梁、连系梁，最后转到跨中吊装屋盖系统。

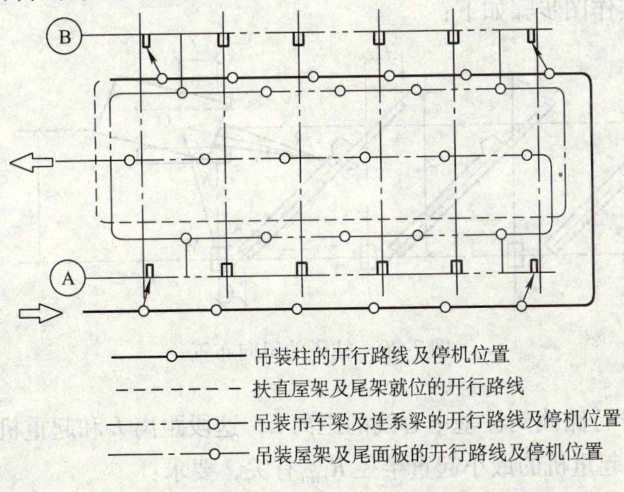

图 7-48　起重机的开行路线及停机位置

当单层厂房面积大或具有多跨结构时，为加快工程进度，可将建筑物划分为若干段，选用多台起重机同时施工。每台起重机可以独立作业，完成一个区段的全部吊装工作，也可以

选用不同性能的起重机协同作业，有的专门吊柱，有的专门吊屋盖系统结构，组织大流水施工。

4. 构件的平面布置与运输堆放

构件的平面布置合理，可以避免构件在场内的二次搬运，能充分发挥起重机的生产效率。构件的平面布置和起重机的性能、安装方法、构件的制作方法有关。在选定起重机型号，确定施工方案后，可根据施工现场实际情况制定。

（1）构件的平面布置原则

1）每跨的构件宜尽可能布置在本跨内，如场地狭窄，布置确有困难时，也可布置在跨外便于安装的地方。

2）首先应考虑重型构件的布置，同时构件的布置应便于支模和浇筑混凝土；对预应力构件应留有抽管、穿筋的操作场地。

3）构件的布置还要满足安装工艺的要求，尽可能在起重机的工作半径内，减少起重机“跑吊”的距离及起伏起重杆的次数。

4）构件的布置应力求占地最少，保证起重机、运输车辆的道路畅通。起重机回转时，机身不得与构件相碰。

5）构件的布置要注意安装时的朝向，以免在空中调头，影响吊装进度和安全。

6）构件应布置在坚实地基上。在新填土上布置时，土要夯实，并采取一定措施防止地基下沉，以免影响构件质量。

（2）预制阶段的构件平面布置：目前在现场预制的构件主要是柱子和屋架，其他构件均在预制厂或场外制作，运到现场吊装。

1）柱子的布置：柱子的布置方式与场地大小、安装方法有关，一般有斜向布置、纵向布置、横向布置等三种。

① 柱的斜向布置：采用旋转法吊装时，可按三点共弧斜向布置，其预制位置可采用作图法（图7-49），其作图步骤如下：

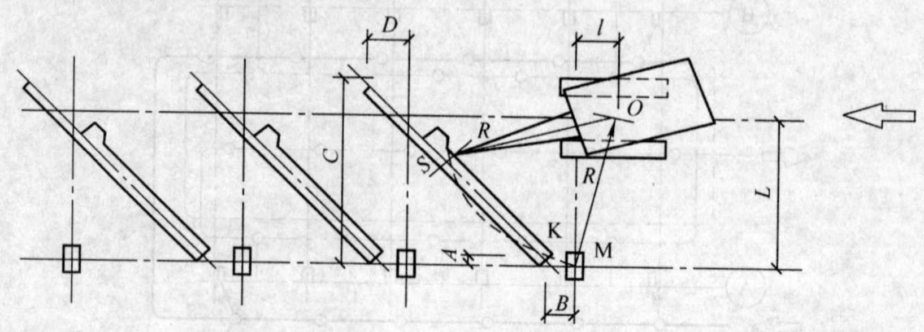

图7-49　柱子的斜向布置

a. 确定起重机开行路线到柱基中心线的距离 L，这段距离 L 和起重机吊装柱子时起重机相应的起重半径 R、起重机的最小起重半径 R_{min} 有关，要求：

$$R_{min} < L \leqslant R \tag{7-13}$$

同时，开行路线不要通过回填土地段，不要过分靠近构件，防止起重机回转时碰撞构件。

b. 确定起重机的停机位置。以所吊柱的柱基中心点M为圆心，以所选的吊装该柱的起

重半径 R 为半径，画弧交开行路线于 O 点，O 点即为安装该柱的停机点。

c. 确定柱预制位置。以停机点 O 为圆心，OM 为半径画弧，在靠近柱基的弧上选点 K 点为柱脚中心点，再以 K 点为圆心，柱脚到吊点的长度为半径画弧，与 OM 半径所画的弧相交于 S，连 KS 线。得出柱中心线，即可画出柱子的模板图。同时量出柱顶，柱脚中心点到柱列纵横轴线的距离 A、B、C、D，作为支模时的参考。

柱的布置应注意牛腿的朝向，避免安装时在空中调头，当柱布置在跨内时，牛腿应面向起重机；布置在跨外时，牛腿应背向起重机。

若场地限制或柱过长，难于做到三点共弧时，可按两点共弧布置。一种是将杯口、柱脚中心点共弧，吊点放在起重半径 R 之外，如图 7-50a 所示，安装时，先用较大的工作幅度 R'吊起柱子，并抬升起重臂，当工作幅度变为尺后，停止升臂，随后用旋转法吊装。另一种是将吊点与柱基中心共弧，柱脚可斜向任意方向，如图 7-50b 所示，吊装时可用旋转法，也可用滑行法。

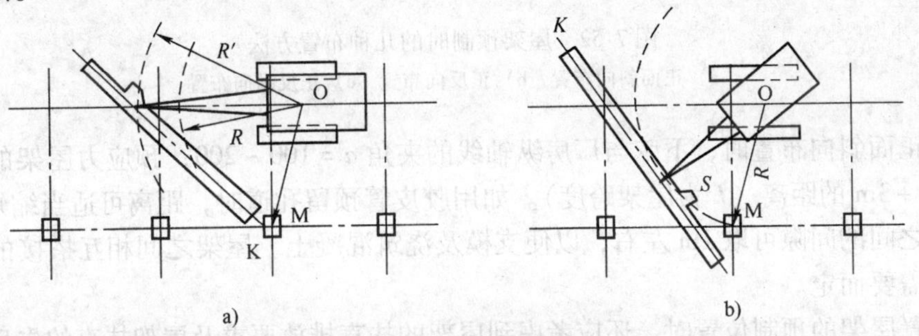

图 7-50　两点共弧布置法

a）柱脚与柱基两点共弧　b）吊点与桩基两点共弧

② 柱的纵向布置：对一些较轻的柱起重机能力有富余，考虑到节约场地，方便构件制作，可顺柱列纵向布置，如图 7-51 所示。

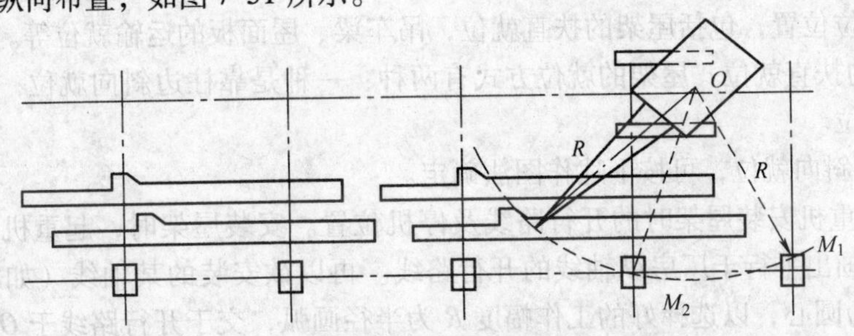

图 7-51　柱子的纵向布置

柱纵向布置时，起重机的停机点应安排在两柱基的中点，使 $OM_1 = OM_2$，这样每停机点可吊两根柱子。

柱可两根叠浇生产，层间应涂刷隔离剂，上层柱在吊点处需预埋吊环；下层柱则在底模预留砂孔，便于起吊时穿钢丝绳。

2）屋架的布置：屋架一般在跨内平卧叠浇预制，每叠 3～4 榀，布置方式主要有：正面斜向布置，正反斜向布置，正反纵向布置等三种（图 7-52）。应优先采用正面斜向布置，它便于屋架扶直就位，只有当场地限制时，才采用其他方式。

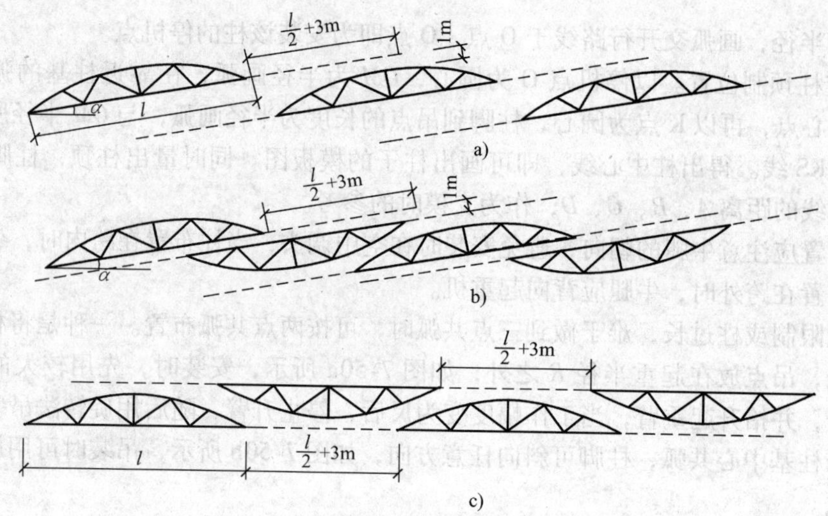

图 7-52 屋架预制时的几种布置方法

a）正面斜向布置 b）正反向布置 c）正反纵向布置

屋架正面斜向布置时，下弦与厂房纵轴线的夹角 $a=100\sim200$；预应力屋架的两端应留出（$L/2$）$+3m$ 的距离（L 为屋架跨度）。如用胶皮管预留孔道时，距离可适当缩短。

屋架之间的间隙可取 1m 左右，以便支模及浇筑混凝土。屋架之间相互搭接的长度视场地大小及需要而定。

在布置屋架的预制位置时，还应考虑到屋架的扶直排放要求及屋架扶直的先后次序，先扶直的放在上层。对屋架两端朝向及预埋件位置，也要注意作出标记。

3）吊车梁的布置：当吊车梁安排在现场预制时，可靠近柱基顺纵向轴线或略作倾斜布置。也可插在柱子的空档中预制，如具有运输条件，也可在场外集中预制。

（3）安装阶段构件的就位布置及运输堆放：安装阶段的就位布置是指柱子安装完毕后其他构件的就位位置，包括屋架的扶直就位，吊车梁、屋面板的运输就位等。

1）屋架的扶直就位：屋架的就位方式有两种：一种是靠柱边斜向就位；另一种是靠柱边成组纵向就位。

① 屋架的斜向就位，可按下述作图法确定。

a. 确定起重机安装屋架时的开行路线及停机位置。安装屋架时，起重机一般沿跨中开行，先在跨中画出平行于厂房纵轴线的开行路线。再以欲安装的某轴线（如②轴线）的屋架中心点 M_2 为圆心，以选择好的工作幅度 R 为半径画弧，交于开行路线于 O_2 点，O_2 点即为安装②轴线屋架时的停机点（图 7-53）。

b. 确定屋架的就位范围。屋架一般靠柱边就位，但应离开柱边不小于 0.2m，并可利用柱子作为屋架的临时支撑。当受场地限制时，屋架的端头也可稍许伸出跨外。根据以上原则，确定就位范围的外边界线 PP。起重机安装屋架及屋面板时，机身需要回转，设起重机尾部至机身回转中心的距离为 A，则在距开行路线为（$A+0.5$）m 的范围内，不宜布置屋架和其他构件。据此，可定出屋架就位内边线 QQ。在两条边界线 PP、QQ 之间，即为屋架的就位范围。但有时厂房跨度大，这个范围过宽时，可适当缩小。

c. 确定屋架就位的位置。屋架就位范围确定后。画出 PP、QQ 两线的中心线 HH，屋架

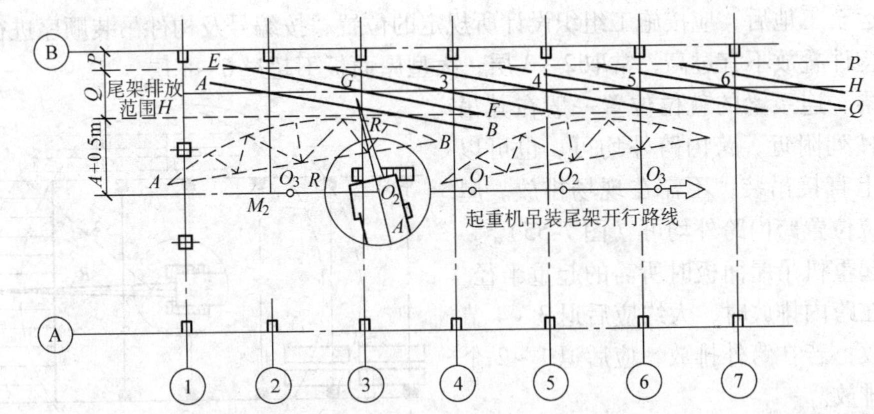

图 7-53 屋架同侧斜向就位

（虚线表示屋架预制时位置）

就位后，屋架的中心点均在 HH 线上，以②轴线屋架为例，就位位置可按下述方式确定：以停机点 O_2 为圆心，吊装屋架时起重半径 R 为半径，画弧交于 HH 线于 G 点，G 点即为②轴线屋架就位后屋架的中点。再以 G 点为圆心，屋架跨度的1/2 为半径，画弧交于 PP、QQ 两线于 E、F 两点，连接 EF，即为②轴线屋架就位的位置，其他屋架的就位位置均应平行此屋架，端头相距 6m。但①轴线屋架由于抗风柱阻挡，要退到②轴屋架的附近排放。

② 屋架的纵向就位：屋架纵向就位，一般以 4 ~ 5 榀为一组靠柱边顺轴线纵向排列。屋架与屋架之间的净距均不小于 200mm，相互之间应用铅丝及支撑拉紧撑牢。每组屋架之间应留 3m 左右的间距作为横向通道。每组屋架就位中心线应安排在该组屋架倒数第二榀安装轴线之后 2m 外，这样，可避免在已安装好的屋架下绑扎和起吊屋架，起吊后不与已安装好的屋架相碰，如图 7-54 所示。

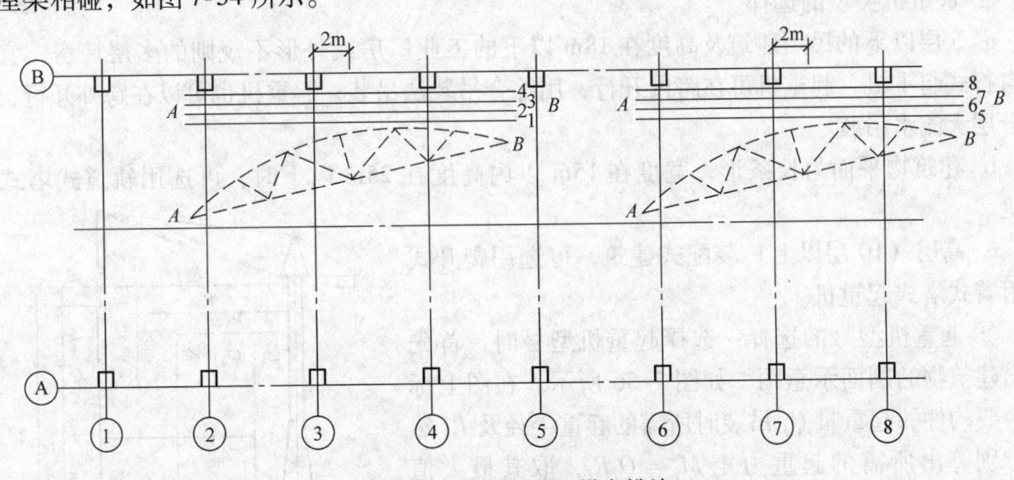

图 7-54 屋架的成组纵向排放

（虚线表示屋架预制时的位置）

2）吊车梁、连系梁、屋面板的运输、就位堆放：单层厂房除柱子、屋架外，其他构件如吊车梁、连系梁、屋面板均在预制厂或附近工地的露天预制场制作，然后运至工地就位吊装。

构件运至工地后，应按施工组织设计所规定的位置，按编号及构件吊装顺序进行集中堆放。梁式构件叠放不宜过高，常取2~3层；大型屋面板不超过6~8层。

吊车梁、连系梁的就位位置一般在其吊装位置的柱列附近，跨内跨外均可。也可以从运输车上直接吊装，不需在现场排放。屋面板的就位位置跨内跨外均可（图7-55）。

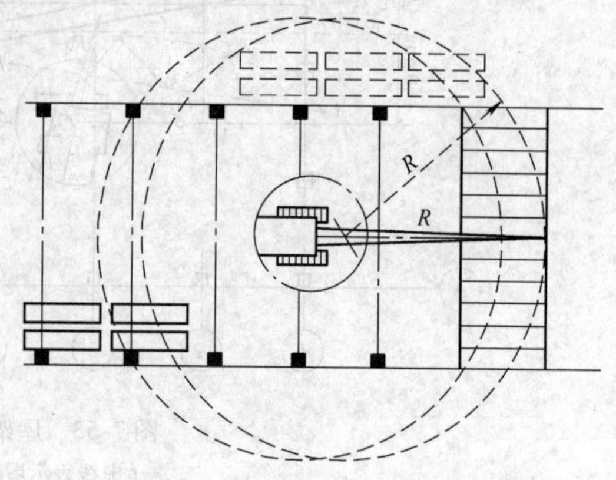

图7-55　屋面板吊装就位布置

根据起重机吊屋面板时所需的起重半径，当屋面板在跨内排放时，大约应后退3~4节间开始排放；若在跨外排放，应后退1~2个节间开始排放。

实际施工中，构件的平面布置会受很多因素影响，制定时要密切联系现场实际，确定出切实可行的构件平面布置图。排放构件时，可按比例将各类构件的外形用硬纸片剪成小模型，在同样比例的平面图上进行布置和调整。经研究可行后，给出构件平面布置图。

5. 多层房屋结构安装

多层房屋结构安装主要特点是：房屋高度大而占地面积较小，构件类型多、数量大、接头复杂、技术要求较高等。因此在拟定多层房屋结构安装方案时，应着重解决起重机的选择及布置、结构吊装方法与顺序、构件的平面布置及构件的吊装工艺等问题。其中，吊装机械的选择是主导的环节，所采用的吊装机械不同，施工方案亦各异。

（1）起重机的选择与布置

1）起重机的选择

① 起重机类型的选择

a. 5层以下的民用建筑及高度在18m以下的工业厂房或外形不规则的多层厂房，宜选用自行式起重机，起重机可在跨内开行，用综合吊装法吊装；起重机也可以在跨外开行，采用分层大流水吊装。

b. 建筑物平面为长条形，宽度在15m以内高度在25m以下时，可选用轨道式塔式起重机。

c. 高层（10层以上）装配式建筑，可选用爬升式或附着式塔式起重机。

② 起重机型号的选择：选择起重机型号时，首先绘出建筑物的剖面示意图，如图7-56所示。在图上标明主要构件的起重量 Q_i 吊装时所需的起重半径及 Ri 然后分别算出所需的起重力矩 $M_i = Q_iR_i$，取其最大值 M_{max}。与起重机的实际起重能力 M 相比较，要求 $M \geqslant M_{max}$，作为选择起重机型号的依据。

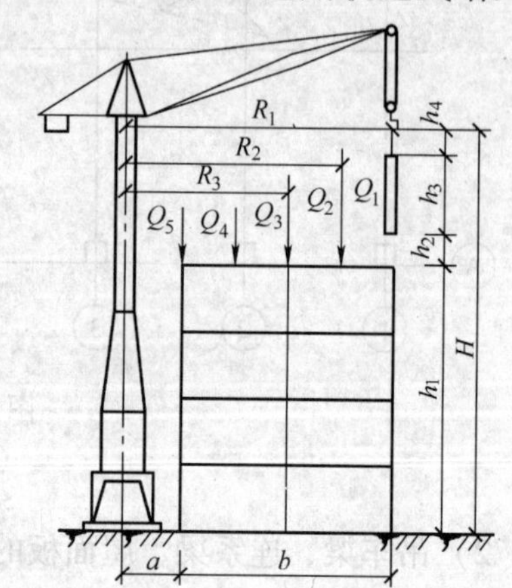

图7-56　塔式起重机工作参数计算简图

2）起重机的布置：塔式起重机的布置方案主要根据建筑物平面形状、构件质量、起重机性能及施工现场地形条件确定。轨道式塔式起重机主要有四种布置方案（图7-57）。

① 单侧布置：当房屋宽度小，构件质量较轻时常采用单侧布置。单侧布置方案优点是轨道长度较短，在起重机外侧有较宽的构件堆放场地，如图7-57a、b所示。此时起重机的起重半径应满足：

$$R \geqslant b + a \tag{7-14}$$

式中 R——起重机吊装最远构件时的起重半径（m）；

b——建筑物宽度（m）；

a——建筑物外侧至塔轨中心距离，一般取3～5m。

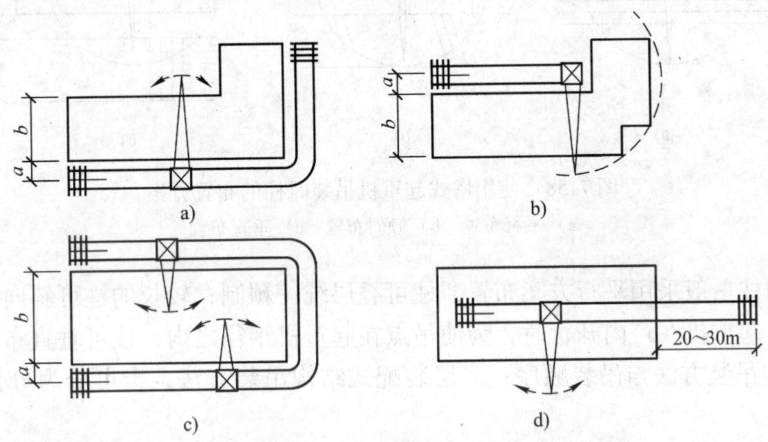

图7-57 塔式起重机布置方案

a）、b）单侧布置 c）双侧布置 d）跨内单行布置

② 双侧环形布置：当房屋宽度较大（宽度 $b>17$m）或构件较重的情况下采用双侧环形布置，如图7-57c所示。此时起重半径应满足：

$$R \geqslant \frac{b}{2} + a \tag{7-15}$$

若吊装工程量大，且工期紧迫时，可在房屋两侧各布置一台起重机；反之，则可用一台起重机环形吊装。

③ 跨内单行布置（图7-57d）：这种方案往往是因场地狭窄，在房屋外侧不可能布置起重机。或由于旁屋宽度较大、构件较重时才采用。其优点是可减少轨道长度，并节约施工用地。缺点是只能采用竖向综合安装，结构稳定性差；构件多布置在起重半径之外，需增加二次搬运；对房屋外侧围护结构吊装也较困难；同时房屋的一端还应有20～30m的场地，作为塔式起重机装拆之用。

④ 跨内环形布置：当房屋较宽、构件较重、起重机跨内单行布置不能起吊全部构件，而受场地限制又不可能跨外环形布置时，则宜采用跨内环形布置。

（2）构件平面布置：构件平面布置方案一般应遵守以下几个原则：

1）重型构件应尽量布置在起重机附近，中小型构件可布置在外侧。

2）构件布置位置应与该构件吊装到建筑物上的位置相配合，以便在吊装时减少起重机的移动和变幅。

3）应尽量布置在起重机的起重半径范围内，避免二次搬运。

4）如条件允许，中小型构件可考虑采用随运随吊，以减小构件堆场和装卸工序，有利于缩短工期。

【例】 多层装配式房屋柱为现场预制的主要构件，布置方式一般有与塔式起重机轨道相平行、倾斜及垂直三种方案，如图7-58所示。

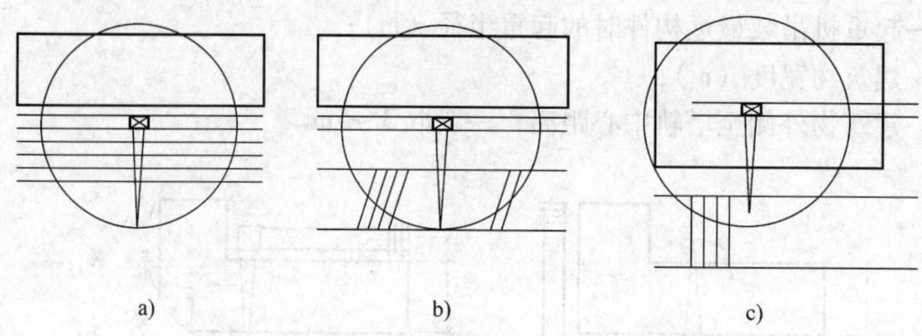

图7-58 使用塔式起重机吊装时柱的布置方案

a）平行布置 b）倾斜布置 c）垂直布置

现场预制柱一般采用平行方案布置，柱可叠层统一预制；较长的柱可斜向布置，适用于旋转法吊装；起重机在跨内开行时，为使吊点在起重机半径之内，柱可垂直布置。

（3）结构吊装方法与吊装顺序：多层装配式结构吊装方法，也可分为分件安装法和综合安装法两种。

1）分件安装法：为了保证已吊好结构的稳定性，应尽量使已吊装好的构件及早形成框架。分件安装法根据流水方式不同，可分为分层分段流水吊装法和分层大流水吊装法两种。分层分段流水法（图7-59）是将多层房屋划分为若干施工层，每一个施工层再划分为若干吊装段，而按一个楼层组织各工序的流水。

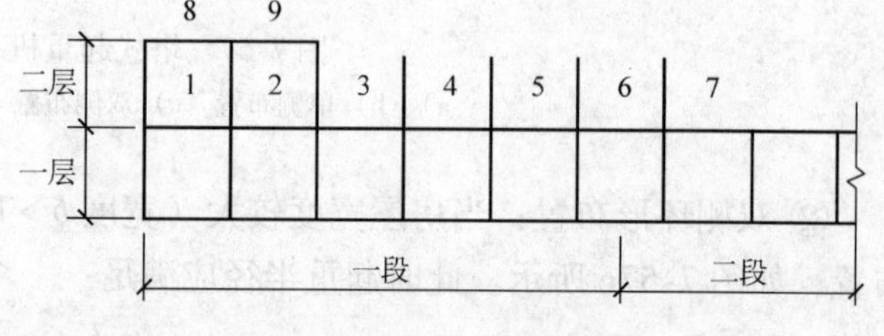

图7-59 分件安装法

（图中1、2、3…为安装顺序）

施工层的划分则与预制柱的长度有关，当柱子长度为一个楼层高时，以一个楼层为一施工层；为二个楼层高时，以二个楼层为一施工层。由此可见，施工层的数目越多，则柱的接头数量多，安装速度就慢。因此，当起重机能力满足时，应增加柱子长度，减少施工层数。

安装段的划分，主要应考虑：保证结构安装时的稳定性；减少临时固定支撑的数量；使吊装、校正、焊接各工序相互协调，有足够的操作时间。因此，框架结构的安装段一般以4~8个节间为宜。

图7-60为采用QT1—6型塔式起重机吊装示例。起重机在建筑物外侧环形布置。每一楼层分为四个吊装段，第一吊装段先吊柱，后吊梁，形成框架，再吊装楼板。

分件安装法的优点是：容易组织吊装、校正、焊接、灌浆等工序的流水作业；容易安排构件的供应和现场布置工作；每次吊装同类型构件可减少起重机变幅和索具更换的次数，从而提高吊装速度。

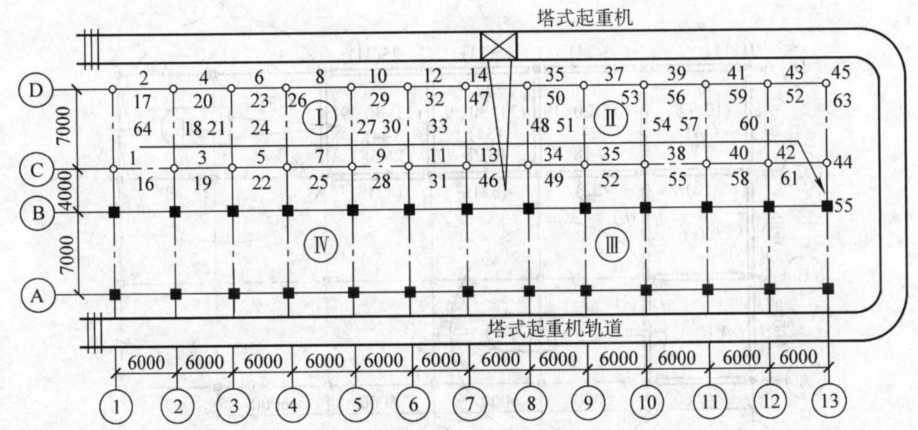

图 7-60　塔式起重机跨外环形，用分层分段流水吊装法吊装梁板式结构一个楼层的顺序图

Ⅰ、Ⅱ、Ⅲ、Ⅳ为吊装段编号；1、2、3…为构件吊装顺序

2）综合安装法：综合安装法是以一个柱网（节间）或若干个柱网（节间）为一个施工段，而以房屋的全高为一个施工层，以组织各工序的流水。起重机把一个施工段的构件吊装至房屋的全高，然后转移到下一个施工段。当采用自行式起重机（或塔式起重机）吊装框架结构时，由于建筑物四周场地狭窄而不能把起重机布置在房屋外边，或者由于房屋宽度较大和构件较重以致只有把起重机布置在跨内才能满足吊装要求时，则须采用综合吊装法。

根据所采用吊装机械的性能及流水方式不同，又可分为分层综合安装法与竖向综合安装法。

分层综合安装法（图 7-61a），就是将多层房屋划分为若干施工层，起重机在每一施工层中只开行一次，首先安装一个节间的全部构件，再依次安装第二节间、第三节间等。待一层构件全部安装完毕并最后固定后，再依次按节间安装上一层构件。

竖向综合安装法是从底层直到顶层把第一节间的构件全部安装完毕后，再依次安装第二节间、第三节间等各层的构件（图 7-61b）。

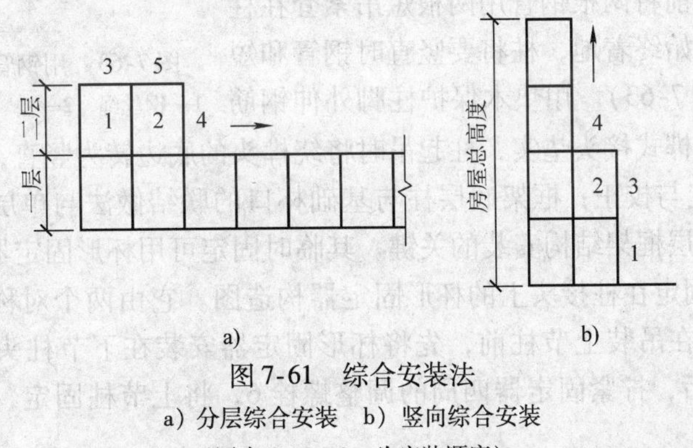

图 7-61　综合安装法

a）分层综合安装　b）竖向综合安装

（图中 1、2、3…为安装顺序）

图 7-62 是采用履带式起重机跨内开行以综合装法吊装两层装配式框架结构的顺序。

综合安装法的优点是结构整体稳定性好，起重机开行路线短。缺点是吊装过程中吊具更

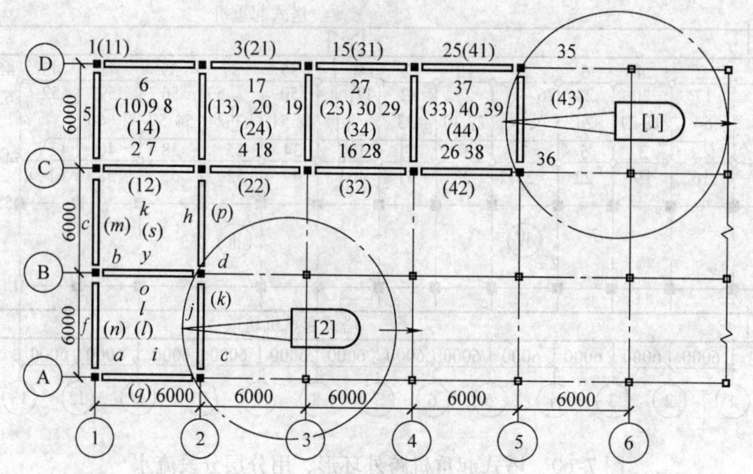

图 7-62　用综合吊装法吊装框架结构构件的顺序

注：1. 1、2、3、4…—［1］号起重机吊装顺序。

2. *a*、*b*、*c*、*d*…—［2］号起重机吊装顺序。

3. 带（　）为第二层梁板吊装顺序。

换频繁，构件校正工作时间短组织施工较麻烦。

（4）结构构件吊装

1）柱的吊装

① 绑扎：当柱子长度在 12m 以内时，采用一点绑扎法和旋转起吊法，对于 14～20m 的长柱则应采用两点绑扎，并且应对吊点位置进行验算。应尽量避免采用多点绑扎，以防止在吊装过程中构件受力不均而产生裂缝或断裂。

② 吊升：柱子的起吊方法与单层厂房柱吊装相同。上柱的底部都有外伸钢筋，吊装时必须采取保护措施，防止钢筋碰弯。外伸钢筋的保护方法有：用钢管保护柱脚外伸钢筋及用垫木保护外伸钢筋方法。用钢管保护柱脚外伸钢筋是柱起吊前将两根钢管用两根短吊索套在柱子两侧，起吊时钢筋始终着地，柱将要竖直时钢管和短吊索即自动落下（图 7-63）。用垫木保护柱脚外伸钢筋是柱起吊前用垫木将榫式接头垫实，柱起吊时将绕榫头的底边转为竖直，外伸钢筋不着地。

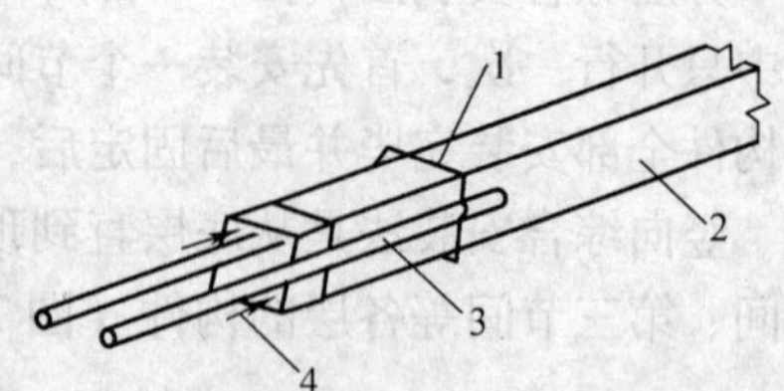

图 7-63　用钢管保护柱脚外伸钢筋

1—钢丝绳　2—柱　3—钢管　4—外伸钢筋

③ 柱的临时固定与校正：框架底层柱与基础杯口的联结做法与单层工业厂房相同。上下两节柱的连接是多层框架结构安装的关键。其临时固定可用杯形固定器和管式支撑进行临时固定。图 7-64 是固定在柱接头上的杯形固定器构造图。它由两个对称的组合件构成，用固定螺栓 4 相拼合。在吊装上节柱前，先将杯形固定器安装在下节柱头上，形成一个“杯口”。待上节柱就位后，拧紧固定器四周的调整螺栓 6，将上节柱固定，同时调整柱的水平位置。

管式支撑为两端装有螺杆的铁管，上端与套在柱上的夹箍相连，下端与楼板的预埋件相连，用来撑住柱并校正柱的垂直度。图 7-65 为双管式支撑。

柱的校正需要进行 2～3 次。首次在脱钩后电焊前进行初校；在电焊后进行二校，观测焊接应力变形所引起的偏差；此外在梁和楼板安装后还需检查一次，以消除焊接应力和荷载产生的偏差。柱在校正时，力求下节柱准确，以免导致上层柱的积累偏差。但当下节柱经最后校正仍存在偏差，若在允许范围内可以不再进行调整。在这种情况下吊装上节柱时，一般可使上节柱底部中心线对准下节柱顶部中心线和标准中心线的中点（图 7-66），即 $a/2$ 处，而上节柱的顶部在校正时仍以标准中心线为准，以此类推。在柱的校正过程中，当垂直度和水平位移有偏差时，若垂直度偏差较大，则应先校正垂直度，后校正水平位移，以减少柱顶倾覆的可能性。柱的垂直度允许偏差值小于等于 $H/1000$（H 为柱高），且不大于 10mm，水平位移允许在 5mm 以内。

对细而长的框架柱，在阳光的照射下，温差对垂直度的影响较大，在校正时，必须考虑温差的影响。

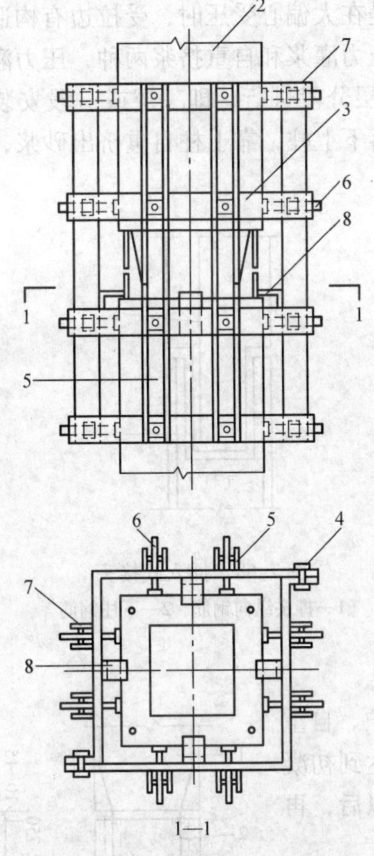

图 7-64　杯形固定器构造图

1—下节柱　2—上节柱　3—环箍　4—固定螺栓

5—竖杆　6—调整螺栓　7—螺母　8—支承角钢

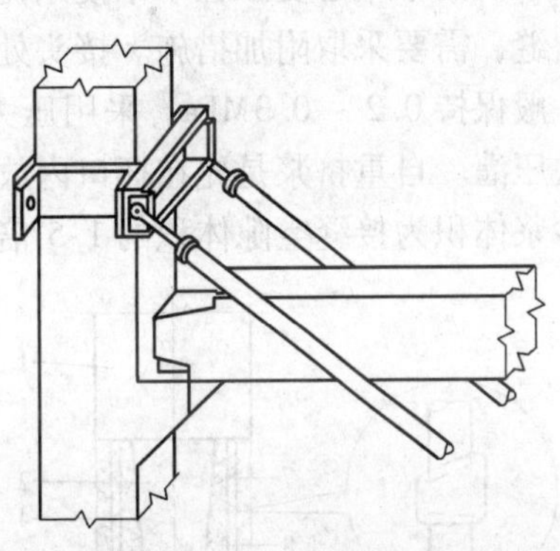

图 7-65　双管式支撑示意图

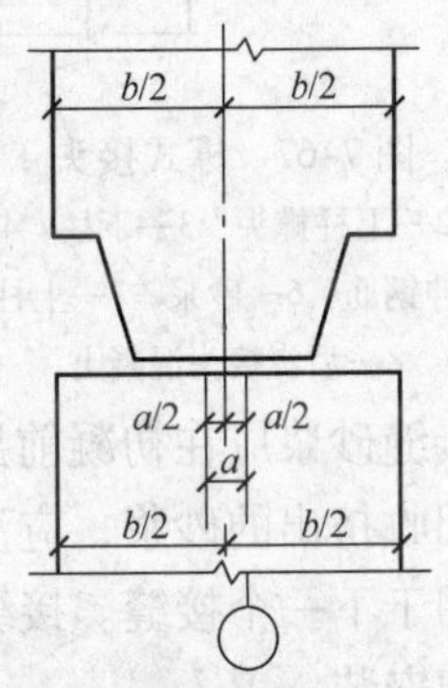

图 7-66　上下节柱校正时中心线偏差调整

a—下节柱顶部中心线偏差　b—柱宽

④ 柱接头施工：柱与柱的接头首先应能够传递轴向压力，其次是弯矩和剪力。要求接头及其附近区段的强度不低于构件强度。柱接头形式有榫式接头、插入式接头和浆锚式接头三种。

a. 榫式接头，如图 7-67 所示。其做法是将上节柱的下端混凝土做成榫头状来承受施工荷载。上柱和下柱安装时使外露的受力钢筋对准，用剖口焊接，然后配置一定数量的箍筋，用高标号水泥或微膨胀水泥拌制的比柱子混凝土设计标号高25%的细石混凝土进行接头灌筑。待接头混凝土达到75%设计强度后，再吊装上层构件。榫式接头，要求柱预制时最好采用通长钢筋，以免钢筋错位难以对接；钢筋焊接时，应注重焊接质量和施焊方法，避免产生过大的焊接应力造成接头偏移和构件裂缝；接头灌浆要求饱满密实，不致下沉、收缩而产生空隙或裂纹。

这种接头的整体性好，安装校正方便，耗钢量少，施工质量有保证，但钢筋容易错位；钢筋电焊对柱的垂直度影响较大；二次灌筑混凝土量较大，混凝土收缩后在接缝处易形成收缩裂缝。

b. 插入式接头，如图7-68所示。将上柱做成榫头，下柱顶部做成杯口，上柱插入杯口后用水泥砂浆灌筑填实。这种接头上下柱连接不需焊接，无焊接应力影响，吊装固定方便。在截面较大的小偏心受压柱子中使用比较合适。缺点是在大偏心受压时，受拉边有构造上的张拉裂缝，需要采取附加措施。接头处灌浆的方法有压力灌浆和自重挤浆两种，压力灌浆的压力一般保持0.2~0.3MPa。采用压力灌浆法，宜分层分段进行，即一层或一段安装完毕后一次压灌。自重挤浆是先在杯口内放入砂浆，然后落下上柱，靠上柱自重挤出砂浆，装进杯口砂浆体积为接缝空隙体积的1.5倍。

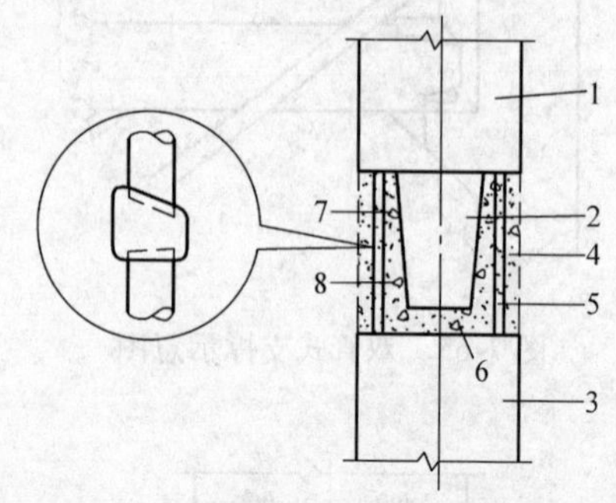

图7-67 榫式接头

1—上柱 2—上柱榫头 3—下柱 4—坡口焊
5—下柱外伸钢筋 6—砂浆 7—上柱外伸钢筋
8—后浇接头混凝土

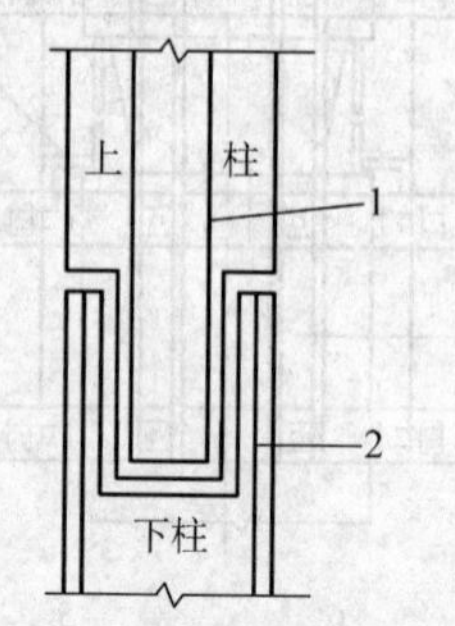

图7-68 插入式接头

1—榫头纵向钢筋 2—下柱钢筋

杯顶上接缝砂浆应在初凝前压实抹光，并浇水养护。自重挤浆时，可回收挤出的砂浆，应注意保持砂浆洁净及达到初凝状态，才能用于下一个接缝。接缝砂浆强度达20MPa以后，再进行上层框架安装。

c. 浆锚接头，如图7-69所示。与插入式接头类似，只是将上柱钢筋插入下柱的预留空洞中，借助于钢筋的锚固长度来传递弯矩。其做法是在上节柱底部伸出四根长约300~700mm的锚固钢筋，下节柱顶部预留四个深约350~750mm，孔径约为2.5~4倍锚固钢筋直径的浆锚孔。安装上节柱时，先把浆锚孔清洗干净，并灌入M40以上的快凝砂浆；在下柱顶面铺10~15mm厚砂垫层，然后把上节柱的锚固钢筋插入孔内，使

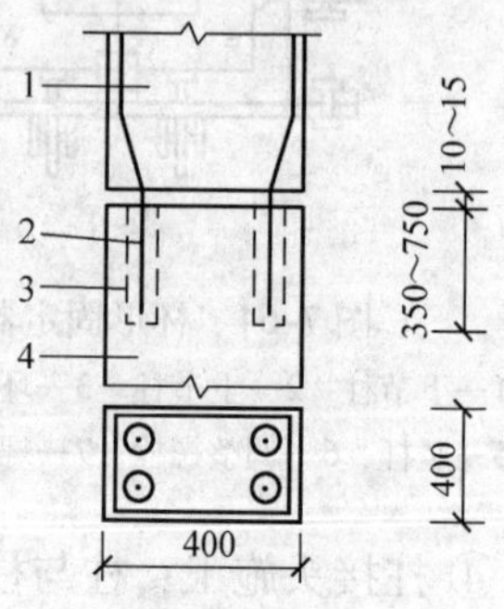

图7-69 浆锚接头

1—上柱 2—上柱外伸锚固钢筋
3—浆锚孔 4—下柱

上下柱连成整体。

浆锚接头也可采用后灌浆或压浆工艺，即在上节柱的外伸锚固钢筋插入下节柱的浆锚孔后再进行灌浆，或用压力泵把砂浆压入。

2）梁柱接头：装配式框架的梁与柱的接头可以做成刚接，也可以做成铰接。铰接接头只考虑承受垂直剪力，不承担弯矩。刚性接头即承受竖向剪力又承担弯矩，甚至可以抵抗地震水平力。梁柱接头的做法很多，常用的有明牛腿刚性接头、齿槽式接头、浇筑整体式接头等，如图7-70所示。

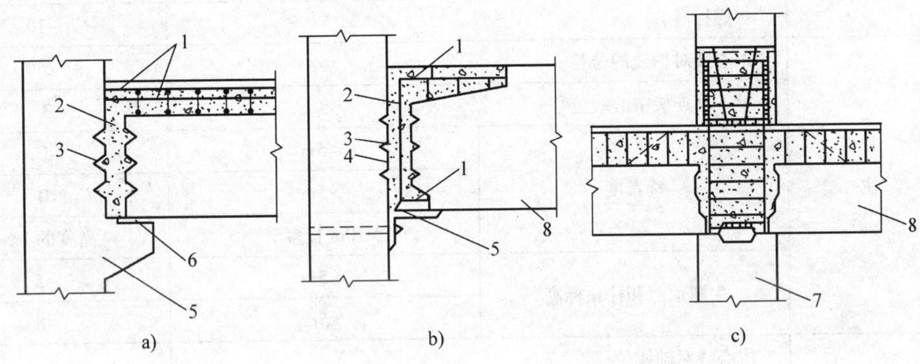

图7-70　梁与柱的接头

a）明牛腿式刚性接头　b）齿槽式接头　c）浇筑整体式接头

1—剖口焊钢筋　2—浇捣细石混凝土　3—齿槽　4—附加钢筋　5—牛腿　6—垫板　7—柱　8—梁

明牛腿刚性接头在梁吊装时，只要将梁端预埋钢板和柱牛腿上预埋钢板焊接后起重机即可脱钩，然后进行梁与柱的钢筋焊接。这种接头安装方便，而且节点刚度大，受力可靠。但明牛腿占去了一部分空间，一般只用于多层工业厂房。

齿槽式接头是利用梁柱接头处设的齿槽来传递梁端剪力，所以取消了牛腿。梁柱接头处设角钢作为临时牛腿，以支撑梁采用。角钢支承面积小，不太安全，须将梁一端的上部接头钢筋焊好两根后方能脱钩。

浇注整体式梁柱接头的基本做法是：柱为每层一节，梁搁大柱上，梁底钢筋按锚固长度要求上弯或焊接。配上箍筋后，浇筑混凝土至楼板面，待强度达10N/mm^{2}即可安装上节柱，上节柱与榫接头柱相似，但上下柱的钢筋用搭接而不用焊接，搭接长度大于20倍柱钢筋直径。然后第二次浇筑混凝土到上柱的榫头上方并留35mm空隙，用细石混凝土捻缝。

7.3　结构安装的质量要求及安全措施

7.3.1　操作中的质量要求

（1）当混凝土的强度超过设计强度75%以上，以及预应力构件孔道灌浆的强度在15MPa以上，方可吊装。

（2）安装购件前，在构件上应标注中心线或安装准线；要用仪器校核结构及预制构件的标高及平面位置。

（3）在吊装装配式框架结构时，只有当接头和接缝的混凝土强度大于10MPa时，才能吊装上一层结构的构件。

（4）构件就位后，要进行临时固定，使之稳定。

（5）在安装构件时，力求准确；即使有误差，也应在允许范围以内，见表7-10。

表7-10　构件安装时允许偏差

<table>
<tr><th>项目</th><th colspan="3">名　称</th><th>允许偏差/mm</th></tr>
<tr><td rowspan="2">1</td><td rowspan="2">杯形基础</td><td colspan="2">中心线对轴线位移</td><td>10</td></tr>
<tr><td colspan="2">杯底标高</td><td>-10</td></tr>
<tr><td rowspan="7">2</td><td rowspan="7">柱</td><td colspan="2">中心线对轴线的位移</td><td>5</td></tr>
<tr><td colspan="2">上下柱连接中心线位移</td><td>3</td></tr>
<tr><td rowspan="3">垂直度</td><td>≤5m</td><td>5</td></tr>
<tr><td>>5m</td><td>10</td></tr>
<tr><td>≥10m且多节</td><td>高度的1‰</td></tr>
<tr><td rowspan="2">牛腿顶面和柱顶标高</td><td>≤5m</td><td>-5</td></tr>
<tr><td>>5m</td><td>-8</td></tr>
<tr><td rowspan="2">3</td><td rowspan="2">梁或吊车梁</td><td colspan="2">中心线对轴线位移</td><td>5</td></tr>
<tr><td colspan="2">梁顶标高</td><td>-5</td></tr>
<tr><td rowspan="3">4</td><td rowspan="3">屋架</td><td colspan="2">下弦中心线对轴线位移</td><td>5</td></tr>
<tr><td rowspan="2">垂直度</td><td>桁架</td><td>屋架高的1/250</td></tr>
<tr><td>薄腹梁</td><td>5</td></tr>
<tr><td rowspan="2">5</td><td rowspan="2">天窗架</td><td colspan="2">构件中心线对定位轴线位移</td><td>5</td></tr>
<tr><td colspan="2">垂直度（天窗架高）</td><td>1/300</td></tr>
<tr><td rowspan="2">6</td><td rowspan="2">板</td><td rowspan="2">相邻两板板底平整</td><td>抹灰</td><td>5</td></tr>
<tr><td>不抹灰</td><td>3</td></tr>
<tr><td rowspan="4">7</td><td rowspan="4">墙板</td><td colspan="2">中心线对轴线位移</td><td>3</td></tr>
<tr><td colspan="2">垂直度</td><td>3</td></tr>
<tr><td colspan="2">每层山墙倾斜</td><td>2</td></tr>
<tr><td colspan="2">整个高度垂直度</td><td>10</td></tr>
</table>

7.3.2　操作中的安全要求

1. 保证人身安全的要求

（1）患心脏病和高血压的人不宜作高空作业，以免发生头昏眼花而造成人身安全事故。

（2）不准酒后作业。

（3）进入施工现场的人员，必须戴好安全帽和手套；高空作业还要系好安全带；所带工具要用绳子扎牢或放入工具包内。

（4）在高空进行电焊焊接，要系安全带，着防护面罩；潮湿地点作业，要穿绝缘胶鞋。

（5）进行结构安装时，要统一用哨声、红绿旗、手势等指挥，有条件的工地，可用对讲机、移动手机进行指挥。

2. 使用机械的安全要求

（1）使用的钢丝绳应符合要求。

（2）起重机负重开行时，应缓慢行驶，且构件离地不得超过500mm。严禁碰触高压电线。为安全起见，起重机的起重臂、钢丝绳起吊的构件，与架空高压线要保持一定的距离。

（3）发现吊钩与卡环出现变形或裂纹，不得再使用。

（4）起吊构件时，吊钩的升降要平稳，以避免紧急制动和冲击。

（5）对于新购置的或改装、修复的起重机，在使用前，必须进行动荷、静荷的试运行。试验时，所吊重物为最大起重量的125%，且离地面1m，悬空10min。

（6）停机后，要关闭上锁，以防止别人起动而造成事故；为防止吊钩摆动伤人，应空钩上升一定高度。

3. 确保安全的设施

（1）吊装现场，禁止非工作人员入内。地面操作人员，应尽量避免在高空作业面的正下方停留或通过，也不得在起重机的起重臂或正在吊装的构件下停留或通过。

（2）高空作业时，尽可能搭设临时操作平台，并设爬梯，供操作人员上下。如需在悬空的屋架上弦行走时，应在其上设置安全栏杆。

（3）在雨期或冬期里，必须采取防滑措施。如扫除构件上的冰雪、在屋架上捆绑麻袋、在屋面板上铺垫脑筋草袋等。

7.3.3 质量的通病及防治的措施

1. 安装柱子的质量通病及防治的措施

（1）质量通病

1）柱子的实际轴线与标准轴线不重合。

2）由于各种原因，使柱子产生的裂缝超过允许值。

3）有牛腿的柱子，其垂直度发生偏差超过允许值。

4）柱的垂直度不符要求；双肢柱的底脚出现裂缝。

（2）防治措施

1）柱的相对两面的中心线要在同一平面上，且要准确。吊装前，还要检查杯口的尺寸。

2）柱子就位后，当第一次所灌的混凝土强度达到10MPa后，才能拆除楔块。

3）当柱子的强度达到设计强度的70%后，才能运到工地；强度达到100%时，方可起吊安装。

4）用经纬仪校正变截面柱子。一般柱子可用线锤初校正垂直度。

5）对柱子绑扎点，不能形成头重脚轻，否则，将头部放松，打入木楔，移动吊点。

2. 安装梁的质量通病及防治措施

（1）质量通病

1）跨度较大的梁，在跨中容易出现裂缝。

2）由于在安装柱时轴线有误差，使吊车梁跨距不等。

3）安装吊车梁标高不准确，出现扭曲或使吊车梁不呈水平线。

4）梁的垂直度偏差超过允许值。

（2）防治措施

1）对于大跨度的梁或带悬臂板的梁，在不使产生负弯矩的前提下，可在跨中或两端临时支顶方木，以增加稳定性。

2）校核梁的中心线与垂直度，应同时进行。

3. 安装屋架的质量通病及防治措施

（1）质量通病

1）屋架的垂直度发生偏差。

2）扶直屋架时，由于不当，产生侧向弯曲，易出现裂缝。

（2）防治措施

1）先将屋架的一侧绑上杉木杆，再扶直；再绑上另一侧的杉木杆，方可起吊，且吊索与水平呈大于45°的夹角。

2）用振动法使重叠生产的屋架脱离开。

4. 安装板的质量通病及防治措施

（1）质量通病

1）安装大型屋面板时，板边压线发生位移。

2）焊接板角时，焊缝的长度和厚度不足。

3）板的两端搁置长度不够，且存在一端长，另一端短。

4）板缝之间，灌细石混凝土时，没有设钢筋，造成交工后出现裂缝。

（2）防治措施

1）各种板出厂前，应检查是否有裂缝、鼓胀、掉边、缺角。

2）板与板之间的缝隙要留足，以便灌混凝土时好放钢筋。

3）调整板的两端搁置长度，使之符合要求。

4）板上的预埋件不得突出板面。

5）梁上用水泥砂浆找平，如空隙较大，要用细石混凝土垫密实。

6）安装悬臂板时，加设临时支撑，以增强施工时的刚度和稳定性。

附：结构安装工程施工方案实例

一、工程概况

某厂金工车间，跨度18m，长54m，柱距6m，共9个节间，建筑面积1002.36m^2。主要承重结构采用装配式钢筋混凝土工字形柱，预应力混凝土折线形屋架，1.5m×6m大型屋面板，T形吊车梁，车间平面位置如图7-71所示。

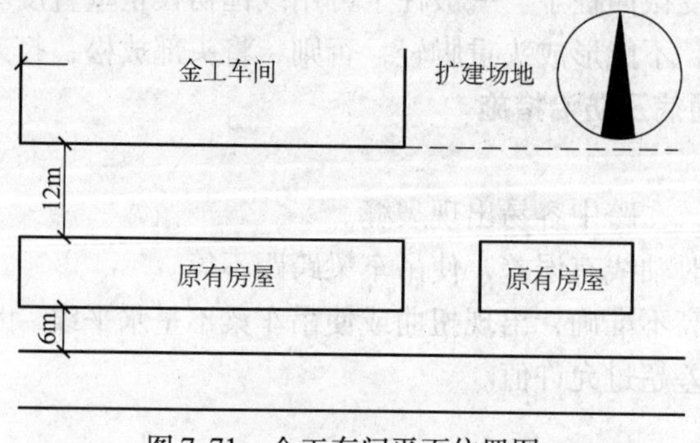

图7-71　金工车间平面位置图

车间的结构平面图、剖面图如图 7-72 所示。

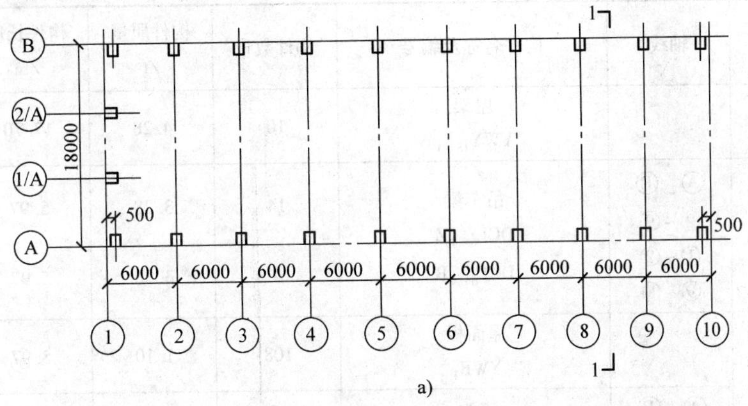

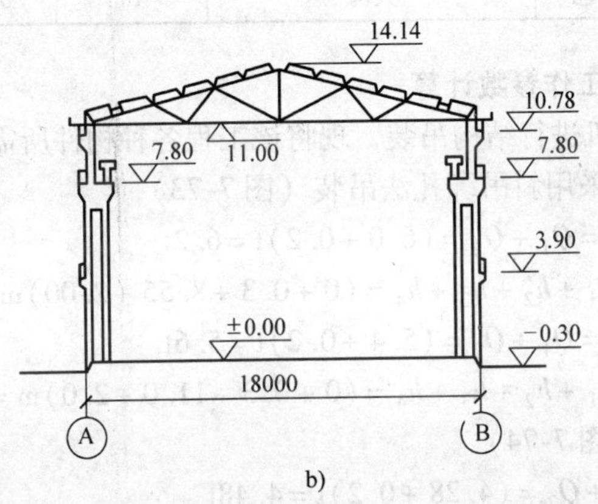

图 7-72　某厂金工车间结构平面图及剖面图

a）平面图　b）剖面图

二、施工方案

根据施工图，其主要构件数量、重量、长度、安装标高分别列表 7-11，以便计算时查阅。

表 7-11　主要承重结构一览表

项次	跨度	轴线	构件名称及编号	构件数量	构件质量 /t	构件长度 /m	安装标高 /m
1	Ⓐ~Ⓑ	Ⓐ、Ⓑ	基础梁 YJL	18	1.13	5.97	
2	Ⓐ~Ⓑ	Ⓐ、Ⓑ ②~⑨ ①~② ⑨~⑩	连系梁 YLL_1 YLL_2	42 12	0.73 0.73	5.97 5.97	+3.90 +7.80 +10.78
3	Ⓐ~Ⓑ	Ⓐ、Ⓑ ②~⑨ ①、⑩ (1/A)、(2/A)	柱 Z_1 Z_2 Z_3	 16 4 2	 6.00 6.00 5.4	 12.25 12.25 14.4	 −1.25 −1.25

（续）

项次	跨度	轴线	构件名称及编号	构件数量	构件质量 /t	构件长度 /m	安装标高 /m
4	Ⓐ~Ⓑ		屋架 YWY_{18-1}	10	4.28	17.70	+11.00
5	Ⓐ~Ⓑ	Ⓐ、Ⓑ ②~⑨	吊车梁 $DCL_{6-4}Z$	14	3.38	5.97	+7.80
		①~② ⑨~⑩	$DCL_{6-4}B$	4	3.38	5.97	+7.80
6	Ⓐ~Ⓑ		屋面板 YWB_1	108	1.10	5.97	+13.90
7	Ⓐ~Ⓑ	Ⓐ、Ⓑ	天沟	18	0.653	5.97	+11.60

1. 起重机选择及工作参数计算

选择履带式起重机进行结构吊装，现将该工程各种构件所需的工作参数计算如下：

（1）柱子安装：采用斜吊绑扎法吊装（图7-73）

Z_1 柱起重量 $Q_{min}=Q_1+Q_2=(6.0+0.2)t=6.2t$

起重高度 $H_{min}=h_1+h_2+h_3+h_4=(0+0.3+8.55+2.00)m=10.85m$

Z_3 柱起重量 $Q_{min}=Q_1+Q_2=(5.4+0.2)t=5.6t$

起重高度 $H_{min}=h_1+h_2+h_3+h_4=(0+0.3+11.0+2.0)m=13.30m$

（2）屋架安装（图7-74）

起重量 $Q_{min}=Q_1+Q_2=(4.28+0.2)t=4.48t$

起重高度 $H_{min}=h_1+h_2+h_3+h_4=(11.3+0.3+1.14+6.0)m=18.74m$

（3）屋面板安装

起重量 $Q_{min}=(1.1+0.2)t=1.3t$

起重高度 $H_{min}=(11.30+2.64+0.3+0.24+2.50)m=16.98m$

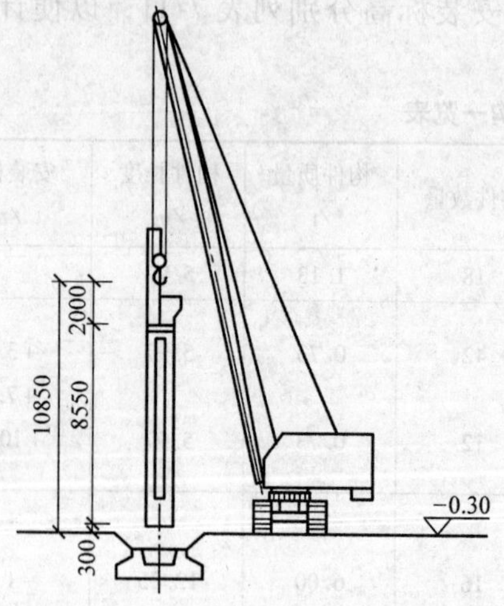

图7-73 Z_1 柱起重高度计算面简图

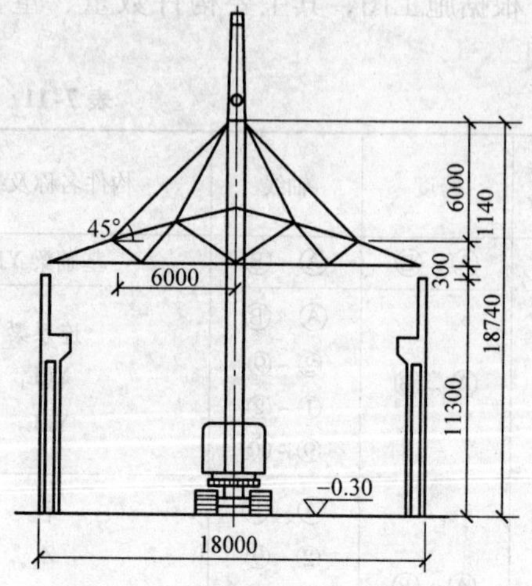

图7-74 屋架起重高度计算简图

安装屋面板时起重机吊钩需跨过已安装的屋架 3m，且起重臂轴线与已安装的屋架上弦中线最少需保持 1m 的水平间隙。所需最小杆长 $L_{\min}$ 的仰角可按式（7-12）计算。

$a=\mathrm{arctg}\sqrt[3]{\frac{h}{f+g}}=\mathrm{arctg}\sqrt[3]{\frac{11.30+2.64-1.70}{3+1}}=55°25'$，代入公式（7-11）可得

$$L_{\min}=\frac{h}{\sin a}+\frac{f+g}{\cos a}=\left(\frac{12.24}{\sin 55°25'}+\frac{4.00}{\cos 55°25'}\right)\mathrm{m}=21.95\mathrm{m}$$

选用 W_1—100 型起重机，采用杆长 $L=23\mathrm{m}$，设 $a=55°$，面对起重机高度进行核算：

假定起重杆顶端至吊钩的距离 $d=3.5$，则实际的起重高度为

$$H=L\sin 55°+E-d=(23\sin 55°+1.7-3.5)\mathrm{m}=17.04\mathrm{m}>16.98\mathrm{m}$$

即 $d=(23\sin 55°+1.7-16.98)\mathrm{m}=3.56\mathrm{m}$，满足要求。

此时起重机吊板的起重半径为

$$R=F+L\cos a=(1.3+23\cos 55°)\mathrm{m}=14.49\mathrm{m}$$

再以选定的 23m 长起重臂及 $a=55°$倾角用作图法来复核一下能否满足吊装最边缘一块屋面板的要求。

在图 7-75 中，以最边缘一块屋面板的中心 K 为圆心，以 $R=14.49\mathrm{m}$ 为半径画弧，交起重机开行路线于 O_1 点，O_1 点即为起重机吊装边缘一块屋面板的停机位置。用比例尺量 $KQ=3.8\mathrm{m}$。过 O_1K 按比例作 2－2 剖面。从 2－2 剖面可以看出，所选起重臂及起重仰角可以满足吊装要求。

屋面板吊装工作参数计算及屋面板的就位布置图如表 7-12、图 7-75 所示。

表 7-12　结构吊装工作参数表

构件名称	Z_1 柱			Z_3 柱			屋架			屋面板		
吊装工作参数	Q/t	H/m	R/m	Q/t	H/m	R/m	Q/t	H/m	R/m	Q/t	H/m	R/m
计算所需工作参数	6.2	10.85	—	5.6	13.3	—	4.48	18.74	—	1.3	16.94	—
采用数值	7.2	19.0	7.0	6.0	19.0	8.0	4.9	19.0	9.0	2.3	17.30	14.49

根据以上各种吊装工作参数计算，确定选用 23m 长度的起重臂，并查 W_1－100 型起重机性能曲线，确定合适的起重半径 R，作为制定构件平面布置图的依据。

2. 结构安装方法及起重机的开行路线

采用分件安装法进行安装。吊柱时采用 $R=7\mathrm{m}$，故须跨边开行，每一停机点安装一根柱子。屋盖吊装则沿跨中开行。具体布置如图 7-76 所示。

起重机自 A 轴线跨外进场，自西向东逐根安装 A 轴柱列，开行路线距 A 轴 6.5m，距原有房屋 5.5m，大于起重机回转中心至尾部距离 3.2m，回转时不会碰墙。A 轴柱列安装完毕后，转入跨内，自东向西安装 B 轴柱列，由于柱子在跨内预制，场地狭窄，安装时，应适当缩小回转半径，取 $R=6.5\mathrm{m}$；开行路线距 B 轴线 5m，距跨中 4m，均大于 3.2m，回转时起重机尾部不会碰撞叠浇的屋架，屋架的预制均布置在跨中轴线以南。吊完 B 轴柱列后，起重机自西向东扶直屋架并使屋架就位；再转向安装 B 轴吊车梁、连系梁，接着安装 A 轴吊车梁、连系梁。

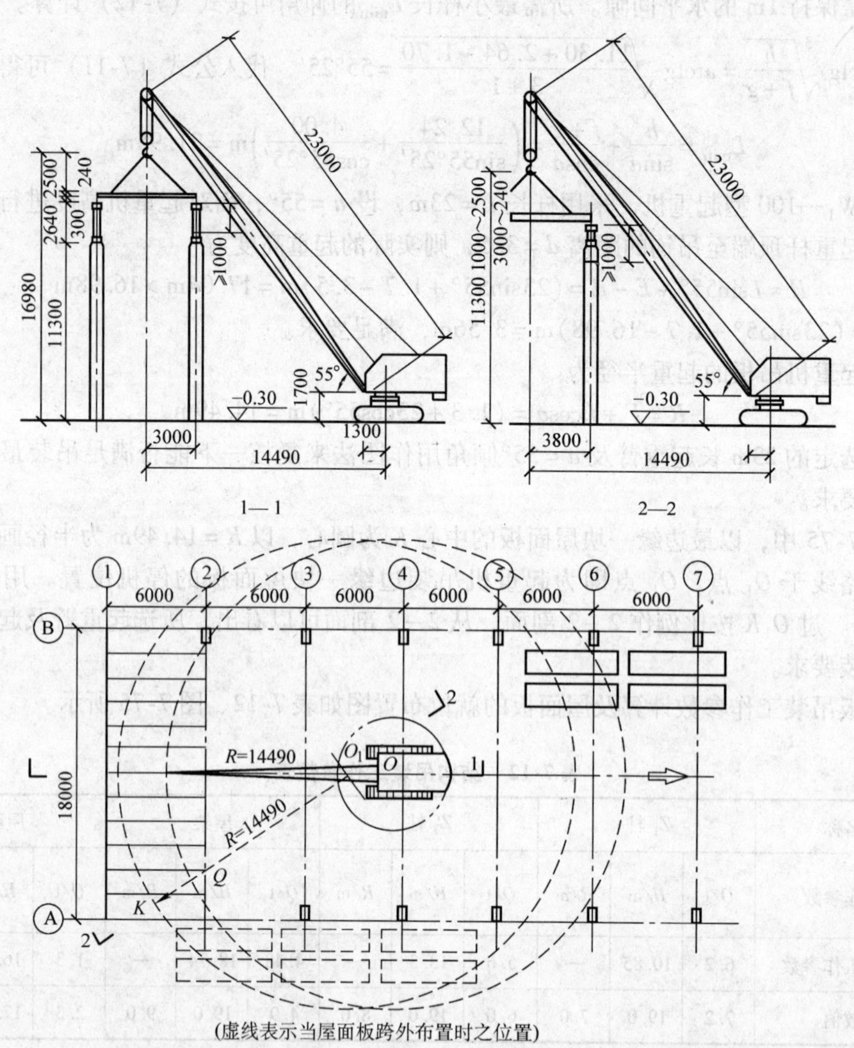

图7-75 屋面板吊装工作参数计算简图及屋面板的排放布置图

起重机自东向西沿跨中开行、安装屋架、屋面板及屋面支撑等。在安装①轴线的屋架前，应先安装西端头的两根抗风柱，安装屋面板，起重机即可拆除起重杆退场。

3. 现场预制构件平面布置

（1）A轴柱列，由于跨外场地较宽，采取跨外预制，用三点共弧的安装方法布置。

（2）B轴柱列，距围墙较近，只能在跨内预制，因场地狭窄，不能用三点共圆弧斜向布置，用两点共弧的方法布置。

（3）屋架采用正面斜向布置，每3～4榀为一叠，靠④轴线斜向就位。

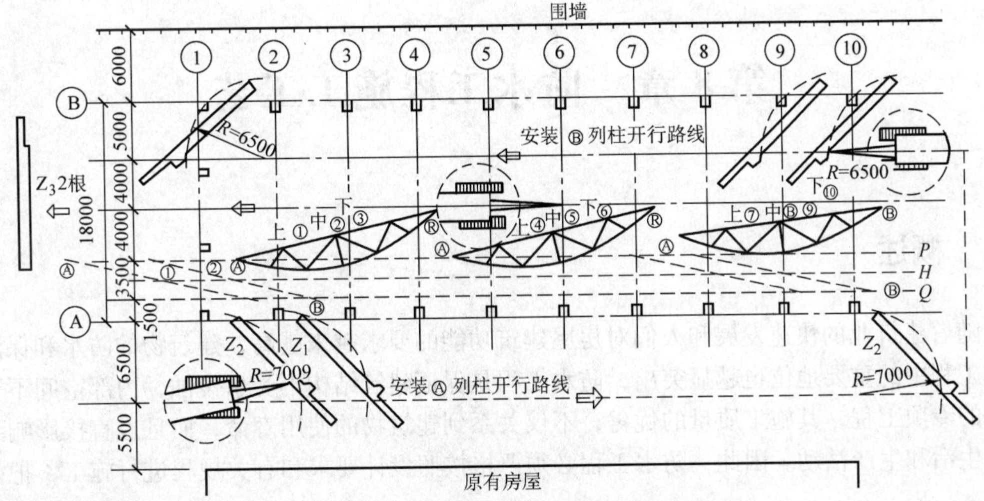

图 7-76　金工车间预制构件平面布置图

第 8 章　防水工程施工工艺

8.1　概述

随着建筑业的快速发展和人们对房屋建筑功能的要求越来越高，建筑物的防水和保温功能在工程中的重要地位也越显突出，防水工程是保证建筑结构不受水侵蚀，内部空间不受水危害的专项工程，其施工质量的优劣，不仅关系到建筑物的使用寿命，而且也直接影响到人们的生活和生产活动。因此，防水工程必须严格按照设计要求和有关规程进行施工，把好质量关。

8.1.1　防水原则

建筑物防水工程涉及建筑物、构筑物的地下室、楼地面、墙体、屋面等诸多部位，其功能就是要使建筑物或构筑物在设计防水耐久年限内，防止各类水的侵蚀，确保建筑结构及内部空间不受污损，为人们提供一个舒适、安全的生活环境。对于不同部位的防水，其防水功能的要求是有所不同的。例如：建筑工程中的屋面防水，其功能是防止雨水或人为因素产生的水从屋面渗入建筑物内部所采取的一系列结构、构造和建筑措施，对于屋面有综合利用要求的，如用作活动场所、屋顶花园，则对其防水的要求将更高。地下防水是对于工业及民用建筑的全地下或半地下的结构采用防水措施，以确保地下工程的正常使用。有关资料表明：地下室存在氡污染，而氡是通过地下水渗漏渗入地下工程内部聚积在地下工程内表面。所以，地下防水工程严格把关是十分必要的。

防水工程在设计、防水材料选用、细部节点处理、施工工艺等方面必须系统考虑。我国防水工程设计和施工的原则是："刚柔相济、多道设防、综合治理"。把握这一原则，在制定方案中还应做到定级标准准确、方案简便、经济合理、技术先进、减少环境污染。总之，对防水工程的质量要求是不渗不漏，排水畅通，使建筑物具有良好的防水和使用功能。

8.1.2　构造做法分类

建筑防水工程，可依据设防的部位、设防的方法和所采用的设防材料性能、品种来进行分类。

1. 按设防的部位进行分类

房屋建筑各构件所起的作用是不同的，其防水要求也不相同。防水工程按建（构）筑物工程设防的部位可划分为地上防水工程和地下防水工程。

（1）地上防水工程包括屋面防水工程、墙体防水工程和地面防水工程。

（2）地下防水是指地下室、地下管沟、地下铁道、隧道、地下建（构）筑物等处的防水。

2. 按设防方法分类

按设防方法，防水工程可分为防水层防水和构造自防水。

（1）防水层防水：是指采用各种防水材料进行防水的一种防水做法。在设防中采用多种不同性能的防水材料，利用各自具有的特性，在防水工程中复合使用，发挥各种防水材料的优势，以提高防水工程的整体性能。

（2）构造自防水：是依靠建筑物构件材料本身的厚度和密实性及构造措施做法，使结构构件既可起到承重围护作用，又可起到防水作用。如地下室外墙、底板等防水混凝土构件。

3. 按设防材料的品种分类

防水工程按设防材料的品种可分为卷材防水、涂膜防水、密封材料防水、混凝土和水泥砂浆防水、塑料板防水、金属板防水等。

4. 按设防材料性能分类

按设防材料的性能进行分类，防水工程可分为刚性防水和柔性防水。刚性防水是指采用防水混凝土和防水砂浆做防水层。柔性防水则是依据其防水作用的柔性材料做防水层，如卷材防水层、涂抹防水层、密封材料防水等。

8.1.3 防水等级和设防要求

1. 防水等级

根据建筑物的性质、重要程度、使用功能要求，建筑屋面防水等级分为Ⅰ、Ⅱ、Ⅲ、Ⅳ级，防水层合理使用年限分别规定为25年、15年、10年、5年，不同的防水等级防水层的材料选用及设防要求具体见表8-1。

（1）一道防水设防，是具有单独防水能力的一个防水层次。

（2）混凝土结构层、保温层、装饰瓦、隔气层、卷材或涂膜厚度不符合规范规定的防水层均不得作为屋面的一道防水设防。

表8-1 屋面防水等级和设防要求

项　目	屋面防水等级			
	Ⅰ	Ⅱ	Ⅲ	Ⅳ
建筑物类别	特别重要或对防水有特殊要求的建筑	重要的建筑和高层建筑	一般的建筑	非永久性的建筑
防水层合理使用年限	25年	15年	10年	5年
防水层选用材料	宜选用合成高分子防水卷材、高聚物改性沥青防水卷材、金属板材、合成高分子防水涂料、细石防水混凝土等材料	宜选用高聚物改性沥青防水卷材、合成高分子防水卷材、金属板材、合成高分子防水涂料、高聚物改性沥青防水涂料、细石防水混凝土、平瓦、油毡瓦等材料	宜选用三毡四油沥青防水卷材、高聚物改性沥青防水卷材、合成高分子防水卷材、金属板材、高聚物改性沥青防水涂料、合成高分子防水涂料、细石混凝土、平瓦、油毡瓦等材料	可选用二毡三油沥青防水卷材、高聚物改性沥青防水涂料等材料
设防要求	三道或三道以上防水设防	二道防水设防	一道防水设防	一道防水设防

2. 防水设防要求

地下工程的防水设防要求，应根据使用功能、结构形式、环境条件、施工方法合理确定，制定防水方案时必须结合地质、地形、地下工程结构、防水材料等因素全面分析研究，使其满足设计要求。地下工程的防水等级分为4级，各级标准应符合表8-2的规定。

表8-2 地下工程防水等级标准及适用范围

防水等级	标　准	适用范围
一级	不允许渗水，结构表面无湿渍	人员长期停留的场所；因有少量湿渍会使物品变质、失效的贮物场所及严重影响设备正常运转和危及工程安全运营的部位；极重要的战备工程
二级	不允许漏水，结构表面可有少量湿渍 工业与民用建筑：总湿渍面积不应大于总防水面积（包括顶板、墙面、地面）的1/1000；任意100m² 防水面积上的湿渍不超过1处，单个湿渍的最大面积不大于0.1m² 其他地下工程：总湿渍面积不应大于总防水面积的6/1000；任意100m² 防水面积上的湿渍不超过4处，单个湿渍的最大面积不大于0.2m²	人员经常活动的场所；在有少量湿渍不会使物品变质、失效的贮物场所及基本不影响设备正常运转和工程安全运营的部位；重要的战备工程
三级	有少量漏水点，不得有线流和漏泥砂 任意100m² 防水面积上的湿渍不超过7处，单个漏水点的最大漏水量不大于2.5L/(m²·d) 单个湿渍的最大面积不大于0.3m²	人员临时活动的场所；一般战备工程
四级	有漏水点，不得有线流和漏泥砂 整个工程平均漏水量不大于2L/(m²·d)；任意100m² 的防水面积的平均漏水量不大于4L/(m²·d)	对漏水无严格要求的工程

为保证施工质量和减少施工中的不便，在施工工期的安排上，防水工程应尽量避免在雨期或冬期进行。屋面防水工程和地下防水工程的施工质量，应分别符合《屋面工程质量验收规范》（GB 50207—2002）和《地下防水工程质量验收规范》（GB 50208—2002）的规定。

8.2 屋面防水工程施工工艺

8.2.1 卷材防水

屋面工程是建筑工程的一个分部工程，它包括了屋面结构层、找平层、隔气层、保温隔热层、防水层、保护层或饰面层等构造层的施工。其中屋面防水层主要采用的是卷材防水、涂膜防水、刚性防水等形式。防水是屋面工程中一项主要内容，它质量的优劣直接关系到建筑物的质量和使用寿命，施工中应加以重视。

1. 卷材防水屋面

卷材防水屋面是指以柔性卷材做防水层的屋面。这种防水层是利用胶结材料、采用不同施工方法将防水卷材粘成一整片能防水的屋面覆盖层。卷材防水层具有质量轻、防水性能好，具有一定的柔韧性等特点，它可以适应一定程度的结构振动和胀缩变形，故属于柔性防水屋面。适用于防水等级为Ⅰ~Ⅳ级的建筑。防水卷材其典型构造层次如图8-1所示。

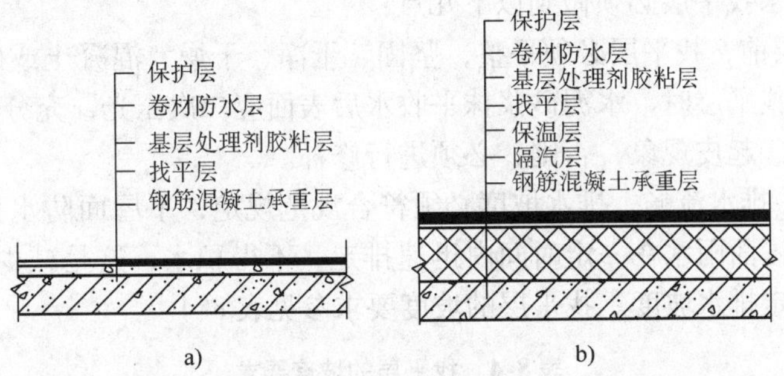

图8-1 卷材防水屋面构造层次示意图

a）不保温卷材防水屋面 b）保温卷材防水屋面

卷材防水层常采用的材料有：高聚物改性沥青防水卷材、合成高分子防水卷材和沥青防水卷材。铺贴卷材所选用的基层处理剂、接缝胶粘剂、密封材料等配套材料应与铺贴的卷材材性相容。每道卷材防水层厚度选用应符合表8-3的规定。

表8-3 卷材厚度选用

屋面防水等级	设防道数	合成高分子防水卷材	高聚物改性沥青防水卷材	沥青防水卷材
Ⅰ级	三道或三道以上设防	不应小于1.5mm	不应小于3mm	—
Ⅱ级	两道设防	不应小于1.2mm	不应小于3mm	—
Ⅲ级	一道设防	不应小于1.2mm	不应小于4mm	三毡四油
Ⅳ级	一道设防	—	—	二毡三油

2. 结构层处理

卷材防水材料铺贴前必须先对结构层和找平层进行一定处理，达到要求后才可施工卷材。现浇结构屋面板施工时混凝土宜连续浇筑，不留施工缝，并要求振捣密实，表面平整；吊装结构的屋面板应注意：坐浆要平，搁置稳妥，相邻屋面板高低差不大于10mm，缝隙大小近似；若上口宽不小于20mm的缝隙，用C20以上细石混凝土嵌缝并捣实；灌缝细石混凝土宜掺微膨胀剂；当缝宽大于40mm或上窄下宽时，应在板下吊装模板，并补放钢筋，再浇筑细石混凝土；如板下有隔墙，隔墙顶部与板底之间应有20mm左右的空隙，在抹灰时用疏松材料填充，避免隔墙处硬顶而使屋面板反翘。在找平层施工前屋面结构层的表面要求清理干净。

3. 找平层施工

在结构层或保温层上面起到找平作用并作为防水层依附的层次，称为找平层。

（1）基本要求：该层应具有较好的结构整体性和刚度，这样可使卷材铺贴平整，粘贴牢固，并具有一定的强度，以承受上面的荷载。找平层一般分为水泥砂浆找平层、细石混凝土找平层和沥青砂浆找平层。找平层的厚度应符合规范要求。沥青砂浆找平层适合于冬期、雨期施工或用水泥砂浆施工有困难和抢工期时采用。细石混凝土找平层较适用于松散保温层上，它可以增强找平层的刚度和强度。

（2）质量要求：找平层质量的好坏会影响到防水层的质量，如有缺陷直接危害防水层，造成渗漏，所以要求找平层必须做到以下几点：

1）铺设防水层前，找平层必须平整，坚固、干净、干燥。混凝土或砂浆的配合比要准确，采用水泥砂浆找平层时，水泥砂浆抹平收水后表面应二次压光，充分养护，表面不得有酥松、起砂、开裂、起皮现象，否则，必须进行修补。

2）坡度准确、排水流畅，排水坡度必须符合规范规定，平屋面防水技术以防为主，以排为辅，但要求将屋面雨水在一定时间内迅速排走，不得积水，这是减少渗漏的有效方法，所以要求屋面有一定排水坡度。找平层的坡度要求参见表8-4。

表8-4　找平层的坡度要求

项目	平屋面		天沟、檐沟		雨水口周边500mm范围
	结构找坡	材料找坡	纵向	沟底水落差	
坡度要求	≥3%	≥2%	≥1%	≤200mm	≥5%

3）为了避免或减少找平层开裂，找平层宜留设分格缝，缝宽5～20mm，并嵌填密封材料或空铺卷材条。分格缝应留设在板端接缝处，其纵横缝的最大间距为：找平层采用水泥砂浆或细石混凝土时，不宜大于6m；找平层采用沥青砂浆时，不宜大于4m。分格缝施工可预先埋入木条，聚乙烯泡沫条，后用切割机锯出。如果基层在施工时难以达到所要求的干燥程度，则需做排汽屋面，分格缝可兼作排汽屋面的排气道，缝可适当加宽，并应与保温层连通。另外，在找平层水泥砂浆或细石混凝土中掺入减水剂和微膨胀或抗裂纤维也可避免或减少找平层开裂。

4）屋面基层与女儿墙、立墙、天窗壁、烟囱、变形缝、伸出屋面的管道等突出屋面结构的连接处，以及基层的转角处（各水落口、檐口、天沟、檐沟、屋脊等）是变形频繁、应力集中的部位，易引起防水层被拉裂，因此，根据不同防水材料，找平层均应做成圆弧形，合成高分子卷材薄且柔软，弧度可小，沥青卷材厚且硬，弧度要求大。

4. 卷材防水层施工

卷材的铺贴方法应符合下列规定：卷材铺设时，通常采用满粘法，在卷材防水层上有重物覆盖或基层变形较大时，应优先采用空铺法、点粘法、条粘法或机械固定法，但距屋面周边800mm内以及叠层铺贴的各层卷材之间应满粘，防水层采取满粘法施工时，找平层的分隔缝处宜空铺，空铺的宽度宜为100mm。

（1）高聚物沥青卷材防水层施工：铺贴卷材防水层的操作工艺要求，主要是卷材的铺贴顺序、铺贴方向和卷材间的搭接方向等方面的要求。卷材防水层的施工工艺流程是：基层表面清理、修补→喷涂基层处理剂→节点附加增强处理→测量定线→铺贴附加层→铺贴卷材→收头处理、节点密封→淋（蓄）水试验、修整→铺设保护层。

1）卷材铺贴顺序：卷材大面积屋面施工时，可划分流水段施工，界线宜设在屋脊、天沟、变形缝等处。施工前，应先做好节点和屋面排水比较集中部位（如屋面与水落口、檐口、天沟、变形缝、管道根部等处）的增强处理，通常采用的方法以是附加卷材或密封材料以及分格缝的空铺处理。部分节点处理见图8-2。

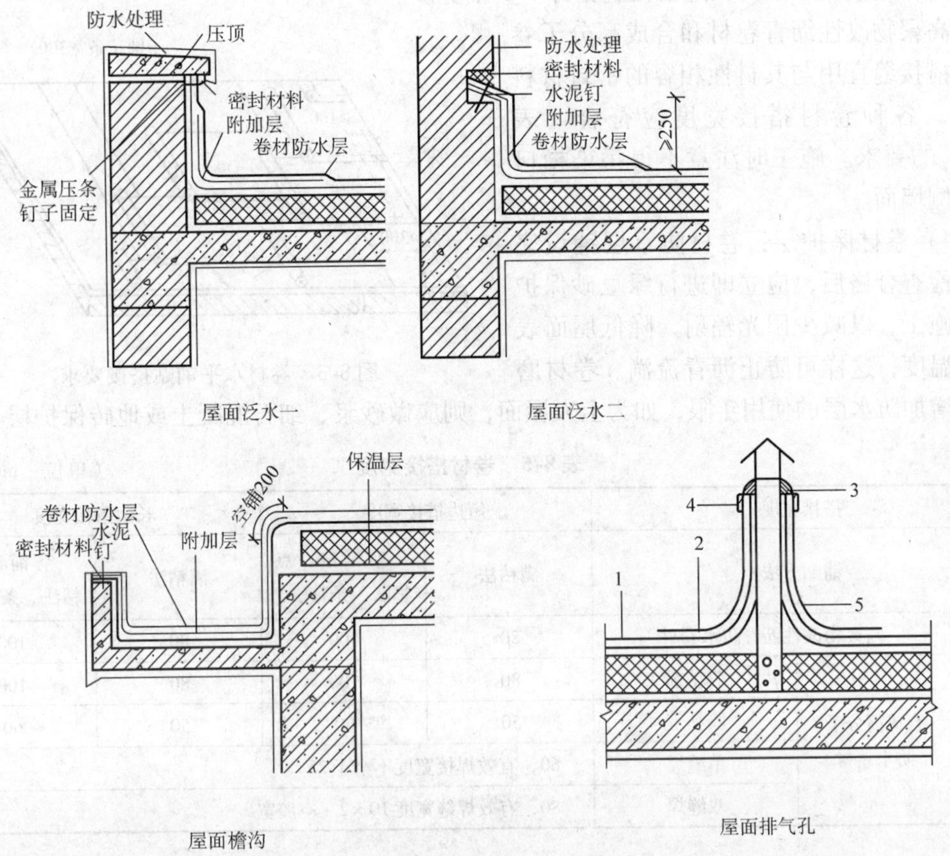

图 8-2 卷材铺贴节点处理图

1—防水层 2—附加防水层 3—密封材料 4—金属箍 5—排气管

铺贴天沟、檐沟卷材时，宜顺其方向铺贴并减少搭接。铺贴卷材应采用搭接法。铺贴多跨和有高低跨的屋面时，应按先高后低、先远后近的顺序进行。

2）铺设方向：卷材的铺设方向应根据屋面坡度和屋面是否有振动来确定。当屋面坡度小于 3% 时，宜平行于屋脊铺贴；屋面坡度在 3% ~15% 时，卷材可平行或垂直于屋脊铺贴；屋面坡度大于 15% 或受振动时，高聚物改性沥青卷材和合成高分子卷材可根据防水层的粘结方式、粘结强度、是否机械固定等因素综合考虑采用平行或垂直屋脊铺贴。上下层卷材不得相互垂直铺贴，并应采取固定措施，固定点还应密封。

3）搭接方法及宽度要求：铺贴卷材采用搭接法，上下层及相邻两幅卷材的接缝应错开。平行于屋脊的搭接缝应顺流水方向搭接；垂直于屋脊的搭接缝应顺着每年最大频率风向（主导风向）搭接。

叠层铺设的各层卷材，在天沟与屋面的连接处应采用叉接法搭接，搭接缝应错开；接缝宜留在屋面或天沟侧面，不宜留在沟底。坡度超过 25% 的坡面上，应尽量避免短边搭接，如必须搭接时，应采取下滑固定措施。固定点应密封严密。相邻两幅卷材的接头应相互错开 300mm 以上，以免多层接头重叠而使得卷材粘贴不平。

两层卷材铺设时，应使上下两层的长边搭接缝错开 1/2 幅宽，如图 8-3 所示。三层卷材铺设时，应使上下层的长边搭接缝错开 1/3 幅宽。

高聚物改性沥青卷材和合成高分子卷材的搭接缝宜用与其材性相容的密封材料封严。各种卷材搭接宽度应符合（表 8-5）的要求。施工时注意不得污染檐口的外侧墙面。

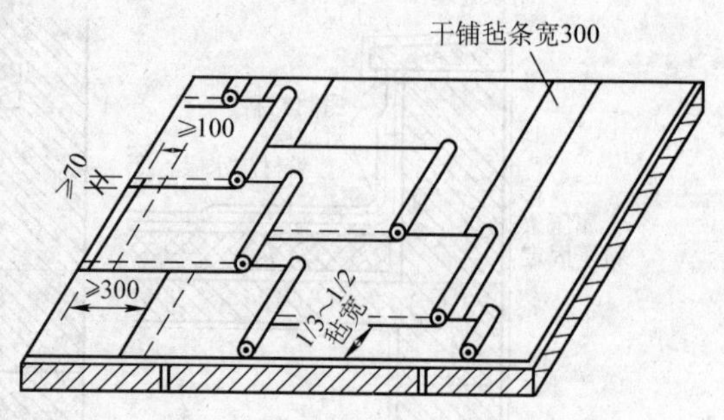

图 8-3 卷材水平铺贴搭接要求

4）卷材保护层：卷材防水层铺设完毕经检查合格后，应立即进行绿豆砂保护层的施工，以减少阳光辐射，降低屋面表层的温度，这样可防止沥青流淌、卷材磨损，增加防水层的使用年限，如为上人屋面，则应做砂浆、细石混凝土或地砖保护层。

表 8-5 卷材搭接宽度 （单位：mm）

搭接宽度			短边搭接宽度		长边搭接宽度	
铺贴方法			满粘法	空铺法、点粘法、条粘法	满粘法	空铺法、点粘法、条粘法
卷材种类	高聚物改性沥青防水卷材		80	100	80	100
	合成高分子防水卷材	胶粘剂	80	100	80	100
		胶粘带	50	60	50	60
		单缝焊	60，有效焊接宽度不小于 25			
		双缝焊	80，有效焊缝宽度 10×2+空腔宽			

5）施工方法：高聚物改性沥青防水卷材的施工方法一般有热熔法、冷粘法和自粘法、热风焊接法。最常用的是热熔法。立面或大坡面铺贴高聚物改性沥青防水卷材时，应满粘铺贴，并宜减少短边搭接。

① 热熔法

该方法是将热熔型防水卷材底层加热熔化后，进行卷材与基层或卷材之间粘结的施工方法。高聚物改性沥青卷材，由于其底面涂有一层软化点较高的改性沥青热熔胶，因此可采用热熔法施工。铺贴时用火焰烘烤卷材后直接与基层粘贴。这种施工方法受气候影响小，对基层表面干燥程度要求相对宽松。铺贴流程：热源烘烤滚铺防水卷材→排气压实→接缝热熔焊实压牢→接缝密封。

热熔法铺贴卷材施工要点：

a. 火焰加热器加热卷材应均匀，不得过分加热或烧穿卷材。小于 3mm 的高聚物改性沥青防水卷材严禁采用热熔法施工。

b. 卷材表面热熔后应立即滚铺卷材，卷材下面的空气应排尽，并辊压粘结牢固，不得空鼓。

c. 卷材接缝部位以溢出热熔的改性沥青胶为度。溢出的改性沥青宽度在以 2mm 左右并均匀顺直。缝处的卷材有铝箔或矿物粒（片）料时，应清除干净后再进行热熔和接缝处理。

d. 热熔法施工环境气温不宜低于 -10℃

② 冷粘法：冷粘法是在常温下采用胶粘剂（带）将卷材与基层或卷材之间粘结的施工

方法。铺贴流程：基面涂刷粘结胶→卷材反面涂胶→卷材粘贴→滚压排汽→搭接缝涂胶粘合、压实→搭接缝密封冷粘法铺贴卷材施工要点：

a. 胶粘剂涂刷应均匀，不露底，不堆积。根据胶粘剂的性能，应控制胶粘剂涂刷与卷材铺贴的间隔时间。一般用手触及表面似粘非粘为最佳。

b. 铺贴的卷材下面的空气应排尽，并辊压粘结牢固，粘合时不得用力拉伸卷材，避免卷材铺贴后处于受拉状态。

③ 自粘法：自粘法是采用带有自粘胶的防水卷材进行粘结的施工方法。铺贴流程：卷材就位并撕去隔离纸→自粘卷材铺贴→滚压排汽粘合牢固→搭接缝热压粘合→粘合密封胶条自粘法铺贴卷材施工要点：

a. 铺贴卷材前基层表面应均匀涂刷基层处理剂，干燥后及时铺贴卷材。铺贴卷材时，应将自粘胶底面的隔离纸全部撕净，否则不能实现完全粘贴。

b. 在铺贴立面或大坡面卷材时，立面和大坡面处卷材容易下滑，可采用加热方法使自粘卷材与基层粘结牢固，必要时还应采用钉压固定等措施。

④ 热风焊接法

这是采用热风或热焊接进行热塑性卷材粘合搭接的施工方法。热风焊接法铺贴卷材施工要点：

a. 卷材的焊接面应清扫干净，无水滴、油污及附着物才能进行焊接施工。焊接时应先焊长边搭接缝，后焊短边搭接缝。

b. 控制热风加热温度和时间，焊接处不得有漏焊、跳焊、焊焦或焊接不牢现象。

c. 焊接时不得损害非焊接部位的卷材。

（2）合成高分子卷材施工：合成高分子卷材与高聚物改性沥青油毡相比，具有质量轻、伸长率大、低温柔性好、色彩丰富、施工简便（冷施工）等特点，近几年得到很大发展。它的施工方法主要是冷粘法、自粘法和机械固定。施工前对水落口、天沟、檐沟、檐口的处理以及立面卷材收头、立面或大坡面处等施工方法均与高沥青防水卷材的施工相同。

在冷粘法施工时应采用与卷材配套的接缝专用胶粘剂，在搭接缝粘合面上涂刷均匀，不露底、不堆积。根据专用胶粘剂性能，应控制胶粘剂涂刷与粘合间隔时间，并排除缝间空气，辊压粘贴牢固。卷材采用机械固定时，固定件应与结构层固定牢固，固定件间距应根据当地的使用环境与条件确定，并不宜大于600mm，距周边800mm范围内的卷材应满粘。在合成高分子防水卷材铺贴完成，质量验收合格后，即可在表面涂刷着色剂，起到保护卷材和美化环境的作用。

另外，防水卷材严禁在雨天、雪天施工；五级风及以上风时不得施工；特别是合成高分子卷材环境气温低于5℃时不宜施工。施工中途下雨、下雪，应做好已铺卷材周边的防护工作。

8.2.2 涂膜防水

涂膜防水屋面是在屋面基层上涂布液态防水涂料，经固化后形成一层有一定厚度和弹性的整体涂膜，从而起到防水作用的一种防水屋面形式。这种屋面具有施工操作简单、无污染、冷操作，无接缝，能适应复杂基层且防水性能好、温度适应性强，容易修补等特点。防水涂料应采用高聚物改性沥青防水涂料和合成高分子防水涂料，无机盐类防水涂料不适合于屋面防水工程。涂膜防水屋面典型的构造（如图8-4）所示。

涂膜防水层用于防水等级为Ⅲ级、Ⅳ级的防水层面时均可单独作为一道设防，也可用于Ⅰ、Ⅱ级屋面多道防水设防中的一道防水层。二道以上设防时，如涂膜防水层与刚性防水层之间（如刚性防水层在其上）应设隔离层。

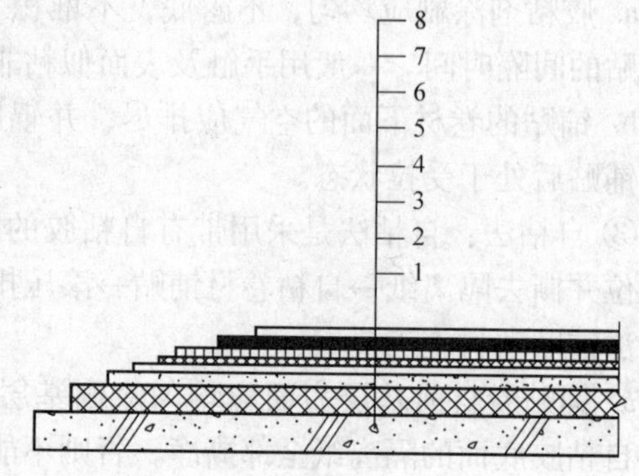

图8-4　涂膜防水屋面构造图

1—钢筋混凝土屋面板　2—保温层　3—水泥砂浆找平层　4—基层处理剂　5—涂漠防水层　6—胶粘剂　7—高分子卷材防水　8—表面着色剂

1. 基层要求

涂膜防水层依附于基层，基层质量的好坏直接影响防水涂膜的质量。与卷材防水层相比，涂膜防水对基层的要求更为严格，基层必须坚实、平整、清洁、干燥，无严重滴漏水，同时表面不得有大于0.3mm的裂缝。因此涂膜施工前，必须对基层进行严格的检查，使之达到涂膜施工的要求。基层的质量主要包括结构层的刚度和整体性，找平层的刚度、强度、平整度、表面完善程度以及基层含水率等。

涂膜防水屋面如果屋面坡度过于平缓，容易造成积水，使涂膜长期浸泡在水中，对一些水乳型的涂膜就可能出现“再乳化”现象，降低了防水层的功能。屋面防水只有在不积水的情况下，屋面才具有可靠性和耐久性。采用涂膜防水的屋面坡度一般规定为：上人屋面在1%以上，不上人屋面在2%以上。采用基层处理剂处理时，应涂刷均匀，覆盖完全。为保证涂漠层质量，使其施工后不产生与基层剥离、起鼓等现象，在涂漠层施工前还要求基层含水率不能过高，干燥后方可进行涂膜施工。

2. 涂膜防水层施工

涂膜防水施工的一般工艺流程：基层表面清理、修理→喷涂基层处理剂（底涂料）→特殊部位附加增强处理→涂布防水涂料及铺贴胎体增强材料→清理与检查修理→保护层施工。

（1）涂膜防水层的厚度：防水涂膜应由两层以上涂层组成，其总厚度必须符合设计要求和规范规定。高聚物改性沥青防水涂膜在防水等级为Ⅱ、Ⅲ级屋面上使用时，其厚度不应小于3mm；在防水等级为Ⅳ级屋面上使用时，其厚度不应小于2mm，可通过薄涂多次来达到厚度要求。合成高分子防水涂料性能优越，但价格较贵，故涂膜厚度在一道设防时不应小于2mm；与其他防水材料复合使用时，由于综合防水效果好，涂膜本身厚度可薄一些，但不应小1.5mm。

（2）涂膜防水层施工方法：涂膜防水操作方法有抹压法、涂刷法、涂刮法、机械喷涂法。在施工过程中可根据涂料的品种、性能、稠度以及施工的不同部位来选择不同的施工方法，其适应范围见表8-6。

防水涂料可用长把滚刷、油漆刷、高浓度喷涂机等涂布工具进行，涂布后一遍涂料应在先涂的涂层干燥成膜后进行，分层、分遍涂布，逐渐达到所规定的厚度，不得一次涂成，否则厚质涂料上下层涂膜的收缩和干燥时间不一致，易使涂膜开裂。

表8-6　涂膜防水的操作方法和适应范围

操作方法	具体做法	适应范围
抹压法	涂料用刮板刮平，待平面收水但未结膜时用铁抹子压实抹光	用于固体含量较高，流动性较差的涂料
涂刷法	用扁油刷、圆滚刷蘸防水涂料进行涂刷	用于立面防水层，节点的细部处理
涂刮法	先将防水涂料倒在基面上，用刮板来回涂刮，使其厚度均匀	用于粘度较大的高聚物改性沥青防水涂料和合成高分子防水涂料的大面积施工
机械喷涂法	将防水涂料倒在设备内，通过压力喷枪将防水涂料均匀喷出	用于各种涂料及各部位施工

厚质涂料采用铁抹子或胶皮刮板涂刷，薄质涂料可采用棕刷、长柄刷等人工涂刷，也可用机械喷涂。涂料容易造成流淌，使高部位越淌越薄，低部位则堆积。施工时，分块涂布的块与块之间应采用搭接涂刷，搭接涂刷的宽度宜为80mm~100mm。每遍及相邻两遍间涂刷的方向应相互垂直。

（3）涂膜防水层的施工工艺：涂膜防水层应按“先高后低，先远后近”的原则进行施工。先涂布节点、附加层，然后再进行大面积涂布。屋面转角及立面的涂层，应薄涂多遍，不得有流淌。防水涂膜在满足厚度要求的前提下，涂刷的遍数越多对成膜的密实度越好。

1）涂膜防水层的胎体增强材料：涂层中夹铺胎体增强材料时，宜边涂边铺胎体，胎体应刮平并排出气泡，胎体与涂料应粘合良好。在胎体上涂布涂料时，应使涂料浸透胎体，覆盖完全，不得有胎体外露现象。

铺设胎体增强材料时，材料的铺贴方向与搭接要求与卷材施工要求相同。

天沟、檐沟、檐口、泛水和立面涂膜防水层的收头等部位，均应用防水涂料多遍涂刷并用密封材料封严。

2）高聚物改性沥青防水涂膜：高聚物改性沥青防水涂料分为溶剂型和水乳型两类，根据屋面工程防水等级的要求，可采用一布三~四涂、二布四~六涂、三布五~六涂、多布多涂或纯涂膜施工工艺。

3）合成高分子防水涂膜

① 可采用人工刮涂或机械喷涂的方法施工，当刮涂施工时，每遍刮涂的推进方向宜与前一遍相垂直。

② 多组份涂料必须按配合比准确计量，搅拌均匀，已配成的多组份涂料必须及时使用。配料时允许加入适量的缓凝剂量或促凝剂量来调节固化时间，但不得混入已固化的涂料。

③ 涂膜施工应先做好节点处理，铺设带有胎体增强材料的附加层，然后再进行大面施工；上层的涂层厚度不应小于1.0mm，在屋面转角及立面的涂膜应薄涂多遍，不得有流淌和堆积现象。

4）涂膜保护层设置：涂膜防水屋面应设置保护层。保护层材料可使用浅色涂料、细砂、云母、蛭石散体材料或砂浆、细石混凝土、块材刚性材料等。采用水泥砂浆或块材做保护层时，应在涂膜与保护层之间设置隔离层，水泥砂浆保护层厚度不宜小于20mm。用细石混凝土做保护层时，混凝土应振捣密实，表面抹平压光，并应留设分格缝，其纵横间距不宜大于6m。水泥砂浆、块体材料或细石混凝土保护层与女儿墙之间应预留宽度为30mm的缝隙，并用密封材料嵌填严密。

防水涂膜严禁在雨天、雪天施工；五级以上大风或预计涂膜固化前有雨时不得施工；高聚物改性沥青防水涂膜和合成高分子防水涂膜的溶剂型涂料，施工环境温度宜为－5～35℃；水乳型涂料，施工环境温度宜为5～35℃。

8.2.3 刚性防水

1. 刚性防水屋面一般构造

刚性防水屋面是指利用普通细石混凝土、补偿收缩混凝土、预应力混凝土、块体材料或钢纤维混凝土等材料做防水层的屋面。刚性防水屋面主要依靠混凝土自身的密实性，并采取一定的构造措施（如增加配筋、设置隔离层、设置分格缝和油膏嵌缝等）达到防水目的。刚性防水屋面的一般构造形式，如图8-5所示。

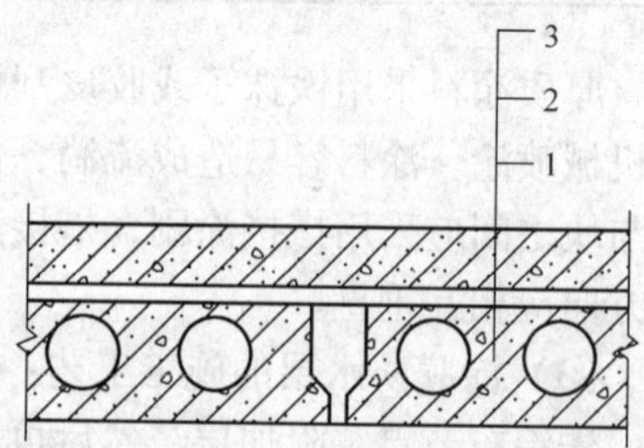

图8-5 刚性防水屋面构造示意图

1—屋面板 2—隔离层

3—细石混凝土防水层

2. 刚性防水层的特点

材料来源广泛、价格便宜、耐水性好，但其抗拉强度低，伸缩的弹性小，对地基的不均匀沉降、构件受振动或温度影响而发生的微小变形极为敏感，易产生裂缝。因此，刚性防水屋面主要适用于防水等级为Ⅲ级的屋面防水层；也可用作Ⅰ、Ⅱ级屋面多道防水设防中的一道防水层，不适用于设有松散保温层屋面、大跨度和轻型屋盖的屋面，以及受较大震动或冲击和坡度大于15%的建筑屋面。

3. 基本要求

（1）材料要求：防水混凝土宜用普通硅酸盐水泥或硅酸盐水泥，当采用矿渣硅酸盐水泥时应采取减小泌水性的措施，水泥强度等级不应低于32.5级。不得使用火山灰质硅酸盐水泥。细骨料宜采用中砂或粗砂，含泥量不大于2%。粗骨料宜采用质地坚硬、级配良好的碎石或砾石，最大粒径不超过15mm，含泥量不超过1%。

混凝土的水灰比不应大于0.55；每立方米混凝土水泥最小用量不应小于330kg；含砂率宜为35%～40%；灰砂比应为1:2～1:2.5，并宜掺入外加剂。普通细石混凝土、补偿收缩混凝土的强度等级不应小于C20，自由膨胀率应为0.05%～0.1%。

（2）结构层要求：刚性防水屋面结构层的要求与柔性防水层基本一致。普通细石混凝土和补偿收缩混凝土防水层应设置分格缝，其纵横间距不宜大于6m，缝的宽度宜为10～20mm，分格缝可采用嵌填密封材料并加贴防水卷材的方法进行处理，以增加防水的可靠性。

所有分格缝应纵横相互贯通，如有间隔应凿通，缝边如有缺边掉角须修补完整，达到平整、密实，不得有蜂窝、起皮、松动现象。分格缝必须干净，缝壁和缝两侧50～60mm内的水泥浮浆、残余砂浆和杂物必须用刷缝机或钢丝刷刷除，并用吹尘机具吹净。嵌填密封材料处的混凝土表面应涂刷基层处理剂，不得漏涂。凡已涂刷基层处理剂的分格缝都应于当天嵌填密封材料，不宜隔天嵌填。

刚性防水屋面的坡度宜为2%～3%，并应采用结构找坡。细石混凝土防水层的厚度不应小于40mm，并应配置直径为4～6mm、间距为100～200mm的双向钢筋网片（宜采用冷拔低碳钢丝）。钢筋网片在分格缝处应断开，其保护层厚度不应小于10mm。

刚性防水层在结构层与防水层之间应增加一层低强度等级砂浆、卷材、塑料薄膜等材料，起隔离作用，使结构层和防水层变形互不约束，以减少防水混凝土产生拉应力而导致混凝土防水层开裂。

4. 刚性防水层施工

（1）施工程序：细石混凝土防水层施工程序一般为：清理隔离层表面并检查质量→弹线分格→支设分格缝隔板及檐口模板→绑扎钢筋网片→浇捣细石混凝土→压实抹平→起出分格缝隔板→分遍压实抹光→养护→分格缝防水密封处理。

（2）施工原则："先远后近，先高后低"。

（3）施工过程

1）一个分格必须一次浇捣完成，不留施工缝。

2）混凝土浇捣厚度不宜小于40mm。普通细石混凝土应采用机械搅拌，搅拌时间不应少于2min。宜采用机械振捣，也可用小辊滚压相配合，边插捣边滚压，直到密实表面泛浆，再用铁抹子压实抹平，并确保防水层的设计厚度、排水坡度、钢筋间距及位置的准确。

3）混凝土收水初凝后，及时取出分格缝隔板，用铁抹子第二次压实抹光，并及时修补分格缝的缺损部分。待混凝土终凝前进行第三次压实抹光，要求做到表面平整压实抹光，达到不起砂、不起层、无裂缝、无抹板压痕为止。

4）混凝土浇筑后12～24h应进行养护，可采用洒水湿润、覆盖塑料薄膜、表面喷涂养护剂等养护方法，也可用蓄水法或覆盖浇水养护法，养护时间不少于14d。

（4）施工要求

1）用膨胀剂拌制补偿收缩混凝土时应按配合比准确计量。

2）搅拌投料时膨胀剂应与水泥同时加入，混凝土搅拌时间不应少于3min。

3）补偿收缩混凝土的凝结时间一般比普通混凝土略短，因此其搅拌、运输、铺设、振捣和碾压、收光等工序应紧密衔接，拌制好的混凝土应及时浇筑。

4）施工温度以5～35℃为宜，施工时应避免烈日曝晒。0℃以下施工要保证浇灌时混凝土的温度不低于5℃，浇灌完毕待混凝土稍硬后，及时覆盖塑料薄膜或双层湿草包以保温、保湿。

8.3 地下防水工程施工工艺

8.3.1 卷材防水

地下卷材防水层是将卷材用与其配套的胶结材料胶合并粘贴在结构基层上而构成的一种防水工程。这种防水层的主要优点是防水性能好，具有一定的韧性和延伸性，能适应结构的振动和微小变形，不至于产生破坏而导致渗水现象，并能抗酸、碱、盐溶液的侵蚀。防水效果好，目前在地下结构防水工程中被广泛采用。

地下工程卷材防水层是采用高聚物改性沥青防水卷材或高分子防水卷材和与其配套的胶结材料（沥青胶或高分子胶粘剂）胶合而成的一种单层或多层防水层。

1. 适用范围

卷材防水层适用于受侵蚀性介质作用或受振动作用的地下工程主体迎水面需防水的结构防水层中。具体范围有如下规定：

（1）卷材防水层承受的压力不超过0.5MPa，当有其他荷载作用超过上述数值或有剪力存在时，应采取结构措施。

（2）卷材防水层在经常保持不小于0.01MPa的侧压力下才能较好发挥防水功能，一般采取保护墙分段断开，起附加荷载作用。

（3）改性沥青防水卷材耐酸、耐碱、耐盐的侵蚀，但不耐油脂及可溶解沥青的溶剂的侵蚀，所以油脂和溶剂不能接触沥青防水卷材。

2. 卷材防水层的施工

将卷材防水层铺贴在地下需防水结构的外表面时，称为外防水。此种施工方法，可以借助土压力压紧，并可与承重结构一起抵抗有压地下水的渗透和侵蚀作用，防水效果好。外防水的卷材防水层铺贴方式，按其与防水结构施工的先后顺序，可分为外防外贴法和外防内贴法两种。

（1）外防外贴法施工

1）构造做法：外防外贴法是先进行主体结构的施工，卷材防水层直接粘贴于主体结构的外墙表面，再砌永久保护墙，构造做法如图8-6所示。

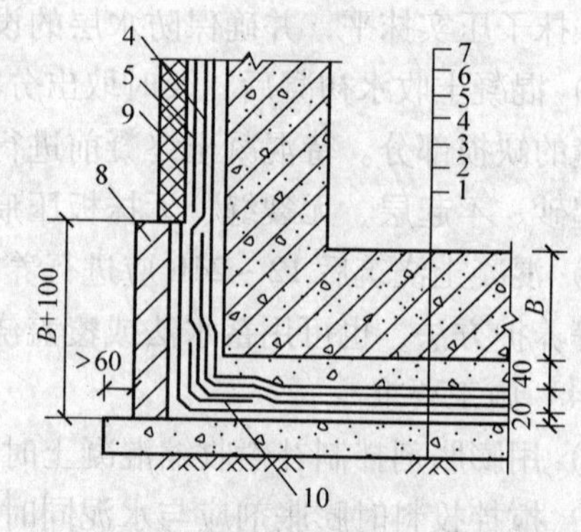

图8-6 卷材防水层外防外贴法

1—结构垫层 2—水泥砂浆找平层 3—卷材附加层 4—卷材防水层 5—保护层 6—找平层 7—结构墙体 8—永久保护墙 9—临时保护墙 10—卷材附加层

外防外贴法的优点是：防水层能与混凝土结构同步沉降，较少受结构沉降变形影响，施工时不易损坏防水层，也便于检查混凝土结构及卷材的质量，发现问题容易修补。但缺点是工期长、工作面大、土方量大、卷材接头不易保护，容易影响防水工程质量。

2）施工要点

① 卷材层应铺贴在水泥砂浆找平层上，找平层不宜太薄，太薄易爆皮，铺贴卷材时，找平层应基本干燥。卷材应先铺平面，后铺立面，交接处应交叉搭接；结构转角处铺贴一层卷材附加层，然后进行大面积铺贴。

② 浇筑结构底板的混凝土垫层，在垫层上砌筑永久保护墙，在永久保护墙上用石灰砂浆接砌临时保护墙。永久保护墙的高度应比结构底板的厚度高200～500mm，临时保护墙高一般为450～600mm。在垫层和永久保护墙上抹1∶3水泥砂浆找平层，转角处抹成圆弧形，在临时保护墙内表面上抹石灰砂浆找平层，并刷石灰浆。

③ 从底面折向立面的卷材与永久性保护墙的接触部位，应采用空铺法或点粘法施工，与临时性保护墙或围护结构模板接触部位，应将卷材防水层临时贴附在保护墙最上端，当不设保护墙时，从底面折向立面的卷材在接茬部位应采取可靠的保护措施。

④ 保护墙上的卷材防水层完成后，应做保护层，以免后面工序施工时损坏卷材防水层。底板和永久保护墙上已铺贴牢固的卷材防水层，应用水泥砂浆或细石混凝土做保护层，但临时保护墙上临时固定的卷材防水层应以石灰砂浆做保护层，以便拆除。保护层厚度一般为

30～50mm。施工结构底板和墙体时，保护墙可作为混凝土墙体一侧的模板。

⑤ 主体结构完工后，将甩茬部位临时固定的各层卷材揭开，清除表面的污物，再将此段结构外表面补抹水泥砂浆找平层。

⑥ 找平层干燥后，将卷材分层错茬搭接（如图8-7所示）向上铺贴。卷材接茬的搭接长度，高聚物改性沥青卷材不应小于150mm，合成高分子卷材为100mm（b为主体结构底板厚）。当使用两层卷材时，应错茬接缝，上层卷材应盖过下层卷材，接茬处应采用密封材料加贴盖缝条。

⑦ 卷材防水层施工完毕，立即进行渗漏检验，合格后，应及时做好卷材防水层保护结构，并进行土方回填。

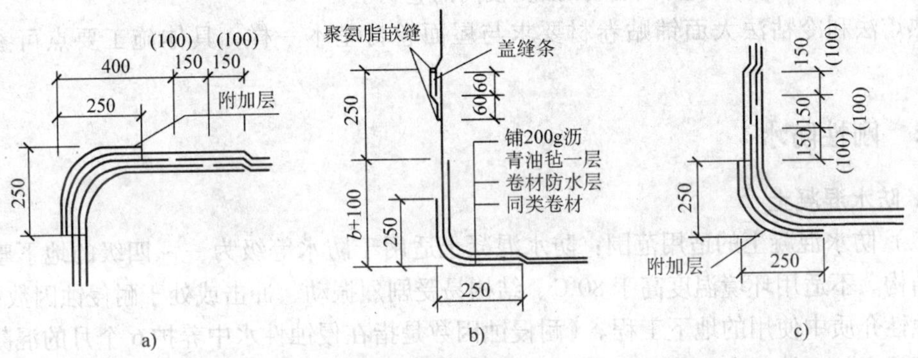

图8-7　卷材转角接茬与甩茬

a）卷材转角甩茬做法　b）卷材转角接茬做法　c）卷材转角甩茬做法

注：括号内数字为用合成高分子卷材，b为主体结构底板厚。

（2）外防内贴法施工

1）构造做法：外防内贴法是在浇筑混凝土垫层后，在垫层上将永久保护墙全部砌好，然后将卷材防水层铺贴在垫层和永久保护墙上，再施工主体结构的方法（见图8-8）。这种方法可一次完成防水层的施工，工序简单、土方量较小、卷材防水层无需临时留茬，可连续铺贴，缺点是立墙防水层难以和主体同步，受结构沉降变形影响，防水层易受损，以及混凝土的抗渗质量不易检查，如发生渗漏，修补困难。

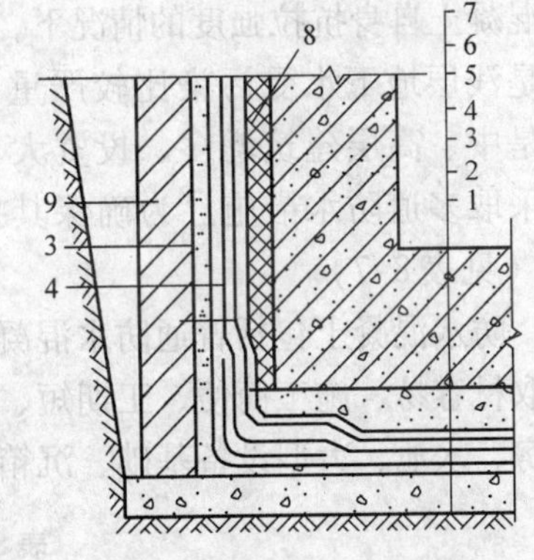

图8-8　卷材防水层外防内贴法

1—素土回填　2—混凝土垫层　3—找平层　4—卷材防水层　5—保护层　6—找平层　7—结构墙体　8—找平层　9—永久保护墙

2）施工要点

① 在已施工好的混凝土垫层上砌永久保护墙，用1∶3水泥砂浆在垫层和永久保护墙上抹找平层。阴阳角处应抹成钝角或圆角。

② 找平层干燥后涂刷冷底子油或基层处理剂，干燥后将卷材防水层直接铺贴在保护墙的垫层上，转角处还应铺贴卷材附加层。铺贴卷材防水层时应先铺立面、后铺平面，铺贴立面时先铺转角、后铺大面。

③ 卷材防水层铺完，经检验合格后，应及时做保护层。立面应在涂刷防水层最后一道

沥青胶结材料时，趁热撒上干净的热砂或散麻丝，冷却后抹一层10~20mm厚的1:3水泥砂浆；平面可用抹水泥砂浆或浇细石混凝土等方法做保护层，最后再进行防水结构的混凝土底板和墙体施工。

3）防水卷材的铺贴要求：铺贴高聚物改性沥青卷材应采用热熔法施工；铺贴合成高分子卷材宜采用冷粘法施工。

卷材铺贴时，两幅卷材长边和短边的搭接长度均不应小于100mm。采用双层卷材时，上下两层和相邻两幅卷材的接缝应错开1/3~1/2幅宽，且两层卷材不得相互垂直铺贴。卷材接缝必须粘贴封严，接缝口应用材性相容的密封材料，接缝宽度不应小于10mm。在立面与平面的转角处，卷材的接缝应留在平面上，距立面不应小于600mm。在转角处和特殊部位，应增贴1~2层相同卷材或抗拉强度较高的卷材。

热熔法和冷粘法大面铺贴卷材要求与屋面卷材基本一样，具体施工要点可参考上节内容。

8.3.2 刚性防水

1. 防水混凝土

（1）防水混凝土的适用范围：防水混凝土适用于防水等级为一~四级的地下整体式混凝土结构。不适用环境温度高于80℃、结构易受剧烈振动、冲击或处于耐侵蚀因数小于0.8的侵蚀性介质中使用的地下工程。（耐侵蚀因数是指在侵蚀性水中养护6个月的混凝土试块的抗折强度与在饮用水中养护6个月的混凝土试块的抗折强度之比）。

防水混凝土的环境温度一般应控制在50~60℃以下，最好接近常温。这主要是因为防水混凝土抗渗性随着温度提高而降低，温度越高降低越明显。温度升高，混凝土硬化后其残留在内部的水分蒸发，混凝土内部产生许多毛细孔，形成渗水通路，加之水泥与水的水化作用，导致水泥凝胶破裂、干缩，混凝土内部组织结构破坏，抗渗性能降低。

结构遭受剧烈振动或冲击时，振动和冲击使得混凝土结构内部产生拉应力，在拉应力大于混凝土自身抗拉强度的情况下，就会出现结构裂缝，产生渗漏现象。另外，我国地下水特别是浅层地下水受污染比较严重，混凝土并非是永久性材料，钢筋常常会受到侵蚀。特别是中、高层建筑增多、投资大、要求使用年限长、防水等级大多为一级防水，所以必须采取多道防水措施。为确保其抗渗性，规范还规定：防水混凝土的抗渗等级不得小于P6（见表8-7）。

防水混凝土包括普通防水混凝土、外加剂防水混凝土二大类。用防水混凝土做防水层具有取材容易、施工简便、工期短、造价低、耐久性好等优点，在一般民用建筑的地下室、水泵房、水池、大型设备基础、沉箱、地下连续墙等建（构）筑物上多有运用。

表8-7 防水混凝土设计抗渗等级

工程埋置深度	设计抗渗等级	工程埋置深度	设计抗渗等级
<10	P6	20~30	P10
10~20	P8	30~40	P12

注：1. 本表适用于Ⅳ、Ⅴ级围岩土层及软弱围岩。

2. 山岭隧道防水混凝土抗渗等级可按铁道部门的有关规定执行。

（2）防水混凝土的材料要求

1）水泥：地下防水混凝土中水泥强度等级不应低于32.5级。不得使用过期或受潮结块水泥，不得将不同品种或强度等级的水泥混合使用。在不受侵蚀和冻融影响的环境下，宜采用普通硅酸盐水泥、硅酸盐水泥、火山灰质硅酸盐水泥、粉煤灰硅酸盐水泥。如采用矿渣硅酸盐水泥，应掺入适当品种的高效减水剂以降低泌水率。

在受冻融影响的环境下，宜采用普通硅酸盐水泥，不宜采用火山灰质硅酸盐水泥和粉煤灰硅酸盐水泥。在受侵蚀性介质影响的环境下，应按介质的性质选用相应的水泥，如受硫酸盐介质侵蚀时，可采用火山灰质硅酸盐水泥、粉煤灰硅酸盐水泥、抗硫酸盐硅酸盐水泥。

2）砂、石骨料：砂宜用中砂，含泥量不大于3%，泥块含量不大于1%。石子粒径宜为5～40mm，泵送混凝土时最大粒径应为输送管道直径的1/4；含泥量不大于1%，泥块含量不大于0.5%；石子吸水率不大于1.5%，不得使用碱活性骨料。细骨料宜用中砂，含泥量不大于3.0%，泥块含量不大于1.0%。

3）水：应采用不含有害杂质、pH值为4～9的洁净水，一般饮用水或天然洁净水均可采用。

4）外加剂和矿物掺合料：防水混凝土可根据工程需要掺入防水剂、引气剂、减水剂、密实剂、膨胀剂、复合型外加剂等外加剂，其品种和掺量应经试验确定。所有外加剂应符合国家或行业标准一等品及以上的质量要求。外加剂的掺入可以改善混凝土内部组织结构、增加密实性及抗裂性、提高防水抗渗性能。

防水混凝土也可掺入一定数量的粉煤灰、磨细矿渣粉、硅粉等。粉煤灰级别不应低于二级，掺量不大于20%，硅粉掺量不大于3%，其他掺和料应经过试验确定。

5）配合比：防水混凝土的配合比应符合下列规定：试配要求的抗渗水压值应比设计值提高0.2MPa；水泥用量不得少于300kg/m^3，当掺有活性掺和料时，水泥用量不得少于280kg/m^3；砂率宜为35%～45%，泵送时可增至45%；灰砂比宜为1:2～1:2.5；水灰比不得大于0.55；坍落度不宜大于50mm，采用预拌混凝土时，入泵坍落度宜为100～140mm，缓凝时间宜为6～8h；掺入引气剂或引气型减水剂时，混凝土含气量应控制在3%～5%。

（3）防水混凝土的施工：防水混凝土结构不仅要使其构造设计、材料选择合理，一项工程质量的优劣，更重要的是取决于施工质量。施工中混凝土的配料、搅拌、运输、浇筑、振捣及养护等环节都直接影响着工程质量，因此要严格控制好每一个施工环节。

1）施工准备：施工前应编制施工方案，做好技术交底；进行原材料检验，并妥善保管；机具、设备备齐后，进行防水混凝土的试配工作；做好基坑排降水工作，防止地表水流入。

浇筑防水混凝土所用模板，除满足模板施工一般要求外，应特别注意拼缝严密、支撑牢固。一般不宜用穿过防水混凝土结构的螺栓或钢丝固定模板，以防产生引水现象，发生渗漏。当墙高需要用穿过混凝土防水结构的对拉螺栓固定模板时，应采取止水措施，一般可在螺栓中间加焊一块止水环（见图8-9），阻止渗水通路。

为了有效地阻止钢筋的引水作用，迎水面防水混凝土的钢筋保护层厚度不应小于50mm。底板钢筋均不能接触混凝土垫层，结构内部设置的各种钢筋以及绑扎钢丝均不得接触模板。留设保护层，应以相同配合比的细石混凝土或水泥砂浆垫块钢筋。严禁用钢筋充当保护层垫块。

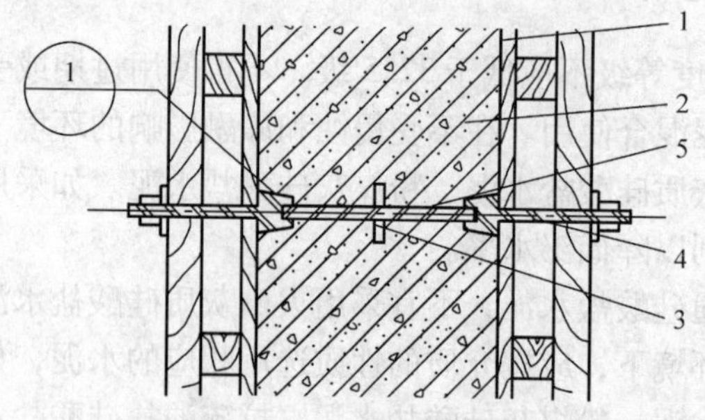

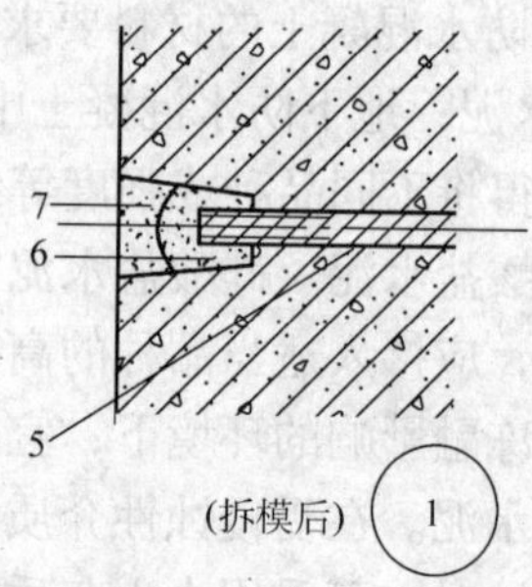

图 8-9 用螺栓固定模板的防水做法

1—模板 2—结构混凝土 3—止水环 4—工具式螺栓
5—固定模板用螺栓 6—嵌缝材料 7—聚合物水泥防水砂浆

2）拌制过程的控制：拌制混凝土所用材料的品种、规格和用量，每工作班检查不应少于两次。水泥、水、外加剂掺和料累计计量偏差不应大于 ±1%；砂、石计量偏差不应大于 ±2%。

在浇筑地点，混凝土的坍落度每工作班至少检查两次。混凝土坍落度试验应符合现行《普通混凝土拌和物性能试验方法》GBJ80 的有关规定。防水混凝土应采用机械搅拌，搅拌时间比普通混凝土略长，一般不少于 120s；掺入引气型外加剂，则搅拌时间约为 120 ~ 180s；掺入其他外加剂应根据相应的技术要求确定搅拌时间。

3）混凝土运输、浇筑与振捣：防水混凝土拌和物在运输过程中要防止产生离析和坍落度损失。当出现离析时，必须进行二次搅拌。当坍落度损失不能满足施工要求时，应加入原水灰比的水泥浆或二次掺加减水剂进行搅拌，严禁直接加水。

振捣应采用机械振捣，振捣时间宜为 20 ~ 30s；防水混凝土应连续浇筑，宜少留施工缝，当必须留设施工缝时应遵守下列规定：

① 墙体水平施工缝不应留在剪力与弯矩最大处或底板与侧墙的交接处，应留在高出底板表面不小于 300mm 的墙体上。墙体有预留孔洞时，施工缝距孔洞边缘不应小于 300mm。

② 垂直施工缝应避开地下水和裂隙水较多的地段，并宜与变形缝相结合。

4）施工缝、变形缝、后浇带、穿墙管的施工

① 施工缝：施工缝是防水结构容易发生渗漏的部位，施工时要符合下列要求：

a. 水平施工缝浇灌混凝土前，应将其表面浮浆和杂物清除，先铺净浆，再铺 30 ~ 50mm 厚的 1∶1 水泥砂浆或涂刷混凝土界面处理剂，并及时浇灌混凝土。

b. 垂直施工缝浇灌混凝土前，应将其表面清理干净，涂刷水泥净浆或混凝土界面处理剂，并及时浇灌混凝土。

c. 选用的遇水膨胀止水条应具有缓胀性能，其 7d 的膨胀率不应大于最终膨胀率的 60%；遇水膨胀止水条应牢固地安装在缝表面或预留槽内。

d. 采用中埋式止水带时，应确保位置准确、固定牢靠。

② 变形缝：建筑物的变形缝设置中埋式止水带时（图 8-10），中心线应和变形缝中心线重合，止水带不得穿孔或用钢钉固定；混凝土浇筑前应校正止水带位置，表面清理干净，止水带损坏处应修补；顶、底板止水带的下侧混凝土应振捣密实，边墙止水带内外侧混凝土应均匀，保持止水带位置正确、平直，无卷曲现象；止水带宽度和材质的物理性能均应符合

设计要求，且无裂缝和气泡；接头应采用热接，不得叠接，接缝平整、牢固，不得有裂口的脱胶现象；变形缝处增设的卷材或涂料防水层，应按设计要求施工。

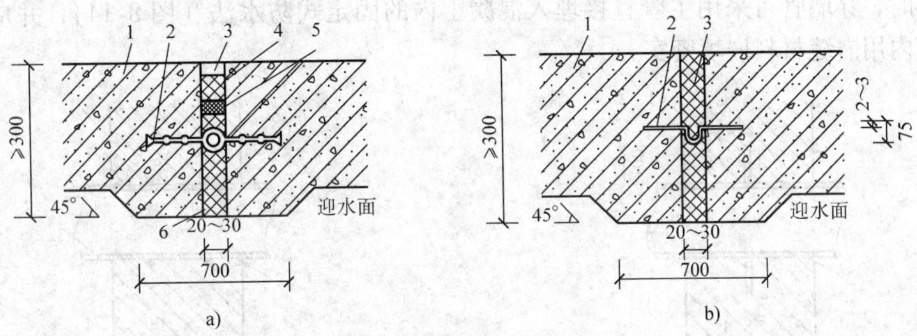

图 8-10　中埋式止水带

a）中埋式金属止水带与遇水膨胀胶条、嵌缝材料复合使用　b）中埋式金属止水带

1—混凝土结构　2—中埋式金属止水带　3—嵌缝材料　4—背衬材料　5—遇水膨胀胶条　6—填缝材料

③ 后浇带

a. 施工要求：随着建筑物越来越高，大体积混凝土结构也愈来愈多，大体积混凝土本身需严格按设计要求采取措施，后浇带的防水施工也有更为严格的要求，在后浇带混凝土施工前，该部位外贴式止水带应予以保护，严防落入杂物和损伤外贴式止水带。

b. 后浇带的构造：后浇带应设在受力和变形较小的部位，间距宜为 30 ~ 60m，宽度宜为 700 ~ 1000mm。后浇带可做成平直缝，结构主筋不宜在缝中断开，如必须断开，则主筋搭接长度应大于 45 倍主筋直径，并应按设计要求加设附加钢筋。后浇带的防水构造见图8-11，后浇带需超前止水时，后浇带部位混凝土应局部加厚，并增设外贴式或中埋式止水带（见图 8-12）。

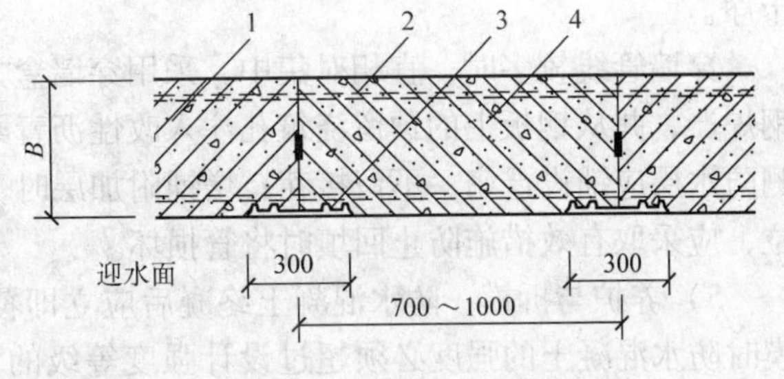

图 8-11　后浇带防水构造

1—先浇混凝土　2—结构主筋　3—外贴式止水带

4—后浇补偿收缩混凝土

④ 穿墙管：穿墙管（盒）应在浇筑混凝土前预埋，管与管的间距应大于

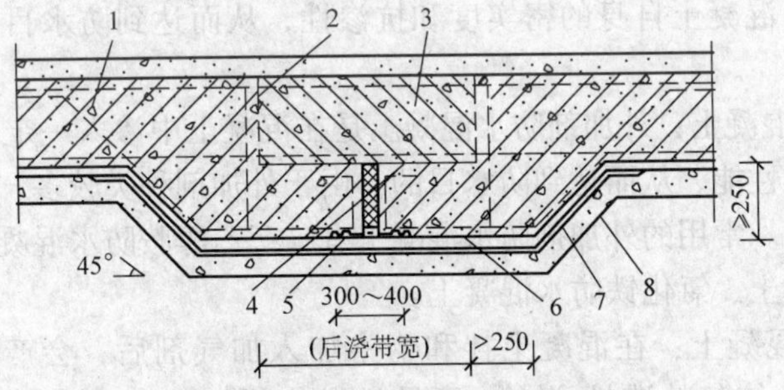

图 8-12　后浇带超前止水构造

1—先浇混凝土　2—钢丝网片　3—后浇带　4—填缝材料　5—外贴式止水带

6—细石混凝土保护层　7—卷材防水层　8—垫层混凝土

300mm；穿墙管与内墙角、凹凸部位的距离应大于250mm。结构变形或管道伸缩量较大或有更换要求时，应采用套管式防水法（图8-13），套管应加焊止水环。结构变形或管道伸缩量较小时，穿墙管可采用主管直接埋入混凝土内的固定式防水法（图8-14），并应预留凹槽，槽内用嵌缝材料嵌填密实。

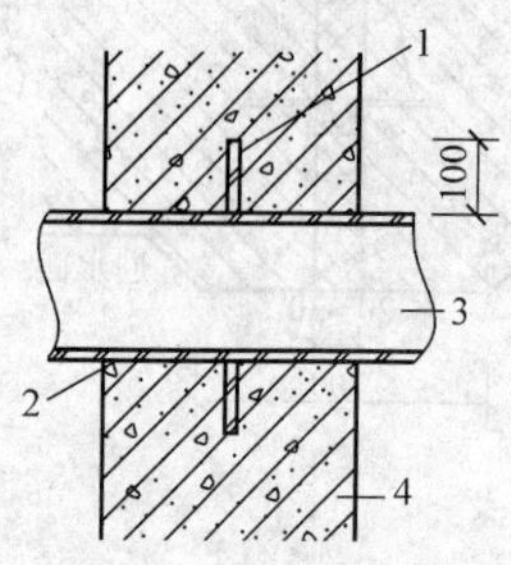

图8-13　套管式防水法

1—止水环　2—嵌缝材料

3—主管　4—混凝土结构

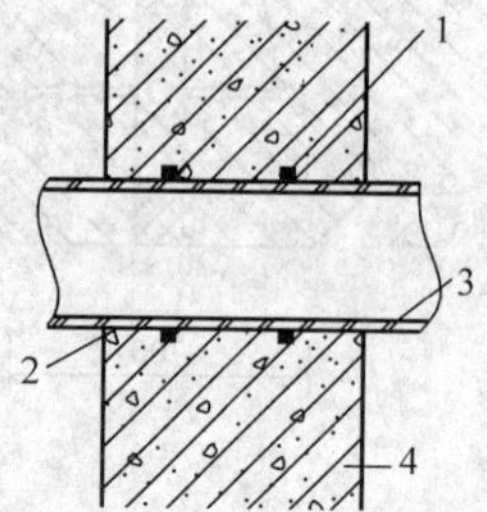

图8-14　直接埋入主管

1—遇水膨胀橡胶圈　2—嵌缝材料

3—主管　4—混凝土结构

施工前，应将套管内表面清理干净，套管内的管道安装完毕后，应在两管间嵌入内衬填料，端部用密封材料填缝。柔性穿墙时，穿墙内侧应用法兰压紧。采用遇水膨胀止水圈的穿墙管，管径宜小于50mm，止水圈应用胶粘剂满粘固定于管上，并应涂缓胀剂。穿墙管止水环与主管或翼环与套管应连续满焊，且做好防腐处理；并在施工前将套管内表面清理干净。

穿墙管线较多时，宜相对集中，采用穿墙盒方法。穿墙盒的封口钢板应与墙上的预埋角钢焊严，并从钢板上的预留浇筑孔注入改性沥青柔性密封材料或细石混凝土处理，穿墙管外侧防水层应铺设严密，不留接茬；增铺附加层时，应按设计要求施工。穿墙管伸出外墙的部位，应采取有效措施防止回填时将管损坏。

5）养护与拆模：防水混凝土终凝后应立即覆盖浇水养护，养护时间不应少于14d。拆模时防水混凝土的强度必须超过设计强度等级的70%，拆模后应及时回填土，以利于混凝土后期强度的增长和抗渗性的提高，避免温差和干缩引起开裂。

（4）防水混凝土类型

1）普通防水混凝土：普通防水混凝土通过调整配合比、控制材料的选择、混凝土的拌制、振捣质量来提高混凝土自身的密实度和抗渗性，从而达到防水目的，它不同于普通混凝土。

2）外加剂防水混凝土：外加剂防水混凝土是在混凝土中渗入一定的有机或无机的外加剂，改善了混凝土的性能，从而达到防水目的。由于外加剂种类较多，各自的性能、效果及适用条件也不尽相同。常用的外加剂防水混凝土有：三乙醇胺防水混凝土、加气剂防水混凝土、减水剂防水混凝土、氯化铁防水混凝土。

① 加气剂防水混凝土：在混凝土拌和物中加入加气剂后，会产生大量微小、密闭、稳定而均匀的气泡，使其粘滞性增大，不易松散离析，显著地改善了混凝土的和易性，还可以使毛细管的形状及分布发生改变、切断渗水通路，从而提高了混凝土的密实性和抗渗性。加气剂防水混凝土适用于对抗渗性和抗冻性要求较高的工程结构，特别适合寒冷地区使用。

② 减水剂防水泥凝土：减水剂是一种表面活性剂，它以分子定向吸附作用将凝聚在一起的水泥颗粒絮凝状结构高度分散解体，并释放出其中包裹的拌和水，使在坍落度不变的条件下，减少了拌和用水量；此外，由于高度分散的水泥颗粒能充分水化，使混凝土结构更加密实，从而提高了混凝土的密实性和抗渗性。减水剂防水泥凝土适用于一般防水工程及对施工工艺有特殊要求的防水工程。常用的减水剂有 MF 或木质素磺酸钙、多环芳香族磺酸钠、糖蜜等。

（5）防水混凝土工程质量验收

① 防水混凝土的原材料、配合比及坍落度必须符合设计要求。

② 防水混凝土的抗压强度和抗渗压力必须符合设计要求。

③ 防水混凝土的变形缝、施工缝、后浇带、穿墙管道、埋设件等设置和构造，均须符合设计要求，严禁有渗漏。

④ 防水混凝土结构表面应坚实、平整，不得有露筋、蜂窝等缺陷，埋设件位置应正确。

⑤ 防水混凝土结构表面的裂缝宽度不应大于 0.2mm，并不得贯通。

⑥ 防水混凝土结构厚度不应小于 250mm，迎水面钢筋保护层厚度不应小于 50mm。

2. 水泥砂浆防水层

水泥砂浆防水层是用水泥砂浆、素水泥浆交替抹压涂刷多层的刚性防水层，其防水原理是分层闭合，构成一个多层整体防水层，各层的残余毛细孔道互相堵塞，使水分不能透过，从而达到抗渗防水目的。

水泥砂浆防水层包括普通水泥砂浆、聚合物水泥防水砂浆、掺外加剂或掺合料水泥砂浆等，这种防水层可用于主体结构的迎水面或背水面。

普通水泥砂浆是采用不同配合比的水泥浆和水泥砂浆，通过分层抹压构成防水层，对防水要求较低的工程中使用较为适宜。在水泥砂浆中掺入各种外加剂、掺合剂可提高砂浆的密实性、抗渗性，应用较为普遍。而在水泥砂浆中掺入高分子聚合物（如乙烯－醋酸乙烯共聚物、聚丙烯醋酸、有机硅、丁苯胶乳、氯丁胶乳等）配制成具有韧性、耐冲击性好的聚合物水泥砂浆，是近年来国内发展较快、具有较好防水效果的新型防水材料。

（1）材料要求

1）水泥：水泥品种按设计要求选用，应采用强度等级不低于 32.5 级的普通硅酸盐水泥、硅酸盐水泥、特种水泥。不同品种和强度等级的水泥不能混用，严禁使用过期或受潮结块的水泥。

2）砂：宜采用中砂，平均粒径不小于 0.5mm，最大粒径不大于 3mm，含泥量不大于 1%，硫化物和硫酸盐含量不大于 1%。

3）水：一般采用饮用水，如用天然水应符合混凝土用水的要求。

4）外加剂

① 无机铝盐防水剂：此类防水剂加入水泥砂浆后，能与水泥和水起作用，在砂浆凝结硬化过程中生成水化氯铝酸钙、水化氯硅酸钙等晶体物质，填补砂浆中的空隙，从而提高了砂浆的密实性和防水性能。

② 有机硅防水剂：它是一种小分子水溶性混合物，易被弱酸分解，是一种憎水性物质。渗入基层内可堵塞水泥砂浆内部的毛细孔，增强密实性，提高抗渗性，从而起到防水作用。

③ 补偿收缩抗裂型防水剂是继 U 型混凝土膨胀剂后专用于水泥砂浆防水层的外加剂，

它的抗渗性好，且具有抗裂性。

（2）水泥砂浆防水层的配合比要求：普通水泥砂浆防水层的配合比见表8-8。掺加外加剂、掺和料、聚合物等防水砂浆的配合比和施工方法应符合所掺材料的规定，其中聚合物砂浆的用水量应包括乳液中的含水量。

表8-8　普通水泥砂浆防水层的配比表

名　称	配合比（质量比）		水灰比	适用范围
	水泥	砂		
水泥浆	1	—	0.55～0.60	水泥砂浆防水层的第一层
水泥浆	1	—	0.37～0.40	水泥砂浆防水层的第三、五层
水泥砂浆	1	1.5～2.0	0.40～0.50	水泥砂浆防水层的第二、四层

（3）基层处理：基层处理是保证防水层与基层表面结合牢固，不空鼓和密实不透水的关键。包括清理、浇水、刷洗、补平等工序，使基层表面保持潮湿、清洁、平整、坚实、粗糙。其中浇水湿润是保证防水层与基层结合牢固，不空鼓的关键。水要按次序反复浇透至表面基本饱和，抹上灰浆后无吸水现象为宜。水泥砂浆防水层应在基础垫层、初期支护、围护结构及内衬结构验收合格后方可施工。

（4）水泥砂浆防水层施工

1）普通水泥砂浆防水层施工

① 混凝土顶板与墙面防水层施工：

第一层为素灰层，厚2mm。先抹一道1mm厚素灰，随后在已刮抹完的素灰层上再抹一道厚1mm的素灰找平层，然后用湿毛刷在素灰表面按顺序轻刷一遍，打乱素灰层表面的毛细孔道，形成一层坚实不透水的水泥结晶层，成为防水层的第一道防线。

第二层为水泥砂浆层，厚4～5mm。在素灰层初凝时抹第二层水泥砂浆层，该层主要起对素灰层的养护、保护和加固作用。

第三层为素灰层，厚2mm。在第二层水泥砂浆凝固并具有一定强度（常温下间隔一昼夜），适当浇水湿润，再进行第三层的操作，方法与第一层相同。

第四层为水泥砂浆层，厚4～5mm。操作过程同第二层，将其抹在第三层上，抹后在水泥砂浆凝固过程中，用铁抹子分3～4次压实，最后再压光。

第五层抹水泥浆做法与上述做法相同。只是第五层是在第四层水泥砂浆抹压两遍后，用毛刷将水泥浆均匀地刷在第四层上，随第四层一起抹实压光。

② 底板防水层施工：底板防水层施工与墙面、顶板不同，通常第一、三层的素灰层不采用刮抹的方法，而是把拌和好的素灰倒在地面上，用刷子往返用力涂刷均匀，第二、四层是在素灰层初凝前后把水泥砂浆按厚度要求均匀抹压在素灰层上。底板防水层施工时要禁止踩踏，应由里向外顺序进行。

水泥砂浆各层应紧密贴合，每层宜连续施工。如必须留茬时，可采用阶梯坡形茬，但离阴阳角处不得小于200mm；接茬应依层次顺序操作，层层搭接紧密。接茬时，应先在接茬处均匀涂刷水泥浆一层，以保证接茬的密实性。防水层留茬与接茬方法如图8-15所示，基础面与墙面防水层转角留茬如图8-16所示。

结构阴阳角处的防水层，均应抹成圆弧形。

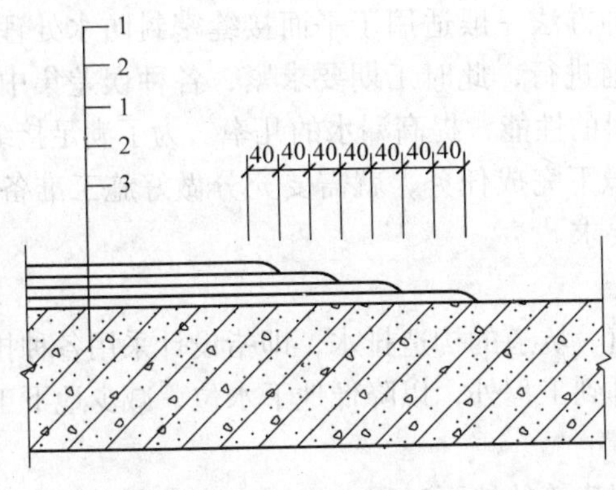

图 8-15　平面留茬示意图

1、3—水泥浆层　2—水泥砂浆层

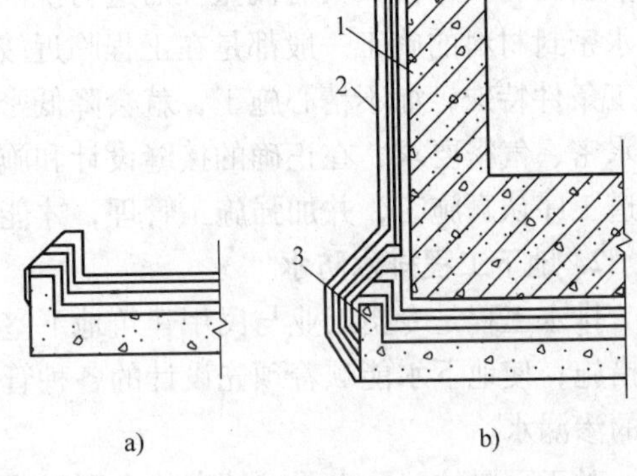

图 8-16　转角留茬示意图

a）第一步　b）第二步

1—围护结构　2—水泥砂浆防水层　3—混凝土垫层

普通水泥砂浆防水层终凝后，应及时进行养护，温度不宜低于5℃，养护时间不得少于14d，养护期间应保持湿润。

③ 掺外加剂水泥砂浆防水层施工

a. 防水净浆、防水砂浆的配制：防水净浆的配制方法：按配合比将水泥、水、防水剂准确称量；先将防水剂放入容器中，缓慢加水搅拌均匀；再加入水泥继续搅拌均匀而成。

防水砂浆的配制方法：按配合比将水泥、砂、水、防水剂准确称量；将称量好的防水剂和水混合搅拌均匀备用；将称量好的水泥和砂干拌均匀，再加入已备好的混合液搅拌1～2min即成。

b. 防水层施工

防水层施工时，先在处理好的基层上涂一道防水净浆，然后分两次抹厚度为12mm的底层防水砂浆。第一次要用力抹压使其与基层结成一体，凝固前用木抹子搓压成麻面，待阴干后即按同样的方法抹第二遍底层砂浆；底层砂浆抹完约12h后，即分两次抹厚13mm的面层防水砂浆。在抹面层防水砂浆之前，应先在底层防水砂浆上涂刷一道防水净浆，并随涂刷随抹第一遍面层防水砂浆（厚度不超过7mm），凝固前用木抹子均匀搓压成麻面，第一遍面层防水砂浆阴干后再抹第二遍面层防水砂浆，并在凝固前分次抹压密实，最后压光。

8.3.3　其他地下防水工程简介

1. 密封防水

密封防水系指对建筑物或构筑物的接缝、节点等部位运用“加封”或“密封”材料进行水密和气密处理，起着密封、防水、防尘和隔声等功能。同时还可与卷材防水、涂料防水和刚性防水等工程配套使用，因而是防水工程中的重要组成部分。

建筑工程常用的嵌缝防水密封材料主要是改性沥青防水密封材料和合成高分子防水密封材料两大类。它们的性能差异较大，施工方法亦应根据具体材料而定，常用的施工方法有冷嵌法和热灌法两种。

冷嵌法施工大多采用手工操作，用腻子刀或刮刀嵌填，较先进的采用电动或手动嵌缝挤出枪进行嵌填，该法施工并不只限于接缝，螺母等部位也可用；热灌法施工需在现场塑化或加热密封材料，使其具有流塑性后进行浇灌，这种方法一般适用于平面接缝密封防水处理。防水密封材料的施工一般都是在工程临近竣工之前进行，此时工期要求紧，各种误差集中，施工条件特殊，如不精心施工，就会降低密封材料的性能，提高漏水的几率。为了满足接缝的水密、气密要求，在正确的接缝设计和施工环境下完成任务，就需要充分做好施工准备，各道工序认真施工，并加强施工管理，才能达到要求。

2. 地下工程排水防水

排水工程是专指工业与民用建筑地下室、隧道、坑道的构造排水，即指设计采用各种排水措施，使地下水能顺着预先设计的各种管沟被排到工程外，以降低地下水位，减少地下工程的渗漏水。

对于重要的、防水要求较高的大型工业与民用建筑的地下工程，在制定防水方案时，应结合排水一起考虑。凡具有自流排水条件的地下工程，可采用自流排水的方法进行排水，如无自流排水条件，防水要求较高且具有抗浮要求的地下工程，则可采用渗排水、盲沟排水或机械排水，但应防止由于排水而危及地面建筑物及农田水利设施。

通向江、河、湖、海的排水口其高程如低于洪（潮）水位时，应采取防倒灌措施。

8.4 厨房卫生间防水施工工艺

在厨房、卫生间等有防水要求的地面工程中，一般穿越管道较多，而管道与地面（包括底层地面和楼面）的节点部位由于防水处理复杂，且传统卷材防水做法在施工时剪口和接缝较多，很难封闭严密，往往容易发生渗漏水事故。因此，厨房、卫生间的防水问题已引起人们的广泛关注。

近年来采用的涂膜防水或聚合物水泥砂浆防水新技术，能够使地面和墙面形成一个连续、无缝、封闭严密的整体防水层，从而确保了厨房、卫生间的防水质量。涂膜防水层，一般选用高弹性的聚氨脂防水涂膜和弹塑性的氯丁胶乳沥青防水涂膜。

下面主要介绍厨房、卫生间的涂膜防水层施工。

8.4.1 防水涂料

根据防水涂料成膜物质的主要成分，适用于涂膜防水屋面的防水层涂料可分为：高聚物改性沥青防水涂料和合成高分子防水涂料两类。根据防水涂料形成液态的方式，可分为反应型、溶剂型和水乳（乳液）型3类（表8-9）。

表8-9 涂膜防水屋面防水涂料的分类

类　别		材料名称
高聚物改性沥青防水涂料	溶剂型	再生橡胶沥青涂料、氯丁橡胶沥青涂料等
	乳液型	再生橡胶沥青涂料、丁苯胶乳沥青涂料、氯丁胶乳沥青涂料等
合成高分子防水涂料	乳液型	硅橡胶涂料、丙烯酯涂料、AAS隔热涂料等
	反应型	聚氨酯防水涂料、环氧树脂防水涂料等

防水涂料品种繁多、形态各异，但都具有以下特点：

（1）防水性能好。由于防水涂料在固化前呈粘稠液，因此能在平面、立面、阴阳角及各种复杂表面形成无接缝的完整的薄膜防水层，从而具有良好的防水性能。

（2）操作简便，施工速度快。防水涂料可以刷涂、刮涂，也可以使用喷涂，各种复杂基层都易于施工。

（3）污染小，安全性好。防水涂料在常温下多为冷施工，污染小、施工安全。

（4）温度适应性强。基本上能满足各类工程的屋面防水要求。

（5）易于修补。防水涂料既是防水层又是胶粘剂，施工质量容易保证，对基层裂缝、管道根部等一些容易渗漏的部位，容易进行增强涂刷和贴布作业。

1. 高聚物改性沥青防水涂料

以石油沥青为基料，用合成聚合物对其进行改性，加入适量助剂配制的水乳型或溶剂型乳液，称为高聚物改性沥青防水涂料。高聚物改性沥青防水涂料质量应符合表8-10的要求。

表8-10 高聚物改性沥青防水涂料质量要求

项目		质量要求
固体含量（%）		≥43
耐热度（80℃，5h）		无流淌、起泡和滑动
柔性（-10℃）		3mm厚，绕 ϕ20mm圆棒，无裂纹、断裂
不透水性	压力/MPa	≥0.1
	保持时间/min	≥30不渗透
延伸（20±2℃拉伸，min）		≥4.5

2. 合成高分子防水涂料

以合成橡胶或合成树脂为原料加入适量的活性剂、改性剂、增塑剂、防霉剂及填充料等辅助材料制成的单组分或双组分防水涂料，统称为合成高分子防水涂料。合成高分子防水涂料质量应符合表8-11的要求。

表8-11 合成高分子防水涂料质量要求

项目		质量要求		
		反应固化型（Ⅰ类）	挥发固化剂（E类）	聚合物水泥涂料
固体含量（%）		≥94	≥65	≥65
拉伸强度/MPa		≥1.65	≥1.5	≥1.2
断裂伸长率（%）		≥350	≥300	≥200
柔性/℃		-30，弯折无裂纹	-20，弯折无裂纹	-10，绕 ϕ10mm圆棒，无裂纹
不透水性	压力/MPa	≥0.3		
	保持时间/min	≥30		

进场的高聚物改性沥青防水涂料应抽验固体含量、耐热度、不透水性、柔性、延伸；取样规定每10t为一批，不足10t按一批抽验。

进场的合成高分子防水涂料应抽验固体含量、拉伸强度、断裂延率、柔性、不透水性；取样规定每10t为一批，不足10t按一批抽验。

防水涂料包装容器必须密封，容器表面应有明显标志，标明涂料名称及生产厂名、生产日期和产品有效期。防水涂料应按不同规格、不同品种分别堆放。水乳型涂料贮运和保管环境温度不得低于0℃，溶剂型涂料贮运和保管环境温度不宜低于0℃，严禁暴晒、碰撞、渗漏，保管环境应干燥、通风、远离火源，仓库内应有消防设施。聚氨酯（反应型）防水涂料为非易燃易爆品，能安全运输。该产品由存放于室内通风干燥处，如使用不完，其包装容器应立即盖紧，勿长时间暴露于空气中，以防自爆。

8.4.2 基层处理

厨房、卫生间的防水基层必须用1∶3的水泥砂浆抹找平层。要求抹平压光，表面坚实，无空鼓、起砂、掉灰现象。

在抹找平层时，凡遇到管子根部周围要使其略高于地面的情况，在地漏周围应做成略低于地面的洼坑。找平层坡度以1%~2%为宜，凡遇到阴、阳角处，要抹成半径不小于10mm的小圆弧。穿过楼地面或墙面的管件（如套管、地漏等）以及卫生洁具等，必须安装牢固，收头必须圆滑，并按设计要求用密封膏嵌固。

基层应基本干燥，一般在基层表面均匀泛白无明显水印时，方可进行涂膜防水层的施工。施工前要把基层表面的尘土杂物清扫干净。

8.4.3 防水层施工

1. 聚氨酯涂膜防水层施工

（1）配制聚氨酯涂膜防水涂料：将甲、乙组份和二甲苯按1∶1.5∶0.3的比例配合，用电动搅拌器强力搅拌均匀备用。应随用随配，最好2h内用完。

（2）涂膜防水层施工：用小滚刷或油漆刷蘸满涂料，均匀涂布在基层表面上。平面基层涂刷3~4遍为宜，每遍涂布量为0.6~0.8kg/mm^2；立面基层以涂刷4~5遍为宜，每遍涂布量为0.5~0.6kg/mm^2。防水涂料的总厚度以不小于1.5mm为合格。每遍涂布间隔时间一般在5h以上。

对管道根部和地漏周围以及下水管转角墙部位，必须认真涂布，厚度应增加0.5mm左右，以确保防水工程质量。在涂布最后一遍涂膜固化前，应及时撒上少许干净的粒径为2~3mm的小豆石，使其与涂膜粘结牢固，并作为与水泥砂浆保护层粘结的过渡层。

（3）饰面保护层施工：当聚氨酯涂膜防水层完全固化，通过蓄水试验并检查验收合格后，即可铺设一层厚度为15~25mm的水泥砂浆保护层，然后根据设计要求铺设饰面层。

2. 氯丁胶乳沥青涂膜防水层施工

施工前，应先将装涂料的桶盖拧紧，放倒在地滚动数次，使之均匀。施工时随用随倒入小桶，并随时盖好桶盖，以免干燥结膜，影响质量。

对阴阳角、管道根部和地漏等易发生渗漏的部位，应先铺设好一布二油作附加补强处理，再进行大面积施工。先将涂料用毛刷均匀涂刷在需要附加补强的部位，再按形状要求把剪裁好的玻璃纤维布或聚酯纤维无纺布粘贴好，然后涂刷涂料，实干后，再按正常要求进行大面积的一布四油施工。

一布四油施工。在洁净的基层上均匀涂刷第一遍涂料，表干后（4h以上），即可铺贴玻璃纤维布或聚酯纤维无纺布，紧接着涂刷第二遍涂料。也可边铺边涂刷涂料。搭接宽度不应小于70mm。要用毛刷铺刷平整，排除气泡，并使涂料浸透布纹，不得有白茬、折皱。垂直面的贴高不小于250mm，收头处必须粘贴牢固，封闭严密。

第二遍涂料实干24h以上后，再均匀涂刷第三遍涂料，表干4h以上再涂刷第四遍涂料。

第四遍涂料实干24h以上，方可进行蓄水试验。蓄水高度一般为50～100mm，蓄水时间为24～48h。当无渗漏时，方可进行刚性保护层的施工，并不得损坏防水层，以免留下渗漏隐患。如在蓄水试验时发现有渗漏现象，应及时找出原因，并进行修补处理，至蓄水试验无渗漏为止。

在施工过程中严禁上人踩踏未完全干燥的涂膜防水层。操作人员应穿平底胶鞋，以免损坏涂膜防水层。

第9章 抹灰工程施工工艺

9.1 抹灰工程

抹灰是将各种砂浆、装饰性石屑浆、石子浆涂抹在建筑物的墙面、顶棚、地面等表面，除了保护建筑物外，还可以作为饰面层起到装饰作用。

抹灰工程按使用材料和装饰效果分为一般抹灰和装饰抹灰。一般抹灰适用于石灰砂浆、水泥砂浆、混合砂浆、聚合物水泥砂浆、膨胀珍珠岩水泥砂浆、麻刀灰、纸筋灰、石膏灰等抹灰工程。装饰抹灰的底层和中层与一般抹灰做法基本相同，其面层主要有水刷石、水磨石、斩假石、干粘石、喷涂、滚涂、弹涂、仿石和彩色抹灰等。

9.1.1 一般抹灰施工

1. 概述

一般抹灰工程按质量要求分为普通抹灰和高级抹灰，主要工序如下：

普通抹灰：分层赶平、修整，表面压光。

高级抹灰：阴、阳角找方，设置标筋，分层赶平、修整，表面压光。

抹灰一般分三层，即底层、中层和面层（或罩面），如图9-1所示。

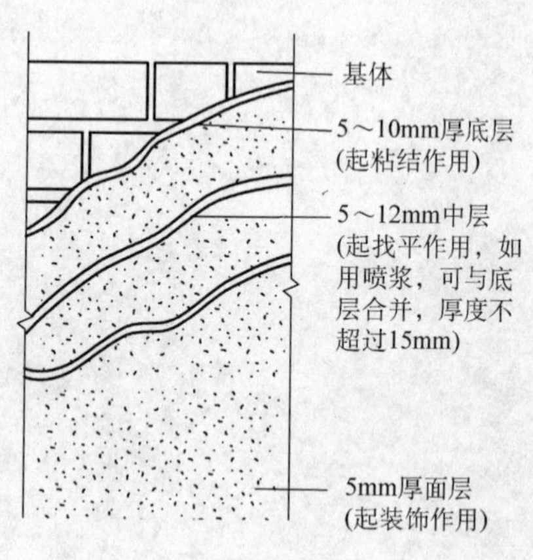

图9-1 一般抹灰的构造

底层主要起与基层粘结和初步找平的作用，要求砂浆有较好的保水性，其稠度较中层和面层大，砂浆的组成材料要根据基层的种类不同而选用相应的配合比。底层砂浆的强度不能高于基层强度，以免抹灰砂浆在凝结过程中产生较强的收缩应力，破坏强度较低的基层，从而产生空鼓、裂缝、脱落等质量问题。一般来说，室内砖墙多采用1:3石灰砂浆，或掺入一些纸筋、麻刀，以增强粘结力并防止开裂；需要做涂料墙面时，底灰可用1:2:9或1:1:6水泥石灰混合砂浆。室外或室内有防水、防潮要求时，应采用1:3水泥砂浆。混凝土墙体应采用混合砂浆或水泥砂浆。加气混凝土墙体内墙可用石灰砂浆或混合砂浆，外墙宜用混合砂浆。窗套、腰线等线脚应用水泥砂浆。北方地区外墙饰面不宜用混合砂浆，一般采用的是1:3水泥砂浆。底层抹灰的厚度为5~10mm。

中层起找平和结合的作用，砂浆的种类基本与底层相同，只是稠度稍小，中层抹灰较厚时应分层，每层厚度应控制在5~12mm；采用机械喷涂时，底层与中层可同时进行，但是厚度不宜超过15mm。

面层起装饰作用，要求涂抹光滑、洁净，因此要求用细砂，或用麻刀、纸筋灰浆。各层砂浆的强度要求应为：底层>中层>面层，并不得将水泥砂浆抹在石灰砂浆或混合砂浆上，也不得把罩面石膏灰抹在水泥砂浆层上。由于施工操作方法的不同，抹灰表面可以抹成平面，也可以拉毛或用斧斩成假石状，还可采用细天然骨料或人造骨料（如大理石、花岗石、玻璃、陶瓷等加工成粒料），采用手工涂抹或机械喷射成水刷石、干粘石、彩瓷粒等集石类墙面。

2. 抹灰环境温度与质量要求

（1）抹灰环境温度要求：抹灰工程施工环境温度不应低于5℃。冬期施工，抹灰砂浆温度不宜低于5℃。气温低于5℃时，室外抹灰所用砂浆可掺入混凝土防冻剂，其掺量应由试验确定。做涂料墙面的抹灰砂浆中，不得掺入含氯盐的防冻剂。

（2）抹灰质量要求：抹灰工程质量关键是，粘结牢固，无开裂、空鼓和脱落，施工过程应注意：

1）抹灰基体表面应彻底清理干净，对于表面光滑的基体应进行毛化处理。

2）抹灰前应将基体充分浇水均匀润透，防止基体浇水不透造成抹灰砂浆中的水分很快被基体吸收，出现质量问题。

3）严格控制各层抹灰厚度，防止一次抹灰过厚，造成干缩率增大，造成空鼓、开裂等质量问题。

4）抹灰砂浆中使用材料应充分水化，防止影响粘结力。

3. 抹灰材料要求

（1）水泥：宜采用普通水泥或硅酸盐水泥，也可采用矿渣水泥、火山灰水泥、粉煤灰水泥及复合水泥。水泥强度等级宜采用32.5级以上、颜色一致、同一批号、同一品种、同一强度等级、同一厂家生产的产品。

水泥进厂需对产品名称、代号、净含量、强度等级、生产许可证编号、生产地址、出厂编号、执行标准、日期等进行外观检查，同时验收合格证。

（2）砂：宜采用平均粒径0.35~0.5mm的中砂，在使用前应根据使用要求过筛，筛好后保持洁净。

（3）磨细石灰粉：其细度过0.125mm的方孔筛，累计筛余量不大于13%，使用前用水浸泡使其充分熟化，熟化时间最少不少于3d。

浸泡方法：提前备好大容器，均匀地往容器中撒一层生石灰粉，浇一层水，然后再撒一层，再浇一层水，依次进行，当达到容器的2/3时，将容器内放满水，使之熟化。

（4）石灰膏：石灰膏与水调和后具有凝固时间快，并在空气中硬化，硬化时体积不收缩的特性。

用块状生石灰淋制时，用筛网过滤，贮存在沉淀池中，使其充分熟化。熟化时间常温下一般不少于15d，用于罩面灰时不少于30d。使用时石灰膏内不得含有未熟化的颗粒和其他杂质。在沉淀池中的石灰膏要加以保护，防止其干燥、冻结和污染。

（5）纸筋。采用白纸筋或草纸筋施工时，使用前要用水浸透（时间不少于3周），并将其捣烂成糊状，并要求洁净、细腻。用于罩面时宜用机械碾磨细腻，也可制成纸浆。要求稻草、麦秆应坚韧、干燥、不含杂质，其长度不得大于30mm，稻草、麦秆应经石灰浆浸泡处理。

（6）麻刀。必须柔韧干燥，不含杂质，行缝长度一般为10~30mm，用前4~5d敲打松散并用石灰膏调好，也可采用合成纤维。

4. 抹灰基面清理要求

（1）墙面抹灰的基层处理

1）抹灰前应对砖石、混凝土及木基层表面作处理，清除灰尘、污垢、油渍和碱膜等，并洒水湿润。表面凹凸明显的部位，应事先剔平或用1:3水泥砂浆补平，对于平整光滑的混凝土表面拆模时随即作凿毛处理，或用铁抹子满刮水灰比为0.37~0.4（内掺水重3%~5%的108胶）水泥浆一遍，或用混凝土界面处理剂处理。

2）抹灰前应检查门、窗框位置是否正确，与墙连接是否牢固。连接处的缝隙应用水泥砂浆或水泥混合砂浆（加少量麻刀）分层嵌塞密实。

3）凡室内管道穿越的墙洞和楼板洞、凿剔墙后安装的管道、墙面的脚手孔洞均应用1:3水泥砂浆填嵌密实。

4）不同基层材料（如砖石与木、混凝土结构）相接处应铺钉金属网并绷紧牢固，金属网与各结构的搭接宽度从相接处起每边不少于100mm。

5）为控制抹灰层的厚度和墙面的平整度，在抹灰前应先检查基层表面的平整度，并用与抹灰层相同砂浆设置50mm×50mm的标志。

6）抹灰工程施工前，应对室内墙面、柱面和门洞的阳角，宜用1:2水泥砂浆做护角，其高度不低于2m，每侧宽度不少于50mm。对外墙窗台、窗楣、雨篷、阳台、压顶和突出腰线等，上面应做成流水坡度，下面应做滴水线或滴水槽，滴水槽的深度和宽度均不应小于10mm，要求整齐一致。

（2）顶棚抹灰的基层处理：预制混凝土楼板顶棚在抹灰前应检查其板缝大小，若板缝较大，应用细石混凝土灌实；板缝较小，可用1:0.3:3的水泥石灰混合砂浆勾实，否则抹灰后将顺缝产生裂缝。预制混凝土板或钢模现浇混凝土顶棚拆模后，构件表面较为光滑、平整，并常粘附一层隔离剂。当隔离剂为滑石粉或其他粉状物时，应先用钢丝刷刷除，再用清水冲干净，当隔离剂为油脂类时，先用浓度为10%的氢氧化钠溶液洗刷干净，再用清水冲洗干净。

板条顶棚（单层板条）抹灰前，应检查板条缝是否合适，一般要求间隙为7~10mm。

（3）加气混凝土基面处理：加气混凝土基面处理可按以下方法之一进行：

1）开始抹灰前24h应在墙面浇水2~3遍，抹灰前1h再浇水1~2遍，随即刷水泥浆一道。

2）浇水一遍，冲去基面渣末，刷108胶水溶液（108胶:水=1:4）一道。

3）浇水一遍，冲去基面渣末，刷素水泥浆一道，用1:3或1:2.5水泥砂浆在基面上刮糙，厚度5mm，刮糙面积占基面的70%~80%。

5. 抹灰施工

（1）施工前的几项准备工序

1）做标志块：先用托线板全面检查墙体表面的垂直平整程度、垂直情况，根据检查的实际情况并兼顾抹灰总的平均厚度规定确定墙面抹灰厚度。接着在2m左右高度，距墙两边阴角10~20cm处，用底层抹灰砂浆（也可用1:3水泥砂浆或1:3:9混合砂浆）各做一个标准标志块（灰饼），厚度为抹灰层厚度（一般为1~1.5cm），大小为5cm×5cm。以这两个标准标志块为依据，再用托线板靠、吊垂直，确定墙下部对应的两个标志块厚度，其位置在踢脚板上口，使上下两个标志块在一条垂直线上。标准标志块做好后，再在标志块附近墙面钉上钉子，拴上小线，拉水平通线（注意小线要离开标志块1mm），然后按间距1.2~1.5m加做若干标志块，垛角处必须做标志块。

2）标筋：标筋也叫冲筋，出柱头，就是在上下两个标志块之间先抹出一条长梯形灰埂，其宽度为10cm左右，厚度与标志块相平，作为墙面抹底子灰填平的标准。做法是先将墙面浇水润湿，然后在两个标志块中间先抹一层，再抹第二遍凸出呈八字形，要比灰饼凸出1cm左右，然后用木杠紧贴灰饼左上右下来回搓，直至把标筋搓得与标志块一样平为止。同时要将标筋的两边用刮尺修成斜面，使其与抹灰层接槎顺平。标筋用砂浆应与抹灰底层砂浆相同，如一次冲几条筋，应根据天气情况、室内温度、室外温度及墙面浇水程度而定。如吸水快，应少抹几条；吸水慢，应多抹几条。所用木杠要经常用水浸泡，以防止单面受潮变形。如果有变形应及时修理，以防止标筋不平。

3）阴阳角找方：中级抹灰要求阳角找方。对于除门窗口外还有阳角的房间，则首先要将房间大致规方。方法是先在阳角一侧墙做基线，用方尺将阳角先规方，然后在墙角弹出抹灰准线，并在准线上下两端挂通线做标志块。

高级抹灰要求阴阳角都要找方，阴阳角两边都要弹基线，为了便于做角和保证阴阳角方正垂直，必须在阴阳角两边都要做标志块和标筋。

4）做护角：室内墙面、柱面的阳角和门窗洞口的阳角抹灰要求线条清晰、挺直，并防止碰坏。因此，不论设计有无规定，都需要做护角。护角做好后，也起到标筋作用。

护角应抹1:2水泥砂浆，一般高度不应低于2m，护角每侧宽度不小于50mm。

抹护角时，以墙面标志块为依据，首先要将阳角用方尺规方，靠门框一边，以门框离墙面的空隙为准，另一边以标志块厚度为据。最好在地面上画好准线，按准线粘好靠尺板，并用托线吊直，方尺找方。然后，在靠尺板的另一边墙角面分层抹1:2水泥砂浆，护角线的外角与靠尺板外口平齐；一边抹好后，再把靠尺板移到已抹好护角的一边，用钢筋卡子稳住，用线锤吊直靠尺板，把护角的另一面分层抹好。然后，轻轻地将靠尺板拿下，待护角的棱角稍干时，用阳角抹子和水泥浆捋出小圆角。最后在墙面用靠尺板按要求尺寸沿角留出5cm，将多余砂浆以40°斜面切掉（切斜面的目的是为墙面抹灰时，便于与护角接槎），墙面和门框等落地灰应清理干净。窗洞口一般虽不要求做护角，但同样也要方正一致，棱角分明，平整光滑。操作方法与做护角相同。窗口正面应按大墙面标志块抹灰，侧面应根据窗框所留灰口确定抹灰厚度，同样应使用八字靠尺找方吊正，分层涂抹。阳角处也应用阳角抹子捋出小圆角。

（2）内墙抹灰操作：抹灰环节包括三项主要工作，即抹底层、抹中层和抹面层。面层抹灰俗称罩面。一般室内砖墙面层抹灰常用纸筋石灰、麻刃石灰、石灰砂浆及刮大白腻子等。面层抹灰应在底灰稍干后进行，底灰太湿会影响抹灰面平整，还可能“咬色”；底灰太干，则容易使面层脱水太快而影响粘结，造成面层空鼓。

1）底层和中层抹灰：底层与中层抹灰在标志块、标筋及门窗口做好护角后即可进行。这道工序也叫装档或乱糙。方法是将砂浆抹于墙面两标筋之间，底层要低于标筋，待收水后再进行中层抹灰，其厚度以垫平标筋为准，并使其略高于标筋。中层砂浆抹完，即用中、短木杠按标筋刮平。使用木杠时，人站成骑马式，双手紧握木杠，均匀用力，由下往上移动，并使木杠前进方向的一边略微翘起，手腕要活。局部凹陷处应补抹砂浆，然后再刮，直至普遍平直为止，紧接着用木抹子搓磨一遍，使表面平整密实。

墙的阴角，先用方尺上下核对方正，然后用阴角器上下抽动扯平，使室内四角方正。

抹底子灰的时间应掌握好，不要过早也不要过迟。一般情况下，标筋抹完就可以装档刮平。但要注意：如果筋软，则容易将标筋刮坏产生凸凹现象；也不宜在标筋有强度时再装档刮平，因为待墙面砂浆收缩后，会出现标筋高于墙面的现象，由此产生抹灰面不平等质量通病。

当层高小于3.2m时，一般先抹下面一步架，然后搭架子再抹上一步架。抹上一步架可不做标筋，而是在用木杠刮平时，紧贴下面已经抹好的砂浆上作为刮平的依据。当层高大于3.2m时，一般是从上往下抹；如果后做地面、墙裙和踢脚板时，要将墙裙、踢脚板准线上口5cm处的砂浆切成直槎。墙面要清理干净，并及时清除落地灰。

2）面层抹灰：室内常用的面层材料有麻刀石灰、纸筋石灰、石膏灰等。应分层涂抹，每遍厚度为1~2mm，经赶平压实后，面层总厚度对于麻刀石灰不得大于3mm；对于纸筋石灰、石膏灰不得大于2mm。罩面时应待底子灰五六成干后进行。如底子灰过干，应先浇水湿润。分纵、横两遍涂抹，最后用钢抹子压光，不得留抹纹。

① 纸筋石灰或麻刀石灰抹面层：纸筋石灰面层，一般应在中层砂浆六七成干后进行（手按不软，但有指印）。如底层砂浆过于干燥，应先洒水湿润，再抹面层。抹灰操作一般使用钢抹子或塑料抹子，两遍成活，厚度2~3mm。一般由阴角或阳角开始，自左向右进行，两人配合操作。一人先竖向（或横向）薄薄抹一层，要使纸筋石灰与中层紧密结合，另一人横向（或竖向）抹第二层（两人抹灰的方向应垂直），抹平，并要压光溜平。压平后，如用排笔或茅柴帚蘸水横刷一遍，使表面色泽一致，用钢皮抹子再压实、揉平、抹光一次，则面层更为细腻光滑。阴阳角分别用阴阳角抹子捋光，随手用毛刷子蘸水将门窗边口阳角、墙裙和踢脚板上口刷净。纸筋石灰罩面的另一种做法是：两遍抹后，稍干就用压子式塑料抹子顺抹子纹压光。经过一段时间再进行检查，起泡处重新压平。麻刀石灰面层抹灰的操作方法与纸筋石灰抹面层的操作方法相同。但麻刀与纸筋纤维的粗细有很大区别，纸筋容易捣烂，能形成纸浆状，故制成的纸筋石灰比较细腻，用它做罩面灰厚度可达到不超过2mm的要求。而麻刀的纤维比较粗，且不易捣烂，用它制成的麻刀石灰抹面，厚度按要求不得大于3mm比较困难，如果过厚，则面层易产生收缩裂缝，影响工程质量，为此应采取上述两人操作的方法。

② 石灰砂浆面层：石灰砂浆面层，应在中层砂浆五六成干时进行。如中层较干时，需洒水湿润后再进行。操作时，先用钢抹子抹灰，再用刮尺由下向上刮平，然后用木抹子搓平，最后用钢抹子压光成活。

③ 石膏罩面：石膏罩面是高级抹灰的一种，其施工准备与石灰砂浆相同。打底一般用1:2.5石灰砂浆，也有用3:9混合砂浆，罩面用6:4石膏石灰浆或石膏掺水胶。抹石膏罩面的工具与石灰膏罩面相同；不宜用铁抹子。

操作时，首先对已抹好底子的表面用木抹子带水搓细，待底子灰六七成干方能罩面。罩面时以四人为一小组，第一人搅拌灰膏，第二人往墙面抹灰膏，第三人紧跟找平，第四人跟着压光。抹灰膏时要随拌随用，每次拌制量约五个灰板左右，调制动作要快，灰膏稠度要控制在8cm左右。拌制与抹灰、找平及压光要连续进行不能脱节，一般纯石膏控制在3~5min

用完，6∶4 石膏灰浆控制在 7 ~ 10min 用完，压光交活。

操作时先浇水，将底子灰湿润，然后开始抹灰膏。抹时一般从左墙角开始，由上往下顺抹。找平压光时抹子要顺直，先压两遍，最后稍洒水压光压亮。厚度约 2mm。

如果墙太高，应上下同时操作，以免出现接槎。如果发现有接槎，可等墙面凝固后用刨子刨平。

（3）外墙抹灰操作：特别指出的是外墙抹灰。当底灰抹平后，要随即由专人把预留孔洞、配电箱、槽、盒周边 5cm 宽的石灰砂浆刮掉，并清除干净，用大毛刷沾水沿周边刷水湿润，然后用 1∶1∶4 水泥混合砂浆，把洞口、箱、槽、盒周边压抹平整、光滑。当外墙抹灰时，为了增加墙面美观，避免罩面砂浆收缩后产生裂缝，一般采取分格条分格。具体做法：在底子灰抹完后根据尺寸用粉线包弹出分格线。分格条用前要在水中泡透，防止分格条使用时变形，并便于粘贴。分格条因本身水分蒸发而收缩容易起出，又能使分格条两侧的灰口整齐。根据分格线长度将分格条尺寸分好，然后用钢抹子将素水泥浆抹在分格条的背面，水平分格线宜粘在水平线的下口，垂直分格线粘贴在垂线的左侧，这样易于观察，操作比较方便。

9.1.2 装饰抹灰

装饰抹灰与一般抹灰的区别在于两者具有不同的装饰面层，其底层和中层的做法与一般抹灰基本相同，下面介绍几种主要装饰面层的施工工艺。

1. 施工材料要求

（1）水泥：宜采用普通硅酸盐水泥或硅酸盐水泥，也可采用普通矿渣水泥、火山灰水泥、粉煤灰水泥及复合水泥，彩色抹灰宜采用白色硅酸盐水泥。水泥强度等级宜采用 32.5 级，颜色一致、同一批号、同一品种、同一强度等级、同一厂家生产的产品。

水泥进场需对产品名称、代号、净含量、强度等级、生产许可证编号、生产地址、出厂编号、执行标准、日期等进行外观检查，同时验收合格证。

（2）砂子：宜采用粒径 0.35 ~ 0.5mm 的中砂。要求颗粒坚硬、洁净。含泥量小于 3%，使用前应过筛，除去杂质和泥块等。

（3）石灰膏：宜采用熟化后的石灰膏。

（4）生石灰粉：石灰粉使用前要将其焖透熟化，时间应不少于 7d，使其充分熟化，使用时不得含有未熟化的颗粒和杂质。

（5）胶粘剂：应符合国家规范标准要求，掺加量应通过试验。

2. 基层处理

（1）基层处理前的检查：抹灰工程施工，必须在结构或基层质量检验合格并进行工序交接后进行。对其他配合工种项目也必须进行检查。这是确保抹灰工程质量和工程进度的关键。抹灰前应对下列项目进行检查：

1）主体结构和水电、暖卫、煤气设备的预埋件，以及消防梯、雨水管管箍、泄水管、阳台栏杆、电线绝缘的托架等安装是否齐全和牢固，各种预埋铁件、木砖位置标高是否正确。

2）门窗框及其他木制品是否安装齐全并校正后固定，是否预留抹灰层厚度，门窗口高低是否符合室内水平线标高。

3）板条、苇箔或钢丝网吊顶是否牢固，标高是否正确。

4）水、电管线与配电箱是否安装完毕，有无漏项；水暖管道是否做过压力试验；地漏位置标高是否正确。

（2）基层处理要求：抹灰前应根据具体情况对基体表面进行必要的处理。

1）墙上的脚手眼、各种管道穿越过的墙洞和楼板洞、剔槽等应用1:3水泥砂浆填嵌密实或堵砌好。散热器和密集管道等背后的墙面抹灰，应在散热器和管道安装前进行，抹灰面接槎应顺平。

2）门窗框与立墙交接处应用水泥砂浆或水泥混合砂浆（加少量麻刀）分层嵌塞密实。基体表面的灰尘、污垢、油渍、碱膜、沥青渍、粘结砂浆等均应清除干净，并用水喷洒湿润。

3）混凝土墙、混凝土梁头、砖墙或加气混凝土墙等基体表面的凹凸处，要剔平或用1:3水泥砂浆分层补齐；模板钢丝应剪除。

4）板条墙或顶棚、板条留缝间隙过窄处应进行处理，一般要求达到7~10mm（单层板条）。

5）金属网应铺钉牢固、平整，不得有翘曲、松动现象。

6）在木结构与砖石结构、木结构与钢筋混凝土结构相接处的基体表面抹灰，应先铺设金属网，并绷紧牢固。金属网与各基体的搭接宽度从缝边起每边不小于100mm，并应铺钉牢固，不翘曲。

7）平整光滑的混凝土表面，如设计无要求，可不抹灰，而用刮腻子处理。如设计有要求或混凝土表面不平，应进行凿毛，然后方可抹灰。

8）预制钢筋混凝土楼板顶棚，在抹灰前需用1:0.3:3水泥石灰砂浆将板缝勾实。

3. 几种常见的装饰抹灰

（1）水刷石施工：水刷石是石粒类材料饰面的传统做法，其特点是采取适当的艺术处理，如分格分色、线条凹凸等，使饰面达到自然、明快和庄重的艺术效果。水刷石一般多用于建筑物墙面、檐口、腰线、窗楣、窗套、门套、柱子、阳台、雨篷、勒脚、花台等部位。

水刷石面层施工的操作方法及施工要点如下：

1）水泥石子浆大面积施工前，为防止面层开裂，须在中层砂浆六七成干时，按设计要求弹线、分格，钉分格条时木分格条事先应在水中浸透。用以固定分格条的两侧八字形纯水泥浆，应抹成45°角。

水刷石面层施工前，应根据中层抹灰的干燥程度浇水湿润。紧接着用铁抹子满刮水灰比为0.37~0.4的水泥浆（内掺3%~5%水重的108胶）一道，随即抹水泥石毯面层。面层厚度视石子粒径而定，通常为石子粒径的2.5倍。水泥石子浆稠度以5~7cm为宜，用铁抹子一次抹平、压实。

每一块分格内抹灰顺序应自下而上，同一平面的面层要求一次完成，不宜留施工缝。如必须留施工缝时，应留在分格条位置上。

2）修整：罩面灰收水后，用铁抹子溜一遍，将遗留的孔隙抹平。然后用软毛刷蘸水刷去表面灰浆，再拍平；阳角部位要往外刷，水刷石罩面应分遍拍平、压实，石子应分布均匀、紧密。

3）喷刷、冲洗。喷刷、冲洗是水刷石施工的重要工序，喷刷、冲洗不净会使水刷石表面色泽灰暗或明暗不一致。

罩面灰浆初凝后，达到刷不掉石子程度时，即可开始喷刷，喷刷时可以两人配合操作：一人用毛刷蘸水轻轻刷掉罩面灰浆，另一人用喷雾器，或用手压喷浆机紧跟着喷刷，先将分格四周喷湿，然后由上向下喷水，喷射要均匀，喷头至罩面距离 10~20cm。不仅要将表面的水泥浆冲掉，还要将石渣间的水泥冲出来，使得石渣露出灰浆表面 1~2mm，甚至露出粒径的 1/2，使之清晰可见，均匀密布。然后用清水从上往下全部冲洗干净。

4）分格条粘贴在找平层上，应保证做到横平竖直，交接严密，待水泥终凝后即可取出。

5）因为喷刷时形成的混浊雾被风刮后污染已刷完的水刷石表面，易造成大面积花斑，因此，刮大风天气不宜进行水刷石施工。

水刷石是一项传统工艺，由于其操作技术要求较高，洗刷浪费水泥，墙面污染后不易清洗，故现今较少采用。

（2）干粘石施工：干粘石面层粉刷，也称干撒石或干喷石。它是在水泥纸筋灰或纯水泥浆或水泥白灰砂浆粘结层的表面，用人工或机械喷枪均匀地撒喷一层石子，用钢板拍平板实。此种面层，适用于建筑物外部装饰。这种做法与水刷石比较，既节约水泥、石粒等原材料，减少湿作业，又能明显提高工效。

干粘石面层操作方法和施工要点如下：

1）抹粘结层：待中层水泥砂浆干至七成左右，洒水湿润后，粘分格条，待分格条粘牢后，在墙面刷水泥浆一遍，随后按格抹砂浆粘结层，粘结层砂浆一定要抹平，不显抹纹，按分格大小，一次抹一块或数块，应避免在块中甩槎。

2）甩石子：干粘石选用的石子粒径比水刷石要小些，一般为 4~6mm。粘结砂浆抹平后，应立即随甩石子，先甩四周易干部位，然后甩中间，要做到大面均匀。石子使用前应用水冲洗干净晾干，甩时用托盘盛装，托盘底部用窗纱钉成，以便筛净石子中的残留粉末。如发现饰面上石子有不匀或过稀现象，应用抹子或手直接补贴，否则会使墙面出现死坑或裂缝。

3）压石子：当粘结砂浆表面均匀地粘上一层石子后，用抹子或辊子轻轻压一下，使石子嵌入砂浆的深度不小于 1/2 的石子粒径。拍压后石子表面应平整坚实，拍压时用力不宜过大，否则容易翻浆糊面，出现抹子或滚子轴的印迹。阳角处应在角的两侧同时操作，否则当一侧石子粘上后再粘另一侧时不易粘上，出现明显的接槎黑边。干粘石也可用机械喷石代替手工甩石，施工时利用压缩空气和喷枪将石子均匀有力地喷射到粘结层上。喷头对准墙面距墙 300~400mm，气压以 0.6~0.8MPa 为宜。在粘结层硬化期间，应洒水养护，保持湿润。

4）起分格条与修整：干粘石墙面达到表面平整，石子饱满，即可将分格条取出，取分格条应注意不要碰掉石子。如局部石子不饱满，可立即刷 108 胶水溶液，再甩石子补齐。将分格条取出后，随用小榴子和素水泥浆将分格缝修补好，达到顺直清晰。

干粘石操作简便，但日久经风吹雨打易产生脱粒现象，现在已不多采用。

（3）斩假石施工：斩假石又称剁斧石，是仿制天然石料的一种建筑饰面。用不同的骨料或掺入不同的颜料，可以制成仿花岗石、玄武石、青条石等斩假石。斩假石在我国有悠久的历史，其特点是通过细致的加工使其表面石纹逼真、规整，形态丰富，给人一种类似天然岩石的美感效果。

斩假石面层施工要点如下：

1）在凝固的底层灰上弹出分格线，洒水湿润，按分格线将木分格条用稠水泥浆粘贴在墙面上。

2）待分格条粘牢后，在各个分格区内刮一道水灰比为0.37～0.4的水泥浆（内掺水重3%～5%的108胶），随即抹上1∶1.25水泥石子浆，并压实抹平。隔24h后，洒水养护。

3）待面层水泥石子浆养护到试剁不掉石屑时，就可开始斩剁。斩剁采用各式剁斧，从上而下进行。边角处应斩剁成横向纹道或留出窄条不剁。其他中间部位宜斩剁成竖向纹道。剁的方向应一致，剁纹要均匀，一般要斩剁两遍成活。已剁好的分格周围就可起出分格条。

4）全部斩剁完后，清扫斩假石表面。

5）为了美观，剁棱角及分格缝周边留15～20mm不剁。

6）斩剁时，先轻剁一遍，再盖着前一遍的斧纹剁深痕，用力必须均匀，移动速度一致，不得有漏剁。

7）用细斧剁斩一般墙面时，各格块体的中间部分均剁成垂直纹，纹路应相应平行，上下各行之间均匀一致。

（4）假面砖：假面砖饰面是近年来通过反复实践比较成功的新工艺。这种饰面操作简单，美观大方，在经济效果上低于水刷石造价的50%，提高工效达40%。它适用于各种基层墙面。

假面砖抹灰层由底层灰、中层灰、面层灰组成。底层灰宜用1∶3水泥砂浆，中层灰宜用1∶1水泥砂浆，面层灰宜用5∶1∶9水泥石灰砂浆（水泥∶石灰膏∶细砂），按色彩需要掺入适量矿物颜料，成为彩色砂浆。面层灰厚3～4mm。

待中层灰凝固后，洒水湿润，抹上面层彩色砂浆，要压实抹平。待面层灰收水后，用铁梳或铁辊顺着靠尺由上而下划出竖向纹，纹深约1mm，竖向纹划完后，再按假面砖尺寸，弹出水平线，将靠尺靠在水平线上，用铁刨或铁勾顺着靠尺划出横向沟，沟深3～4mm。全部划好纹、沟后，清扫假面砖表面。

（5）仿石：仿石适角于装饰外墙。仿石抹灰层由底层灰、结合层及面层灰组成。底层灰用12mm厚水泥砂浆，结合层用水泥浆（内掺水重3%～5%的108胶），面层用10mm 1∶0.5∶4水泥石灰砂浆。

仿石施工要点：

1）底层灰凝固后，在墙面上弹出分块线，分块线按设计图案而定，使每一分块呈不同尺寸的矩形或多边形。

2）洒水湿润墙面按照分块线，将木分格条用稠水泥浆粘贴在墙面上。

3）在各分块涂刷水泥浆结合层，随即抹上水泥石灰砂浆面层灰，用刮尺沿分格条刮平，再用木抹搓平。

4）待面层稍收水后，用短直尺紧靠在分格条上，用竹扫帚将面灰扫出清晰的条纹。各分块之间的条纹应一块横向、一块竖向，竖横交替。若相邻两块条纹方向相同，则其中一块可不扫条纹。

5）扫好条纹后，应立即起出分格条，用水泥砂浆勾缝，进行养护。

6）面层干燥后，扫去浮灰，再用胶漆刷涂两遍，分格缝不刷漆。

9.1.3 抹灰工程的机械喷涂

机械喷灰就是把搅拌好的砂浆，经振动筛后倾入灰浆输送泵，通过管道，再借助于空气压缩机的压力，连续均匀地喷涂于墙面或顶棚上，经过找平搓实，完成底子灰全部程序，如图 9-2 所示。

1. 工作原理

机械喷灰所采用的灰浆泵不尽相同，但其工作原理基本一致。砂浆从料斗进入，通过吸入阀流入缸体，在压力作用下，活塞做功，将砂浆顶起吸入阀口，胶球堵住受料斗的进灰孔，缸体前方的排出阀被推开，砂浆马上流入稳压室，经缓冲后均匀地进入管道中，在活塞未进入工作时，由于砂浆反压力的作用，排出阀自动关闭，而吸入阀口由于活塞运动后缸体产生真空作用，球阀自动打开砂浆流入缸体，依此，活塞往返运动，阀口一开一合，砂浆均匀不断地进入管道中，直接送到喷枪头，如图 9-3 所示。

由于灰浆泵垂直输送距离的限制，只能输送较稀的砂浆。由于砂浆含水量大，喷在墙上后干缩较大，容易干裂，并且机喷容易污染已完成的装修成品，所以，在机械喷涂前，应采用防护措施，分层喷涂。水泥砂浆容易离析沉淀，所以，机械抹灰只能用于大面积的内外墙壁和顶棚石灰砂浆、混合砂浆和水泥砂浆。

机械喷灰这套设备，如将喷枪头及空气压缩机去掉，就变成一套完整的砂浆运输设备。

采用机械喷灰，往往把所运用的机具设备集中组装在一辆牵引车上，同时还要配备较多的人，所以，经综合经济分析，机械喷灰适宜用在面积较大的抹灰工程，最好是建筑群。

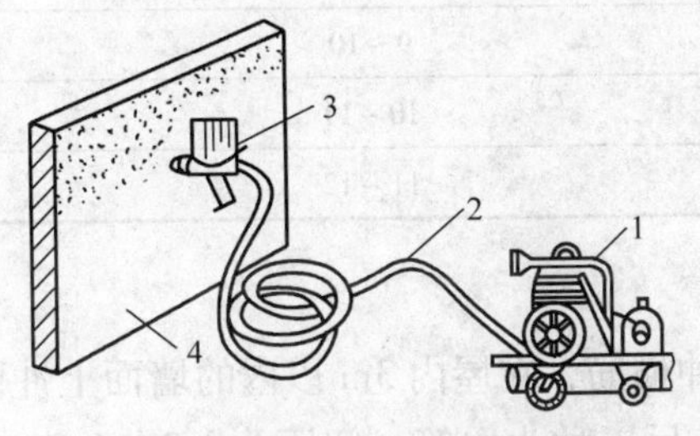

图 9-2　机械抹灰

1—空气压缩机　2—输气胶管

3—喷枪　4—墙体

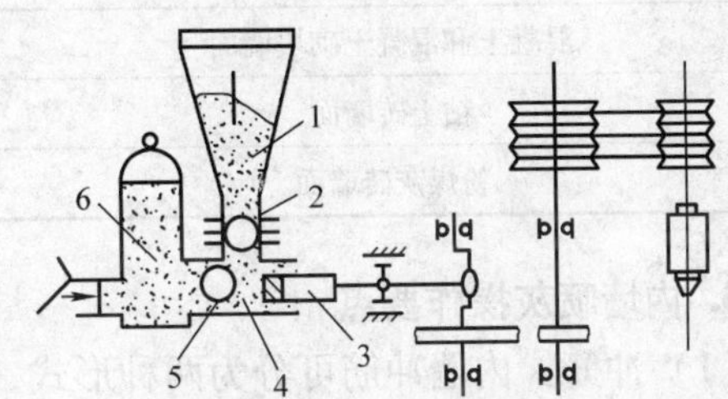

图 9-3　灰浆泵原理图

1—料斗　2—吸入阀口　3—活塞　4—缸体

5—排出阀口　6—稳压室

2. 施工准备

（1）组装车安装就位：按施工平面布置图就位，合理布置，缩短管路，力争管径一致。

（2）安装好室内外管线，临时固定，防止施工时移动。

（3）检查主体结构是否符合设计要求，不合格者，应返工修补。

（4）选择合适的砂浆稠度，用于混凝土基层表面时为 9～10cm，用于砖墙表面时为10～12cm。

（5）检查机具。在未喷灰前，应提前检查机械、管道能否正常运转。

（6）材料要求

1）水泥：宜用硅酸盐水泥、普通硅酸盐水泥和矿渣硅酸盐水泥，水泥强度等级应不低于32.5级。过期或受潮水泥不得使用。

2）砂：应清洁无杂质，含泥量应小于3%，宜用中砂，使用前必须过筛。砂的最大粒径：当用于底层灰时应不大于2.5mm；用于面层灰时应不大于1.2mm，不得使用特细砂。

3）石灰膏：应细腻洁白，不得含有未熟化颗粒及杂质，不得使用干燥、风化、冻结的石灰膏。石灰膏使用块状生石灰淋制时，应用筛孔不大于3mm×3mm的筛子过滤，石灰熟化时间在常温下不应少于15d，用于面层灰时，熟化时间不应少于30d。用磨细生石灰粉代替石灰膏时，其细度应通过4900孔/cm^2筛子；熟化时间不应少于3d。

4）粉煤灰：可用Ⅲ级粉煤灰。

5）外加剂：应有产品合格证，其掺量及使用方法应符合产品说明的要求。

6）水：宜用饮用水。

7）麻刀：应坚韧、干燥、不含杂质。使用前应均匀弹松，其纤维长度不得大于30mm。

8）纸筋：应浸透、捣烂、洁净、无腐料；罩面纸筋宜机械磨细。

(7) 砂浆搅拌。砂浆搅拌应按照配合比严格计量，宜一次投料，在搅拌过程中不得随意增减投料。外加剂应事先溶于水，在投入拌和水时同时投入。

砂浆搅拌应采用强制式搅拌机，搅拌时间不应少于2min。

搅拌好的砂浆应进行过筛，并立即转入输送料斗进行泵送，以防止砂浆停放时间过长而产生离析和不均匀现象，影响所要求的稠度及可泵性。

砂浆稠度宜符合表9-1的要求。

表9-1 喷涂抹灰砂浆稠度

基层种类	砂浆稠度/cm
混凝土和混凝土砌块墙面	9~10
粘土砖墙面	10~11
粉煤灰砖墙面	11~12

3. 内墙喷灰操作要点

(1) 冲筋：内墙冲筋可分为两种形式，一种是冲横筋，在屋内3m以内的墙面上冲两道横筋，上下间距2m左右，下道筋可在踢脚板上皮；另一种为立筋，间距为1.2~1.5m，作为刮杠的标准。每步架都要冲筋。

(2) 喷灰：喷灰方法有两种，一种是由上往下喷，另一种是由下往上喷。后者优点较多，最好采用这种方法。

对于吸水性较强或干燥的墙面，或在灰层厚的墙面喷灰时，喷嘴和墙面保持在10~15cm，并成90°角。对于比较潮湿、吸水性弱的墙面或者是灰层较薄的墙面，喷枪嘴距墙面远一些，一般在15~30cm，并与墙面成65°角。持枪角度与喷枪口的距离见表9-2。

表9-2 持枪角度与喷枪口的距离

序号	喷灰部位	持枪角度/(°)	喷枪口与墙面距离/cm
1	喷上部墙面	45~35	30~45
2	喷下部墙面	70~80	25~30
3	喷门窗角	30~10	6~10

（续）

序号	喷灰部位	持枪角度/(°)	喷枪口与墙面距离/cm
4	喷窗下墙面	45	5~7
5	喷吸水性较强或较干燥的墙面，或灰层厚的墙面	90	10~15
6	喷吸水性较弱或比较潮湿的墙面，或灰层较薄墙面	65	15~30

（3）泵送：泵送前，喷涂设备应进行空负荷试运转，其连续空运转时间应为5min，并应检查电动机旋转方向，各工作系统与安全装置的运转应正常可靠，才能进行泵送作业。

泵送时，应先压入清水湿润，再压入适宜稠度的纯净石灰膏或水泥浆进行润滑管道，压至工作面后，即可输送砂浆。

泵送砂浆应连续进行，避免中间停歇。当需要停歇时，每次间歇时间：石灰砂浆不宜超过30min；水泥混合砂浆不应超过20min；水泥砂浆不应超过10min。若间歇时间超过上述规定时，应每隔4~5min开动一次灰浆联合机搅拌器，使砂浆处于正常调合状态。如停歇时间过长，应清洗管道。因停电、机械故障等原因，机械不能按上述停歇时间起动时，应及时用人工将管道和泵体内的砂浆清理干净。

泵送砂浆时，料斗内的砂浆量应不低于料斗深度的1/3，否则，应停止泵送。当建筑物高度超过60m，泵送压力达不到要求时，应设置接力泵，进行接力泵送。

泵送结束，应及时清洗灰浆联合机、输浆管和喷枪。输浆管可采用压入清水——海绵球——清水——海绵球的顺序清洗；也可压入少量石灰膏，塞入海绵球，再压入清水冲洗。喷枪清洗用压缩空气吹洗喷头内的残余砂浆。

（4）喷涂：喷涂顺序一般可按先顶棚后墙面，先室内后过道、楼梯间的顺序进行喷涂。

顶棚喷涂宜先在周边喷涂出一个边框，再按“S”形路线由内向外迂回喷涂，最后从门口退出。当顶棚宽度过大时，应分段进行喷涂，每段喷涂宽度不宜大于2.5m。

室内墙面喷涂，宜从门口一侧开始，另一侧退出。同一房间喷涂，当墙体材料不同时，应先喷涂吸水性小的墙面，后喷吸水性大的墙面。

室外墙面喷涂，应由上向下按“S”形路线迂回喷涂。底层灰应分段进行，每段宽度为1.5~2.0m，高度为1.2~1.8m。面层灰应按分格条进行分块，每个分块内的喷涂应一次完成。

喷涂厚度一次不宜超过8mm，当超过时，应分遍进行。一般底层灰喷涂两遍：第一遍浆基面喷射的压力应适当，喷嘴的正常工作压力宜控制在1.5~2.0MPa之间。

面层灰在喷涂前20~40min，应将底层灰湿水，待表面晾干至无明水时再喷涂。

在屋面、地面的松散填充料上喷涂找平层灰时，应连续喷涂多遍，喷灰量宜少，以保证填充层厚度均匀一致。

喷涂从一个房间转移至另一房间时，应关闭气管。

喷涂时，对已保护的成品应注意勿污染，对喷溅粘附的砂浆应及时清除干净。

（5）抹平压光：喷涂后应及时清理标筋，用大板沿标筋从下向上反复去高补低。喷灰量不足时，应及时补平。如后做踢脚板，应及时清理出踢脚板位置。标筋清理后，用刮杠紧贴标筋上下左右刮平，把多余砂浆刮掉，并搓揉压实。

最后用木抹将面层灰搓平与修补。当需要压光时，面层灰刮平后用铁抹压实压光。

（6）冬期喷涂：喷涂前，墙面必须清理干净，不得有冰、霜、雪。不得用热水冲刷冻结的墙面或用热水消除墙面的冰霜。

室内喷涂前，宜先做好门窗口的封闭保温围护。必要时可采取供热措施。

室内喷涂砂浆上墙与养护温度不应低于5℃，水泥砂浆层应在润湿条件下养护。

9.2 楼地面工程施工工艺

9.2.1 整体面层地面施工

常见的地面抹灰有水泥混凝土面层、水磨石面层等多种，现简单介绍如下：

抹地面前必须把基体或垫层清理干净，用水冲刷，将下水管地漏口堵好，避免流入砂浆。如是焦渣垫层一定要拍实以防止地面空鼓裂缝。对厨房、浴室、厕所等房间的地面，必须将流水坡度找好，弹好水平线，避免地面造成积水。找平时要注意各室内地面与走廊高度的关系。

1. 水泥混凝土面层铺设

（1）构造做法：水泥混凝土面层常用两种做法，一种是采用细石混凝土面层，其强度等级不应小于C20，厚度为30～40mm；另一种是采用水泥混凝土垫层兼面层，其强度等级不应小于C15，厚度按垫层确定，如图9-4所示。

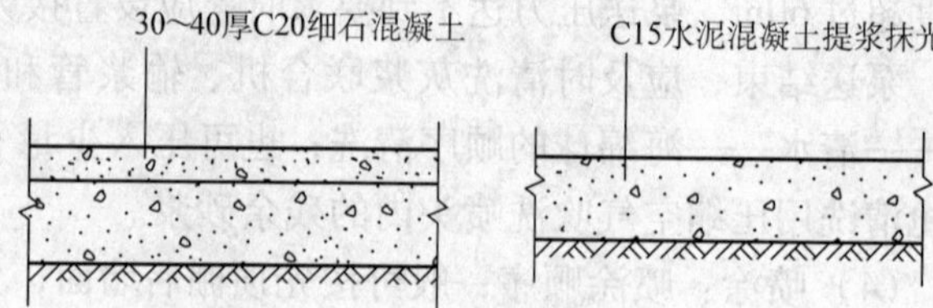

图9-4 水泥混凝土面层

（2）材料要求及配合比

1）材料要求

① 水泥：水泥采用硅酸盐水泥、普通硅酸盐水泥，其水泥强度等级不应低于32.5级。

② 砂：砂宜采用中砂或粗砂，含泥量不应大于3%。

③ 石：石采用碎石或卵石，其最大粒径不应大于面层厚度的2/3；当为细石混凝土面层时，石子粒径不应大于15mm；含泥量应小于2%。

④ 水：水宜用饮用水。

2）配合比：混凝土强度等级不低于C15、C20，水泥用量不少于300kg/m^3，坍落度为10～30mm。

（3）施工要点

1）基层应清扫干净，用水湿润。并根据水平线尺寸在四周及中间贴好灰饼，间距1.5m。

2）混凝土应采用机械搅拌，必须拌和均匀。

3）铺设前应按标准水平线用木板隔成宽度不大于3m的条形区段，以控制面层厚度。

4）铺设时，先刷以水灰比为0.4～0.5的水泥浆，并随刷随铺混凝土，用刮尺找平。浇筑水泥混凝土的坍落度不宜大于30mm。

5）水泥混凝土面层宜采用机械振捣，必须振捣密实。采用人工捣实时，滚筒要交叉滚压3～5遍，直至表面泛浆为止。然后进行抹平和压光。

6）水泥混凝土面层不得留置施工缝。当施工间歇超过规定的允许时间后，在继续浇筑混凝土时，应对已凝结的混凝土接槎处进行处理，用钢丝刷刷到石子外露，表面用水冲洗，并涂以水灰比为0.4～0.5的水泥浆，再浇筑混凝土，并应捣实压平，使新旧混凝土接缝紧密，不显接头槎。

7）混凝土面层应在水泥初凝前完成抹平工作，水泥终凝前完成压光工作。

8）浇筑钢筋混凝土楼板或水泥混凝土垫层兼面层时，宜采用随捣随抹的方法。当面层表面出现泌水时，可加干拌的水泥和砂撒匀，其水泥和砂的体积比宜为1∶2～1∶2.5（水泥∶砂），并进行表面压实抹光。

9）水泥混凝土面层浇筑完成后，应在12h内加以覆盖和浇水，养护时间不少于7d。浇水次数应能保持混凝土具有足够的湿润状态。

10）当建筑地面要求具有耐磨损、不起灰、抗冲击、高强度时，宜采用耐磨混凝土面层。它是以水泥为主要胶粘材料，配以化学外加剂和高效矿物掺合料，达到高强和高粘结力；选用人造烧结材料、天然硬质材料为骨料以特定的施工工艺铺设在新拌水泥混凝土基层上，形成复合面强化的现浇整体面层，其构造如图9-5所示。

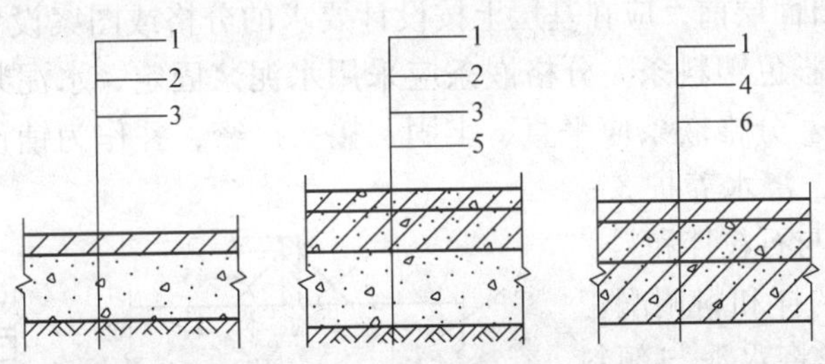

图9-5　耐磨混凝土构造

1—耐磨混凝土面层　2—冰泥混凝土垫层　3—细石混凝土结合层
4—细石混凝土找平层　5—基土　6—钢筋混凝土楼板或结构整浇层

2. 水磨石面层铺设

（1）构造做法：水磨石面层是采用水泥与石粒的拌和料在15～20mm厚1∶3水泥砂浆基层上铺设而成。面层厚度除特殊要求外，宜为12～18mm，并应按选用石粒粒径确定，如图9-6所示。水磨石面层的颜色和图案应按设计要求，面层分格不宜大于1000mm×1000mm，或按设计要求。

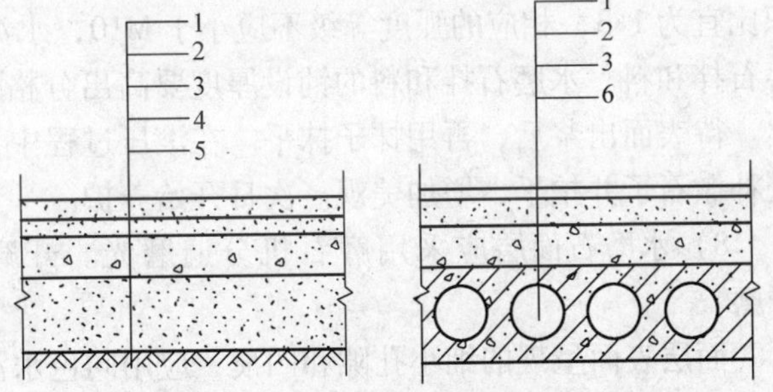

图9-6　水磨石面层构造

1—水磨石面层　2—1∶3水泥砂浆基层　3—水泥混凝土垫层
4—灰土垫层　5—基土　6—楼结构层

（2）材料要求及配合比

1）材料要求

① 水泥：深色水磨石面层，宜采用硅酸盐水泥、普通硅酸盐水泥或矿渣硅酸盐水泥，其强度等级不应小于32.5级；白色或浅色水磨石面层，应采用白水泥。同颜色的面层应使用同一批水泥。

② 石粒：应用坚硬可磨的岩石（如白云石、大理石等）加工而成。石粒应有棱角、洁

净、无杂质，其粒径除特殊要求外，宜为6~15mm。石粒应分批按不同品种、规格、色彩堆放在席子上保管，使用前应用水冲洗干净、晾干待用。

③ 颜料：应采用耐光、耐碱的矿物颜料，不得使用酸性颜料。掺入量宜为水泥重量的3%~6%，或由试验确定，过量将会降低面层的强度。同一彩色面层应使用同厂同批的颜料。

④ 分格条：应采用铜条或玻璃条，亦可用彩色塑料条。

⑤ 草酸：白色结晶，受潮不松散，块状或粉状均可。

⑥ 蜡：用川蜡或地板蜡成品，颜色符合磨面颜色。

2）配合比：水磨石面层拌和料的体积比宜采用1:1.5~1:2.5（水泥:石粒）。

（3）施工要点

1）现浇水磨石地面面层应在完成顶棚和墙面抹灰后再施工。

2）基层应扫净，洒水湿润，并刷素水泥浆一遍，使其结合牢固。

3）水磨石面层宜在水泥砂浆基层的抗压强度达到1.2N/mm^{2}后铺设。

4）在同一面层上采用几种颜色图案时，先做深色，后做浅色，先做大面，后做镶边，待前一种色浆凝固后，再做后一种，以免混色。

5）在铺设水磨石面层前，应在基层上按设计要求的分格或图案设置分格嵌条，如铜条或玻璃条，亦可采用彩色塑料条。分格嵌条应采用水泥浆固定，水泥浆顶部应低于嵌条顶4~6mm，并做成45°。分格嵌条应平直、牢固、接头严密，并作为铺设面层的标志，如图9-7所示。稳定好后，浇水养护3~4d，再铺面层的水泥与石粒拌和料。

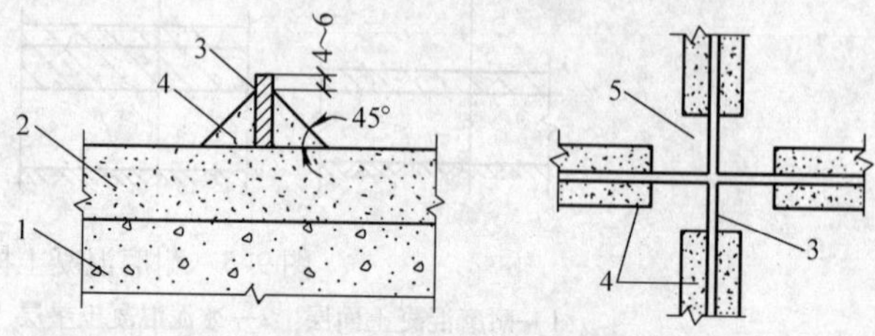

图9-7　分格嵌条设置

1—混凝土垫层　2—水泥砂浆找平层　3—分格条　4—素水泥浆
5—40~50mm内不抹素水泥浆区

6）水泥与石粒的拌和料调配工作必须计量正确。先将水泥与颜料过筛干拌后再掺入，拌和均匀后加水搅拌，拌和料的稠度宜为60mm。

7）铺设前，在基层表面刷一遍与面层颜色相同的、水灰比为0.4~0.5的水泥浆做结合层（水泥砂浆体积比宜为1:3，相应的强度等级不应小于M10，水泥砂浆稠度宜为30~35mm），随刷随铺水磨石拌和料。水磨石拌和料的铺设厚度要高出分格嵌条1~2mm。要铺平整，用滚筒滚压密实。待表面出浆后，再用抹子抹平。在滚压过程中，如发现表面石子偏少，可在水泥浆较多处补撒石子并拍平，增加美观。次日开始养护。

8）水磨石面层应采用磨石机分遍磨光。开磨前应先试磨，以面层石粒不松动方可开磨。

面层表面呈现的细小孔隙和凹痕，应用同色水泥浆涂抹；脱落的石粒应补齐，养护后应再磨，直至磨光、平整、无孔隙为止。表面石子应显露均匀，无缺石子现象。

9）高级水磨石面层的厚度、磨光遍数、采用油石规格应根据设计确定。

9.2.2　板块面层铺设施工

1. 缸砖、水泥砖地面镶铺

在清理好的地面上找好规矩和泛水，扫一道水泥浆，再按地面标高留出缸砖或水泥砖的厚度，并做灰饼。用1:(3~4）干硬性水泥砂浆（砂子为粗砂）冲筋、装档、刮平，厚约2cm，刮平时砂浆要拍实。

在铺砌缸砖或水泥砖前，应把砖用水浸泡2~3h，然后取出，干后使用。铺贴面层砖前，在找平层上撒一层干水泥面，洒水后随即铺贴。面层铺砌有两种方法：留缝铺砌法和碰缝锚砌法。

(1）留缝铺砌法：根据排砖尺寸挂线，一般从门口或中线开始向两边铺砌，如有镶边，应先铺贴镶边部分。铺贴时，在已铺好的砖上垫好木板，人站在板上往里铺，铺时先撒水泥干面，横缝用米厘条铺一皮放一根，竖缝根据弹线走齐，随铺随清理干净。

已铺好的面砖，用喷壶浇水，在浇水前应进行拍实、找平和找直，次日后用1:1的水泥砂浆灌缝。最后清理而砖上的砂浆，如图9-8所示。

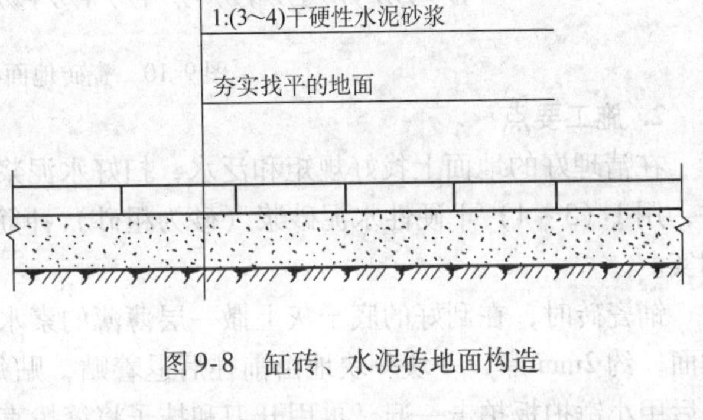

图9-8 缸砖、水泥砖地面构造

(2）碰缝锚砌法：这种铺法不需要挂线找中，从门口往室内铺砌，出现非整块面砖时，需进行切割。铺砌后用素水泥浆擦缝，并将面层砂浆清洗干净。

在常温条件下，铺砌24h后浇水养护3~4d，养护期间不能上人。

2. 预制水磨石、大理石镶铺

预制水磨石和大理石地面，应在顶棚、墙面抹灰完工后进行，其构造如图9-9所示。

首先，在房间四边取中，在地面标高处拉好十字线，扫一层水泥浆。在铺砖前，板块先浸水润湿，阴干后备用。操作时在十字线交接处，铺上1:4干硬性水泥砂浆，厚约3cm（放在石板高出线3~5mm)。先进行试铺，待合适后，将石板揭起，用抹子把底层砂浆松动，用小水壶洒水，均匀撒布一层干水泥面，同时在板块背面洒水，正式铺砌。

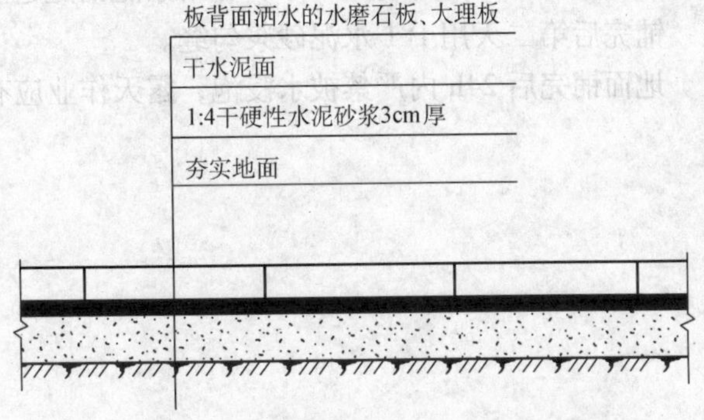

图9-9 预制水磨石、大理石地面构造

铺砌时，板块要四周同时下落，并用木锤或橡胶锤敲击平实，注意随时找平找直。铺完第一块向两侧和退步方向顺序铺砌。凡有柱子的大厅，先铺砌柱子与柱子之间的部分。铺砌中发现有空隙（砂浆不满），应将石板掀起用砂浆补实再进行安装。

预制水磨石地面缝宽不得大于2mm，大理石地面缝宽不得大于1mm，安好后应整齐平稳，横竖缝对直，图案颜色应符合设计要求，厕浴间地面则应找好泛水。

板块铺贴后，次日用素水泥浆灌缝2/3高度，再用同色水泥浆擦缝，并用锯末和席子覆盖保护，在完工后2~3d内严禁上人。

9.2.3 瓷砖地面铺砌

1. 瓷砖地面的构造（如图9-10所示）

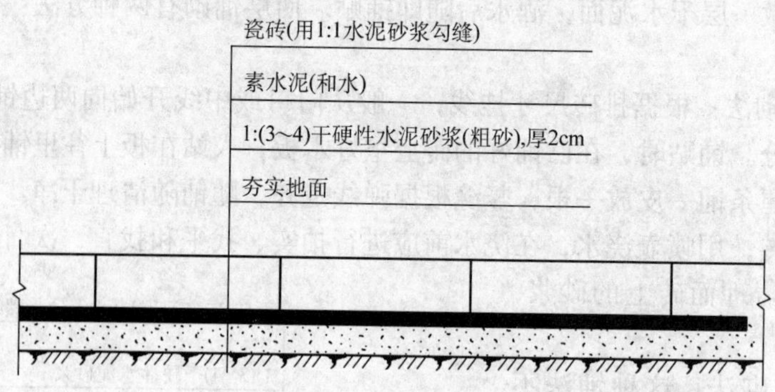

图9-10 瓷砖地面构造

2. 施工要点

在清理好的地面上找好规矩和泛水，扫好水泥浆，再按地面标高留出瓷砖厚度，并做灰饼，用1:(3~4)干硬性水泥砂浆（砂为粗砂）冲筋、装档，刮平厚约2cm，刮平时砂浆要拍实。

铺瓷砖时，在刮好的底子灰上撒一层薄薄的素水泥，稍撒点水，然后用水泥浆涂抹瓷砖背面，约2mm厚，一块一块地由前往后退着贴，贴每块砖时，用小铲的木把轻轻锤击，铺好后用小锤拍板拍击一遍，再用开刀和抹子将缝拨直，再拍击一遍，将表面灰扫掉，用棉丝擦净。

留缝时要刮好底子，撒上水泥后按分格的尺寸弹上线。铺好一皮，横缝将分格条放好，竖缝按线走齐，并随时清理干净，分格条随铺随起。

铺完后第二天用1:1水泥砂浆勾缝。

地面铺完后24h内严禁被水浸泡，露天作业应有防雨措施。

第10章 季节性施工

10.1 冬期施工

10.1.1 冬期施工的基本知识

1. 冬期施工期限划分原则

根据当地的历史气象资料或当地的气象测量资料，当室外日平均气温连续五天稳定低于+5℃或日最低气温低于±0℃时，即进入冬期施工阶段，应按冬期施工的有关规定进行施工，当室外日平均气温连续五天稳定高于5℃的末日即为冬期施工的终止日期。

2. 冬期施工的原则

(1) 确保工程质量，技术先进，经济合理，使增加的费用为最少，所需的热源和材料有可靠的来源，并尽量减少能源消耗，确实能缩短工期。

(2) 对不宜冬期施工的分部、分项工程：如室内外装饰工程、楼地面工程、屋面保温防水工程等，尽可能安排在入冬前、开春后施工，或安排在初冬期间施工。

(3) 对于技术复杂、施工条件差的项目，尽量不安排冬期施工，如必须安排时，应尽量安排在初冬或春融季节施工。

(4) 安排冬期施工顺序时，要考虑先地下、后地上，先室外后室内的原则。对易冻工程先施工，尽量减少湿作业。

(5) 注意充分利用现有的或已建立起来的永久性结构进行临时封闭，保温维护，内部加热，从而节省能源和提高工效。

10.1.2 土方工程冬期施工

土方工程施工的特点为面广量大、劳动繁重，施工条件复杂。所以，要合理安排施工计划，尽量避开冬、雨期施工。如果遇到特殊情况无法避开，就应严格按土方工程冬期施工措施进行施工。

1. 土壤的防冻与保温

(1) 对于大面积的土方工程宜采用翻松耙平法施工。在拟施工的部位应将表层土翻松耙平，其厚度宜为25~30cm，其宽度宜为开挖时冻结深度的两倍加基槽（坑）底宽之和。

(2) 在初冬降雪量较大的土方工程施工地区宜采用雪覆盖法。开挖前，在即将开挖的场地宜设置篱笆或用其他材料堆积成墙，高度宜为50~100cm，间距宜为10~15m，并应与主导风向垂直。面积较小的基槽（坑）可在预定的位置上挖积雪沟（坑），深度宜为30~50cm，宽度为预计深度的两倍加基槽（坑）底宽之和。

(3) 对于开挖面积较小的槽（坑），宜采用保温材料覆盖法。保温材料可用炉渣、锯末、刨花、稻草、草帘、膨胀珍珠岩等，再加盖一层塑料布。保温材料的铺设宽度为待挖基槽（坑）宽度的两倍加基槽（坑）底宽之和。

（4）挖好较小的基槽（坑）的保温与防冻可采用暖棚保温法。在已挖好的基槽（坑）上，宜搭好骨架铺上基层，覆盖保温材料。也可搭保温大棚，在棚内采取供暖措施。

2. 冻土的融化

（1）冻土融化方法应视其工程量大小、冻结深度和现场施工条件等因素确定，可选择烟火烘烤、蒸汽融化、电热等方法，并应确定施工顺序。

（2）工程量小的工程可采用烟火烘烤法，其燃料可选用刨花、锯末、谷壳、树枝皮及其他可燃废料。在拟开挖的冻土上应将铺好的燃料点燃，并用铁板覆盖，火焰不宜过高，并应采取可靠的防火措施。

（3）当热源充足，工程量较小时，可采用蒸汽融化法。应把带有喷气孔的钢管插入预钻好的冻土孔中，通入蒸汽融化。冻土孔径应大于喷汽管直径1cm，其间距不宜大于1m，深度应超过基底30cm。当喷汽管直径D为2.0～2.5cm时，应在钢管上钻成梅花状喷汽孔，下端应封死，融化后应及时挖掘并防止基底受冻。

（4）在电源比较充足地区，工程量又不大，可用电热法融化冻土。电极打入冻土中的深度不宜小于冻结深度，并宜露出地面10～15cm。当通电加热时可在地表铺锯末，其厚度宜为10～25cm，并宜采用1%～2%浓度的盐溶液浸湿。采用电热法融化冻土时，应采取安全防护措施。

3. 冻土的挖掘

（1）冻土的挖掘根据冻土层厚度可采用人工、机械和爆破方法。

1）人工挖掘冻土可采用锤击铁楔子劈冻土的方法分层进行挖掘。楔子的长度视冻土层厚度确定，宜为30～60cm。

2）机械挖掘冻土可根据冻土层厚度选用推土机松动、挖掘机开挖或重锤冲击破碎冻土等方法。当采用重锤冲击破碎冻土时，重锤可由铸铁制成楔形或球形，质量宜为2～3t。起吊设备可采用起重机、简易的两步搭或三步搭支架配以卷扬机。

3）对于冻土层较厚，开挖面积较大的土方工程，可使用爆破法。当冻土层厚度小于或等于2m时宜采用炮孔法。炮孔的直径宜为50～70mm，深度宜为冻土层厚度的0.6～0.85倍，与地面呈60°～90°夹角。炮孔的间距宜等于最小抵抗线长度的1.2倍，排距宜等于最小抵抗线长度的1.5倍。炮孔可用电钻、风钻或人工打钎成孔。

炸药可使用黑色炸药、硝铵炸药或TNT炸药。冬季严禁使用甘油类炸药。炸药装药量宜由计算确定或不超过孔深的2/3，其余上面的1/3填装砂土。雷管可使用电雷管或火雷管。

当采用冻土爆破法施工时，土方工地离建筑物的距离应大于50m，距高压电线的距离应大于200m。

（2）冬期开挖冻土时，应采取防止引起相邻建筑物地基或其他设施受冻的保温防冻措施。

（3）在挖方上边弃置冻土时，其弃土堆坡脚至挖方边缘的距离应为常温下规定的距离加上弃土堆的高度。

（4）开挖完的基槽（坑）应采取防止基槽（坑）底部受冻的措施。当基槽（坑）挖完不能及时进行下道工序施工时，应在基槽（坑）底标高以上预留土层，并覆盖保温材料保温。

4. 土方回填

(1) 冬期土方回填时，每层铺土厚度应比常温施工时减少20% ~25%。预留沉陷量应比常温施工时增加。

对于大面积回填土和有路面的路基及其人行道范围内的平整场地填方，可采用含有冻土块的土回填，但冻土块的粒径不得大于15cm，其含量（按体积计）不得超过30%。铺填时冻土块应分散开，并应逐层夯实。

(2) 冬期填方施工应在填方前清除基底上的冰雪和保温材料；填方边坡的表层100cm以内，不得采用含有冻土块的土填筑；整个填方上层部位应用未冻的或透水性好的土回填，其厚度应符合设计要求。

(3) 室外的基槽（坑）或管沟可采用含有冻土块的土回填。但冻土块粒径不得大于15cm，含量不得超过15%，且应均匀分布，但管沟底以上50cm范围内不得用含有冻土块的土回填。

室内的基槽（坑）或管沟不得采用含有冻土块的土回填。回填土施工应连续进行并应夯实。当采用人工夯实时，每层铺土厚度不得超过20cm，夯实厚度宜为10 ~15cm。在冻结期间暂不使用的管道及其场地回填时，冻土块的含量和粒径不受限制，但融化后应作适当处理。

(4) 室内地面垫层下回填的土方，填料中不得含有冻土块，并应及时夯（压）实。填方完成后至地面施工前，应采取防冻措施。

(5) 永久性的挖、填方和排水沟的边坡加固修整，宜在解冻后进行。

10.1.3 砌筑工程的冬期施工

1. 一般规定

(1) 冬期施工所用材料应符合下列规定：

1) 普通砖、空心砖、灰砂砖、混凝土小型空心砌块、加气混凝土砌块和石材在砌筑前，应清除表面污物、冰雪等，不得使用遭水浸和受冻后的砖或砌块。

2) 砂浆宜优先采用普通硅酸盐水泥拌制。冬期砌筑不得使用无水泥拌制的砂浆。

3) 石灰膏、粘土膏或电石膏等宜保温防冻，当遭冻结时，应经融化后方可使用。

4) 拌制砂浆所用的砂，不得含有直径大于1cm的冻结块或冰块。

5) 拌和砂浆时，水的温度不得超过80℃，砂的温度不得超过40℃，砂浆稠度宜较常温适当增大。

(2) 冬期施工的砖砌体，应按“三一”砌砖法施工，灰缝不应大于1cm。

(3) 冬期施工中，每日砌筑后，应及时在砌筑表面进行保护性覆盖，砌筑表面不得留有砂浆。在继续砌筑前，应扫净砌筑表面。

(4) 砌筑工程的冬期施工应优先选用外加剂法。对绝缘、装饰等有特殊要求的工程，可采用其他方法。

(5) 混凝土小型空心砌块不得采用冻结法施工。加气混凝土砌块承重墙体及围护外墙不宜冬期施工。

(6) 冬期砌筑工程应进行质量控制，在施工日记中除应按常规要求外，尚应记录室外空气温度、暖棚温度、砌筑时砂浆温度、外加剂掺量以及其他有关资料。

2. 施工方法

（1）外加剂法

1）砌筑时砂浆温度不应低于5℃。当设计无要求，且最低气温等于或低于－15℃时，砌筑承重砌体砂浆强度等级应比常温施工提高1级。

2）在氯盐砂浆中掺加微沫剂时，应先加氯盐溶液，后加微沫剂溶液。

3）外加剂溶液应设专人配制，并应先配制成规定浓度溶液置于专用容器中，然后再按规定加入搅拌机中拌制成所需砂浆。

4）采用氯盐砂浆时，砌体中配置的钢筋及钢预埋件，应预先进行防腐处理。

5）氯盐砂浆砌体施工时，每日砌筑高度不宜超过1.2m，墙体留置的洞口，距交接墙处不应小于50cm。

6）掺用氯盐的砂浆砌体不得在下列情况下采用：

① 对装饰工程有特殊要求的建筑物。

② 使用湿度大于80%的建筑物。

③ 配筋、钢埋件无可靠的防腐处理措施的砌体。

④ 接近高压电线的建筑物（如变电所、发电站等）。

⑤ 经常处于地下水位变化范围内，以及在地下未设防水层的结构。

（2）冻结法

1）采用冻结法施工的砌体，在解冻期内应制定观测加固措施，并应保证对强度、稳定和均匀沉降要求。在验算解冻期的砌体强度和稳定时，可按砂浆强度为零进行计算。

2）当设计无要求，且日最低气温高于－25℃时，砌筑承重砌体砂浆强度等级应较常温施工提高1级；当日最低气温等于或低于－25℃时，应提高2级。砂浆强度等级不得小于M2.5，重要结构其等级不得小于M5。

3）采用冻结法施工，当设计无规定时，宜采取下列构造措施：

① 每一层楼的砌体砌筑完毕后，应及时吊装（或捣制）梁、板，并应采取适当的锚固措施。

② 采用冻结法砌筑的墙，与已经沉降的墙体交接处，应留沉降缝。

4）为保证砌体在解冻期间的稳定性和均匀沉降，施工操作时应遵守下列规定：

① 施工应按水平分段进行，工作段宜划在变形缝处。每日的砌筑高度及临时间断处的高度差，均不得大于1.2m。

② 对未安装楼板或屋面板的墙体，特别是山墙，应及时采取临时加固措施，以保证墙体稳定。

③ 跨度大于0.7m的过梁，应采用预制构件。跨度较大的梁、悬挑结构，在砌体解冻前应在下面设临时支撑，当砌体强度达到设计值的80%时方可拆除临时支撑。

④ 在门窗框上部应留出缝隙，其宽度在砖砌体中不应小于5mm，在料石砌体中不应小于3mm。

⑤ 留置在砌体中的洞口和沟槽等，宜在解冻前填砌完毕。

⑥ 砌筑完的砌体在解冻前，应清除房屋中剩余的建筑材料等临时荷载。

5）下列砖石砌体不得采用冻结法施工：

① 空斗墙。

② 毛石砌体。

③ 砖薄壳、双曲砖拱、筒式拱及承受侧压力的砌体。

④ 在解冻期间可能受到振动或其他动力荷载的砌体。

⑤ 在解冻时，砌体不允许产生沉降的结构。

（3）暖棚法

1）暖棚法适用于地下工程、基础工程以及量小又急需砌筑使用的砌体结构。

2）采用暖棚法施工时，砖石和砂浆在砌筑时的温度不应低于5℃，而距离所砌的结构底面0.5m处的棚内温度也不应低于5℃。

10.1.4 钢筋混凝土的冬期施工

1. 混凝土的材料要求

（1）水泥：选用硅酸盐水泥或普通硅酸盐水泥。

（2）骨料：要求没有冰块、雪团，应清洁、级配良好、质地坚硬，不应含有易被冻坏的矿物。

（3）拌和水：经化验合格的水。

（4）外加剂：选用通过技术鉴定、符合质量标准的外加剂。

2. 混凝土配合比

根据试验室提供的混凝土配合比配制。

3. 混凝土搅拌控制

冬期混凝土的搅拌时间应比常温时延长50%。

4. 混凝土的运输

混凝土拌和物出机后，应及时运到浇筑地点。在运行会过程中，要注意防止混凝土热量散失、表层冻结、混凝土离析、水泥砂浆流失、坍落度变化等现象。

5. 混凝土的浇筑

（1）一般要求：混凝土浇筑时要保证砼的均匀性和密实性，要保证结构的整体性，尺寸准确，钢筋预埋件位置正确，拆模后混凝土表面平整、光洁。

在浇筑前，应清除模板和钢筋上的冰雪和污垢。浇筑时，拌和物由拌板、料斗、漏斗或各类运料工具中卸除砂浆容易与容器冻结，故在浇筑前应采取防风、冻结保护措施，一旦发现混凝土遭冻应进行二次加热搅拌，使搅拌物具有适应的施工和易性再浇筑。施工缝的位置宜留在结构剪力较小，且便于施工的部位。柱应留水平缝；梁、板、墙应留垂直缝。柱子应留在基础顶面，高的梁应留在板底面以下20~30mm处，平板楼板应留在平行于板短边的任何位置。楼梯应留在楼梯长度中间1/3长度范围内。

在施工缝处接着浇筑混凝土时，应先除掉水泥薄膜和松动石子，湿润冲洗干净，并使接缝处原混凝土的温度高于2℃，然后铺抹水泥浆或与混凝土砂浆成分相同的砂浆一层，待已浇筑的混凝土强度高于1.2MPa时，允许继续浇筑。

（2）混凝土浇筑：混凝土拌和物入模浇筑必须经过振捣，使其内部密实，并能充分填满模板各个角落，制成符合设计要求的构件。冬期振捣混凝土采用机械振捣，振捣要快速，浇筑前应做好必要的准备工作，如模板、钢筋和预埋件检查、清除冰雪冻块、浇筑使所用脚手架、马道的搭设和防滑措施检查、振捣机械和工具的准备等。浇筑柱子时，一个施工段内每排柱子应按由外向内对称的顺序浇筑，不要由一端向另一端推进，以防住宅模板逐渐受推倾斜，造成误差积累而难以纠正。

梁和板一般同时浇筑，从一端开始向前推进。只有当梁高大于 1m 时才允许单独浇筑梁，此时的施工缝应留在楼板面下 2～3cm 处，梁底与梁侧面要注意捣实，振捣器不要直接接触钢筋或预埋件。

6. 混凝土的养护

宜选用蓄热法养护：一层塑料薄膜和二层草袋保温。

7. 混凝土拆模

（1）混凝土模板拆除的时间，应按结构特点、自然气温和混凝土所达到的强度来确定，一般以缓拆为宜。

（2）拆除模板，混凝土强度亦必须满足要求。

（3）冬期拆除模板时，混凝土表面温度和自然气温之差不应超过 20℃。

（4）在拆除模板过程中，如发现混凝土有冻害现象，应暂停拆卸，经处理后方可继续拆卸。

（5）对已拆除模板的混凝土，应采取保温材料予以保护。结构混凝土达到规定强度后才允许承受荷载。施工中不得超载使用，严禁在其上堆放过量的建筑材料或机具。

8. 混凝土温度的测定

气温、原材料和混凝土温度的测量工作应按如下规定执行：

（1）气温的测量，每昼夜 8、12、14、20 点共测 4 次。

（2）对拌和材料和防冻剂温度的测量，每工作班不少于 3 次。

（3）对出搅拌机的混凝土拌和物的温度，至少每 2h 测量一次。

（4）对灌筑前和振捣完毕的温度，至少每 2h 测量一次。

（5）对养护期间混凝土温度的测量：在终凝前，前三天每 2h 测一次，以后每昼夜应测量 2 次。

（6）在超过养护期后，混凝土温度可以在气温发生大变化时抽测。

（7）为了测量混凝土内部的温度，应在浇灌混凝土时预埋一些一端封闭的测温管，并立即加以覆盖，以免受外界气温影响，温度计在管中指数停留 5min，然后取出，迅速记下温度。

（8）测温孔应设在混凝土温度较低和有代表性的地方。

（9）所有测温孔应编号，应绘制测温孔布置图。测温人员应同时检查覆盖保温情况，并了解结构的灌筑日期、养护期限，以及混凝土的允许最低温度。如发现问题，应立即通知有关人员，以便及时采取措施，加强保温或局部进行短时加热。

9. 混凝土试件和强度检验

试件的取样率或一组试块最多能代表的混凝土容量，应符合《钢筋混凝土工程施工及验收规范》第 4.6.4 条规定：

（1）每一工作班不少于一组。

（2）每浇筑 100m^3 混凝土不少于一组。

（3）现浇楼层，每层不少于一组。

此外，冬期施工尚应考虑：梁、框架，每灌筑 $50m^3$ 混凝土应留一批。每批试件至少4组，分别在 -28d、拆模、转 +28d 时和交付使用时试压。最好多做几组作为备用试件。强度试件应在工地用灌筑结构的混凝土拌和物制作，并与结构或构件在同条件下养护。

10.2 雨期施工

10.2.1 部署雨期施工的原则

（1）根据雨期施工特点分轻重缓急，对不适于雨期施工的工程可以拖后或移前，例如雨期到来后尽量不挖土方，进行基础和地下室工程施工，又如在不影响竣工的情况下，外线工程可移至雨期后进行，对必须在雨期期间施工的工程，一定要在有针对性保证措施的条件下采取集中突击的办法完成。同时对于雨期施工工程还要考虑到既不影响工程顺利进行，又不过多增加雨期费用，降低工程成本。

（2）在施工部署上要根据晴、雨、内、外相结合的原则，晴天多进行室外施工，雨天多进行室内施工，尽量缩短雨天露天作业时间，遵循缩小雨天露天作业面以及采取集中兵力打歼灭战的方针，尽可能地采取分栋、分段、分部位突击施工的方法。例如将基础工程加快进度，突击抢出地面，避免倒灌和塌方，对已完结构的工程要停到一定部位等。在安排雨期施工时要考虑降雨的影响，要考虑雨期施工的作业面，加快劳动调配，强调合理的工序穿插，善于利用各有利条件，减少防雨措施，加快施工进度，并适当考虑一些机动的施工项目，加强生产调度工作。

（3）要将雨期施工准备工作纳入生产计划，考虑一定的劳动力，安排一定的作业时间，搞好雨期施工期间工程材料和雨期施工材料的储备。

（4）加强技术管理和安全工作，要认真编制和贯彻雨期施工技术措施和安全措施，要定期组织雨期施工交底和检查，积极督促做好有关工作。

10.2.2 雨期施工的准备工作

根据当地往年雨期雨情和现年度雨情预报，对计划施工工程要分工程、分部位编制雨期施工方案，做好雨期施工准备。

（1）根据工程情况，有条件的要结合正式工程，预先做好正式下水道。贯彻先地下后地上的原则，在搞基础的同时，根据自然排水的流向，配合将外线工程（包括雨管线或污水管线）做好。

（2）结合总图利用自然地形确定方向，找出坡度，挖临时排水沟，排水沟应按规定放坡。

（3）排水管沟如不通往泄水处时，可选择远距建筑物点挖集水池（或集水井），用水泵外调，但对其他建筑不得有影响。

（4）布置排水路线须横过马路时，应埋置横管，防止路面溢水。

（5）现场排水应随时保证畅通，可设专人负责，要定期疏通。

（6）现场邻近高地、高地边沿应挖截水沟，防水雨水侵入现场。傍山的工地要结合正式防洪沟考虑防洪和排洪问题，同时还要在雨期前做好对危石的处理，防止滑坡和塌方。

10.2.3 雨期施工注意事项

（1）对雨淋后的砖，如含水量较大的要晾干后再使用。

（2）对暴雨、大雨冲刷严重的砌体要拆除重砌。

（3）对新浇筑的混凝土要有相应措施，严防大雨冲刷，否则应经有关部门鉴定或处理后才能继续施工。

（4）雨后对模板和支撑要进行认真检查，特别要注意支撑的底部是否有松动沉降现象，以便及时采取措施。

（5）雨后施工的砂石含水量要测试，以便及时调整配合比。

（6）对施工的原材料要有可靠的保证措施，在雨期到来前各施工现场要有足够的干原材料，以便雨后能保证施工，严禁水泥露天存放，注意做好原材料的防水、防潮工作。

（7）高温天热要加强对现浇混凝土的养护工作，硅酸盐水泥、普通硅酸盐水泥和矿渣硅酸盐水泥拌制的混凝土不得少于7昼夜；掺用缓凝型外加剂或有抗渗要求的混凝土不得小于14昼夜，浇水次数应能保持混凝土具有足够的湿润状态，严防出现干裂现象，如发现有干裂现象，严重的要禁止使用。

（8）雨后要及时对脚手架安全网的架设、塔式起重机路基、井字架底座、缆风绳和地锚进行周密细致的检查，发现问题，及时处理。

10.2.4 做好防雷设施施工

1. 一般规定

（1）各类防雷建筑物应采取防直击雷和防雷电波伤人的措施。

（2）装有防雷装置的建筑物，在防雷装置与其他设施和建筑物内人员无法隔离的情况下，应采取等电位连接。

2. 第一类建筑物防雷击

（1）防范措施

1）应装设独立避雷针或架空避雷线（网），使被保护的建筑物及风帽、放散管等突出屋面的物体均处于接闪器的保护范围内。架空避雷网的网格尺寸不应大于5m×5m或6m×4m。

2）排放爆炸危险气体、蒸汽或粉尘的放散管、呼吸阀、排风管等的管口外的以下空间应处于接闪器的保护范围内，当有管帽时应按表3.2.1确定；当无管帽时，应为管口上方半径5m的半球体。接闪器与雷闪的接触点应设在上述空间之外。

3）排放爆炸危险气体、蒸汽或粉尘的放散管、呼吸阀、排风管等，当其排放物达不到爆炸浓度、长期点火燃烧、一排放就点火燃烧时，及发生事故时排放物才达到爆炸浓度的通风管、安全阀，接闪器的保护范围可仅保护到管帽，无管帽时可仅保护到管口。

4）独立避雷针的杆塔、架空避雷线的端部和架空避雷网的各支柱处应至少设一根引下线。对用金属制成或有焊接、绑扎连接钢筋网的杆塔、支柱，宜利用其作为引下线。

5）独立避雷针和架空避雷线（网）的支柱及其接地装置至被保护建筑物及与其有联系的管道、电缆等金属物之间的距离不得小于3m。

6）独立避雷针、架空避雷线或架空避雷网应有独立的接地装置，每一引下线的冲击接地电阻不宜大于10Ω。在土壤电阻率高的地区，可适当增大冲击接地电阻。

（2）防范要求

1）建筑物内的设备、管道、构架、电缆金属外皮、钢屋架、钢窗等较大金属物和凸出屋面的放散管、风管等金属物，均应接到防雷电感应的接地装置上。

金属屋面周边每隔18～24m应采用引下线接地一次。

现场浇制的或由预制构件组成的钢筋混凝土屋面，其钢筋宜绑扎或焊接成闭合回路，并应每隔18～24m采用引下线接地一次。

2）平行敷设的管道、构架和电缆金属外皮等长金属物，其净距小于100mm时，应采用金属线跨接，跨接点的间距不应大于30m；交叉净距小于100mm时，其交叉处亦应跨接。

当长金属物的弯头、阀门、法兰盘等连接处的过渡电阻大于0.03Ω时，连接处应用金属线跨接。对有不少于5根螺栓连接的法兰盘，在非腐蚀环境下，可不跨接。

3）防雷电感应的接地装置应和电气设备接地装置共用，其工频接地电阻不应大于10Ω。屋内接地干线与防雷电感应接地装置的连接，不应少于两处。

3. 第一类防雷建筑物防止雷电波侵入

（1）措施要求

1）低压线路宜全线采用电缆直接埋地敷设，在入户端应将电缆的金属外皮、钢管接到防雷电感应的接地装置上。当全线采用电缆有困难时，可采用钢筋混凝土杆和铁横担的架空线，并应使用一段金属铠装电缆或护套电缆穿钢管直接埋地引入，其埋地长度应符合下列表达式的要求，但不应小于15m：

在电缆与架空线连接处，尚应装设避雷器。避雷器、电缆金属外皮、钢管和绝缘子铁脚、金具等应连在一起接地，其冲击接地电阻不应大于10Ω。

2）架空金属管道在进出建筑物处应与防雷电感应的接地装置相连。距离建筑物100m内的管道，应每隔25m左右接地一次，其冲击接地电阻不应大于20Ω，并宜利用金属支架或钢筋混凝土支架的焊接、绑扎钢筋网作为引下线，其钢筋混凝土基础宜作为接地装置。

埋地或地沟内的金属管道，在进出建筑物处亦应与防雷电感应的接地装置相连。

（2）当建筑物太高或其他原因难以装设独立避雷针、架空避雷线、避雷网时，可将避雷针或网格不大于5m×5m或6m×4m的避雷网或由其混合组成的接闪器直接装在建筑物上，避雷网应按规范规定沿屋角、屋脊、屋檐和檐角等易受雷击的部位敷设。并必须符合下列要求：

1）所有避雷针应采用避雷带互相连接。

2）引下线不应少于两根，并应沿建筑物四周均匀或对称布置，其间距不应大于12m。

3）排放爆炸危险气体、蒸汽或粉尘的管道应符合规范的要求。

4）建筑物应装设均压环，环间垂直距离不应大于12m，所有引下线、建筑物的金属结构和金属设备均应连到环上。均压环可利用电气设备的接地干线环路。

5）防直击雷的接地装置应围绕建筑物敷设成环形接地体，每根引下线的冲击接地电阻不应大于10Ω，并应和电气设备接地装置及所有进入建筑物的金属管道相连，此接地装置可兼作防雷电感应之用。

6）防直击雷的环形接地体尚宜按以下方法敷设：

7）在电源引入的总配电箱处宜装设过电压保护器。

（3）当树木高于建筑物且不在接闪器保护范围之内时，树木与建筑物之间的净距不应小于5m。

4. 第二类防雷建筑物的防雷措施

（1）第二类防雷建筑物防直击雷的措施，宜采用装设在建筑物上的避雷网（带）或避雷针或由其混合组成的接闪器。避雷网（带）应按规定沿屋角、屋脊、屋檐和檐角等易受雷击的部位敷设，并应在整个屋面组成不大于10m×10m或12m×8m的网格。所有避雷针应采用避雷带相互连接。

（2）凸出屋面的放散管、风管、烟囱等物体，应按下列方式保护：

1）排放爆炸危险气体、蒸汽或粉尘的放散管、呼吸阀、排风管等管道应符合《规范》要求。

2）排放无爆炸危险气体、蒸汽或粉尘的放散管、烟囱，爆炸危险环境的自然通风管，装有阻火器的排放爆炸危险气体、蒸汽或粉尘的放散管、呼吸阀、排风管，以及规范规定的管、阀及煤气放散管等，其防雷保护应符合下列要求：

① 金属物体可不装接闪器，但应和屋面防雷装置相连。

② 在屋面接闪器保护范围之外的非金属物体应装接闪器，并和屋面防雷装置相连。

3）引下线不应少于两根，并应沿建筑物四周均匀或对称布置，其间距不应大于18m。当仅利用建筑物四周的钢柱或柱子钢筋作为引下线时，可按跨度设引下线，但引下线的平均间距不应大于18m。

4）每根引下线的冲击接地电阻不应大于10Ω。防直击雷接地宜和防雷电感应、电气设备、信息系统等接地共用同一接地装置，并宜与埋地金属管道相连；当不共用、不相连时，两者间在地中的距离应符合要求，但不应小于2m。

5）利用建筑物的钢筋作为防雷装置时应符合下列规定：

① 建筑物宜利用钢筋混凝土屋面、梁、柱、基础内的钢筋作为引下线。

② 当基础采用硅酸盐水泥和周围土壤的含水量不低于4%及基础的外表面无防腐层或有沥青质的防腐层时，宜利用基础内的钢筋作为接地装置。

③ 敷设在混凝土中作为防雷装置的钢筋或圆钢，当仅一根时，其直径不应小于10mm。被利用作为防雷装置的混凝土构件内有箍筋连接的钢筋，其截面积总和不应小于一根直径为10mm钢筋的截面积。

参 考 文 献

[1] 姚谨英．建筑施工技术［M］．2 版．北京：中国建筑工业出版社，2006.

[2] 范道军，李进．建筑施工技术［M］．北京：人民交通出版社，2008.

[3] 朱勇年．砌体结构施工［M］．北京：高等教育出版社，2005.

[4] 范道军．施工员（工长）管理实务［M］．北京：中国建筑工业出版社，2007.

[5] 赵志缙，应惠清．建筑施工［M］．4 版．上海：同济大学出版社，2004.

[6] 沈百禄．建筑施工 1000 问［M］．北京：机械工业出版社，2003.

[7] 上海市建设和管理委员会 GB 50202—2002. 建筑地基基础工程施工质量验收规范［S］．北京：中国建筑工业出版社．

[8] GB 50203—2002 砌体工程施工质量验收规范［S］．北京：中国建筑工业出版社．

[9] 中华建筑科学研究院．GB 50204—2002. 混凝土结构工程施工质量验收规范［S］．北京：中国建筑工业出版社．

教材使用调查问卷

尊敬的老师：

您好！欢迎您使用机械工业出版社出版的“高职高专土建类专业规划教材”，为了进一步提高我社教材的出版质量，更好地为我国教育发展服务，欢迎您对我社的教材多提宝贵的意见和建议。敬请您留下您的联系方式，我们将向您提供周到的服务，向您赠阅我们最新出版的教学用书、电子教案及相关图书资料。

本调查问卷复印有效，请您通过以下方式返回：

邮寄：北京市西城区百万庄大街22号机械工业出版社建筑分社（100037）

阴伟（收）

传真：01068994437 阴伟（收）　　Email：streettour@163.com

一、基本信息

姓名：________职业：________职务：________

所在单位：________

任教课程：________

邮编：________地址：________

电话：________电子邮件：________

二、关于教材

1. 贵校开设土建类哪些专业？

□建筑工程技术　□建筑装饰工程技术　□工程监理　□工程造价

□房地产经营与估价　□物业管理　□市政工程　□园林景观

2. 您使用的教学手段：□传统板书　□多媒体教学　□网络教学

3. 您认为还应开发哪些教材或教辅用书？________

4. 您是否愿意参与教材编写？希望参与哪些教材的编写？

课程名称：________

形式：　□纸质教材　□实训教材（习题集）　□多媒体课件

5. 您选用教材比较看重以下哪些内容？

□作者背景　□教材内容及形式　□有案例教学　□配有多媒体课件

□其他________

三、您对本书的意见和建议（欢迎您指出本书的疏误之处）________

____

____

____

四、您对我们的其他意见和建议________

____

____

请与我们联系：

100037　北京百万庄大街22号

机械工业出版社·建筑分社　阴伟　收

Tel：010－88379312（O），68994437（Fax）

E－mail：streettour@163.com

http：//www.cmpedu.com（机械工业出版社·教材服务网）

hhp：//www.cmpbook.com（机械工业出版社·门户网）

http：//www.golden－book.com（中国科技金书网·机械工业出版社旁下网站）